Les épreuves corrigées des grandes écoles scientifiques

problèmes de MATHÉMATIQUES

posés aux Concours Communs Polytechniques E3A / E4A

solutions proposées par

Jean FRANCHINI et Jean-Claude JACQUENS
Professeurs agrégés de mathématiques
en classes préparatoires scientifiques

ellipses

ISBN 978-2-7298-5123-1

DANGER
LE
PHOTOCOPILLAGE
TUE LE LIVRE

32, rue Bargue 75740 Paris cedex 15

www.editions-ellipses.fr

Avant-propos

Ce livre contient les énoncés et corrigés de 36 problèmes posés aux concours communs polytechniques et E3A/E4A dans toutes les filières entre 2007 et 2009. Il permet à l'étudiant candidat à ces concours, et aussi à toute personne désireuse de vérifier ses connaissances au niveau d'un premier cycle universitaire, de s'entraîner. Nous avons mis en table des matières les outils requis, et donc les révisions susceptibles d'être entreprises, pour chaque problème. Nous avons parfois présenté plusieurs méthodes de résolution de la même question. Tous les raisonnements sont explicités. Seuls quelques rares calculs élémentaires ont été omis.

Il est clair que l'efficacité d'un tel livre dépendra de l'énergie avec laquelle l'étudiant élaborera ses propres solutions et les confrontera aux nôtres.

Des coquilles ? Il en reste probablement ! Nous serons heureux d'accueillir toutes les observations de nos lecteurs.

Nous remercions vivement les éditions Ellipses pour la confiance qu'elles nous ont renouvelée et pour l'outil qu'elles mettent à la disposition des étudiants.

Les auteurs

Table des matières thématique

Année 2009

Année 2008

Année 2007

Index des notations

$\mathcal{F}(E,F)$: ensemble des applications de E dans F.

$\mathcal{C}(E,F)$: ensemble des applications continues sur E à valeurs dans F.

$\mathcal{CM}(I,E)$: ensemble des applications continues par morceaux de I dans E.

$\mathcal{C}^k(I,E)$: ensemble des applications de classe $\mathcal{C}^k$ sur I à valeurs dans E.

$\mathcal{C}^k\mathcal{M}(I,E)$: ensemble des applications de classe $\mathcal{C}^k$ par morceaux de $\mathcal{F}(I,F)$.

$\mathcal{C}_{2\pi}$: ensemble des applications continues sur $\mathbb{R}$ et 2π-périodiques.

$\mathcal{L}^1(I,\mathbb{K})$: ensemble des fonctions de $\mathcal{CM}(I,\mathbb{K})$ intégrables sur I.

$\mathcal{L}(E,F)$: espace vectoriel des applications linéaires de E dans F.

$\mathrm{GL}(E)$: groupe linéaire de E.

I_E : application identique dans E.

$O(E)$: groupe orthogonal de E.

$\mathfrak{M}_{n,p}(\mathbb{K})$: espace vectoriel des matrices (n,p) à coefficients dans $\mathbb{K}$.

$\mathfrak{M}_n(\mathbb{K})$: algèbre des matrices carrées (n,n) à coefficients dans $\mathbb{K}$.

$\mathrm{GL}_n(\mathbb{K})$ groupe des éléments inversibles de $\mathfrak{M}_n(\mathbb{K})$.

I_n : élément unité de $\mathfrak{M}_n(\mathbb{K})$.

$O(n)$: groupe des matrices orthogonales de $\mathfrak{M}_n(\mathbb{R})$.

$S_n(\mathbb{R})$: ensemble des matrices symétriques de $\mathfrak{M}_n(\mathbb{R})$.

Ker : noyau, Im : image.

det : déterminant.

Card : cardinal.

$\mathrm{Vect}(A)$: sous-espace vectoriel engendré par A.

$d(x,F)$: distance du vecteur x au sous-espace vectoriel F.

$[\![a,b]\!] = [a,b] \cap \mathbb{Z}$.

$\delta_{i,j}$: symbole de Krönecker. $\delta_{i,j} = 1$ si $i = j$ et 0 sinon.

2009

Le sujet est composé de deux exercices et d'un problème indépendants.

EXERCICE 1

On considère l'équation différentielle : $(E)\ xy' + y = \dfrac{2x}{\sqrt{1-x^4}}\cdot$

1. Résoudre (E) sur chacun des intervalles $]-1, 0[$ et $]0, 1[$.

2. En déduire que (E) admet une unique solution sur $]-1; 1[$.

EXERCICE 2

1. Justifier que la fonction $t \mapsto e^{-t^2}$ est intégrable sur $\mathbb{R}_+$.

Dans la suite de cet exercice, on se propose de calculer : $I = \displaystyle\int_0^{+\infty} e^{-t^2}dt$

2. Soit f et g les fonctions définies sur $\mathbb{R}_+$ par :

$$f(x) = \int_0^x e^{-t^2}dt \ \text{ et } \ g(x) = \int_0^1 \frac{e^{-x^2(1+t^2)}}{1+t^2}dt.$$

(a) Démontrer que les fonctions f et g sont de classe $\mathcal{C}^1$ sur $\mathbb{R}_+$ et déterminer leur dérivée.

(b) Prouver que pour tout x réel positif on a : $f(x) = \displaystyle\int_0^1 xe^{-x^2t^2}dt.$

En déduire que la fonction $\varphi = g + f^2$ est constante de valeur $\dfrac{\pi}{4}\cdot$

(c) Démontrer que pour tout $x \geqslant 0$ réel on a : $0 \leqslant g(x) \leqslant e^{-x^2}$.

(d) En déduire la valeur de I.

PROBLÈME

THÉORÈME DU POINT FIXE ET APPLICATIONS

Le but de ce problème est de démontrer le théorème du point fixe de PICARD, ce qui fait l'objet de la partie I, et d'en voir plusieurs applications élémentaires dans les parties suivantes. Les parties II, III et IV sont indépendantes entre elles.
Soit $(E, \|\cdot\|)$ un espace vectoriel normé.

Une définition. Soit $k \in [0,1[$. On dira qu'une application $f : E \to E$ est une contraction stricte de rapport k lorsque pour tout $(x,y) \in E^2$, on a : $\|f(x) - f(y)\| \leqslant k\|x - y\|$.

Une notation. Pour n entier naturel et $f : E \to E$, on notera $f^n : E \to E$ l'application définie par : $f^n(x) = f \circ f^{n-1}(x)$ pour $n \geqslant 1$ avec la convention $f^0 = Id$.

PARTIE I : Le théorème du point fixe de PICARD

Dans cette partie $(E, \|\cdot\|)$ est un espace de Banach et $f : E \to E$ est une contraction stricte de rapport k.
Pour $a \in E$ on considère la suite (x_n) définie par $x_0 = a$ et $x_{n+1} = f(x_n)$ pour tout n entier naturel.

1. Pour tout n entier naturel, on pose $u_n = x_{n+1} - x_n$.

(a) Démontrer que pour tout n entier naturel, on a $\|u_{n+1}\| \leqslant k\|u_n\|$ puis que $\|u_n\| \leqslant k^n\|f(a) - a\|$.
En déduire que la série $\sum u_n$ converge.

(b) Démontrer alors que la suite (x_n) converge vers un vecteur ℓ de E.

(c) Prouver que ℓ est un point fixe de f c'est-à-dire que $f(\ell) = \ell$.

(d) Démontrer que f admet en fait un unique point fixe.

On vient donc de démontrer le résultat suivant :

THÉORÈME DU POINT FIXE DE PICARD. Dans un espace de Banach $(E, \|\cdot\|)$ une application $f : E \to E$ qui est une contraction stricte admet un unique point fixe et pour tout a dans E la suite des itérés $(f^n(a))$ converge vers ce point fixe.

PARTIE II : Exemples et contre-exemples

2. Sur la nécessité d'avoir une contraction stricte
On considère ici la fonction $g : \mathbb{R} \to \mathbb{R}$ définie par :

$$g(t) = t + \frac{\pi}{2} - \arctan(t).$$

(a) Démontrer que pour tout t réel, on a $|g'(t)| < 1$. En déduire que l'on a pour x et y réels distincts, $|g(x) - g(y)| < |x - y|$.

(b) La fonction g admet-elle un point fixe ? Est-elle une contraction stricte ?

3. Un exemple

Soit $f : \mathbb{R} \to \mathbb{R}$ une fonction continue telle que, pour tout x réel, on ait $f(x) = f \circ g(x)$ où $g(x) = \dfrac{x}{5} + 1$.

(a) On considère la suite (u_n) définie par $u_0 \in \mathbb{R}$ et $u_{n+1} = \dfrac{u_n}{5} + 1$ pour tout n entier naturel. Démontrer en utilisant le théorème de PICARD que cette suite converge vers un réel ℓ que l'on précisera.

(b) Démontrer que pour tout n entier naturel et tout x réel, on a : $f(g^n(x)) = f(x)$.

(c) En déduire que f est constante.

4. Un système non linéaire dans $\mathbb{R}^2$

On s'intéresse au système : $(S) \begin{cases} 4x = \sin(x+y) \\ 3y = 3 + 2\arctan(x-y) \end{cases}$

On munit $\mathbb{R}^2$ de la norme définie par : $\|(x,y)\|_1 = |x| + |y|$ et on considère l'application $\mathbb{R}^2 \to \mathbb{R}^2$ définie par :

$$\psi(x,y) = \left(\frac{1}{4}\sin(x+y), 1 + \frac{2}{3}\arctan(x-y)\right).$$

(a) Pourquoi l'espace vectoriel normé $(\mathbb{R}^2, \|\cdot\|_1)$ est-il complet ?

(b) Démontrer que pour tout a et b réels, on a :

$$|\sin(b) - \sin(a)| \leqslant |b-a| \quad \text{et} \quad |\arctan(b) - \arctan(a)| \leqslant |b-a|.$$

(c) Prouver que ψ est une contraction stricte de $(\mathbb{R}^2, \|\cdot\|_1)$ dans $(\mathbb{R}^2, \|\cdot\|_1)$.

(d) En déduire que le système (S) admet une unique solution dans $\mathbb{R}^2$.

(e) Ici $\mathbb{R}^2$ est muni de la norme $\|\cdot\|_\infty$ définie par $\|(x,y)\|_\infty = \max(|x|,|y|)$ qui en fait un espace de Banach.
Déterminer $\left\|\psi\left(\frac{1}{2}, -\frac{1}{2}\right) - \psi(0,0)\right\|_\infty$. L'application ψ est-elle encore une contraction stricte pour la norme $\|\cdot\|_\infty$? Quel commentaire peut-on faire ?

PARTIE III : Une équation intégrale

5. Soit F l'espace vectoriel des applications bornées de $[0,1]$ dans $\mathbb{R}$. Pour f dans F on pose $\|f\|_\infty = \sup\limits_{x\in[0,1]} |f(x)|$.
On note aussi E l'espace vectoriel des applications continues de $[0,1]$ dans $\mathbb{R}$.

(a) Démontrer soigneusement que $\|\cdot\|_\infty$ est une norme sur F. On admettra pour la suite que $(F, \|\cdot\|_\infty)$ est un espace de Banach.

(b) Vérifier que $E \subset F$.

(c) Démontrer le résultat suivant du cours. Si $(G, \|\cdot\|)$ est un espace vectoriel normé et si (g_n) est une suite d'applications continues de G dans G qui converge uniformément sur G vers une application g alors g est continue.

(d) En déduire que $(E, \|\cdot\|_\infty)$ est aussi un espace de Banach.

6. On considère une application continue $K : [0;1]^2 \to \mathbb{R}$ ainsi que $g \in E$. Pour λ réel, on note Φ l'application qui à une fonction f de E associe la fonction définie par : $\Phi(f)(x) = g(x) - \lambda \int_0^1 K(x,y)f(y)dy$ pour tout x dans $[0,1]$.

(a) Justifier que l'application $|K|$ est bornée et atteint ses bornes. On pose $M = \max\limits_{(x,y)\,\in[0,1]^2} |K(x,y)|$.

(b) Démontrer que $\Phi(f)$ est un élément de E.

(c) On suppose que $|\lambda| < M^{-1}$. Vérifier que Φ est une contraction stricte de $(E, \|\cdot\|_\infty)$ et en déduire qu'il existe une unique application f dans E telle que : $g(x) = f(x) + \lambda \int_0^1 K(x,y)f(y)dy$ pour tout x dans $[0,1]$.

PARTIE IV : Une application géométrique

7. Dans le plan rapporté à un repère orthonormal on considère un vrai triangle ABC avec B et C sur l'axe des abscisses. Soit M un point de l'axe des abscisses. On note :

- P_M le projeté orthogonal de M sur (CA) ;
- Q_M le projeté orthogonal de P_M sur (AB);
- R_M le projeté orthogonal de Q_M sur (BC).

On obtient donc une application $\varphi : \mathbb{R} \to \mathbb{R}$ qui à l'abscisse de M associe l'abscisse de R_M. On appelle a, b et c les mesures respectives des angles $\widehat{BAC}, \widehat{ABC}$ et $\widehat{BCA}$.

(a) Pour M et M' points distincts de (BC), justifier l'égalité (lorsque $M \neq C$) $\dfrac{P_M P_{M'}}{MM'} = \dfrac{P_M C}{MC} = |\cos(c)|$.

(b) Démontrer que φ est une contraction stricte de $(\mathbb{R}, |\cdot|)$. Que peut-on en déduire ?

Solution

EXERCICE 1

1. (E) est une équation différentielle linéaire du premier ordre à coefficients fonctions continues sur les intervalles $]-1,0[$ et $]0,1[$.

$(E) \iff \dfrac{d}{dx}(xy(x)) = \dfrac{d}{dx}\Big(\arcsin(x^2)\Big)$.

Il existe donc deux nombres réesl C_1 et C_2 tels que :

$\forall x \in]-1,0[, y(x) = \dfrac{C_1 + \arcsin(x^2)}{x}$,

$\forall x \in]0,1[, y(x) = \dfrac{C_2 + \arcsin(x^2)}{x}$.

2. Procédons par analyse-synthèse.

• Si (E) a une solution f sur $]-1,1[$ alors, d'après 1.

$$f(x) = \begin{cases} \dfrac{C_1 + \arcsin(x^2)}{x} & \text{si } x \in]-1,0[\\ \dfrac{C_2 + \arcsin(x^2)}{x} & \text{si } x \in]0,1[\\ 0 & \text{si } x = 0 \end{cases}$$

Si $C_1 \neq 0$, $\lim\limits_{x \to 0^-} |f(x)| = +\infty$; si $C_2 \neq 0$, $\lim\limits_{x \to 0^+} |f(x)| = +\infty$.

Donc, nécessairement $C_1 = C_2 = 0$ et (E) a une unique solution.

• Soit f définie par $f(x) = \begin{cases} \dfrac{\arcsin(x^2)}{x} & \text{si } x \in]-1,1[\setminus\{0\} \\ 0 & \text{si } x = 0 \end{cases}$

La fonction f ainsi définie est de classe $\mathcal{C}^1$ sur $]-1,1[\setminus\{0\}$ d'après des théorèmes généraux. Elle est solution de (E) sur $]-1,0[$ et sur $]0,1[$.

Comme $f(x) \underset{x \to 0}{\sim} x$, on a $\lim\limits_{x \to 0} f(x) = 0 = f(0)$ et f est continue en 0. D'où la continuité de f sur $]-1,1[$.

On a aussi $f(x) \underset{x \to 0}{=} x + o(x)$ *i.e.* f a un développement limité à l'ordre 1 en 0. Elle est donc dérivable en 0 et $f'(0) = 1$. On peut donc conclure que f est solution de (E) sur $]-1,1[$.

Il résulte de ce raisonnement que (E) a une unique solution sur $]-1,1[$ qui est cette fonction f.

EXERCICE 2

1. La fonction $t \mapsto e^{-t^2}$ est continue sur $\mathbb{R}_+$ et négligeable devant $t \mapsto t^{-2}$ au voisinage de $+\infty$, par croissances comparées. Comme cette dernière fonction est intégrable sur $[1,+\infty[$, la fonction $t \mapsto e^{-t^2}$ est intégrable sur $\mathbb{R}_+$

2. (a) En tant que primitive de la fonction $t \mapsto e^{-t^2}$ continue sur $\mathbb{R}_+$, la fonction f est de classe $\mathcal{C}^1$ sur $\mathbb{R}_+$ et $f'(x) = e^{-x^2}$.

La fonction $F : (x,t) \mapsto \dfrac{e^{-x^2(1+t^2)}}{1+t^2}$ est de classe $\mathcal{C}^1$ sur $\mathbb{R}_+ \times [0,1]$ par théorèmes généraux et $\dfrac{\partial F}{\partial x}(x,t) = -2xe^{-x^2(1+t^2)}$.

Pour tout $(x,t) \in \mathbb{R}_+ \times [0,1], \left|\dfrac{\partial F}{\partial x}(x,t)\right| \leqslant 2$. La fonction constante $t \mapsto 2$ étant intégrable sur le segment $[0,1]$, toutes les hypothèses du théorème de dérivation sous le signe somme sont vérifiées. On peut conclure que g est de classe $\mathcal{C}^1$ sur $\mathbb{R}_+$ et $g'(x) = \displaystyle\int_0^1 \frac{\partial F}{\partial x}(x,t)dt = \int_0^1 -2xe^{-x^2(1+t^2)}dt$.

(b) Si $x > 0$, le changement de variable linéaire $t = xu$ donne $f(x) = \displaystyle\int_0^1 xe^{-u^2x^2}du$. Cette égalité étant vraie aussi si $x = 0$, le résultat est prouvé. Donc, pour tout $x \in \mathbb{R}_+, g'(x) = -2e^{-x^2}\displaystyle\int_0^1 xe^{-t^2x^2}dt = -2f'(x)f(x)$ et par suite $\varphi'(x) = 0$. Donc : $\forall x \in \mathbb{R}_+, \varphi(x) = \varphi(0) = g(0) = \dfrac{\pi}{4}$ car $g(0) = \displaystyle\int_0^1 \frac{dt}{1+t^2} = \Big[\arctan(t)\Big]_0^1 = \frac{\pi}{4}\cdot$

(c) $\forall (x,t) \in \mathbb{R}_+ \times [0,1], 0 < F(x,t) = e^{-x^2}\dfrac{e^{-t^2x^2}}{1+t^2} \leqslant e^{-x^2}\cdot$

Donc $\forall x \in \mathbb{R}_+, 0 \leqslant g(x) \leqslant \displaystyle\int_0^1 e^{-x^2}dt = e^{-x^2}$.

(d) Par encadrement, il découle de (c) que $\lim\limits_{+\infty} g = 0$. Comme $\lim\limits_{+\infty} f = I$, par passage à la limite dans l'égalité $\dfrac{\pi}{4} = g + f^2$ on obtient $I^2 = \dfrac{\pi}{4}\cdot$

Comme $t \mapsto e^{-t^2}$ est positive, $I \geqslant 0$, d'où $I = \dfrac{\sqrt{\pi}}{2}\cdot$

PROBLÈME

Partie I

1. (a) $\forall n \in \mathbb{N}, \|f(x_{n+1} - f(x_n)\| \leqslant k\|x_{n+1} - x_n\|$ *i.e.* $\|u_{n+1}\| \leqslant k\|u_n\|$.

Par récurrence, on obtient : $\forall n \in \mathbb{N}, \|u_n\| \leqslant k^n\|u_0\| = k^n\|f(a) - a\|$.

De la convergence de la série géométrique $\sum k^n$, puisque $k \in [0,1[$, on déduit celle de la série à termes positifs $\sum \|u_n\|$. L'espace $(E, \|\cdot\|)$ étant de Banach, la convergence absolue implique la convergence. La série $\sum u_n$ converge.

(b) D'après le critère de convergence suites/séries, la convergence de la série $\sum(x_{n+1} - x_n)$ équivaut à la convergence de la suite $(x_n)_{n\geqslant 0}$ vers $\ell \in E$.

(c) La fonction étant une contraction stricte, elle est lipschitzienne et donc continue sur E. Donc $\lim\big(f(x_n)\big) = f(\ell)$ et comme $x_{n+1} = f(x_n)$, par unicité de la limite, $\ell = f(\ell)$.

(d) Si f a un autre point fixe ℓ', alors $\|f(\ell) - f(\ell')\| \leqslant k\|\ell - \ell'\|$. Donc $(1-k)\|\ell - \ell'\| \leqslant 0$ Comme $(1-k) > 0$, il s'ensuit que $\|\ell - \ell'\| = 0$ *i.e.* $\ell = \ell'$. La fonction f a donc un point fixe unique.

Partie II

2. (a) g est de classe $\mathcal{C}^1$ sur $\mathbb{R}$ et $g'(t) = 1 - \dfrac{1}{1+t^2} = \dfrac{t^2}{1+t^2} \in [0, 1[$.
Donc : $\forall t \in \mathbb{R}, |g'(t)| < 1$.
Soit $(x, y) \in \mathbb{R}^2, x \neq y$, on déduit de l'inégalité des accroissements finis que

$$|g(x) - g(y)| < |x - y|.$$

(b) Comme, pour tout $t \in \mathbb{R}, \arctan(t) < \dfrac{\pi}{2}$, on a : $\forall t \in \mathbb{R}, g(t) > t$.
La fonction g n'a pas de point fixe. Elle n'est pas une contraction stricte car sinon, comme les autres hypothèses du théorème de Picard sont vérifiées, elle aurait un point fixe.

3. (a) $u_{n+1} = g(u_n)$ et $\forall (x, y) \in \mathbb{R}^2, |g(x) - g(y)| = \dfrac{1}{5}|x - y|$.
La fonction g est donc une contraction stricte. D'après le théorème de Picard, la suite (u_n) converge vers $\ell = g(\ell)$ *i.e.* $\ell = \dfrac{5}{4}$.

(b) Pour tout $n \in \mathbb{N}, f(u_n) = f\big(g(u_n)\big) = f(u_{n+1})$. La suite $(f(u_n))_{n\geqslant 0}$ est donc constante. Pour $u_0 = x, u_n = g^n(x)$. Donc $f\big(g^n(x)\big) = f(x)$.

(c) Comme f est continue sur $\mathbb{R}$, par passage à la limite quand $n \to \infty$ et x fixé, dans l'égalité précédente, on obtient $f(\ell) = f(x)$.
Donc, pour tout $x \in \mathbb{R}, f(x) = f(\ell)$ *i.e.* f est constante.

4. (a) Comme $\mathbb{R}^2$ est un espace vectoriel de dimension finie, l'espace vectoriel normé $(\mathbb{R}^2, \|\cdot\|_1)$ est un espace de Banach.

(b) Les fonction sin et arctan sont de classe $\mathcal{C}^1$ sur $\mathbb{R}$ et l'on a d'une part, $|\sin'| = |\cos| \leqslant 1$, d'autre part, pour tout $x \in \mathbb{R}, \arctan'(x) = \dfrac{1}{1+x^2} \in]0, 1]$.
L'inégalité des accroissements finis implique, pour tout $(a, b) \in \mathbb{R}^2$,

$$|\sin(a) - \sin(b)| \leqslant |a - b| \quad \text{et} \quad |\arctan(a) - \arctan(b)| \leqslant |a - b|.$$

(c) $\psi(x, y) - \psi(x', y') = (\alpha, \beta)$ où

$$(\alpha, \beta) = \left(\frac{1}{4}\big(\sin(x+y) - \sin(x'+y')\big), \frac{2}{3}\big(\arctan(x-y) - \arctan(x'-y')\big)\right).$$

$|\alpha|+|\beta| \leqslant \frac{1}{4}|x+y-x'-y'|+\frac{2}{3}|x-y-x'+y'|$ d'après (b).

Donc $|\alpha|+|\beta| \leqslant \left(\frac{1}{4}+\frac{2}{3}\right)\big(|x-x'|+|y-y'|\big)$ par inégalité triangulaire dans $\mathbb{R}$.

Donc $\|(\alpha,\beta)\|_1 \leqslant \frac{11}{12}\|(x,y)-(x',y')\|_1$.

L'application ψ est une contraction stricte de $(\mathbb{R}^2, \|\cdot\|_1)$ dans $(\mathbb{R}^2, \|\cdot\|_1)$.

(d) Les hypothèses du théorème de Picard étant toutes vérifiées, ψ a un point fixe unique. Comme $(S) \iff \big(\psi(x,y)=(x,y)\big)$, le système a une unique solution.

(e) $\psi\left(\frac{1}{2},-\frac{1}{2}\right)-\psi(0,0)=\left(0,\frac{\pi}{6}\right) \Rightarrow \left\|\psi\left(\frac{1}{2},-\frac{1}{2}\right)-\psi(0,0)\right\|_\infty=\frac{\pi}{6}$.

$\left\|\left(\frac{1}{2},-\frac{1}{2}\right)-(0,0)\right\|_\infty=\frac{1}{2}$. Si ψ était une contraction stricte de $(\mathbb{R}^2, \|\cdot\|_\infty)$ dans $(\mathbb{R}^2, \|\cdot\|_\infty)$ il existerait $k \in [0,1[$ tel que $\frac{\pi}{6} \leqslant k\frac{1}{2}$ ce qui implique $k \geqslant \frac{\pi}{3} > 1$ ce qui est absurde. Donc ψ n'est pas une contraction stricte de $(\mathbb{R}^2, \|\cdot\|_\infty)$ dans $(\mathbb{R}^2, \|\cdot\|_\infty)$. Le théorème de Picard n'est pas applicable et pourtant ψ a un point fixe dans $\mathbb{R}^2$.

Partie III

5. (a) L'application $\|\cdot\|_\infty$ est clairement à valeurs dans $\mathbb{R}_+$ et, si $\|f\|_\infty=0$, alors pour tout $x\in[0,1], 0 \leqslant |f(x)| \leqslant \|f\|_\infty = 0$ *i.e.* f est nulle.

Si $\lambda \in \mathbb{R}$ et $f \in F$, on a : $\forall x \in [0,1], |\lambda f(x)| = |\lambda||f(x)| \leqslant |\lambda|\|f\|_\infty$.

Donc : $\|\lambda f\|_\infty = \sup\limits_{x\in[0,1]} |\lambda f(x)| \leqslant |\lambda|\|f\|_\infty$.

Si $\lambda \neq 0$, $\left\|\frac{1}{\lambda}(\lambda f)\right\|_\infty = \|f\|_\infty \leqslant \frac{1}{|\lambda|}\|\lambda f\|_\infty \Rightarrow \|\lambda f\|_\infty \geqslant |\lambda|\|f\|_\infty$.

Donc, pour $\lambda \neq 0$, on a $\|\lambda f\|_\infty = |\lambda|\|f\|_\infty$, égalité encore vraie si $\lambda = 0$.

Enfin, si f et g sont dans F, $\forall x \in [0,1]$, $\big|(f+g)(x)\big| \leqslant \big|f(x)\big| + \big|g(x)\big|$

D'où $\forall x \in [0,1], \big|(f+g)(x)\big| \leqslant \|f\|_\infty + \|g\|_\infty$.

Comme $\|f\|_\infty + \|g\|_\infty$ majore l'ensemble $\big\{\big|(f+g)(x)\big| \mid x \in [0,1]\big\}$ on déduit de la définition de la borne supérieure $\|f+g\|_\infty \leqslant \|f\|_\infty + \|g\|_\infty$.

L'application $F \to \mathbb{R}_+, f \mapsto \|f\|_\infty$ est une norme sur F.

(b) Si $f \in E$, elle est continue sur le segment $[0,1]$ de $\mathbb{R}$; elle est donc bornée sur $[0,1]$ et atteint ses bornes. D'où $f \in F$. Donc $E \subset F$.

(c) Il suffit de prouver que g est continue en tout point a de G. Soit $a \in G$.

$\forall x \in G, \forall n \in \mathbb{N}, \|g(x)-g(a)\| \leqslant \|g(x)-g_n(x)\|+\|g_n(x)-g_n(a)\|+\|g_n(a)-g(a)\|$

Comme (g_n) converge uniformément sur G vers g, soit $\varepsilon \in \mathbb{R}_+^\star$, soit $n_0(\varepsilon) \in \mathbb{N}$ tel que : $\forall n \in \mathbb{N}, n \geqslant n_0(\varepsilon), \forall t \in G, \|g_n(t)-g(t)\| \leqslant \frac{\varepsilon}{3}$.

Donc $\forall x \in G, \|g(x) - g(a)\| \leqslant \dfrac{2\varepsilon}{3} + \|g_{n_0(\varepsilon)}(x) - g_{n_0(\varepsilon)}(a)\|$.
La fonction $g_{n_0(\varepsilon)}$ étant continue en a, il existe $\alpha \in \mathbb{R}_+^\star$ tel que
$\forall x \in G, \|x - a\| \leqslant \alpha \Rightarrow \|g_{n_0(\varepsilon)}(x) - g_{n_0(\varepsilon)}(a)\| \leqslant \dfrac{\varepsilon}{3}$.
Donc : $\forall \varepsilon \in \mathbb{R}_+^\star, \exists \alpha \in \mathbb{R}_+^\star, \forall x \in G, \|x - a\| \leqslant \alpha \Rightarrow \|g(x) - g(a)\| \leqslant \varepsilon$.
La fonction g est donc continue sur G si (g_n) converge uniformément vers g sur G et si les fonctions g_n sont continues sur G.

(d) On déduit de (c) que l'espace vectoriel E est une partie fermée de $(F, \|\cdot\|_\infty)$ qui est un un espace de Banach. Donc E, muni de la norme induite, est un espace de Banach.

6. (a) $|K|$ est continue sur $[0,1]^2$ qui est un compact de $\mathbb{R}^2$. Donc $|K|$ est bornée sur $[0,1]^2$ et y atteint ses bormes.

(b) L'application $h : [0,1]^2 \to \mathbb{R}, (x,y) \mapsto K(x,y)f(y)$ est continue sur $[0,1]^2$ si $f \in E$. De plus, si $(x,y) \in [0,1]^2, |h(x,y| \leqslant M\|f\|_\infty = \varphi(y)$.
L'application constante $\varphi : [0,1] \to \mathbb{R}, y \mapsto M\|f\|_\infty$ est intégrable sur le segment $[0,1]$. Les hypothèses du théorème de continuité des intégrales paramétrées étant toutes vérifiées, $x \mapsto \displaystyle\int_0^1 h(x,y)dy$ est élément de E.
E étant un espace vectoriel et g étant élément de E, $\Phi(f) \in E$.

(c) Soit $f_1, f_2 \in E$.
$\forall x \in [0,1], |\Phi(f_1)(x) - \Phi(f)_2)(x) = |\lambda| \left| \displaystyle\int_0^1 K(x,y)\big(f_1(y) - f_2(y)\big)dy \right|$.
D'après l'inégalité de la moyenne, $\|\Phi(f_1) - \Phi(f_2)\|_\infty \leqslant |\lambda| M \|f_1 - f_2\|_\infty$.
Si $|\lambda| M < 1$, l'application Φ est une contraction stricte de $(E, \|\cdot\|_\infty)$ qui est un espace de Banach. Le théorème de Picard permet de conclure.

Partie IV

7. (a) Le triangle (MP_MC) étant rectangle en P_M, on a $\dfrac{P_MC}{MC} = |\cos(c)|$ si $M \neq C$. De même, $\dfrac{P_{M'}C}{M'C} = |\cos(c)|$ si $M' \neq C$. D'où $\dfrac{P_MP_{M'}}{MM'} = |\cos(c)|$ si $M \neq M'$, puisque $\dfrac{\alpha}{\beta} = \dfrac{\alpha'}{\beta'} \Rightarrow \dfrac{\alpha}{\beta} = \dfrac{\alpha'}{\beta'} = \dfrac{\alpha - \alpha'}{\beta - \beta'}$.

(b) On déduit de (a) que $\dfrac{Q_MQ_{M'}}{P_MP_{M'}} = |\cos(a)|$ et $\dfrac{R_MR_{M'}}{Q_MQ_{M'}} = |\cos(b)|$.
Il en découle que $R_MR_{M'} = |\cos(a)\cos(b)\cos(c)|MM'$
i.e. $\forall (x,x') \in \mathbb{R}^2, |\varphi(x) - \varphi(x')| \leqslant k|x - x'|$
avec $k = |\cos(a)\cos(b)\cos(c)| \in]0,1[$ car (ABC) est un vrai triangle.
L'application φ est une contraction stricte de l'espace de Banach $(\mathbb{R}, |\cdot|)$. Elle a un unique point fixe.

Fin

Ce sujet est composé de deux exercices et d'un problème indépendants.
Remarques
Il n'est pas demandé le détail des calculs sur la copie lorsque le candidat aura besoin de calculer un déterminant, un produit de matrices, l'inverse d'une matrice ou tout autre calcul. Par exemple, pour un déterminant, il pourra se contenter d'écrire le déterminant à calculer et de donner la réponse.
On rappelle que le candidat doit indiquer les théorèmes utilisés et lorsqu'il s'agira des théorèmes de Bézout et Gauss il indiquera leur nom.

PREMIER EXERCICE

Soit E un $\mathbb{R}$-espace vectoriel, u un endomorphisme de E et P un polynôme à coefficients réels.

1. Si λ est une valeur propre de u, démontrer que $P(\lambda)$ est une valeur propre de l'endomorphisme $P(u)$ de E.

2. On suppose que $P(u)$ est l'endomorphisme nul : $P(u) = 0$.

(a) Montrer que toute valeur propre de u est racine de P.

(b) Réciproquement, toute racine de P est-elle valeur propre de u ?

3. On suppose dans cette question que E est un $\mathbb{R}$-espace vectoriel de dimension **impaire** et que u est un endomorphisme de E vérifiant $u^3 - u^2 + u - id = 0$. Déterminer le spectre de u.

DEUXIÈME EXERCICE

On munit $\mathbb{R}^3$ de sa structure euclidienne canonique et on note (e_1, e_2, e_3) sa base canonique. On note $w = 2e_1 + 3e_2 + e_3$ et Π le plan vectoriel d'équation $2x+3y+z = 0$. On note s la symétrie orthogonale par rapport au plan Π et S la matrice de s dans la base (e_1, e_2, e_3) de $\mathbb{R}^3$.

1. Donner une base (u, v) du plan Π et justifier, sans calcul, que (u, v, w) est une base de $\mathbb{R}^3$.

2. Écrire la matrice S' de la symétrie s dans la base (u, v, w).

3. En déduire la matrice S.

PROBLÈME. Résultant de deux polynômes

I. Définition et propriétés

Soit p et q deux entiers naturels non nuls, soit $P = \sum_{k=0}^{p} a_k X^k$ et $Q = \sum_{k=0}^{q} b_k X^k$ deux polynômes de $\mathbb{C}[X]$ avec $a_p \neq 0, b_q \neq 0$. Le résultant des polynômes P et Q est le nombre complexe noté $\mathrm{Res}(P,Q)$:

$$\mathrm{Res}(P,Q) = \begin{vmatrix} a_0 & & & b_0 & & \\ a_1 & \ddots & & b_1 & \ddots & \\ \vdots & & a_0 & \vdots & & b_0 \\ a_p & & a_1 & a_0 & \vdots & & b_1 \\ & \ddots & \vdots & a_1 & b_q & & \vdots \\ & & a_p & \vdots & \vdots & \ddots & \vdots \\ & & & a_p & & & b_q \end{vmatrix}.$$

C'est un déterminant $q+p$ colonnes, dont les q premières colonnes représentent les coefficients du polynôme P et les p suivantes représentent les coefficients du polynôme Q ; les positions non remplies étant des zéros.

Par exemple, si $P = 1 + 2X + 3X^2$ et $Q = 4 + 5X + 6X^2 + 7X^3$,

$$\mathrm{Res}(P,Q) = \begin{vmatrix} 1 & 0 & 0 & 4 & 0 \\ 2 & 1 & 0 & 5 & 4 \\ 3 & 2 & 1 & 6 & 5 \\ 0 & 3 & 2 & 7 & 6 \\ 0 & 0 & 3 & 0 & 7 \end{vmatrix}.$$

La matrice servant à définir $\mathrm{Res}(P,Q)$ pourra être notée $M_{P,Q}$.
$\mathrm{Res}(P,Q) = \det(M_{P,Q})$.
On note $E = \mathbb{C}_{q-1}[X] \times \mathbb{C}_{p-1}[X]$ et $F = \mathbb{C}_{p+q-1}[X]$. Soit u l'application de E vers F définie pour $(A,B) \in E$ par $u(A,B) = PA + QB$.

1. Cas où u est bijective

(a) Démontrer que u est une application linéaire.

(b) Si on suppose que u est bijective, démontrer que P et Q sont premiers entre eux.

(c) Si on suppose que P et Q sont premiers entre eux, déterminer $\mathrm{Ker}(u)$ et en déduire que u est bijective.

2. Matrice de u
On note $\mathcal{B} = \big((1,0),(X,0),\ldots,(X^{q-1},0),(0,1),(0,X),\ldots,(0,X^{p-1})\big)$ une base de E et $\mathcal{B}' = (1, X, ..., X^{p+q-1})$ la base canonique de F.

(a) Déterminer la matrice de u par rapport aux bases $\mathcal{B}$ et $\mathcal{B}'$.

(b) Démontrer que $\text{Res}(P,Q) \neq 0$ si, et seulement si, P et Q sont premiers entre eux (donc $\text{Res}(P,Q) = 0$ si, et seulement si, P et Q ont au moins une racine commune complexe).

3. Racine multiple

(a) Démontrer qu'un polynôme P de $\mathbb{C}[X]$ admet une racine multiple dans $\mathbb{C}$ si, et seulement si, $\text{Res}(P,P') = 0$.

(b) Application : déterminer une condition nécessaire et suffisante pour que le polynôme $X^3 + aX + b$ admette une racine multiple.

II. Applications

4. Équation de Bézout
Dans cette question, on note $P = X^4 + X^3 + 1$ et $Q = X^3 - X + 1$.

(a) Démontrer, en utilisant la première partie, que les polynômes P et Q sont premiers entre eux.

(b) On cherche un couple (A_0, B_0) de polynômes de $\mathbb{C}[X]$ tel que $PA_0 + QB_0 = 1$.
Expliquer comment on peut trouver un tel couple en utilisant la matrice de u puis donner un couple solution.

(c) Déterminer tous les couples (A,B) de polynômes de $\mathbb{C}[X]$ vérifiant $PA + QB = 1$.

On pourra commencer par remarquer que, si (A,B) est un couple solution, alors $P(A - A_0) = Q(B_0 - B)$.

5. Équation d'une courbe
On considère la courbe Γ de représentation paramétrique

$$\begin{cases} x(t) = t^2 + t \\ y(t) = t^2 - t + 1 \end{cases}$$

pour $t \in \mathbb{R}$
Étudier et construire la courbe Γ, on précisera les branches infinies.
On se donne deux polynômes P et Q à coefficients réels et l'on pose, pour $(x,y,t) \in \mathbb{R}^3$, $A(t) = P(t) - x$ et $B(t) = Q(t) - y$. Établir que si un point M de coordonnées (x,y) appartient à la courbe de représentation paramétrique $\begin{cases} x(t) = P(t) \\ y(t) = Q(t) \end{cases}$ pour $t \in \mathbb{R}$ alors les fonctions polynômes A et B ont une racine commune.

En déduire qu'un point M de coordonnées (x, y) appartenant à la courbe Γ vérifie : $x^2 + y^2 - 2xy - 4y + 3 = 0$.

(c) Expliquer brièvement et sans calcul, à partir de la matrice de la forme quadratique définie sur $\mathbb{R}^2$ par $q(x, y) = x^2 + y^2 - 2xy$, la nature de la courbe d'équation cartésienne : $x^2 + y^2 - 2xy - 4y + 3 = 0$.

6. Nombre algébrique

En utilisant les polynômes $P(X) = X^2 - 3$ et $Q(X) = (y - X)^2 - 7$, déterminer un polynôme à coefficients entiers de degré 4 ayant comme racine $\sqrt{3} + \sqrt{7}$. Quelles sont les autres racines de ce polynôme ?

Solution

EXERCICE 1

1. Comme $\lambda \in \mathbb{R}$ est racine du polynôme $P(X) - P(\lambda)$, on peut écrire $P(X) - P(\lambda) = (X - \lambda)Q(X)$ où $Q \in \mathbb{R}[X]$. Par substitution, on a $P(u) - P(\lambda)I_E = Q(u) \circ (u - \lambda I_E)$, d'où $\text{Ker}(P(u) - P(\lambda)I_E)$ contient le sous-espace vectoriel $\text{Ker}(u - \lambda I_E)$ qui est $\neq \{0_E\}$ si λ est valeur propre de u. Donc si λ est valeur propre de u, alors $P(\lambda)$ est valeur propre de $P(u)$.

Remarque : une autre démonstration « plus naturelle » semble $u(x) = \lambda x$ avec $x \neq 0$ implique $u^k(x) = \lambda^k x$ pour tout $k \in \mathbb{R}$, ce qui nécessite un raisonnement par récurrence à rédiger à ce concours. Ensuite, on écrit $P(X) = \sum_{k=0}^{p} a_k X^k$ et l'on explique le calcul de $P(u)(x) = \ldots$

2. (a) Si $P(u) = 0$, on déduit de 1. que $P(\lambda)$ est valeur propre de l'application nulle de E dans E, donc $P(\lambda) = 0$. Donc $\text{Sp}(u)$ est inclus dans l'ensemble des zéros réels de P.

(b) La réciproque est fausse. Soit u l'endomorphisme nul de E, son spectre est $\{0\}$ alors que le polynôme $P(X) = X(X - 1)$ annule u.

3. Soit $P = X^3 - X^2 + X - 1 = (X - 1)(X^2 + 1)$. De $P(u) = 0$ et des questions précédentes, on déduit que $\text{Sp}(u) \subset \{1\}$ (un endomorphisme d'un $\mathbb{R}$-espace vectoriel ne pouvant avoir que des valeurs propres réelles).

Comme E est de dimension impaire $(2p+1)$, le polynôme caractéristique de u est de degré $(2p+1)$. On sait que $\chi_u(X) = -X^{2p+1} + \text{tr}(u)X^{2p} + \cdots + \det(u)$ En tant que polynôme de degré impair, χ_u a au moins une racine réelle. Donc $\text{Sp}(u) = \{1\}$.

EXERCICE 2

1. $(x, y, z) \in \Pi \iff (x, y, z) = (x, y, -2x - 3y) = xu + yv$ avec $u = (1, 0, -2)$ et $v = (0, 1, -3)$. Comme (u, v) est génératrice de Π, c'est une base de Π. Comme $\Pi \oplus \Pi^\perp = \mathbb{R}^3$ et $w \in \Pi^\perp$, on déduit du théorème sur les bases adaptées à une somme directe, que $\mathcal{B}' = (u, v, w)$ est une base de $\mathbb{R}^3$.

2. s étant la symétrie orthogonale par rapport au plan Π, on a $s(u) = u$, $s(v) = v$ et $s(w) = -w$. D'où $S' = M_{\mathcal{B}'}(s) = \text{Diag}(1, 1, -1)$.

3. Si P est la matrice de passage de $\mathcal{B}$ à $\mathcal{B}'$, alors P^{-1} est la matrice de passage de $\mathcal{B}'$ à $\mathcal{B}$ et l'on a $S = PS'P^{-1}$. Ouvrous la « boîte noire »

$$P = \begin{pmatrix} 1 & 0 & 2 \\ 0 & 1 & 3 \\ -2 & -3 & 1 \end{pmatrix} \Rightarrow P^{-1} = \frac{1}{14}\begin{pmatrix} 10 & -6 & -2 \\ -6 & 5 & -3 \\ 2 & 3 & 1 \end{pmatrix}$$

D'où $S = \dfrac{1}{7}\begin{pmatrix} 3 & -6 & -2 \\ -6 & -2 & -3 \\ -2 & -3 & 6 \end{pmatrix}$

PROBLÈME

Partie I

1. (a) Soient $\lambda \in \mathbb{C}$ et $\big((A,B),(A_1,B_1)\big) \in E^2$. Alors
$\lambda(A,B) + (A_1,B_1) = (\lambda A + A_1, \lambda B + B_1)$ par définition des lois sur $E \times E$.
$u\big(\lambda(A,B) + (A_1,B_1)\big) = P(\lambda A + A_1) + Q(\lambda B + B_1)$ par définition de u.
Comme $\mathbb{C}[X]$ est une $\mathbb{C}$-algèbre,
$u\big(\lambda(A,B) + (A_1,B_1)\big) = \lambda(PA + QB) + (PA_1 + QB_1)$, ce qui, compte tenu de la définition de u donne $u\big(\lambda(A,B) + (A_1,B_1)\big) = \lambda u(A,B) + u(A_1,B_1)$.
L'application u est donc linéaire.

(b) Si u est bijective, l'élément $1 = X^0$ de F a au moins un antécédant $(A,B) \in E$ tel que $1 = u(A,B) = AP + BQ$ *i.e.* P et Q sont deux polynômes premiers entre eux d'après le théorème de Bézout.

(c) Supposons P et Q premiers entre eux.
$(A,B) \in \mathrm{Ker}(u) \iff PA + QB = 0 \iff PA = -QB$. Comme $P|QB$ et P est premier avec Q, d'après le théorème de Gauss, $P|B$ *i.e.* il existe $S \in \mathbb{C}[X]$ tel que $B = PS$. Mais comme $PA = -QB$ et $P \neq 0$, on a $A = -QS$.
Inversement, $\forall S \in \mathbb{C}[X], A(-QS) + (PS)Q = 0$.
Donc $\mathrm{Ker}(u) = \{(A,B) \in E \mid A = -QS \text{ et } B = PS, S \in \mathbb{C}[X]\}$.
Comme $\deg(A) = \deg(Q) + \deg(S)$, on a $q + \deg(S) \leqslant q - 1$. Donc $S = 0_{\mathbb{C}[X]}$.
$\mathrm{Ker}(u) = \{0\}$ implique l'injectivité de u. Comme $\dim(E) = \dim(F) = p + q$ l'application u est bijective.

2. (a) $\forall k \in [\![0, q-1]\!], u(X^k, 0) = X^k P = a_0 X^k + a_1 X^{k+1} + \cdots + a_p X^{k+p}$
$\forall k \in [\![0, p-1]\!], u(0, X^k) = X^k Q = b_0 X^k + b_1 X^{k+1} + \cdots + b_q X^{k+q}$.
Donc $M_{\mathcal{B},\mathcal{B}'}(u) = M_{P,Q}$.

(b) $\mathrm{Res}(P,Q) \neq 0 \iff \det(M_{P,Q}) \neq 0$ si, et seulement si, u est bijective. Ceci est équivalent, d'après 1.(b) et 1.(c) à P et Q sont premiers entre eux.

3. (a) $P \in \mathbb{C}[X]$ a un zéro multiple si, et seulement si, P et P' ont un zéro commun ce qui équivaut selon 2.(b) à $\mathrm{Res}(P,P') = 0$.

(b) Si $P = X^3 + aX + b$ alors $P' = 3X^2 + a$. Donc

$$\operatorname{Res}(P,P') = \begin{vmatrix} b & 0 & a & 0 & 0 \\ a & b & 0 & a & 0 \\ 0 & a & 3 & 0 & a \\ 1 & 0 & 0 & 3 & 0 \\ 0 & 1 & 0 & 0 & 3 \end{vmatrix} = 27b^2 + 4a^3.$$

La condition nécessaire et suffisante demandée est : $27b^2 + 4a^3 = 0$.

Partie II

4. (a) $$\operatorname{Res}(P,Q) = \begin{vmatrix} 1 & 0 & 0 & 1 & 0 & 0 & 0 \\ 0 & 1 & 0 & -1 & 1 & 0 & 0 \\ 0 & 0 & 1 & 0 & -1 & 1 & 0 \\ 1 & 0 & 0 & 1 & 0 & -1 & 1 \\ 1 & 1 & 0 & 0 & 1 & 0 & -1 \\ 0 & 1 & 1 & 0 & 0 & 1 & 0 \\ 0 & 0 & 1 & 0 & 0 & 0 & 1 \end{vmatrix} = 1.$$

D'après 2.(b) les polynômes P et Q sont premiers entre eux.

(b) Comme u est inversible, $u(A_0, B_0) = 1 \iff (A_0, B_0) = u^{-1}(1)$. On trouve (A_0, B_0) en calculant $M_{P,Q}^{-1}V$ où ${}^tV = (1\ 0\ 0\ 0\ 0)$.

On trouve $A_0 = 1 - X - X^2$ et $B_0 = X + 2X^2 + X^3 = X(X+1)^2$.

(c) Si (A, B) est solution, $\begin{cases} AP + BQ = 1 \\ A_0P + B_0Q = 1 \end{cases}$

Par soutraction, on en déduit que $(A - A_0)P = Q(B_0 - B)$.

$P|Q(B_0-B)$ et P est premier avec Q, d'après le théorème de Gauss, $P|(B_0-B)$ *i.e.* il existe $S \in \mathbb{C}[X]$ tel que $B_0 - B = PS$.

Mais comme $(A - A_0)P = Q(B_0 - B)$ et $P \neq 0$, on a $A - A_0 = QS$.

D'autre part, $\forall S \in \mathbb{C}[X], (A_0 + QS)P + (B_0 - PS)Q = A_0P + B_0Q = 1$.

Donc l'ensemble des couples solution est $\{(A_0 + QS, B_0 - PS) \mid S \in \mathbb{C}[X]\}$.

5. (a) En tant que fonctions polynomiales, x et y sont de classe $\mathcal{C}^\infty$ sur $\mathbb{R}$. Pour tout $t \in \mathbb{R}, x'(t) = 2t + 1$ et $y'(t) = 2t - 1$. D'où le tableau de variations

t	$-\infty$		$-1/2$		0		$1/2$				$+\infty$
$\frac{dx}{dt}$		$-$	0		$+$		$+$		$+$		
x	$+\infty$	↘	$-\frac{1}{4}$	↗	0	↗	$\frac{3}{4}$		↗		$+\infty$
y	$+\infty$	↘	$\frac{7}{4}$	↘	1	↘	$\frac{3}{4}$	↗		↗	$+\infty$
$\frac{dy}{dt}$		$-$		$-$	-1	$-$	0	$+$		$+$	

Comme $\lim\limits_{t\to\pm\infty} \dfrac{y(t)}{x(t)} = 1$, on étudie $\lim\limits_{t\to+\infty} (y(t) - x(t)) = +\infty$ la courbe a une branche parabolique de direction la droite d'équation $y = x$.

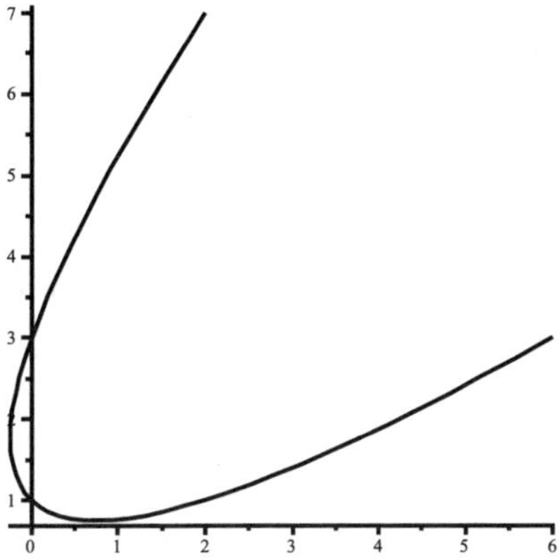

(b) $M = (x, y) \in \mathcal{C} \iff \begin{cases} x(t) = P(t) \\ y(t) = Q(t) \end{cases} \iff \exists t_0 \in \mathbb{R}, \begin{cases} A(t_0) = 0 \\ B(t_0) = 0 \end{cases}$ *i.e.* les polynômes A et B ont une racine commune. D'après I.32.(b), ceci équivaut à $\text{Res}(A, B) = 0$ où $A(X) = X^2 + X - x$ et $B(X) = X^2 - X + 1 - y$.

$$\text{Res}(A, B) = \begin{vmatrix} -x & 0 & 1-y & 0 \\ 1 & -x & -1 & 1-y \\ 1 & 1 & 1 & -1 \\ 0 & 1 & 0 & 1 \end{vmatrix} = 0 \iff x^2 + y^2 - 2xy - 4y + 3 = 0.$$

(c) La matrice de la forme quadratique est $\begin{pmatrix} 1 & -1 \\ -1 & 1 \end{pmatrix}$. Son déterminant étant nul, la courbe est du genre parabole. Pour préciser, on peut faire le changement de repère $\begin{cases} x' = x - y \\ y' = 4y - 3 \end{cases}$ et comme

$x^2 + y^2 - 2xy - 4y + 3 = 0 \iff (x - y)^2 - 4y + 3 = 0 \iff x'^2 = y'$,
on conclut que la courbe est une parabole.

6. On veut que $\alpha = \sqrt{3} + \sqrt{7}$ soit une racine commune de $P = X^2 - 3$ et $Q_y = (X - y)^2 - 7$ *i.e.* $y = \alpha + \sqrt{7}$ convient. Comme une condition nécessaire et suffisante pour que P et Q_y aient une racine commune est que leur résultant soit nul, calculons ce résultant.

$$\text{Res}(P, Q_y) = \begin{vmatrix} -3 & 0 & y^2 - 7 & 0 \\ 0 & -3 & -2y & y^2 - 7 \\ 1 & 0 & 1 & -2y \\ 0 & 1 & 0 & 1 \end{vmatrix} = y^4 - 20y^2 + 16.$$

Le polynôme $X^4 - 20X^2 + 16 \in \mathbb{Z}[X]$ convient et ses racines sont :

$$\pm(\sqrt{3} + \sqrt{7}) \text{ et } \pm(\sqrt{3} - \sqrt{7})$$

Fin

Notations et objectifs

n est un entier naturel supérieur ou égal à 1. On note $\mathfrak{M}_{n,1}(\mathbb{R})$ le $\mathbb{R}$-espace vectoriel de matrices colonnes à n lignes à coefficients réels, $\mathfrak{M}_n(\mathbb{R})$ le $\mathbb{R}$-espace vectoriel des matrices carrées réelles d'ordre n, $\mathrm{GL}_n(\mathbb{R})$ l'ensemble des matrices inversibles de $\mathfrak{M}_n(\mathbb{R})$, $O_n(\mathbb{R})$ l'ensemble des matrices orthogonales de $\mathfrak{M}_n(\mathbb{R})$ et $S_n(\mathbb{R})$ l'ensemble des matrices symétriques de $\mathfrak{M}_n(\mathbb{R})$. I_n désigne la matrice identité d'ordre n et pour toute matrice A, ${}^tA$ désigne la transposée de A.
Selon le contexte, 0 désigne soit le réel nul, soit la matrice nulle de $\mathfrak{M}_n(\mathbb{R})$, soit encore la matrice nulle de $\mathfrak{M}n,1(\mathbb{R})$.

On rappelle que pour toute matrice symétrique réelle d'ordre n, il existe P appartenant à $O_n(\mathbb{R})$ et D diagonale réelle d'ordre n telles que $S = PDP^{-1}$.
$\mathbb{R}^n$ est muni de son produit scalaire canonique noté $(\cdot|\cdot)$ et de la norme associée notée $\|\cdot\|$.

Une matrice S de $S_n(\mathbb{R})$ est dite positive si : $\forall X \in \mathfrak{M}_{n,1}(\mathbb{R})$, ${}^tXSX \geqslant 0$, et définie positive si : $\forall X \in \mathfrak{M}_{n,1}(\mathbb{R}) \setminus \{0\}$, ${}^tXSX > 0$.
On note $S_n^+(\mathbb{R})$ l'ensemble des matrices de $S_n(\mathbb{R})$ positives et $S_n^{++}(\mathbb{R})$ l'ensemble des matrices de $S_n(\mathbb{R})$ définies positives.

Soit A une application d'un intervalle I de $\mathbb{R}$ dans $\mathfrak{M}_n(\mathbb{R})$ qui à t associe la matrice $A(t)$ de coefficient d'indices i, j, $a_{i,j}(t)$. Si pour tout (i,j) de $[\![1,n]\!]^2$, l'application $t \mapsto a_{i,j}(t)$ est intégrable sur I, on note $\displaystyle\int_I A(t)\,dt$ la matrice de $\mathfrak{M}_n(\mathbb{R})$ de coefficient d'indices i, j, $\displaystyle\int_I a_{i,j}(t)\,dt$.

L'objectif de ce problème est d'étudier la notion de fonction matriciellement croissante.

Dans la première partie on étudiera les notions de matrices symétriques réelles positives et définies positives, puis on définira sur l'ensemble des matrices symétriques réelles une relation d'ordre. Diverses propriétés de cette relation seront utilisées dans les deux parties suivantes.
Dans la seconde partie on définira ce qu'est une fonction matriciellement croissante (ou décroissante) et on étudiera des exemples de fonctions homographiques et puissances.

La troisième et dernière partie fera appel à une représentation intégrale et permettra de montrer que la fonction logarithme népérien et la fonction $x \mapsto x^\alpha$ pour $\alpha \in]0,1[$ sont matriciellement croissantes.

Dans tout le problème, S désigne une matrice symétrique réelle d'ordre n.

PARTIE I

I.1. Montrer que si S appartient à $S_n^+(\mathbb{R})$, alors pour toute matrice M de $\mathfrak{M}_n(\mathbb{R})$, ${}^tMSM$ appartient aussi à $S_n^+(\mathbb{R})$.

I.2. Montrer que S appartient à $S_n^+(\mathbb{R})$ (respectivement $S_n^{++}\mathbb{R})$) si et seulement si toutes ses valeurs propres sont positives (respectivement strictement positives).

I.3. Montrer que la matrice $A = \begin{pmatrix} 2 & -1 \\ -1 & 1 \end{pmatrix}$ est symétrique positive. Est-elle symétrique définie positive ?

I.4. La matrice $B = \begin{pmatrix} -1 & 0 & 0 \\ 0 & 2 & -1 \\ 0 & -1 & 1 \end{pmatrix}$ est-elle symétrique définie positive ?

I.5. Montrer que si S appartient à $S_n^+(\mathbb{R})$ et si T est une matrice symétrique réelle semblable à S, alors T appartient aussi à $S_n^+(\mathbb{R})$.

I.6. a) Soit $A \in \mathrm{GL}_n(\mathbb{R})$. Montrer que si λ est valeur propre de M alors λ est non nul et λ^{-1} est valeur propre de M^{-1}. En déduire le spectre de M^{-1} en fonction du spectre de M.

b) Montrer que si S appartient à $S_n^{++}(\mathbb{R})$, alors S est inversible et S^{-1} appartient à $S_n^{++}(\mathbb{R})$.

I.7. Montrer que si pour tout $X \in \mathfrak{M}_{n,1}(\mathbb{R})$, ${}^tXSX = 0$, alors toute valeur propre de S est nulle et $S = 0$.

I.8. On munit $S_n(\mathbb{R})$ des relations notées $\leqslant$ et $<$ définies respectivement par : $\forall (S_1, S_2) \in \big(S_n(\mathbb{R})\big)^2,\ \big(S_1 \leqslant S_2 \iff S_2 - S_1 \in S_n^+(\mathbb{R})\big)$

et $\forall (S_1, S_2) \in \big(S_n(\mathbb{R})\big)^2,\ \big(S_1 < S_2 \iff S_2 - S_1 \in S_n^{++}(\mathbb{R})\big)$.

a) Si S_1 et S_2 sont deux matrices de $S_n(\mathbb{R})$ telles que $S_1 \leqslant S_2$ et $S_2 \leqslant S_1$ montrer que $S_1 = S_2$.

b) Si $(S_1, S_2) \in \big(S_n(\mathbb{R})\big)^2$, montrer que l'on n'a pas nécessairement $S_1 \leqslant S_2$ ou $S_2 \leqslant S_1$.

c) Si S_1 et S_2 sont deux matrices de $S_n(\mathbb{R})$ telles que $S_1 \leqslant S_2$, $S_1 \neq S_2$, a-t-on $S_1 < S_2$?

d) Si S_1 et S_2 sont deux matrices de $S_n(\mathbb{R})$ telles que $S_1 \leqslant S_2$ et α un réel, comparer les matrices αS_1 et αS_2 pour la relation $\leqslant$

e) Si S, S_1 et S_2 sont trois matrices de $S_n(\mathbb{R})$ telles que $S_1 \leqslant S_2$, comparer les matrices $S + S_1$ et $S + S_2$ pour la relation $\leqslant$

I.9. Soit $(S_1, S_2) \in \left(S_n(\mathbb{R})\right)^2$ avec $S_1 \leqslant S_2$. Montrer que pour toute matrice M de $\mathfrak{M}_n(\mathbb{R})$, ${}^tMS_1M \leqslant {}^tMS_2M$.

I.10. On suppose $I_n \leqslant S$.
a) Que peut-on dire des valeurs propres de S ? En déduire que S est inversible.

b) Que peut-on dire des valeurs propres de S^{-1} ?
En déduire : $0 < S^{-1} \leqslant I_n$.

I.11. a) Montrer que s'il existe $M \in \mathrm{GL}_n(\mathbb{R})$ telle que $S = {}^tMM$, alors S est symétrique définie positive.

b) Montrer que si S est diagonale définie positive alors il existe $M \in \mathrm{GL}_n(\mathbb{R})$ telle que $S = {}^tMM$.

c) Montrer que ce résultat subsiste si S est symétrique définie positive non diagonale.

I.12. Soit $(S_1, S_2) \in \left(S_n(\mathbb{R})\right)^2$ tel que $0 < S_1 \leqslant S_2$ et $M_1 \in \mathrm{GL}_n(\mathbb{R})$ telle que $S_1 = {}^tM_1M_1$.
Montrer que $I_n \leqslant {}^t(M_1^{-1})S_2M_1^{-1}$, en déduire que S_2 est inversible et $S_2^{-1} \leqslant S_1^{-1}$.

PARTIE II

II.1. Dans cette question seulement, on suppose d'une part que n est supérieur ou égal à 2 et d'autre part que S possède exactement deux valeurs propres λ_1 et λ_2 de multiplicités respectives n_1 et n_2.
a) Montrer qu'il existe un unique couple (P_1, P_2) de matrices de $\mathfrak{M}_n(\mathbb{R})$ tel que : $\begin{cases} I_n = P_1 + P_2 \\ S = \lambda_1 P_1 + \lambda_2 P_2 \end{cases}$
Expliciter les deux matrices P_1, P_2 en fonction de S, I_n, λ_1, λ_2 et montrer qu'elles sont symétriques.

b) Si P est une matrice orthogonale telle que
$$P^{-1}SP = \mathrm{Diag}(\lambda_1, \ldots, \lambda_1, \lambda_2, \ldots, \lambda_2)$$
(où λ_1 est répété n_1 fois et λ_2 n_2 fois), exprimer P_1 (respectivement P_2)

en fonction de P, de P^{-1} et d'une matrice diagonale. En déduire que $P_1^2 = P_1$, $P_2^2 = P_2$, $P_1P_2 = P_2P_1 = 0$ et donner les rangs de P_1 et P_2 en fonction de n_1 et n_2.

c) Montrer que pour tout $k \in \mathbb{N}$, $S^k = \lambda_1^k P_1 + \lambda_2^k P_2$ et en déduire pour $Q \in \mathbb{R}[X]$ l'expression de $Q(S)$ en fonction de P_1, P_2, $Q(\lambda_1)$ et $Q(\lambda_2)$.

d) Soit S_0 la matrice de $S_n(\mathbb{R})$ dont tous les coefficients valent 1 sauf les coefficients diagonaux qui valent 2. Vérifier que S_0 admet exactement deux valeurs propres et déterminer les matrices P_1 et P_2 associées.

II.2. Soit u l'endomorphisme de $\mathbb{R}^n$ dont S est la matrice dans la base canonique de $\mathbb{R}^n$. On note $\lambda_1, \lambda_2, \ldots, \lambda_p$ les valeurs propres distinctes de u et $E_1, E_2, \ldots, E_p$ les sous-espaces propres de u respectivement associés.
a) Montrer que : $\forall (x, y) \in \mathbb{R}^{\times}\mathbb{R}^n,\ \big(u(x)|y\big) = \big(x|u(y)\big)$.
b) Montrer que pour tout $(i, j) \in [\![1, p]\!]$ tel que $i \neq j$, les sous-espaces propres E_i et E_j sont orthogonaux. Que vaut la somme directe $\bigoplus_{i=1}^{p} E_i$?
c) Si $i \in [\![1, p]\!]$ et $x \in \mathbb{R}^n$, on note $p_i(x)$ la projection orthogonale de x sur E_i. La matrice de p_i dans la base canonique de $\mathbb{R}^n$ est notée P_i.
i) Montrer que la matrice P_i est symétrique.
ii) Si x_j est élément de E_j, évaluer $p_i(x_j)$ et en déduire que pour tout $(i, j) \in [\![1, p]\!]^2$ tel que $i \neq j$, $P_iP_j = 0$.
d) Montrer que $\sum_{i=1}^{p} P_i = I_n$ et $\sum_{i=1}^{p} \lambda_i P_i = S$.
La décomposition $S = \sum_{i=1}^{p} \lambda_i P_i$ est dite décomposition spectrale de S.

II.3. Soit I un intervalle de $\mathbb{R}$ et f une application de I dans $\mathbb{R}$. Si $\lambda_1, \lambda_2, \ldots, \lambda_p$ sont dans I, on définit la matrice $f(S)$ par
$$f(S) = \sum_{i=1}^{p} f(\lambda_i) P_i.$$
a) Montrer que $Sf(S) = f(S)S = \sum_{i=1}^{p} \lambda_i f(\lambda_i) P_i$.
b) Si X est vecteur propre de S pour la valeur propre λ_k montrer que X est aussi vecteur propre de $f(S)$ et préciser la valeur propre correspondante.
c) Calculer $\cos(S_0)$ où S_0 est la matrice introduite en II.1 d).

L'application f sera dite matriciellement croissante (respectivement matriciellement décroissante) sur I si pour tout $n \geqslant 1$ et tout couple (A, B) de matrices de $S_n(\mathbb{R})$ dont les valeurs propres sont dans I :
$$A \leqslant B \Rightarrow f(A) \leqslant f(B) \ \big(\text{respectivement } f(B) \leqslant f(A)\big).$$

II.4. a) Soit $g :]0, +\infty[\to \mathbb{R},\ x \mapsto \dfrac{1}{x}\cdot$ À quelle condition sur la matrice S peut-on définir $g(S)$? Montrer qu'alors $g(S) = S^{-1}$ et en déduire que g est matriciellement décroissante sur $]0, +\infty[$.

b) Soit $h :]-1, +\infty[\to \mathbb{R},\ x \mapsto \dfrac{x}{1+x}\cdot$ À quelle condition sur la matrice S peut-on définir $h(S)$? Montrer qu'alors $h(S) = I_n - (S + I_n)^{-1}$ et en déduire que h est matriciellement croissante sur $]-1, +\infty[$.

II.5. Pour $\alpha > 0$, soit $p_\alpha : [0, +\infty[\to \mathbb{R},\ x \mapsto \begin{cases} x^\alpha & \text{si } x > 0 \\ 0 & \text{si } x = 0 \end{cases}$ et pour tout x réel, soit $A(x)$ et $B(x)$ les matrices définies par :

$$A(x) = \begin{pmatrix} \text{ch}(x) & \text{sh}(x) \\ \text{sh}(x) & \text{ch}(x) \end{pmatrix} \text{ et } B(x) = \begin{pmatrix} 0 & 0 \\ 0 & \dfrac{1}{\text{ch}(x)} \end{pmatrix}.$$

a) Montrer que pour tout x réel, $B(x) \leqslant A(x)$.

b) Pour $x \neq 0$, déterminer explicitement la décomposition spectrale de $A(x)$.

c) En déduire que pour tout $x \in \mathbb{R}$, $p_\alpha\big(A(x)\big) = A(\alpha x)$.

d) Montrer que $p_\alpha\big(B(x)\big) = \begin{pmatrix} 0 & 0 \\ 0 & \dfrac{1}{\text{ch}^\alpha(x)} \end{pmatrix}$.

e) Calculer $\det\big[p_\alpha\big(A(x)\big) - p_\alpha\big(B(x)\big)\big]$. En donner un équivalent simple au voisinage de $x = 0$ et en déduire que pour $\alpha > 1$, p_α n'est pas matriciellement croissante sur $]0, +\infty[$.

PARTIE III

On suppose désormais que S est définie positive.

III.1. a) Soit I un intervalle de $\mathbb{R}$ et $A : I \to \mathfrak{M}_n(\mathbb{R})$, $t \mapsto A(t) = \big(a_{i,j}(t)\big)$ une application telle que pour tout (i, j) de $[\![1, n]\!]^2$, $t \mapsto a_{i,j}(t)$ est intégrable sur I. Montrer que pour toute matrice colonne X de $\mathfrak{M}_{n,1}(\mathbb{R})$, $t \mapsto {}^tXA(t)X$ est intégrable sur I et :

$$\int_I {}^tXA(t)X\,dt = {}^tX\left(\int_I A(t)\,dt\right)X.$$

b) Soit f une application de I dans $\mathbb{R}$ intégrable sur I et $M \in \mathfrak{M}_n(\mathbb{R})$. Justifier l'existence de $\displaystyle\int_I f(t)M\,dt$ et montrer que :

$$\int_I f(t)M\,dt = \left(\int_I f(t)\,dt\right)M.$$

III.2. Soit $\alpha \in]0,1[$ et F la fonction donnée par
$$F(x) = \int_0^{+\infty} \frac{x}{(1+xt)t^\alpha}\, dt.$$
a) Montrer que pour tout $x > 0$, $F(x)$ existe.

b) Montrer, en utilisant par exemple le changement de variable $u = xt$, qu'il existe une constante C strictement positive telle que pour tout $x > 0$, $F(x) = Cx^\alpha$.

c) Montrer que pour tout $t > 0$, $S^{-1} + tI_n$ est inversible et
$$(S^{-1} + tI_n)^{-1} = \sum_{i=1}^{p} \frac{\lambda_i}{1+\lambda_i t} P_i.$$

d) En déduire $F(S) = \displaystyle\int_0^{+\infty} \frac{1}{t^\alpha}(S^{-1} + tI_n)^{-1} dt.$

e) Soit A et B deux matrices de $S_n^{++}(\mathbb{R})$ telles que $A \leqslant B$, Montrer que : $\forall X \in \mathfrak{M}_{n,1}(\mathbb{R})$, $\forall t > 0$, ${}^tX(A^{-1}+tI_n)^{-1}X \leqslant {}^tX(B^{-1}+tI_n)^{-1}X$. En déduire que F est matriciellement croissante sur $]0,+\infty[$, puis que pour $\alpha \in]0,1[$, la fonction p_α introduite en II.5. est matriciellement croissante sur $]0,+\infty[$.

III.3. a) Montrer que pour tout $x>0$, $\displaystyle\int_0^{+\infty}\left(\frac{t}{1+t^2} - \frac{1}{x+t}\right) dt = \ln(x)$.

b) En déduire $\ln(S) = \displaystyle\int_0^{+\infty} \left(\frac{t}{1+t^2} I_n - (S+tI_n)^{-1}\right) dt.$

c) Montrer que la fonction ln est matriciellement croissante sur $]0,+\infty[$.

Solution

Partie I

I.1. Comme ${}^t(AB) = {}^tB{}^tA$, la matrice ${}^tMSM$ est symétrique.
$\forall X \in \mathfrak{M}_{n,1}(\mathbb{R})$, ${}^tX({}^tMSM)X = {}^tYSY \geqslant 0$ où $Y = MX$ d'où ${}^tMSM \in S_n^+(\mathbb{R})$.

I.2. Soit $(X_1, \dots, X_n)$ une base orthonormale de $\mathfrak{M}_{n,1}(\mathbb{R})$ constituée de vecteurs propres de S associés à la suite $(\lambda_1, \dots, \lambda_n)$ de valeurs propres.
$\forall X \in \mathfrak{M}_{n,1}(\mathbb{R})$, $X = \sum_{i=1}^{n} x_i X_i$, on a, par un calcul facile, ${}^tXSX = \sum_{i=1}^{,} \lambda_i x_i^2$.
Si S est positive (respectivement définie positive), on a, pour tout $i \in [\![1, n]\!]$, $\lambda_i = {}^tX_iSX_i \geqslant 0$ (respectivement $\lambda_i > 0$) et donc $\mathrm{Sp}(S) \subset \mathbb{R}_+$ (respectivement $\mathrm{Sp}(S) \subset \mathbb{R}_+^\star$).
Si $\mathrm{Sp}(S) \subset \mathbb{R}_+$ (respectivement $\mathrm{Sp}(S) \subset \mathbb{R}_+^\star$), $\forall X \in \mathfrak{M}_{n,1}(\mathbb{R})$, ${}^tXSX \geqslant 0$ comme somme de réels positifs (respectivement si $X \neq 0$ on choisit i_0 tel que $x_{i_0} \neq 0$ et alors ${}^tXSX \geqslant \lambda_{i_0} x_{i_0}^2 > 0$) et donc S est positive (respectivement définie positive).

I.3. $A \in S_2(\mathbb{R})$ et, si $X = {}^t(x\ y)$, ${}^tXAX = 2x^2 - 2xy + y^2 = x^2 + (x-y)^2 \geqslant 0$ avec, en cas de nullité, $x = x - y = 0$ *i.e.* $x = y = 0$, donc $A \in S_2^{++}(\mathbb{R})$ et *a fortiori* $A \in S_2^+(\mathbb{R})$.

I.4. $-1 \in \mathrm{Sp}(B)$ donc I.2. montre que $B \notin S_3^+(\mathbb{R})$ et donc $B \notin S_3^{++}(\mathbb{R})$.

I.5. On a $\mathrm{Sp}(T) = \mathrm{Sp}(S) \subset \mathbb{R}_+$ et donc $T \in S_n^+(\mathbb{R})$ d'après I.2.

I.6. a) Si X est vecteur propre de M associé à la valeur propre λ alors, comme $M \in \mathrm{GL}_n(\mathbb{R})$, $MX \neq 0$ et donc $\lambda \neq 0$, de plus $M^{-1}X = \lambda^{-1}X$.
On vient de montrer que $\mathrm{Sp}(M^{-1}) \subset \{\lambda^{-1} \mid \lambda \in \mathrm{Sp}(S)\}$ et, comme on a $(M^{-1})^{-1} = M$, cela montre l'égalité des deux ensembles.
b) Pour tout $\lambda \in \mathrm{Sp}(S)$, $\lambda > 0$ et donc $0 \notin \mathrm{Sp}(S)$ *i.e.* $S \in \mathrm{GL}_n(\mathbb{R})$.
De plus a) montre que $\mathrm{Sp}(S^{-1}) \subset \mathbb{R}_+^\star$ donc, comme S^{-1} est symétrique, par I.2, $S^{-1} \in S_n^{++}(\mathbb{R})$.

I.7. Si λ est une valeur propre de S et X un vecteur propre unitaire associé alors $0 = {}^tXSX = \lambda\|X\|^2 = \lambda$ donc $\mathrm{Sp}(S) \subset \{0\}$ et, comme S est diagonalisable, elle est semblable à 0 donc nulle.

I.8. a) Comme $S_2 - S_1$ et $S_1 - S_2$ sont positives on a, pour tout $X \in \mathfrak{M}_{n,1}(\mathbb{R})$, ${}^tX(S_2 - S_1)X = 0$ d'où, d'après la question précédente, $S_1 = S_2$.
b) Avec $S_1 = \mathrm{Diag}(1, 0, \dots, 0)$ et $S_2 = \mathrm{Diag}(0, 1, 0, \dots, 0)$ on a $\mathrm{Sp}(S_1 - S_2) = \mathrm{Sp}(S_2 - S_1) = \{-1, 0, 1\}$ et donc S_1 et S_2 sont incomparables au sens de $\leqslant$
c) On prend $S_1 = 0$ et $S_2 = \mathrm{Diag}(1, 0, \dots, 0)$ alors $\mathrm{Sp}(S_2 - S_1) = \{0, 1\}$ d'où $S_1 \leqslant S_2$ mais, comme $0 \in \mathrm{Sp}(S_2 - S_1)$, on n'a pas $S_1 < S_2$.

d) Si $\alpha \geqslant 0$ pour tout $X \in \mathfrak{M}_{n,1}(\mathbb{R})$, ${}^tX(\alpha S_2 - \alpha S_1)X = \alpha\left[{}^tX(S_2 - S_1)X\right] \geqslant 0$ d'où $\alpha S_1 \leqslant \alpha S_2$. De même si $\alpha \leqslant 0$ on obtient $\alpha S_2 \leqslant \alpha S_1$.

e) $(S + S_2) - (S + S_1) = S_2 - S_1$ d'où $S + S_1 \leqslant S + S_2$.

I.9. $\forall X \in \mathfrak{M}_{n,1}(\mathbb{R})$, ${}^tX({}^tMS_2M - {}^tMS_1M)X = {}^tY(S_2 - S_1)Y \geqslant 0$ en posant $Y = MX$, d'où ${}^tMS_1M \leqslant {}^tMS_2M$.

I.10. a) $\mathrm{Sp}(S - I_n) = \{\lambda - 1 \mid \lambda \in \mathrm{Sp}(S)\} \subset \mathbb{R}_+$ et donc $\mathrm{Sp}(S) \subset [1, +\infty[$. Par suite $0 \notin \mathrm{Sp}(S)$ et donc $S \in \mathrm{GL}_n(\mathbb{R})$.

b) D'après I.6. a) on a $\mathrm{Sp}(S^{-1}) \subset]0, 1]$ et donc $S^{-1} \in S_n^{++}(\mathbb{R})$ et $\mathrm{Sp}(I_n - S^{-1}) \subset [0, 1[$ d'où $I_n - S^{-1} \in S_n^+(\mathbb{R})$.
pour résumer $0 < S^{-1} \leqslant I_n$.

I.11. a) $\forall X \in \mathfrak{M}_{n,1}(\mathbb{R}) \setminus \{0\}$, ${}^tXSX = \|MX\|^2 > 0$ car $M \in \mathrm{GL}_n(\mathbb{R})$, donc $S \in S_n^{++}(\mathbb{R})$.

b) Si $S = \mathrm{Diag}(\lambda_1, \ldots, \lambda_n)$ alors les λ_i sont strictement positifs et donc $M = \mathrm{Diag}\left(\sqrt{\lambda_1}, \ldots, \sqrt{\lambda_n}\right)$ convient.

c) Si $S = PD{}^tP$ où $P \in O_n(\mathbb{R})$ et $D = {}^tMM$ comme dans b) alors $S = {}^tM'M'$ où l'on a posé $M' = M{}^tP$ qui est inversible en tant que produit de matrices inversibles.

I.12. $0 < S_1$ assure l'existence de M_1, on ne perd rien à le faire remarquer.
${}^tM_1^{-1}S_2M_1^{-1} - I_n = {}^tM_1^{-1}(S_2 - S_1)M_1^{-1} \geqslant 0$ par I.9.
La question I.10. montre alors que ${}^tM_1^{-1}S_2M_1^{-1} \in \mathrm{GL}_n(\mathbb{R})$ *i.e.* $S_2 \in \mathrm{GL}_n(\mathbb{R})$ et que $({}^tM_1^{-1}S_2M_1^{-1})^{-1} \leqslant I_n$ *i.e.* $M_1S_2^{-1}{}^tM_1 \leqslant I_n$ d'où, par I.9. encore, l'inégalité $S_2^{-1} \leqslant S_1^{-1}$.

Partie II

II.1. a) $\begin{cases} I_n = P_1 + P_2 \\ S = \lambda_1 P_1 + \lambda_2 P_2 \end{cases} \iff \begin{cases} P_1 = \dfrac{S - \lambda_2 I_n}{\lambda_1 - \lambda_2} \\ P_2 = I_n - P_1 \end{cases}$ d'où l'existence et l'unicité de (P_1, P_2). De plus P_1 et P_2 sont symétriques.

b) $P_1 = P\,\mathrm{Diag}(1, \ldots, 1, 0, \ldots, 0)P^{-1}$ et $P_2 = P\,\mathrm{Diag}(0, \ldots, 0, 1, \ldots, 1)P^{-1}$ d'où $P_i^2 = P_i$ et $P_1P_2 = P_2P_1 = 0$.

c) $\forall k \in \mathbb{N}$, $S^k = P\,\mathrm{Diag}(\lambda_1^k \ldots, \lambda_1^k, \lambda_2^k, \ldots, \lambda_2^k)P^{-1} = \lambda_1^k P_1 + \lambda_2^k P_2$.
On en déduit, si $Q \in \mathbb{R}[X]$, $Q = \sum\limits_{i=0}^{p} a_i X^i$:

$$Q(S) = \sum_{i=0}^{p} a_i S^i = \left(\sum_{i=0}^{p} a_i \lambda_1^i\right) P_1 + \left(+\sum_{i=0}^{p} a_i \lambda_2^i\right) P_2 = Q(\lambda_1)P_1 + Q(\lambda_2)P_2.$$

d) $S_0^2 = (n+2)S_0 - (n+1)I_n$ et donc $X^2 - (n+2)X + (n+1)$ est annulateur de S_0.
Comme $X^2 - (n+2)X + (n+1) = \left[X - (n+1)\right](X - 1)$ on a $\mathrm{Sp}(S_0) \subset \{1, n+1\}$.

S_0 est diagonalisable et n'est pas dans $\mathbb{R}I_n$ donc a au moins deux valeurs propres et, par suite $\mathrm{Sp}(S_0) = \{1, n+1\}$.
Si $\lambda_1 = 1$ et $\lambda_2 = n+1$ il vient $P_2 = \dfrac{S_0 - I_n}{n} = \dfrac{1}{n}\big((1)\big)$ et $P_1 = I_n - P_2$.

II.2. a) Si X et Y désignent les matrices colonnes dans la base canonique, notée $\mathcal{B}_0$, de $\mathbb{R}^n$ alors $\big(u(x)|y\big) = {}^tXSY = \big(x|u(y)\big)$ car S est symétrique.
b) Si $(x,y) \in E_i \times E_j$ et $i \neq j$ alors $\big(u(x)|y\big) = \lambda_i\big(x|y\big)$ et $\big(x|u(y)\big) = \lambda_j\big(x|y\big)$ d'où, d'après la question précédente, $(\lambda_i - \lambda_j)\big(x|y\big) = 0$ et donc $x \perp y$ d'où $E_i \perp E_j$.

c) i) Dans une base orthonormale adaptée à la décomposition $\mathbb{R}^n = \bigoplus\limits_{i=1}^{p} E_i$ la matrice de p_i est diagonale donc p_i est autoadjoint et, comme $\mathcal{B}_0$ est une base orthonormale, on a également $P_i \in S_n(\mathbb{R})$ (et même $P_i \in S_n^+(\mathbb{R})$ car on a $\mathrm{Sp}(P_i) \subset \{0,1\}$.)
ii) Comme $E_i \perp E_j$ on a, si $j \neq i$, $E_j \subset \mathrm{Ker}(p_i)$ et donc $p_i(x_j) = 0$.
$\forall x \in \mathbb{R}^n$, $p_j(x) \in E_j$ d'où $p_i\big(p_j(x)\big) = 0$ et donc $P_iP_j = 0$.

d) Si $x \in \mathbb{R}^n$ on écrit $x = \sum\limits_{j=1}^{p} x_j$ où, si $1 \leqslant j \leqslant p$, $x_j \in E_j$ et alors

$\sum\limits_{i=1}^{p} p_i(x) = \sum\limits_{1 \leqslant i,j \leqslant p} p_i(x_j) = \sum\limits_{i=1}^{n} x_i = x$ d'après la question précédente, d'où, matriciellement, $\sum\limits_{i=1}^{p} P_i = I_n$.

De même $\sum\limits_{i=1}^{p} \lambda_i p_i(x) = \sum\limits_{i=1}^{p} \lambda_i x_i = u(x)$ d'où $\sum\limits_{i=1}^{p} \lambda_i P_i = S$.

II.3. a) En utilisant les relations liant les P_k :
$Sf(S) = \left(\sum\limits_{i=1}^{p} \lambda_i P_i\right)\left(\sum\limits_{j=1}^{p} f(\lambda_j)P_j\right) = \sum\limits_{1 \leqslant i,j \leqslant p} \lambda_i f(\lambda_j) P_i P_j = \sum\limits_{i=1}^{p} \lambda_i f(\lambda_i) P_i$ et $f(S)S$ donne le même résultat.

b) Si $X \in E_k$, $f(S)X = \sum\limits_{i=1}^{p} f(\lambda_i)P_i X = f(\lambda_k)X$ car $P_iX = \delta_{i,k}X$ et donc X est un vecteur propre de $f(S)$ associé à la valeur propre $f(\lambda_k)$.
c) $\cos(S_0) = \cos(1)P_1 + \cos(n+1)P_2 = \big(a_{i,j}\big)_{1 \leqslant i,j \leqslant n}$ avec
$a_{i,i} = (n-1)\cos(1) + \cos(n+1)$ et $a_{i,j} = -\cos(1) + \cos(n+1)$ si $i \neq j$.

II.4. a) Pour pouvoir définir $g(S)$ il faut que $\mathrm{Sp}(S) \subset \mathbb{R}_+^\star$ *i.e.* $S \in S_n^{++}(\mathbb{R})$.
Alors, si $S = \sum\limits_{i=1}^{p} \lambda_i P_i$ est la décomposition spectrale de S, on a, par définition, $g(S) = \sum\limits_{i=1}^{p} \lambda_i^{-1} P_i = S^{-1}$. Par suite I.12. montre que g est matriciellement décroissante sur $\mathbb{R}_+^\star$.

b) Pour que $h(S)$ ait un sens il faut que $\mathrm{Sp}(S) \subset]-1,+\infty[$ *i.e.* $I_n + S \in S_n^{++}(\mathbb{R})$.
De même si $\sum_{i=1}^{p} \lambda_i P_i$ est la décomposition spectrale de S, on a

$$I_n + S = \sum_{i=1}^{p}(1+\lambda_i)P_i \text{ et } h(S) - I_n = \sum_{i=1}^{p}\Big(\frac{\lambda_i}{1+\lambda_i} - 1\Big)P_i = -\sum_{i=1}^{p} g(1+\lambda_i)P_i$$

soit $h(S) - I_n = -g(I_n + S) = -(I_n + S)^{-1}$ et donc $h(S) = I_n - (I_n + S)^{-1}$.
Si $A \leqslant B$ dans $S_n(\mathbb{R})$ alors, par I.8.e) $I_n + A \leqslant I_n + B$ et donc, par I.12. $(I_n+B)^{-1} \leqslant (I_n+A)^{-1}$ puis, encore par I.8.e) $I_n-(I_n+A)^{-1} \leqslant I_n-(I_n+B)^{-1}$ et donc h est matriciellement croissante sur $]-1,+\infty[$.

II.5. a) $\det\big(A(x) - B(x)\big) = 1$ et $\lambda = \mathrm{tr}\,\big(A(x) - B(x)\big) = 2\,\mathrm{ch}(x) - \dfrac{1}{\mathrm{ch}(x)} \geqslant 1$ car $\mathrm{ch}(x) \geqslant 1$ et donc $\mathrm{Sp}\,\big(A(x) - B(x)\big) = \{0, \lambda\} \subset \mathbb{R}_+$, d'où $B(x) \leqslant A(x)$.
b) Le polynôme caractéristique de $A(x)$ est $X^2 - 2X\,\mathrm{ch}(X) + 1$ ou encore $(X - e^x)(X - e^{-x})$ et l'on peut donc utiliser II.1. a) d'où la décomposition spectrale $A(x) = e^x P_1 + e^{-x} P_2$ avec $P_1 = \dfrac{1}{2}\begin{pmatrix} 1 & 1 \\ 1 & 1 \end{pmatrix}$ et $P_2 = \dfrac{1}{2}\begin{pmatrix} 1 & -1 \\ -1 & 1 \end{pmatrix}$.
c) Par suite $p_\alpha\big(A(x)\big) = e^{\alpha x} P_1 + e^{-\alpha x} P_2 = A(\alpha x)$ car $e^{\alpha x} + e^{-\alpha x} = 2\,\mathrm{ch}(\alpha x)$ et $e^{\alpha x} - e^{-\alpha x} = 2\,\mathrm{sh}(\alpha x)$.

d) La décomposition spectrale de $B(x)$ est immédiate : $B(x) = 0Q_1 + \dfrac{1}{\mathrm{ch}(x)} Q_2$ avec $Q_1 = \mathrm{Diag}(1, 0)$ et $Q_2 = \mathrm{Diag}(0, 1)$ d'où $p_\alpha\big(B(x)\big) = \mathrm{Diag}\left(0, \dfrac{1}{\mathrm{ch}^\alpha(x)}\right)$.

e) $\det\big[p_\alpha\big(A(x)\big) - p_\alpha\big(B(x)\big)\big] = 1 - \dfrac{\mathrm{ch}(\alpha x)}{\mathrm{ch}^\alpha(x)} = \dfrac{\mathrm{ch}^\alpha(x) - \mathrm{ch}(\alpha x)}{\mathrm{ch}^\alpha(x)}$ or on a, par développement limité quand $x \to 0$:

$$\begin{aligned}\mathrm{ch}^\alpha(x) - \mathrm{ch}(\alpha x) &= \Big(1 + \frac{x^2}{2}\Big)^\alpha - \Big(1 + \frac{\alpha^2 x^2}{2}\Big) + o(x^2) \\ &= 1 + \alpha\,\frac{x^2}{2} - 1 - \frac{\alpha^2 x^2}{2} + o(x^2) = \alpha(1-\alpha)\,\frac{x^2}{2} + o(x^2)\end{aligned}$$

et $\alpha(1-\alpha) < 0$ donc, pour $x > 0$ mais petit, $\mathrm{Sp}\,\big(A(x) - B(x)\big) \cap]-\infty, 0[\neq \varnothing$ et donc $p_\alpha\big(B(x)\big) \nleqslant p_\alpha\big(A(x)\big)$. Cela montre que p_α n'est pas matriciellement croissante sur $\mathbb{R}_+^\star$.

Partie III

III.1. a) Soit $f : t \mapsto {}^t X A(t) X$, alors $\forall t \in I,\ f(t) = \sum_{1 \leqslant i,j \leqslant n} a_{i,j}(t) x_i x_j$ et donc f est intégrable sur I en tant que combinaison linéaire de fonctions intégrables sur I.
De plus, par linéarité de l'intégration, $\displaystyle\int_I f(t)\,dt = \sum_{1 \leqslant i,j \leqslant n} x_i x_j \int_I a_{i,j}(t)\,dt$ et,

en posant, $\forall (i,j)\in[\![1,n]\!]^2$, $b_{i,j} = \displaystyle\int_I a_{i,j}(t)\,dt$, on a $\displaystyle\int_I f(t)\,dt = \sum_{1\leqslant i,j\leqslant n} b_{i,j}x_ix_j$ soit $\displaystyle\int_I f(t)\,dt = {}^tXBX$ et $B = \displaystyle\int_I A(t)\,dt$.

b) Soit $N : t \mapsto f(t)M$ alors $\forall t\in I$ et $\forall (i,j)\in[\![1,n]\!]^2$, $n_{i,j}(t) = f(t)m_{i,j}$ et donc chaque $n_{i,j}$ est intégrable sur I.

Par suite N est intégrable sur I et $\displaystyle\int_I N(t)\,dt$ a $\displaystyle\int_I f(t)m_{i,j}\,dt$ pour coefficient i,j ou encore $\displaystyle\left(\int_I f(t)\,dt\right)m_{i,j}$ et donc $\displaystyle\int_I N(t)\,dt = \left(\int_I f(t)\,dt\right)M$.

III.2. a) Soient $x>0$ et $\varphi : t\mapsto \dfrac{x}{(1+xt)t^\alpha}$, alors φ est continue sur $\mathbb{R}_+^\star$ avec $\varphi(t) \underset{t\to 0}{\sim} \dfrac{x}{t^\alpha}$ et $\varphi(t) \underset{t\to+\infty}{\sim} \dfrac{1}{t^{\alpha+1}}$ et, comme $0<\alpha<1$, on en déduit que φ est intégrable sur $\mathbb{R}_+^\star$ et donc que $F(x)$ a un sens.

b) Le changement de variable $u = xt$ est linéaire et montre que $F(x) = x^\alpha \displaystyle\int_0^{+\infty} \frac{x\,dt}{(1+xt)(xt)^\alpha} = Cx^\alpha$ où $C = \displaystyle\int_0^{+\infty}\frac{du}{(1+u)u^\alpha}\in\mathbb{R}_+^\star$ en tant qu'intégrale de fonction continue et strictement positive sur $\mathbb{R}_+^\star$.

c) Si $S = \sum\limits_{i=1}^p \lambda_iP_i$ est la décomposition spectrale de S alors, par II.4. a),

$$S^{-1}+tI_n = \sum_{i=1}^p\Big(\frac{1}{\lambda_i}+t\Big)P_i = \sum_{i=1}^p \frac{1+\lambda_it}{\lambda_i}P_i$$

et donc $\mathrm{Sp}(S^{-1}+tI_n)\subset\left\{\dfrac{1+\lambda_it}{\lambda_i}\;\middle|\;1\leqslant i\leqslant p\right\}\subset\mathbb{R}_+^\star$ ce qui montre que $S^{-1}+tI_n$ est inversible car définie positive et que l'on a aussi la décomposition spectrale $(S^{-1}+tI_n)^{-1} = \displaystyle\sum_{i=1}^p\frac{\lambda_i}{1+\lambda_it}P_i$.

d) $$F(S)=\sum_{i=1}^pF(\lambda_i)P_i=\sum_{i=1}^p\left(\int_0^{+\infty}\frac{\lambda_i}{1+\lambda_it)t^\alpha}dt\right)P_i=\int_0^{+\infty}\frac{1}{t^\alpha}\left(\sum_{i=1}^p\frac{\lambda_i}{1+\lambda_it}P_i\right)dt$$
par linéarité de l'intégration et d'après la question III.1.b) et, de plus, par c) $\displaystyle\sum_{i=1}^p\frac{\lambda_i}{1+\lambda_it}P_i = (S^{-1}+tI_n)^{-1}$, donc $F(S) = \displaystyle\int_0^{+\infty}\frac{1}{t^\alpha}(S^{-1}+tI_n)^{-1}dt$.

e) $x\mapsto\dfrac{1}{x}$ est matriciellement décroissante sur $\mathbb{R}_+^\star$
donc $A\leqslant B\Rightarrow B^{-1}+tI_n\leqslant A^{-1}+tI_n$ par I.8.e) puis, toujours par décroissance de $x\mapsto\dfrac{1}{x}$, $(A^{-1}+tI_n)^{-1}\leqslant(B^{-1}+tI_n)^{-1}$

Par suite $\forall X\in\mathfrak{M}_{n,1}(\mathbb{R})$, ${}^tX(A^{-1}+tI_n)^{-1}X\leqslant{}^tX(B^{-1}+tI_n)^{-1}X$ et donc, par croissance de l'intégration :

$$\int_0^{+\infty} {}^tX(A^{-1}+tI_n)^{-1}X\,dt \leqslant \int_0^{+\infty} {}^tX(B^{-1}+tI_n)^{-1}X\,dt \ \textit{i.e.}\ F(A) \leqslant F(B)$$

et donc F est matriciellement croissante sur $\mathbb{R}_+^\star$.
Comme $F = Cp_\alpha$ où $C > 0$ on en déduit que p_α est matriciellement croissante sur $\mathbb{R}_+^\star$.

III.3. a) Si $X > 0$, $\displaystyle\int_0^X \Big(\frac{t}{1+t^2} - \frac{1}{x+t}\Big)dt = \ln\left(\frac{\sqrt{1+X^2}}{x+X}\right) - \ln\Big(\frac{1}{x}\Big)$ or $\displaystyle\frac{\sqrt{1+X^2}}{x+X} \xrightarrow[X\to+\infty]{} 1$ et donc $\displaystyle\int_0^X \Big(\frac{t}{1+t^2} - \frac{1}{x+t}\Big)dt \xrightarrow[X\to+\infty]{} \ln(x)$ ce qui montre que $\displaystyle\int_0^{+\infty} \Big(\frac{t}{1+t^2} - \frac{1}{x+t}\Big)dt$ existe et est égale à $\ln(x)$.

b) En fait $t \mapsto \dfrac{t}{1+t^2} - \dfrac{1}{x+t}$ est continue et intégrable sur $\mathbb{R}_+$ car dominée par $t \mapsto \dfrac{1}{t^2}$ au voisinage de $+\infty$. On a donc :

$$\begin{aligned}
\ln(S) = \sum_{i=1}^p \ln(\lambda_i)P_i &= \int_0^{+\infty} \sum_{i=1}^p \Big(\frac{t}{1+t^2} - \frac{1}{\lambda_i+t}\Big)P_i\,dt \\
&= \int_0^{+\infty} \left(\frac{t}{1+t^2}\sum_{i=1}^p P_i - \sum_{i=1}^p \frac{1}{\lambda_i+t}P_i\right)dt \\
&= \int_0^{+\infty} \left(\frac{t}{1+t^2}I_n - (tI_n+S)^{-1}\right)dt.
\end{aligned}$$

c) Si $A \leqslant B$ et $t > 0$ alors $(B+tI_n)^{-1} \leqslant (A+tI_n)^{-1}$ par décroissance matricielle de $x \mapsto \dfrac{1}{x}$ puis $\dfrac{t}{1+t^2}I_n - (A+tI_n)^{-1} \leqslant \dfrac{t}{1+t^2}I_n - (B+tI_n)^{-1}$ et donc, $\forall X \in \mathfrak{M}_{n,1}(\mathbb{R})$, ${}^tX\dfrac{t}{1+t^2}I_n - (A+tI_n)^{-1} \leqslant {}^tX\dfrac{t}{1+t^2}I_n - (B+tI_n)^{-1}X$ et, par croissance de l'intégration et en utilisant les questions précédentes, ${}^tX\ln(A)X \leqslant {}^tX\ln(B)X$ *i.e.* $\ln(A) \leqslant \ln(B)$, ce qui montre que ln est matriciellement croissante sur $\mathbb{R}_+^\star$.

Fin

Dans tout ce problème, on note F la fonction sur $\mathbb{R}\times\mathbb{C}$ à valeurs dans $\mathbb{C}$ définie par : $\forall(x,z)\in\mathbb{R}\times\mathbb{C},\ F(x,z)=\exp\Big(-xz-\dfrac{x^2}{2}\Big)$,
et f la fonction sur $\mathbb{R}$ à valeurs dans $\mathbb{R}$ définie par :

$$\forall x\in\mathbb{R}, f(x)=F(x,0)=\exp\Big(-\frac{x^2}{2}\Big).$$

PARTIE I

I.1. Soit z un nombre complexe fixé, quelconque.
I.1.1. Ecrire les développements en série entière de la variable x des fonctions $x\mapsto\exp(-zx)$ et $x\mapsto\exp\Big(-\dfrac{x^2}{2}\Big)$. On précisera les rayons de convergence des séries entières obtenues.

I.1.2. A l'aide d'un produit de Cauchy, montrer que l'on peut écrire, pour tout $x\in\mathbb{R}$: $F(x,z)=\displaystyle\sum_{n=0}^{\infty}A_n(z)x^n$ où A_n est une fonction polynomiale de degré n. Pour tout $n\in\mathbb{N}$ on définit la fonction polynôme H_n par $H_n=(-1)^n n!A_n$. Donner les expressions de $H_0(z)$ et de $H_1(z)$ en fonction de z.

I.1.3. Calculer la dérivée de la fonction $x\mapsto F(x,z)$ à l'aide de F. En déduire que pour tout $n\in\mathbb{N}$ et tout $z\in\mathbb{C}$ on a

$$H_{n+2}(z)=zH_{n+1}(z)-(n+1)H_n(z).$$

Donner les expressions de $H_2(z), H_3(z)$ et $H_4(z)$ en fonction de z.
I.2.

I.2.1. Montrer que pour tout $x\in\mathbb{R}$ on a $f''(x)+xf'(x)+f(x)=0$.
En déduire que pour tout $n\in\mathbb{N}$ et tout $x\in\mathbb{R}$ on a

$$\frac{d^{n+2}f}{dx^{n+2}}(x)+x\frac{d^{n+1}f}{dx^{n+1}}(x)+(n+1)\frac{d^{n+}f}{dx^n}(x)=0.$$

I.2.2. Pour tout $n\in\mathbb{N}$ on pose $K_n=\dfrac{(-1)^n}{f}\Big(\dfrac{d^nf}{dx^n}\Big)$.
Montrer que pour tout $n\in\mathbb{N}$ et tout $x\in\mathbb{R}$ on a

$$K_{n+2}(x)-xK_{n+1}(x)+(n+1)K_n(x)=0.$$

Exprimer $K_0(x)$ et $K_1(x)$ pour tout $x\in\mathbb{R}$. En déduire que $H_n=K_n$ pour tout $n\in\mathbb{N}$.

I.3.

I.3.1 Montrer que pour $n \in \mathbb{N}$ et tout $x \in \mathbb{R}$, on a $H'_{n+1}(x) = (n+1)H_n(x)$.

I.3.2 En déduire que pour tout $n \in \mathbb{N}$ et tout $x \in \mathbb{R}$ on a

$$H''_n(x) - xH'_n(x) + nH_n(x) = 0.$$

I.4. Pour tout $n \in \mathbb{N}$ on définit la fonction φ_n de la variable réelle x par

$$\forall x \in \mathbb{R},\ \varphi_n(x) = (-1)^n H_n(x) \exp\Big(-\frac{x^2}{4}\Big).$$

Montrer que pour tout $x \in \mathbb{R}$ on a $\varphi''_n(x) - \dfrac{x^2}{4}\varphi_n(x) = \lambda_n \varphi_n(x)$, où λ_n est un nombre réel que l'on déterminera.

I.5. Pour tout couple $(p,q) \in \mathbb{N}^2$ on pose :

$$I_{p,q} = I_{q,p} = \int_{-\infty}^{+\infty} \varphi_p(x)\varphi_q(x)dx = (-1)^{p+q}\int_{-\infty}^{+\infty} H_p(x)H_q(x)f(x)dx$$

I.5.1. Montrer que l'intégrale $I_{p,q}$ est bien définie pour tout couple $(p,q) \in \mathbb{N}^2$. Ou admettra désormais que $I_{0,0} = \displaystyle\int_{-\infty}^{+\infty} f(x)dx = \sqrt{2\pi}$.

I.5.2. Soit $(p,q) \in \mathbb{N}^2$ un couple de nombres entiers. A l'aide d'une intégration par parties dûment justifiée, montrer que $I_{p+1,q+1} = (p+1)I_{p,q} = (q+1)I_{p,q}$. En déduire la valeur de $I_{p,q}$ pour tout couple $(p,q) \in \mathbb{N}^2$. On distinguera les cas $q \neq p$ et $q = p$.

PARTIE II

Soit $\widehat{f}$ la fonction de la variable réelle ν définie par :

$$\widehat{f}(\nu) = \int_{-\infty}^{+\infty} F(t, 2i\pi\nu)dt = \int_{-\infty}^{+\infty} \exp\Big(-2i\pi\nu t - \frac{t^2}{2}\Big)dt.$$

II.1. Montrer que $\widehat{f}$ est définie et continue sur $\mathbb{R}$.

II.2. Montrer que $\widehat{f}$ est de classe $\mathcal{C}^1$ sur $\mathbb{R}$.

II.3.

II.3.1. Montrer que $\widehat{f}\,'(\nu) = -4\pi^2\nu\widehat{f}(\nu)$ pour tout $\nu \in \mathbb{R}$.
On pourra par exemple, entre autres méthodes, utiliser l'égalité
$-t = 2i\pi\nu + (-2i\pi\nu - t)$.

II.3.2. Calculer $\widehat{f}(0)$. En déduire l'expression de $\widehat{f}(\nu)$ en fonction de ν.

PARTIE III

On considère la série de fonctions de terme général u_n, défini par

$$u_0 = f \text{ et } \forall n \in \mathbb{N}^\star, \forall x \in \mathbb{R}, u_n(x) = f(x - 2n\pi) + f(x + 2n\pi).$$

Pour tout $n \in \mathbb{N}$, soit U_n la fonction définie par $U_n = \sum_{k=0}^{n} u_k$. On remarquera que pour tout $x \in \mathbb{R}$ on a $U_n(x) = \sum_{k=-n}^{n} f(x - 2k\pi)$.

III.1. Soit A un nombre réel strictement positif.

III.1.1. Soit $n \in \mathbb{N}$ tel que $n \geqslant \frac{A}{2\pi}\cdot$ Étudier les variations sur le segment $[-A, +A]$ des fonctions $x \mapsto f(x - 2n\pi)$ et $x \mapsto f(x + 2n\pi)$

En déduire que $\forall x \in [-A, A], 0 \leqslant u_n(x) \leqslant 2\exp\Big(-\frac{(2n\pi - A)^2}{2}\Big)\cdot$

III.1.2. Montrer que la série de fonctions $\sum u_n$ converge normalement sur $[-A. + A]$.

III.2.

III.2.1. Déduire de la question précédente que la série de fonctions $\sum u_n$ converge simplement sur $\mathbb{R}$ tout entier. On note U sa somme.

III.2.2. Montrer que U est continue sur $\mathbb{R}$. On admettra que U est de classe $\mathcal{C}^1$ sur $\mathbb{R}$.

III.2.3. Montrer que U est paire.

III.2.4. Exprimer, pour tout $x \in \mathbb{R}, U_n(x + 2\pi)$ au moyen de $U_n(x), f(x + 2(n+1)\pi)$ et $f(x - 2n\pi)$. En déduire que U est périodique de période 2π.

III.3. Soit $\frac{a_0}{2} + \sum_{n=1}^{\infty} a_n \cos(nx)$ la série de Fourier de U.

III.3.1. Justifier l'égalité de U avec la somme de sa série de Fourier.

III.3.2. Montrer que, pour tout $n \in \mathbb{N}$ et tout $k \in \mathbb{N}$, on a

$$\int_{-\pi}^{\pi} U_k(x)\cos(nx)dx = \int_{-(2k+1)\pi}^{(2k+1)\pi} f(x)\cos(nx)dx$$

III.3.3. Pour tout $n \in \mathbb{N}$, justifier

l'égalité $\displaystyle\int_{-\pi}^{\pi} U(x)\cos(nx)dx = \lim_{k\to\infty}\int_{-\pi}^{\pi} U_k(x)\cos(nx)dx.$

En déduire que $\displaystyle\int_{-\pi}^{\pi} U(x)\cos(nx)dx = \int_{-\infty}^{+\infty} f(x)\cos(nx)dx.$

III.3.4. Déduire de ce qui précède une expression de a_n, pour tout $n \in \mathbb{N}$, à l'aide de $\widehat{f}$ et de n, puis exprimer a_n en fonction de n.

Solution

Partie I

I.1.1 La fonction exponentielle est développable en série entière de rayon de convergence $+\infty$, les deux fonctions données sont développables en série entière et les rayons rayon de convergence sont égaux à $+\infty$.

$\forall x \in \mathbb{R}, e^{-xz} = \sum_{n=0}^{\infty} \frac{(-z)^n}{n!} x^n$ et $\exp\Big(-\frac{x^2}{2}\Big) = \sum_{n=0}^{\infty} \frac{(-1)^n}{2^n n!} x^{2n}$.

I.1.2 D'après le théorème sur le produit de séries entières, la fonction $x \mapsto F(x,z)$ est développable en série entière et $\forall x \in \mathbb{R}, F(x,z) = \sum_{n=0}^{\infty} A_n(z) x^n$

où $A_n(z) = \sum_{p=0}^{n} a_{n-p} b_p$ avec $a_n = \frac{(-z)^n}{n!}$ et $b_n = \begin{cases} \frac{(-1)^k}{2^k k!} & \text{si } n = 2k \\ 0 & \text{si } n = 2k+1 \end{cases}$

$A_n(z) = \sum_{p=0}^{n} \frac{(-z)^{n-p}}{(n-p)!} b_p$. La fonction A_n est polynomiale de degré n de coefficient dominant $\frac{(-1)^n}{n!}$ puisque $b_0 = 0$.

On en déduit que $H_0(z) = 1$ et $H_1(z) = z$.

I.1.3 Du théorème de dérivation des séries entières on déduit que $x \mapsto F(x,z)$ est de classe $\mathcal{C}^\infty$ sur $\mathbb{R}$ et $\frac{\partial F}{\partial x}(x,z) = \sum_{n=0}^{\infty} (n+1) A_{n+1}(z) x^n$.

Or $\frac{\partial F}{\partial x}(x,z) = (-x-z)F(x,z)$, on a

$\forall x \in \mathbb{R}, \sum_{n=0}^{\infty} (n+1) A_{n+1}(z) x^n = (-z-x) \sum_{n=0}^{\infty} A_n(z) x^n$.

De l'unicité du développement en série entière, on déduit que
$\forall n \in \mathbb{N}, (n+2)A_{n+2}(z) = -zA_{n+1}(z) - A_n(z)$.

Compte tenu de la définition de $H_n : z \mapsto (-1)^n n! A_n(z)$, on a
$\forall n \in \mathbb{N}, \forall z \in \mathbb{C}, H_{n+2}(z) = zH_{n+1}(z) - (n+1)H_n(z)$.

De cette relation de récurrence et de H_0 et H_1 on déduit :
$H_2(z) = z^2 - 1$, $H_3(z) = z^3 - 3z$ et $H_4(z) = z^4 - 6z^2 + 3$.

I.2.1. Par théorèmes généraux, f est de classe $\mathcal{C}^\infty$ sur $\mathbb{R}$ et $f'(x) = -xf(x)$, puis $f''(x) = -xf'(x) - f(x)$. Donc : $\forall x \in \mathbb{R}, f''(x) + xf'(x) + f(x) = 0$.

Rappelons la formule de Leibniz : si u et v sont éléments de $\mathcal{C}^n(\mathbb{R},\mathbb{R})$,

$$(uv)^{(n)} = \sum_{k=0}^{n} \binom{n}{k} u^{(k)} v^{(n-k)}.$$

Donc $\frac{d^n}{dx^n}(xf'(x)) = xf^{(n+1)}(x) + \binom{n}{1} f^{(n)}(x)$.

Pour tout $x\in\mathbb{R}$, $\dfrac{d^n}{dx^n}\Big(f''(x)+xf'(x)+f(x)\Big)=0$.
Donc $\forall x\in\mathbb{R}, f^{(n+2)}(x)+xf^{(n+1)}(x)+(n+1)f^{(n)}(x)=0$.

I.2.2. On déduit de cette égalité : $K_{n+2}(x)-xK_{n+1}(x)+(n+1)K_n(x)=0$.

Comme $K_0(x)=1$ et $K_1(x)=x$, on a $K_0=H_0$ et $K_1=H_1$. Comme les deux suites $(K_n)_{n\geqslant 0}$ et $(H_n)_{n\geqslant 0}$ vérifient la même relation de récurrence, on a $K_n=H_n$ pour tout entier naturel n.

I.3.1 $f^{(n)}(x)=(-1)^nH_n(x)f(x)$ implique par dérivation
$f^{(n+1)}(x)=(-1)^n\big[H_n'(x)f(x)-xf(x)H_n(x)\big]$ car $f'(x)=-xf(x)$.

Donc $f^{(n+1)}(x)=(-1)^{n+1}H_{n+1}(x)f(x)=(-1)^n\big[H_n'(x)-xH_n(x)\big]f(x)$.
Donc $H_{n+1}(x)=-H_n'(x)+xH_n(x)$ *i.e.* $H_{n+2}(x)=-H_{n+1}'(x)+xH_{n+1}(x)$.

On déduit de I.1.3. que $H_{n+1}'(x)=(n+1)H_n(x)$.

I.3.2. Par dérivation, $H_{n+1}(x)=-H_n'(x)+xH_n(x)$ donne
$H_{n+1}'(x)=-H_n''(x)+xH_n'(x)+H_n(x)$.
D'après I.3.1. $(n+1)H_n(x)=-H_n''(x)+xH_n'(x)+H_n(x)$
i.e. $H_n''(x)-xH_n'(x)+nH_n(x)=0$.

I.4. f est un produit de fonctions de classe $\mathcal{C}^\infty$. On déduit de la formule de Leibniz que

$$\varphi_n''(x)=(-1)^n\left[H_n''(x)+\binom{2}{1}H_n'(x)\Big(\frac{-x}{2}\Big)+H_n(x)\Big(\frac{x^2}{4}-\frac{1}{2}\Big)\right]e^{\frac{-x^2}{4}}$$

$$\varphi_n''(x)=(-1)^ne^{\frac{-x^2}{4}}\left[H_n''(x)-xH_n'(x)-\frac{H_n(x)}{2}\right]+\frac{x^2}{4}\varphi_n(x).$$

Il découle alors de I.3.2. que $\varphi_n''(x)-\dfrac{x^2}{4}\varphi_n(x)=\lambda_n\varphi_n(x)$ où $\lambda_n=-n-\dfrac{1}{2}\cdot$

I.5.1. La fonction $g:x\mapsto\varphi_p(x)\varphi_q(x)=(-1)^{p+q}H_p(x)H_q(x)f(x)$ est continue sur $\mathbb{R}$ et comme H_pH_q est une fonction polynôme, par croissances comparées, $g(x)\underset{|x|\to+\infty}{=}o\Big(\dfrac{1}{x^2}\Big)\cdot$ Donc g est intégrable sur $\mathbb{R}$. D'où l'existence de l'intégrale $I_{p,q}$.

I.5.2. Effectuons une intégration par parties en posant $u(x)=(-1)^{p+1}f^{(p)}(x)$, $v(x)=H_{p+1}(x)$. Les fonctions u et v sont de classe $\mathcal{C}^1$ sur $\mathbb{R}$ et
$u'(x)=(-1)^{p+1}f^{(p+1)}(x)=H_{p+1}(x)f(x), v'(x)=H_{q+1}'(x)=(q+1)H_q(x)$.

Par croissances comparées, $\lim\limits_{x\to+\infty}u(x)v(x)=\lim\limits_{x\to-\infty}u(x)v(x)=0$.

$$\text{Donc } I_{p+1,q+1}=\int_{\mathbb{R}}u'v=-\int_{\mathbb{R}}uv'=(-1)^p\int_{\mathbb{R}}f^{(p)}(x)(q+1)H_q(x)dx$$

$$I_{p+1,q+1}=(q+1)\int_{\mathbb{R}}H_pH_qf=(q+1)I_{p,q}.$$

Comme $I_{p+1,q+1}=I_{q+1,p+1}$, le résultat est établi.

- Si $p=q$, $I_{p+1,p+1}=(p+1)I_{p,p}$. Par récurrence, $I_{p,p}=p!I_{0,0}=p!\sqrt{2\pi}$.
- Si $p\neq q$ les entiers p et q ne sont pas de même parité.

Comme, d'après I.2.2. $f(x)H_p(x) = (-1)^p f^{(p)}(x)$ et comme f est paire, $f^{(p)}$ et p ont même parité ; donc H_p et p ont même parité *i.e.* $H_p(-x) = (-1)^p H_p(x)$. La fonction $x \mapsto H_p(x)H_q(x)f(x)$ est donc impaire si $p \neq q$. D'où $I_{p,q} = 0$.

Partie II

II.1. Soit $g : \mathbb{R}^2 \to \mathbb{C}, (\nu, t) \mapsto F(t, 2i\pi\nu)$. La fonction g est continue sur $\mathbb{R}^2$ par théorèmes généraux. Pour tout $(\nu, t) \in \mathbb{R}^2$, $|g(\nu, t)| = f(t)$: indépendant de ν. Comme f est continue sur $\mathbb{R}$ et intégrable sur $\mathbb{R}$ d'après I.5.1. ($p = q = 0$), on déduit du théorème de continuité des intégrales paramétrées que $\widehat{f}$ est continue sur $\mathbb{R}$.

II.2. g est de classe $\mathcal{C}^1$ sur $\mathbb{R}^2$. Compte tenu de II.1. 4 des 5 hypothèses du théorème de dérivation des intégrales paramétrées sont vérifiées.

$\forall (\nu, t) \in \mathbb{R}^2, \dfrac{\partial g}{\partial \nu}(\nu, t) = -2i\pi t F(t, 2i\pi\nu)$.

$\forall (\nu, t) \in \mathbb{R}^2, \left|\dfrac{\partial g}{\partial \nu}(\nu, t)\right| = 2\pi |t| f(t) = g_1(t)$.

g_1 est continue sur $\mathbb{R}$ et $g_1(t) \underset{|t| \to +\infty}{=} o(t^{-2})$ par croissances comparées.

D'après le théorème de dérivation des intégrales paramétrées, $\widehat{f}$ est de classe $\mathcal{C}^1$ sur $\mathbb{R}$ et pour tout $\nu \in \mathbb{R}$, $\widehat{f}\,'(\nu) = -2i\pi \displaystyle\int_{\mathbb{R}} tF(t, 2i\pi\nu)dt$.

II.3.1. $-t = 2i\pi\nu + (-2i\pi\nu - t)$ implique

$-tF(t, 2i\pi\nu) = 2i\pi\nu F(t, 2i\pi\nu) + \dfrac{\partial F}{\partial t}(t, 2i\pi\nu)$. On déduit de II.2. et de la définition de $\widehat{f}$ que $\widehat{f}\,'(\nu) = -2\pi^2 \nu \widehat{f}(\nu) + 2i\pi \displaystyle\int_{\mathbb{R}} \frac{\partial F}{\partial t}(t, 2i\pi\nu)dt$.

Comme $|F(t, 2i\pi\nu)| = f(t)$, on a $\displaystyle\lim_{|t| \to +\infty} F(t, 2i\pi\nu) = 0$.

Donc $\displaystyle\int_{\mathbb{R}} \frac{\partial F}{\partial t}(t, 2i\pi\nu)dt = \Big[F(t, 2i\pi\nu)\Big]_{t \to -\infty}^{t \to +\infty} = 0$.

D'où : $\forall \nu \in \mathbb{R}, \widehat{f}\,'(\nu) = -2\pi^2 \nu \widehat{f}(\nu)$.

II.3.2. $\widehat{f}(0) = \displaystyle\int_{\mathbb{R}} F(t, 0) = \int_{\mathbb{R}} f = \sqrt{2\pi}$

$\widehat{f}$ est solution de l'équation différentielle linéaire du premier ordre $y' = -4^2\pi\nu y$.

La solution générale est $y : \nu \mapsto C\exp(-2\pi^2\nu^2)$ où $C \in \mathbb{C}$.

$\widehat{f}(0) = \sqrt{2\pi}$. Donc, pour tout $\nu \in \mathbb{R}$, $\widehat{f}(\nu) = \sqrt{2\pi}\,\exp(-2\pi^2\nu^2)$

Partie III

III.1.1. Notons $f_n(x) = f(x - 2n\pi) = \exp\Big(-\dfrac{(x - 2n\pi)^2}{2}\Big)$.

Pour tout $x \in [-A, A]$, $f'_n(x) = (2n\pi - x)f(x - 2n\pi) \geqslant 0$ car $2n\pi \geqslant A \geqslant |x|$.

Pour tout $x \in [-A, A]$, $f'_{-n}(x) = (2n\pi + x)f(x + 2n\pi) \geqslant 0$ car $2n\pi \geqslant A \geqslant |x|$.

Donc f_n et f_{-n} sont croissantes sur $[-A, A]$. Il s'ensuit que : $\forall x \in [-A, A]$, $0 \leqslant f_n(x) \leqslant f_n(A)$ et $0 \leqslant f_{-n}(x) \leqslant f_{-n}(A) \leqslant f_n(A)$ car $2\pi n + A \geqslant 2\pi n - A$ et car la fonction exp est croissante.

Donc : $\forall x \in [-A, A], 0 < u_n(x) \leqslant 2\exp\Big(-\dfrac{(2n\pi - A)^2}{2}\Big)$.

III.1.2. Notons $\lambda_n = 2\exp\Big(-\dfrac{(2n\pi - A)^2}{2}\Big)$ Alors

$n^2\lambda_n = 2n^2\exp\Big(-\dfrac{A^2}{2} + 2n\pi A - 2n^2\pi^2\Big) \leqslant 2\exp(\theta_n)$ où

$\theta_n = -2\pi^2n^2 + 2\pi nA + 2\ln(n) \underset{n\to\infty}{\sim} -2\pi^2n^2$. Donc $\lim\limits_{n\to\infty} \theta_n = -\infty$.

Il s'ensuit que $\lim\limits_{n\to\infty} (n^2\lambda_n) = 0$. Par la règle de Riemann, la série $\sum \lambda_n$ converge. Il s'ensuit que la série de fonctions $\sum u_n$ converge normalement sur $[-A, A]$.

III.2.1. Soit $x \in \mathbb{R}$ Il existe $A > 0$ tel que $x \in [-A, A]$.

Comme $0 \leqslant u_n(x) \leqslant N_\infty^{[-A,A]}(u_n)$, par comparaison des séries à termes positifs, $\sum u_n(x)$ converge. Ceci étant vrai quel que soit $x \in \mathbb{R}$, la série de fonctions $\sum u_n$ converge simplement sur $\mathbb{R}$.

III.2.2. Comme les fonctions u_n sont continues sur $\mathbb{R}$ et comme $\sum u_n$ converge normalement sur tout segment, puisque sur tout $[-A, A]$, de $\mathbb{R}$, par théorème, U est continue sur $\mathbb{R}$.

III.2.3. Comme f est paire, les fonctions u_n le sont et comme la parité se conserve passage à la limite simple, U est paire.

III.2.4. $U_n(x + 2\pi) = \displaystyle\sum_{k=0}^{n} f(x - 2(k-1)\pi) + \sum_{k=0}^{n} f(x + 2(k+1)\pi)$.

Donc $U_n(x + 2\pi) = \displaystyle\sum_{p=-1}^{n-1} f(x - 2p\pi) + \sum_{p=1}^{n+1} f(x + 2p\pi)$

D'où $U_n(x + 2\pi) = U_n(x) + f(x + 2(n+1)\pi) - f(x - 2n\pi)$.

Si pour x fixé, on fait tendre n vers ∞, on obtient $U(x + 2\pi) = U(x)$

Ceci étant valable quel que soit $x \in \mathbb{R}$, la fonction U est 2π-périodique.

III.3.1. Avec le résultat admis, U est élément de $\mathcal{C}^1_{2\pi}(\mathbb{R}, \mathbb{R})$. D'après le théorème de convergence normale, U est somme sur $\mathbb{R}$ de sa série de Fourier.

III.3.2. Les fonctions $x \mapsto f(x - 2p\pi)\cos(nx)$ étant continues sur le segment $[-\pi, \pi]$, on a :

$$\int_{-\pi}^{\pi} U_k(x)\cos(nx)dx = \sum_{p=-k}^{k} \int_{-\pi}^{\pi} f(x - 2p\pi)\cos(nx)dx.$$

Par le changement de variable affine $x - 2p\pi = t$ on obtient :

$$\int_{-\pi}^{\pi} U_k(x)\cos(nx)dx = \sum_{p=-k}^{k} \int_{-(2p+1)\pi}^{-\pi(2p-1)} f(t)\cos(nt)dt.$$

Par le théorème de Chasles, $\displaystyle\int_{-\pi}^{\pi} U_k(x)\cos(nx)dx = \int_{-(2k+1)\pi}^{(2k+1)\pi} f(t)\cos(nt)dt.$

III.3.3. Notons $h_k(t) = U_k(t)\cos(nt)$ et $h(t) = U(t)\cos(nt)$. Les fonctions h_k et h sont continues donc intégrables sur le segment $[-\pi, \pi]$. La suite $(h_k)_{k\geqslant 0}$ converge simplement sur $[-\pi, \pi]$ vers h.

$\forall k \in \mathbb{N}, \forall t \in [-\pi, \pi], |h_k(t)| \leqslant U_k(t) \leqslant U(t)$.

Comme U est continue donc intégrable sur le segment $[-\pi, \pi]$, on déduit du théorème de convergence dominée que $\displaystyle\int_{-\pi}^{\pi} h_k \xrightarrow[k\to\infty]{} \int_{-\pi}^{\pi} h$

i.e. $\displaystyle\lim_{k\to\infty} \int_{-\pi}^{\pi} U_k(t)\cos(nt)dt = \int_{-\pi}^{\pi} U(t)\cos(nt)dt.$

Comme $|f(t)\cos(nt)| \leqslant f(t)$ et comme f est intégrable sur $\mathbb{R}$, la fonction $t \mapsto f(t)\cos(nt)$ est intégrable sur $\mathbb{R}$. On déduit du résultat de III.3.2. que $\displaystyle\lim_{k\to\infty} \int_{-\pi}^{\pi} U_k(x)\cos(nx)dx = \int_{\mathbb{R}} f(t)\cos(nt)dt.$

Par unicité de la limite, $\displaystyle\int_{-\pi}^{\pi} U(t)\cos(nt)dt = \int_{\mathbb{R}} f(t)\cos(nt)dt.$

III.3.4. U étant continue et 2π-périodique, $\displaystyle a_n = \frac{1}{\pi}\int_{-\pi}^{\pi} U(t)\cos(nt)dt.$

$\widehat{f}$ étant à valeurs réelles, d'après II, $\displaystyle\widehat{f}(\nu) = \int_{\mathbb{R}} f(t)\cos(2\pi\nu t)dt.$

Donc $\displaystyle a_n = \frac{1}{\pi}\widehat{f}\Big(\frac{n}{2\pi}\Big) = \sqrt{\frac{2}{\pi}}\exp\Big(-\frac{n^2}{2}\Big).$

Fin

Notations.

Pour tout nombre réel x tel que l'intégrale généralisée $\displaystyle\int_0^{+\infty} \frac{1-\cos(t)}{t^2} e^{-xt} dt$ converge, on note $\varphi(x)$ sa valeur.
Pour tout entier naturel non nul m tel que l'intégrale généralisée $\displaystyle\int_0^{+\infty} \frac{\sin^m(t)}{t} dt$ converge, on désigne par J_m sa valeur.

Objectifs.

L'objet de ce problème est d'étudier l'existence et un procédé de calcul éventuel de J_m.
La partie I est consacrée à l'étude de la fonction φ pour obtenir un résultat qui concerne J_1.
L'étude de l'existence de J_m fait partie de la partie II.
La partie III voit la mise en oeuvre d'un procédé de calcul des intégrales J_m (lorsqu'elles convergent).

I - Étude de la fonction φ

On désigne par d (respectivement δ) la fonction définie sur $[0, +\infty[$ par :
$d(t) = t - 1 + \cos(t)$ (respectivement $\delta(t) = \dfrac{t^2}{2} - 1 + \cos(t)$).

I.1. Étude des fonctions d et δ

I.1.1. Étudier la fonction d ; en déduire qu'il existe un nombre réel α tel que, pour tout nombre réel t strictement positif, on ait l'inégalité :

$$0 \leqslant \frac{1-\cos(t)}{t} \leqslant \alpha.$$

I.1.2. Étudier la fonction δ ; en déduire qu'il existe un nombre réel β tel que, pour tout nombre réel t strictement positif, on ait l'inégalité :

$$0 \leqslant \frac{1-\cos(t)}{t^2} \leqslant \beta.$$

I.2. Existence de la fonction φ sur $[0, +\infty[$

Établir la convergence de l'intégrale généralisée $\displaystyle\int_0^{+\infty} \frac{1-\cos(t)}{t^2} dt$. En déduire que $\varphi(x)$ existe pour tout x appartenant à $[0, +\infty[$.

I.3. Limite de la fonction φ en $+\infty$

I.3.1. Préciser le signe de $\varphi(x_1) - \varphi(x_2)$, pour $0 \leqslant x_1 \leqslant x_2$. En déduire que la fonction φ admet une limite finie λ en $+\infty$.

I.3.2. Déterminer la valeur de λ (on pourra utiliser I.1.2).

I.4. Caractère $\mathcal{C}^k$ de la fonction φ

I.4.1. Montrer que la fonction φ est continue sur $[0, +\infty[$.

I.4.2. Montrer que la fonction φ est de classe $\mathcal{C}^1$ sur $]0, +\infty[$ (on pourra utiliser I.1.1).

I.4.3. Montrer que la fonction φ' admet une limite finie (que l'on précisera) en $+\infty$.

I.4.4. Montrer que la fonction φ est de classe $\mathcal{C}^2$ sur $]0, +\infty[$.

I.4.5. Expliciter $\varphi''(x)$ pour $x \in]0, +\infty[$.

I.4.6. Expliciter $\varphi'(x)$ pour $x \in]0, +\infty[$. La fonction φ est-elle dérivable en 0 ?

I.5. Expression explicite de la fonction $\varphi(x)$

I.5.1. déterminer la limite de $x \ln\left(\dfrac{x^2}{x^2+1}\right)$ lorsque x tend vers $+\infty$.

I.5.2. Expliciter une primitive de la fonction $x \mapsto \ln(1+x^2)$ (on pourra utiliser une intégration par parties).

I.5.3. Expliciter $\varphi(x)$ pour x appartenant à $]0, +\infty[$.

I.5.4. Déterminer $\varphi(0)$.

II - Étude de l'existence de J_m

II.1. Étude de $\displaystyle\int_0^{\frac{\pi}{2}} \frac{\sin^m(t)}{t}\, dt$

Justifier la convergence de l'intégrale généralisée $\displaystyle\int_0^{\frac{\pi}{2}} \frac{\sin^m(t)}{t}\, dt$ pour tout entier naturel non nul m.

Pour tout entier relatif k tel que l'intégrale généralisée $\displaystyle\int_{\frac{\pi}{2}}^{+\infty} \frac{e^{ikt}}{t}\, dt$ converge, on note I_k la valeur de cette intégrale.

II.2. Étude de J_1

Justifier l'existence de J_1 et établir une relation entre J_1 et $\varphi(0)$ (on pourra utiliser une intégration par parties, en remarquant que $(1 - \cos)' = \sin$).

II.3. Étude de l'existence de I_k
Préciser la nature de l'intégrale généralisée I_k selon la valeur de l'entier relatif k (on pourra utiliser une intégration par parties).

II.4. Étude de la nature de J_m
Pour tout x appartenant à $\left[\frac{\pi}{2}, +\infty\right[$ et tout entier relatif k, on note :

$$I_k(x) = \int_{\frac{\pi}{2}}^{x} \frac{e^{ikt}}{t}\, dt.$$

II.4.1. Exprimer, pour tout entier naturel non nul m et pour tout nombre réel x appartenant à $\left[\frac{\pi}{2}, +\infty\right[$, l'intégrale $\displaystyle\int_{\frac{\pi}{2}}^{x} \frac{\sin^m(t)}{t}\, dt$ à l'aide des intégrales $I_k(x)$.

II.4.2. En déduire l'existence de J_{2p+1} pour tout entier naturel p.

II.4.3. Quelle est la nature de l'intégrale généralisée $\displaystyle\int_{0}^{+\infty} \frac{\sin^{2p}(t)}{t}\, dt$ pour p entier naturel non nul ?

III - Calcul de J_{2p+1}

III.1. Un développement de Fourier
On désigne par x un nombre réel fixé, non multiple entier de π, par h_x la fonction définie sur $\mathbb{R}$, à valeurs réelles, 2π-périodique et vérifiant :

$$h_x(t) = \cos\left(\frac{x}{\pi}\, t\right) \text{ pour tout } t \in]-\pi, \pi].$$

III.1.1. Calculer les coefficients de Fourier réels $a_n(h_x)$ et $b_n(h_x)$ de la fonction h_x. On rappelle que pour tout entier naturel n :

$$a_n(h_x) = \frac{1}{\pi}\int_{-\pi}^{\pi} h_x(t)\cos(nt)\, dt \text{ et } b_n(h_x) = \frac{1}{\pi}\int_{-\pi}^{\pi} h_x(t)\sin(nt)\, dt.$$

III.1.2. Justifier la convergence de la série $\displaystyle\sum_{n\geqslant 1}(-1)^n \frac{2x\sin(x)}{x^2 - n^2\pi^2}$ et déduire de III.1.1 la valeur de la somme $\displaystyle\frac{\sin(x)}{x} + \sum_{n=1}^{\infty}(-1)^n \frac{2x\sin(x)}{x^2 - n^2\pi^2}$.

III.2. Étude d'un procédé de calcul
On désigne par f une fonction définie et continue sur $[-1, 1]$ à valeur réelles ; on suppose de plus que f est impaire et dérivable en 0.
Pour tout entier naturel non nul n,on pose :

- $\displaystyle\gamma_n = \int_{\frac{\pi}{2}+(n-1)\pi}^{\frac{\pi}{2}+n\pi} \frac{f\big(\sin(t)\big)}{t}\, dt,$

- u_n l'application de $\left[0,\frac{\pi}{2}\right]$ dans $\mathbb{R}$ définie par : $u_n(t) = \dfrac{2(-1)^n t f\big(\sin(t)\big)}{t^2 - n^2\pi^2}$,
- $\mu_n = \displaystyle\int_0^{\frac{\pi}{2}} u_n(t)\,dt.$

III.2.1. Déterminer la limite de γ_n lorsque n tend vers $+\infty$.

III.2.2. Établir (pour tout entier naturel non nul n) une relation entre γ_n et μ_n.

III.2.3. Établir la convergence, pour tout t appartenant à $\left[0,\frac{\pi}{2}\right]$ de la série $\sum\limits_{n\geqslant 1} u_n(t)$.

Désormais on note $S(t) = \sum\limits_{n=1}^{\infty} u_n(t)$ *pour tout* t *appartenant à* $\left[0,\frac{\pi}{2}\right]$.

III.2.4. Montrer que la fonction S est continue sur $\left[0,\frac{\pi}{2}\right]$.

III.2.5. justifier la convergence de la série

$$\sum_{n\geqslant 1} \gamma_n \text{ et l'égalité } \int_0^{\frac{\pi}{2}} S(t)\,dt = \sum_{n=1}^{\infty} \gamma_n.$$

III.2.6. Justifier la convergence de l'intégrale généralisée

$$\int_{\frac{\pi}{2}}^{+\infty} \frac{f\big(\sin(t)\big)}{t}\,dt \text{ et l'égalité } \int_0^{\frac{\pi}{2}} S(t)\,dt = \int_{\frac{\pi}{2}}^{+\infty} \frac{f\big(\sin(t)\big)}{t}\,dt.$$

III.2.7. Justifier la convergence des intégrales généralisées

$$\int_0^{\frac{\pi}{2}} \frac{f\big(\sin(t)\big)}{\sin(t)}\,dt \text{ et } \int_0^{\frac{\pi}{2}} \frac{f\big(\sin(t)\big)}{t}\,dt.$$

III.2.8. Exprimer la différence $\displaystyle\int_0^{+\infty} \frac{f\big(\sin(t)\big)}{t}\,dt - \int_0^{\frac{\pi}{2}} \frac{f\big(\sin(t)\big)}{\sin(t)}\,dt$ à l'aide de l'intégrale d'une fonction continue sur le segment $\left[0,\frac{\pi}{2}\right]$.

III.3. Application au calcul de J_{2p+1}

III.3.1. En utilisant les résultats obtenus en III.1 et III.2 retrouver la valeur de J_1 (déjà obtenue en II.2).

III.3.2. Calculer J_3.

III.3.3. Plus généralement, expliciter J_{2p+1} pour tout entier naturel p.

Solution

Partie I

I.1.

I.1.1. d est dérivable sur $\mathbb{R}$ avec $d' = 1 - \sin \geqslant 0$, donc d est croissante sur $\mathbb{R}$ avec $d(0) = 0$.

Pour $t > 0$ on a donc $0 \leqslant d(t)$ d'où $\dfrac{1-\cos(t)}{t} \leqslant 1$ et, bien sûr, $0 \leqslant \dfrac{1-\cos(t)}{t}\cdot$

I.1.2. de même δ est paire, de classe $\mathcal{C}^1$ sur $\mathbb{R}$ et $\delta' : t \mapsto t - \sin(t)$. Comme sin est 1−lipschitzienne on en déduit que $\delta' \geqslant 0$ sur $\mathbb{R}_+$ et donc δ est croissante sur $\mathbb{R}_+$ avec $\delta(0) = 0$.

De même, si $t > 0$, alors $0 \leqslant \dfrac{1-\cos(t)}{t^2} \leqslant \dfrac{1}{2}\cdot$

I.2. $t \mapsto \dfrac{1-\cos(t)}{t^2}$ est continue sur $]0, +\infty[\,, n$ prolongeable par continuité en 0 et dominée par $t \mapsto \dfrac{2}{t^2}$ donc intégrable sur $\mathbb{R}_+^\star$, ainsi $\displaystyle\int_0^{+\infty} \frac{1-\cos(t)}{t^2}\,dt$ converge.

Si $x \geqslant 0$ la fonction $t \mapsto \dfrac{1-\cos(t)}{t^2}\, e^{-xt}$ est continue sur $\mathbb{R}_+^\star$ dominée par la fonction précédente donc elle-même intégrable sur $\mathbb{R}_+^\star$, ce qui assure l'existence de $\varphi(x)$.

I.3.

I.3.1. Comme, pour $t > 0$, $x \mapsto \dfrac{1-\cos(t)}{t^2}\, e^{-xt}$ est décroissante positive, la fonction φ est décroissante positive sur $\mathbb{R}_+$ et admet donc, en $+\infty$ une limite réelle positive.

I.3.2. D'après I.1.2. on a, si $x \geqslant 0$, $0 \leqslant \varphi(x) \leqslant \dfrac{1}{2}\displaystyle\int_0^{+\infty} e^{-xt}dt = \frac{1}{2x}$ et donc, par encadrement, $\lambda = 0$.

I.4.

I.4.1. On note $f : (x,t) \mapsto \dfrac{1-\cos(t)}{t^2}\, e^{-xt}$.

Si $t > 0$ alors $x \mapsto f(x,t)$ est continue sur $\mathbb{R}_+$,
si $x \geqslant 0$, $t \mapsto f(x,t)$ est continue sur $\mathbb{R}_+^\star$,
pour tout $(x,t) \in \mathbb{R}_+ \times \mathbb{R}_+^\star$, $\left|f(x,t)\right| \leqslant \dfrac{1-\cos(t)}{t^2} = \psi_0(t)$ et I.2. a établi l'intégrabilité de ψ_0 sur $\mathbb{R}_+^\star$. Donc, en tant qu'intégrale paramétrée, φ est continue sur $\mathbb{R}_+$.

I.4.2. Si $t > 0$ alors $x \mapsto f(x,t)$ est de classe $\mathcal{C}^1$ sur $\mathbb{R}_+^\star$,
si $x > 0$, $t \mapsto \dfrac{\partial f}{\partial x}(x,t)$ est continue sur $\mathbb{R}_+^\star$,
si $x \geqslant a > 0$ et $t > 0$ on a $\left|\dfrac{\partial f}{\partial x}(x,t)\right| = \dfrac{1-\cos(t)}{t}e^{-xt} \leqslant e^{-at} = \psi_1(t)$ d'après I.1.1. et ψ_1 est intégrable sur $\mathbb{R}_+^\star$.
Ceci, joint aux propriétés citées dans la question précédente, montre que, en tant qu'intégrale paramétrée, φ est de classe $\mathcal{C}^1$ sur $\mathbb{R}_+^\star$.

I.4.3. Toujours par I.1.1. on a, si $x > 0$, $0 \leqslant \varphi'(x) \leqslant \displaystyle\int_0^{+\infty} e^{-xt}dt = \frac{1}{x}$ et donc, par encadrement, $\varphi'(x) \xrightarrow[x\to+\infty]{} 0$.

I.4.4. Si $t > 0$, $x \mapsto f(x,t)$ est de classe $\mathcal{C}^2$ sur $\mathbb{R}_+^\star$,
si $x > 0$, $t \mapsto \dfrac{\partial^2 f}{\partial x^2}(x,t)$ est continue sur $\mathbb{R}_+^\star$
et si $x \geqslant a > 0$ et $t > 0$, $\left|\dfrac{\partial^2 f}{\partial x^2}(x,t)\right| = \big[1-\cos(t)\big]e^{-xt} \leqslant 2e^{-at} = 2\psi_1(t)$ avec $2\psi_1$ intégrable sur $\mathbb{R}_+^\star$ donc, toujours pour les mêmes raisons, φ est de classe $\mathcal{C}^2$ sur $\mathbb{R}_+^\star$.

I.4.5. On rappelle que, si $\Re e(z) > 0$ alors $\displaystyle\int_0^{+\infty} e^{-zt}dt$ converge et vaut $\dfrac{1}{z}\cdot$
Si $x > 0$ on a :

$$\begin{aligned}\varphi''(x) &= \int_0^{+\infty} \big[1-\cos(t)\big]e^{-xt}dt = \Re e\left(\int_0^{+\infty}\big[e^{-xt} - e^{t(x+i)}\big]dt\right)\\ &= \Re e\left(\frac{1}{x} - \frac{1}{x+i}\right) = \frac{1}{x} - \frac{x}{x^2+1}\cdot\end{aligned}$$

I.4.6. On en déduit, si $x > 0$, $\varphi'(x) = \displaystyle\int_{+\infty}^{x} \varphi''(t)\,dt$ d'après I.4.3. soit

$$\varphi'(x) = \ln\left(\frac{x}{\sqrt{x^2+1}}\right)\cdot$$

φ est continue sur $\mathbb{R}_+$ et dérivable sur $\mathbb{R}_+^\star$, le théorème des accroissements finis montre que, si $x > 0$ alors il existe $y \in]0,x[$ tel que $\dfrac{\varphi(x)-\varphi(0)}{x} = \varphi'(y)$ et, comme $\varphi'(x) \xrightarrow[x\to0^+]{} -\infty$, par encadrement on en déduit que

$$\frac{\varphi(x)-\varphi(0)}{x} \xrightarrow[x\to0^+]{} -\infty.$$

φ n'est donc pas dérivable en 0 et sa courbe représentative admet une demi-tangente verticale.

I.5.

I.5.1. $\ln\left(\dfrac{x^2}{x^2+1}\right) = \ln\left(\dfrac{1}{1+\frac{1}{x^2}}\right) \underset{x\to+\infty}{\sim} \dfrac{1}{x^2}$ d'où

$x\ln\Big(\dfrac{x^2}{x^2+1}\Big) \underset{x\to+\infty}{\sim} \dfrac{1}{x} \xrightarrow[x\to+\infty]{} 0.$

I.5.2. Par parties :

$$\begin{aligned}\int_0^x \ln(1+t^2)\,dt =& x\ln(1+x^2) - 2\int_0^x \frac{t^2\,dt}{1+t^2}\\ =& x\ln(1+x^2) - 2\int_0^x \frac{(t^2+1)-1}{1+t^2}\,dt\\ =& x\ln(1+x^2) - 2\big[x - \arctan(x)\big].\end{aligned}$$

I.5.3. On a, si $x>0$, $\varphi'(x) = \ln(x) - \dfrac{1}{2}\ln(1+x^2)$ avec φ continue sur $\mathbb{R}_+$ d'où, si $x \geqslant 0$, $\varphi(x) = \big[x\ln(x) - x\big] - \dfrac{x}{2}\ln(1+x^2) + x - \arctan(x) + C$ où C est un réel fixé.

Donc, si $x \geqslant 0, \varphi(x) = \dfrac{x}{2}\ln\Big(\dfrac{x^2}{x^2+1}\Big) - \arctan(x) + C$ et, comme $\varphi(x) \xrightarrow[x\to+\infty]{} 0$, avec I.5.1. il vient $C = \dfrac{\pi}{2}$ d'où $\varphi : x \mapsto \dfrac{x}{2}\ln\Big(\dfrac{x^2}{x^2+1}\Big) - \arctan(x) + \dfrac{\pi}{2}\cdot$

I.5.4. On a, bien sûr, $\varphi(0) = \dfrac{\pi}{2}$ mais cela devrait logiquement faire partie de la question précédente car φ est continue en 0.

Partie II

II.1. Soit $\varphi_m : t \mapsto \dfrac{\sin^m(t)}{t}$, où $m \in \mathbb{N}^\star$. Alors φ_m est continue sur $\Big]0, \dfrac{\pi}{2}\Big]$ et, comme $\sin(t) \underset{t\to0}{\sim} t$, $\varphi_m(t) \xrightarrow[t\to0^+]{} \begin{cases}1 & \text{si } m=1,\\ 0 & \text{sinon.}\end{cases}$

Par conséquent φ_m admet un prolongement continu au segment $\Big[0, \dfrac{\pi}{2}\Big]$ et, donc, est intégrable sur ce segment, d'où, *a fortiori*, la convergence de l'intégrale proposée.

II.2. Si $0 < a < b$, en intégrant par parties :
$\displaystyle\int_a^b \frac{\sin(t)}{t}\,dt = \Big[\frac{1-\cos(t)}{t}\Big]_a^b + \int_a^b \frac{1-\cos(t)}{t^2}\,dt$ or $\dfrac{1-\cos(t)}{t} \xrightarrow[t\to0^+]{} 0$ et $\dfrac{1-\cos(t)}{t} \xrightarrow[t\to+\infty]{} 0$ car $1-\cos$ est bornée et donc, d'après I.2, J_1 converge et est égale à $\varphi(0)$ soit encore $J_1 = \dfrac{\pi}{2}\cdot$

II.3. La divergence de I_0 est immédiate. Désormais $k \in \mathbb{Z}^\star$.
Si $\dfrac{\pi}{2} < X$ par parties, $\displaystyle\int_{\frac{\pi}{2}}^X \frac{e^{ikt}}{t}\,dt = \Big[-\frac{ie^{ikt}}{kt}\Big]_{\frac{\pi}{2}}^X - \frac{i}{k}\int_{\frac{\pi}{2}}^X \frac{e^{ikt}}{t^2}\,dt.$

Comme $t \mapsto e^{ikt}$ est bornée $\dfrac{e^{ikX}}{X} \xrightarrow[X\to+\infty]{} 0$ et $t \mapsto \dfrac{e^{ikt}}{t^2}$ est continue et dominée par $t \mapsto \dfrac{1}{t^2}$ sur $\left[\dfrac{\pi}{2}, +\infty\right[$ donc intégrable sur cet intervalle. Par suite I_k converge.

II.4.

II.4.1. $\sin^m(t) = \left(\dfrac{1}{2i}\right)^m (e^{it} - e^{-it})^m = \left(\dfrac{1}{2i}\right)^m \displaystyle\sum_{k=0}^{m} \binom{m}{k} (-1)^k e^{it(m-2k)}$ pour tout réel t, d'où $\displaystyle\int_{\frac{\pi}{2}}^{x} \frac{\sin^m(t)}{t}\, dt = \left(\frac{1}{2i}\right)^m \sum_{k=0}^{m} \binom{m}{k} (-1)^k I_{m-2k}(x)$ par linéarité de l'intégration.

II.4.2. Comme $2p+1$ est impair si l'on pose $m = 2p+1$ l'indice $m-2k$ de la somme précédente n'est jamais nul et, comme I_{m-2k} converge, on en déduit que $\displaystyle\int_{\frac{\pi}{2}}^{+\infty} \frac{\sin^{2p+1}(t)}{t}\, dt$ converge et donc, par II.1, J_{2p+1} converge.

II.4.3. En revanche si $m = 2p$ alors tous les termes de la somme obtenue dans II.4.1. ont une limite réelle lorsque $x \to +\infty$ excepté $\binom{2p}{p}(-1)^p I_0(x)$ et donc J_{2p} diverge. Donc J_m n'a de sens que lorsque m est impair.

Partie III

III.1.

III.1.1. h_x est paire et continue donc $b_n(h_x)$ est nul pour tout $n \in \mathbb{N}^\star$.

$$\begin{aligned}
a_n(h_x) &= \frac{2}{\pi} \int_0^{\pi} \cos\left(\frac{xt}{\pi}\right) \cos(nt)\, dt \\
&= \frac{1}{\pi} \int_0^{\pi} \left[\cos\left(\frac{x+n\pi}{\pi} t\right) + \cos\left(\frac{x-n\pi}{\pi} t\right)\right] dt \\
&= \frac{\sin(x+n\pi)}{x+n\pi} + \frac{\sin(x-n\pi)}{x-n\pi} = (-1^n)\sin(x)\left(\frac{1}{x+n\pi} + \frac{1}{x-n\pi}\right) \\
&= (-1)^n \frac{2x\sin(x)}{x^2 - n^2\pi^2}
\end{aligned}$$

car $x \pm n\pi \neq 0$.

III.1.2. Comme h_x est, de plus, de classe $\mathcal{C}^1$ par morceaux, sa série de Fourier converge normalement sur $\mathbb{R}$ et a h_x pour somme, donc, pour tout $t \in \mathbb{R}$, $h_x(t) = \dfrac{\sin(x)}{x} + 2\displaystyle\sum_{n=1}^{\infty} \frac{(-1)^n x \sin(x)\cos(nt)}{x^2 - n^2\pi^2}$ d'où la convergence de la série proposée avec, pour $t = 0$, $\dfrac{\sin(x)}{x} + \displaystyle\sum_{n=1}^{\infty} (-1)^n \frac{2x\sin(x)}{x^2 - n^2\pi^2} = 1$.

III.2.

III.2.1. On pose $M = \|f\|_\infty^{[-1,1]}$ et, ainsi, $|\gamma_n| \leqslant \dfrac{M\pi}{\frac{\pi}{2}+n\pi}$ car $t \mapsto \dfrac{1}{t}$ décroît sur le segment d'intégration. Par suite $\gamma_n \xrightarrow[n\to\infty]{} 0$.

III.2.2. Dans γ_n effectuons le changement de variable $u = t - n\pi$, alors $\gamma_n = \displaystyle\int_{-\frac{\pi}{2}}^{0} \frac{f\big((-1)^n \sin(u)\big)}{u+n\pi}\,du + \int_0^{\frac{\pi}{2}} \frac{f\big((-1)^n \sin(u)\big)}{u+n\pi}\,du$ et, en effectuant le changement de variable $v = -u$ dans la première intégrale et en utilisant l'imparité de f, $\gamma_n = (-1)^n \left[\displaystyle\int_0^{\frac{\pi}{2}} \frac{f\big(\sin(v)\big)}{v-n\pi}\,dv + \int_0^{\frac{\pi}{2}} \frac{f\big(\sin(u)\big)}{u+n\pi}\,du\right] = \mu_n$ à l'aide du changement de variable $u = v$ dans la première intégrale.

III.2.3. et 4. Pour $0 \leqslant t \leqslant \dfrac{\pi}{2}$ on a :
$\big|u_n(t)\big| \leqslant \dfrac{M\pi}{n^2\pi^2 - \frac{\pi^2}{4}} = \dfrac{4M}{\pi(4n^2-1)} = O\Big(\dfrac{1}{n^2}\Big)$ et donc la série de fonctions continues u_n converge normalement sur $\Big[0,\dfrac{\pi}{2}\Big]$, sa somme, S, est donc définie et continue sur cet intervalle.

III.2.5. Le même argument de convergence normale et III.2.2. montrent que $\sum \gamma_n$ converge et que $\displaystyle\sum_{n=1}^{\infty} \gamma_n = \int_0^{\frac{\pi}{2}} S(t)\,dt$.

III.2.6. Soient $x \geqslant \dfrac{\pi}{2}$ et $n \in \mathbb{N}$ tel que $\dfrac{\pi}{2} + n\pi \leqslant x < \dfrac{\pi}{2} + (n+1)\pi$, quand $x \to +\infty$ on a $n \to +\infty$.

$$\int_{\frac{\pi}{2}}^{x} \frac{f\big(\sin(t)\big)}{t}\,dt = \int_{\frac{\pi}{2}}^{\frac{\pi}{2}+n\pi} \frac{f\big(\sin(t)\big)}{t}\,dt + \int_{\frac{\pi}{2}+n\pi}^{x} \frac{f\big(\sin(t)\big)}{t}\,dt$$

et $\displaystyle\int_{\frac{\pi}{2}}^{\frac{\pi}{2}+n\pi} \frac{f\big(\sin(t)\big)}{t}\,dt = \sum_{k=1}^{n} \gamma_k \xrightarrow[x\to+\infty]{} \int_0^{\frac{\pi}{2}} S(t)\,dt$ alors que

$\left|\displaystyle\int_{\frac{\pi}{2}+n\pi}^{x} \frac{f\big(\sin(t)\big)}{t}\,dt\right| \leqslant M \int_{\frac{\pi}{2}+n\pi}^{\frac{\pi}{2}+(n+1)\pi} \frac{dt}{t} \xrightarrow[n\to\infty]{} 0$ comme dans III.2.1 et donc

$\displaystyle\int_{\frac{\pi}{2}} \frac{f\big(\sin(t)\big)}{t}\,dt$ converge et est égale à $\displaystyle\int_0^{\frac{\pi}{2}} S(t)\,dt$.

III.2.7. La fonction $\theta : t \mapsto \dfrac{f\big(\sin(t)\big)}{t}$ est continue sur $\Big]0,\dfrac{\pi}{2}\Big]$ et, comme f est dérivable en 0, $f\big(\sin(t)\big) \underset{t\to0}{=} O\big(\sin(t)\big)$, donc θ est bornée au voisinage de 0 et donc intégrable sur $\Big]0,\dfrac{\pi}{2}\Big]$. On procède de même pour $t \mapsto \dfrac{f\big(\sin(t)\big)}{t}$.

III.2.8. Si $0 < t$, $\dfrac{1}{t} - \dfrac{1}{\sin(t)} = \dfrac{\sin(t) - t}{t\sin(t)} \underset{t\to0}{\sim} -\dfrac{t}{6}$.

O pose $g(t) = f(t)\Big(\dfrac{1}{t} - \dfrac{1}{\sin(t)}\Big)$ si $0 < t \leqslant \dfrac{\pi}{2}$ et $g(0) = 0$, alors g est continue sur le segment $\Big[0, \dfrac{\pi}{2}\Big]$ et, d'après les questions précédentes, on a :

$$\int_0^{+\infty} \frac{f\big(\sin(t)\big)}{t}\,dt - \int_0^{\frac{\pi}{2}} \frac{f\big(\sin(t)\big)}{\sin(t)}\,dt = \int_0^{\frac{\pi}{2}} \big[S(t) + g(t)\big]\,dt.$$

III.3.

III.3.1. On utilise ici $f = Id_{[-1,1]}$ et on a vu dans III.1 que l'on a $S_1(t) = \displaystyle\sum_{n=1}^{\infty}(-1)^n \frac{2t\sin(t)}{t^2 - n^2\pi^2} = 1 - \frac{\sin(t)}{t}$ d'où, avec la question précédente

$$J_1 - \frac{\pi}{2} = \int_0^{\frac{\pi}{2}} \big[S_1(t) + g(t)\big]\,dt = \int_0^{\frac{\pi}{2}} 0\,dt = 0 \text{ d'où } J_1 = \frac{\pi}{2}\cdot$$

III.3.2. Ici on utilise $f : t \mapsto t^3$ et alors $S_3(t) = \sin^2(t)S_1(t) = \sin^2(t) - \dfrac{\sin^3(t)}{t}$

et donc $J_3 - \displaystyle\int_0^{\frac{\pi}{2}} \sin^2(t)\,dt = \int_0^{\frac{\pi}{2}} 0\,dt = 0$ encore

i.e. $J_3 = \displaystyle\int_0^{\frac{\pi}{2}} \sin^2(t)\,dt = \frac{1}{2}\int_0^{\frac{\pi}{2}} \big[1 - \cos(2t)\big]\,dt = \frac{\pi}{4}\cdot$

III.3.3. De même avec $f : t \mapsto t^{2p+1}$ on a :

$S_{2p+1}(t) = \sin^{2p}(t)S_1(t) = \sin^{2p}(t) - \dfrac{\sin^{2p+1}(t)}{t}$ et $J_{2p+1} = \displaystyle\int_0^{\frac{\pi}{2}} \sin^{2p}(t)\,dt.$

Or $h : t \mapsto \sin^{2p}(t)$ est continue paire et π-périodique donc

$$J_{2p+1} = \int_0^{\frac{\pi}{2}} h = \frac{\pi c_0(h)}{2} = \frac{\pi}{2}\Big(\frac{1}{(2i)^{2p}}\Big)\binom{2p}{p}(-1)^p = \pi 2^{-(2p+1)}\binom{2p}{p}$$

d'après II.4.1.

Fin

Notations

On désigne par $\mathbb{R}$ l'ensemble des nombres réels, par $\mathbb{N}$ l'ensemble des nombres entiers naturels et par $\mathbb{N}^\star$ l'ensemble $\mathbb{N}$ privé de 0.
Pour n dans $\mathbb{N}$, on note $[\![1,n]\!]$ l'ensemble des entiers k tels que $1 \leqslant k \leqslant n$.
Pour n dans $\mathbb{N}$, on note $\mathfrak{M}_n(\mathbb{R})$ l'espace vectoriel réel des matrices carrées à n lignes et à coefficients dans $\mathbb{R}$. Étant donnée une matrice A de $\mathfrak{M}_n(\mathbb{R})$, on note $\det(A)$ le déterminant de la matrice A. La notation $A = (a_{i,j})$ signifie que $a_{i,j}$ est le coefficient de la ligne i et de la colonne j de la matrice A.
On note I_n la matrice diagonale de $\mathfrak{M}_n(\mathbb{R})$ dont tous les coefficients diagonaux sont égaux à 1.

Objectifs

On considère des endomorphismes autoadjoints dont la matrice, relativement à une base orthonormale, est à coefficients tous positifs ou nuls. Avec une hypothèse supplémentaire sur les coefficients de la matrice, on fait établir des propriétés sur les valeurs propres et sur les vecteurs propres de ces endomorphismes.
La première partie est calculatoire et conduit à traiter un exemple des résultats généraux du problème. Dans la deuxième partie, on fait établir des propriétés des endomorphismes autoadjoints particuliers que l'on étudie. La question II.1 porte sur l'étude de la norme subordonnée d'applications linéaires ; les questions suivantes de la partie II sont indépendantes des résultats de la question II.1.
Les deux parties sont indépendantes.
Dans tout le problème, on désigne par n un entier de $\mathbb{N}^\star$.
Les résultats servant à résoudre une question et provenant d'une question précédente, devront être justifiés par un renvoi à la question dont ils sont déduits.

Partie I

I.1. Soit θ un réel. On considère la suite $(x_p)_{p\in\mathbb{N}}$ définie par :

$$x_1 = \sin(\theta),\ -2x_1\cos(\theta) + x_2 = 0,$$
$$\text{et pour tout } p \geqslant 1,\ x_p - 2x_{p+1}\cos(\theta) + x_{p+2} = 0.$$

I.1.1. Déterminer x_2. Pour tout p dans $\mathbb{N}^\star$, expliciter x_p en fonction de p et de θ.

I.1.2. Soit n dans $\mathbb{N}^\star$, à quelle condition sur θ a-t-on $x_{n+1} = 0$?

Pour t réel, on note $A_n(t) = (a_{i,j})$ la matrice de $\mathfrak{M}_n(\mathbb{R})$ telle que :
(1) pour tout $i \in [\![1, n]\!]$ les coefficients de la diagonale sont $a_{i,i} = 2t$;
(2) pour tout $(i, j) \in [\![1, n]\!] \times [\![1, n]\!]$ tel que $|i - j| = 1$, $a_{i,j} = 1$;
(3) dans tous les autres cas $a_{i,j} = 0$.
On note $d_n(t) = \det\big(A_n(t)\big)$.

I.2. Quelques valeurs de $d_n(t)$
I.2.1. Calculer $d_1(t)$, $d_2(t)$, $d_3(t)$, $d_4(t)$.

I.2.2. Pour $n \geqslant 3$, établir une relation entre $d_n(t)$, $d_{n-1}(t)$ et $d_{n-2}(t)$. En déduire que d_n est un polynôme en t, déterminer son degré ainsi que le coefficient du terme de plus haut degré.

I.3. On suppose $|t| < 1$ et on note $t = \cos(\theta)$ avec $0 < \theta < \pi$.
I.3.1. Montrer que $d_n\big(\cos(\theta)\big) = \dfrac{\sin\big((n+1)\theta\big)}{\sin(\theta)}$.

I.3.2. Déterminer les valeurs de θ pour lesquelles $d_n\big(\cos(\theta)\big) = 0$.

I.4. On note $\chi_n(\lambda) = \det(A_n(0) - \lambda I_n)$ le polynôme caractéristique de la matrice $A_n(0)$.
I.4.1. Exprimer $\chi_n(\lambda)$ en fonction de d_n et de λ.

I.4.2. Déduire de I.3.2. que la matrice $A_n(0)$ possède n valeurs propres distinctes et donner ces valeurs propres. Montrer que la plus grande valeur propre est $\rho = 2\cos\left(\dfrac{\pi}{n+1}\right)$.

I.4.3. En utilisant I.1.2, déterminer un vecteur propre de la matrice $A_n(0)$ associé à la valeur propre $\rho = 2\cos\left(\dfrac{\pi}{n+1}\right)$ dont toutes les composantes sont strictement positives.

Partie II

On considère l'espace euclidien $\mathbb{R}^n$ rapporté à une base orthonormale $\mathcal{B} = (e_1, \dots, e_n)$. Étant donnés deux vecteurs u et v de $\mathbb{R}^n$, on note $(u|v)$ leur produit scalaire et $\|u\|$ la norme du vecteur u. Pour tout sous-espace vectoriel F de $\mathbb{R}^n$, on note $F^\perp$ l'orthogonal de F ; on admettra la propriété $(F^\perp)^\perp = F$.
On note $S = \{u \in \mathbb{R}^n \mid \|u\| = 1\}$. Pour tout endomorphisme f de $\mathbb{R}^n$, on note $\mathrm{Sp}(f)$ l'ensemble des valeurs propres, réelles ou complexes, de f, c'est à dire le spectre de f.

II.1. Pour tout endomorphisme f de $\mathbb{R}^n$, on note $|||f||| = \sup\limits_{\|u\| \leqslant 1} \|f(u)\|$ la norme subordonnée à la norme euclidienne de $\mathbb{R}^n$ de l'endomorphisme f.

II.1.1. Soit φ un automorphisme orthogonal de $\mathbb{R}^n$. Calculer $|||\varphi|||$.

II.1.2. Soit δ l'endomorphisme de $\mathbb{R}^n$ représenté dans la base $\mathcal{B}$ par la matrice diagonale $\mathrm{Diag}(\alpha_1, \dots, \alpha_n)$, dont les coefficients de la diagonale sont les α_i. Montrer que $|||\delta||| = \max\limits_{i \in [\![1,n]\!]} |\alpha_i|$.

II.1.3. En déduire que lorsque f est un endomorphisme autoadjoint de $\mathbb{R}^n$ on a $|||f||| = \max\limits_{\lambda \in \mathrm{Sp}(f)} |\lambda|$.

Les questions suivantes de la partie II sont indépendantes de la question II.1.

Dans la suite du problème, on note ℓ un endomorphisme autoadjoint de l'espace euclidien $\mathbb{R}^n$.

II.2. Propriété de la plus grande valeur propre de ℓ. On note Φ l'application de $\mathbb{R}^n$ dans $\mathbb{R}$ définie par : pour tout vecteur u de $\mathbb{R}^n$, $\Phi(u) = \big(\ell(u)|u\big)$.

II.2.1. Montrer que Φ est une application continue de $\mathbb{R}^n$ dans $\mathbb{R}$. En déduire que la restriction de l'application Φ à l'ensemble S admet un maximum.

On note $\boldsymbol{v}$ un vecteur de $\boldsymbol{S}$ tel que $\boldsymbol{\Phi}(\boldsymbol{v}) = \max\limits_{\boldsymbol{u} \in \boldsymbol{S}} \boldsymbol{\Phi}(\boldsymbol{u})$. Dans la suite de la question II.2, le vecteur $\boldsymbol{v}$ est fixé.

II.2.2. Soit u un vecteur de S orthogonal à v et soit t un réel.
Déterminer un scalaire $\alpha \in \mathbb{R}$ tel que $w = \dfrac{v + tu}{\alpha}$ appartienne à S.
En comparant $\Phi(v)$ et $\Phi(w)$, montrer que $\big(\ell(v)|u\big) = 0$.
En déduire que le vecteur v est un vecteur propre pour ℓ.

On note ρ la valeur propre de ℓ associée au vecteur propre v.

II.2.3. Soit λ une valeur propre quelconque de ℓ et soit x un vecteur de S qui est un vecteur propre de ℓ pour la valeur propre λ.
Comparer $\Phi(x)$ et λ.
Déduire des résultats précédents que $\lambda \leqslant \rho$.

On a donc montré que $\rho = \max\limits_{\lambda \in \mathrm{Sp}(\ell)} \lambda = \max\limits_{u \in S} \Phi(u)$ et que si un vecteur v de S vérifie $\Phi(v) = \max\limits_{u \in S} \Phi(u)$, alors $\ell(v) = \rho v$.

Dans la suite du problème, on suppose que la matrice A de l'endomorphisme autoadjoint ℓ, relativement à la base orthonormale $\mathcal{B}$, vérifie les deux conditions suivantes :
(1) pour tout $(i,j) \in [\![1,n]\!] \times [\![1,n]\!]$, on a $a_{i,j} \geqslant 0$;
(2) il n'existe pas de partition de l'ensemble $[\![1,n]\!]$ vérifiant $[\![1,n]\!] = I \cup J$, $I \cap J = \varnothing$; avec I et J non vides et telle que pour tout $(i,j) \in I \times J$ on ait $a_{i,j} = 0$.

Étant donné un vecteur $x = \sum_{i=1}^{n} x_i e_i$, on écrit $x \geqslant 0$ (respectivement $x > 0$) si pour tout $i \in [\![1, n]\!]$, on a $x_i \geqslant 0$ (respectivement $x_i > 0$). On note x^+ le vecteur $x^+ = \sum_{i=1}^{n} |x_i| e_i$.

Dans la suite du problème, on note $\rho = \max_{\lambda \in \mathrm{Sp}(\ell)} \lambda$.

II.3. Signe de ρ.

II.3.1. Soit $x = \sum_{i=1}^{n} x_i e_i$ un vecteur de $\mathbb{R}^n$. Exprimer $\Phi(x)$ en fonction des scalaires $a_{i,j}$ et x_i. En déduire l'inégalité $\left|\Phi(x)\right| \leqslant \Phi(x^+)$.

II.3.2. Soit $x = \sum_{i=1}^{n} x_i e_i$ un vecteur de S tel que $\rho = \Phi(x)$. Montrer que $\rho = \Phi(x^+)$. En déduire que $\rho \geqslant 0$.

II.4. Soit λ une valeur propre quelconque de ℓ et soit x un vecteur de S tel que $\ell(x) = \lambda x$. Montrer que $|\lambda| \leqslant \rho$.
On a donc $\rho = \max_{\lambda \in \mathrm{Sp}(\ell)} |\lambda|$.

II.5. Soit x un vecteur de S tel que $\ell(x) = \rho x$. Montrer que $\ell(x^+) = \rho x^+$, puis montrer que $x^+ > 0$ (pour montrer que $x^+ > 0$, on poura raisonner par l'absurde et se souvenir que la matrice A de l'endomorphisme ℓ vérifie la condition (2)).

II.6. Soient $x = \sum_{i=1}^{n} x_i e_i$ et $y = \sum_{i=1}^{n} y_i e_i$ deux vecteurs non nuls tels que $\ell(x) = \rho x$ et $\ell(y) = \rho y$.
Justifier que $y_1 \neq 0$. En considérant le vecteur $z = x - \dfrac{x_1}{y_1}\, y$, montrer que le sous-espace propre de ℓ associé à la valeur propre ρ est de dimension 1.

II.7. Soit x un vecteur propre de ℓ associé à une valeur propre λ. On suppose $x > 0$. Montrer que $\lambda \geqslant 0$. Montrer que $\lambda = \rho$.

II.8. On suppose $n \geqslant 3$. Soit $A = (a_{i,j}) \in \mathfrak{M}_n(\mathbb{R})$ la matrice telle que :
(1) $a_{1,n} = a_{n,1} = 1$;
(2) pour tout $(i, j) \in [\![1, n]\!] \times [\![1, n]\!]$ tel que $|i - j| = 1$, $a_{i,j} = 1$;
(3) dans tous les autres cas $a_{i,j} = 0$.

Déduire des question précédentes la plus grande valeur propre de la matrice A.

Solution

Partie I

I.1. On pose $x_0 = 0$ ainsi, pour tout $p \in \mathbb{N}$, $x_p - 2x_{p+1}\cos(\theta) + x_{p+2} = 0$.

I.1.1. $x_2 = \sin(2\theta)$.
$(x_p)_p$ est une suite récurrente linéaire d'ordre 2, l'équation caractéristique est $r^2 - 2r\cos(\theta) + 1 = 0$ dont les solutions sont $e^{\pm i\theta}$.
Si $\theta \notin \pi\mathbb{Z}$ alors il existe (α, β) dans $\mathbb{R}^2$ tel que, pour tout $p \in \mathbb{N}$, $x_p = \alpha\cos(p\theta) + \beta\sin(p\theta)$ et ici, clairement, $(\alpha, \beta) = (0, 1)$ d'où $x_p = \sin(p\theta)$, si $\theta \in \pi\mathbb{Z}$, comme $x_0 = x_1 = 0$, par récurrence x_p est nul pour tout $p \in \mathbb{N}$.
En résumé : $\forall p \in \mathbb{Z}$, $x_p = \sin(p\theta)$.

I.1.2. $x_{n+1} = 0 \iff \sin\big((n+1)\theta\big) = 0 \iff \theta \in \dfrac{\pi}{n+1}\mathbb{Z}$.

I.2.1. On utilise, par exemple, une calculatrice et on obtient :
$d_1(t) = 2t$, $d_2(t) = 4t^2 - 1$, $d_3(t) = 4t(2t^2 - 1)$ et $d_4(t) = 16t^4 - 12t^2 + 1$.

I.2.2. On développe $d_n(t)$ selon la première colonne :

$$d_n(t) = 2td_{n-1}(t) - \begin{vmatrix} 1 & 0 & & & (0) \\ 1 & 2t & 1 & & \\ 0 & \ddots & \ddots & \ddots & \\ \vdots & \ddots & \ddots & \ddots & 1 \\ 0 & \cdots & 0 & 1 & 2t \end{vmatrix} = 2td_{n-1}(t) - d_{n-2}(t)$$

en développant le dernier déterminant selon sa première ligne.
Jusqu'au rang 4, d_n est polynomiale de degré n et de coefficient dominant 2^n. Si d_{n-2} et d_{n-1} vérifient cette propriété alors la relation établie montre qu'il en va de même pour d_n et, donc, cette propriété est établie par récurrence pour tout $n \in \mathbb{N}$. En posant $d_0(t) = 1$ on étend toutes ces propriétés à $(d_n)_{n\geqslant 0}$.

I.3.1. Posons, pour tout $n \in \mathbb{N}^\star$, $x_n = d_{n-1}\big(\cos(\theta)\big)\sin(\theta)$, alors on a $x_1 = \sin(\theta)$, $x_2 = \sin(2\theta)$ et $x_p - 2x_{p+1}\cos(\theta) + x_{p+2} = 0$ pour tout $p \geqslant 1$ d'après la question précédente. La question I.1.1. permet de conclure car, ici, $\sin(\theta) \neq 0$.

I.3.2. $d_n\big(\cos(\theta)\big) = 0 \iff \exists k \in [\![1, n]\!],\ \theta = \dfrac{k\pi}{n+1}$.

I.4.1. Immédiatement $\chi_n(\lambda) = d_n\Big(-\dfrac{\lambda}{2}\Big)$.

I.4.2. Si l'on note, pour $k \in [\![1, n]\!]$, $\theta_k = \dfrac{k\pi}{n+1}$ et $\lambda_k = -2\cos(\theta_k)$, alors $0 < \theta_k < \pi$ et, comme $-\cos$ est strictement croissante sur $[0, \pi]$, on en déduit $-2 < \lambda_1 < \cdots < \lambda_n < 2$. Les deux questions précédentes montrent que les λ_k sont les valeurs propres de $A_n(0)$ et on vient de montrer qu'il y en a n. La plus grande est λ_n or $\lambda_n = -2\cos\Big(\dfrac{n\pi}{n+1}\Big) = -2\cos\Big(\pi - \dfrac{\pi}{n+1}\Big) = 2\cos\Big(\dfrac{\pi}{n+1}\Big)$.

I.4.3. On pose $x_0 = x_{n+1} = 0$ et on note X la matrice colonne à n lignes de coefficient générique x_p,
alors $A_n(0)X = \rho X \iff \forall p \in [\![0, n-1]\!],\ x_p - 2x_{p+1}\cos(\theta) + x_{p+2} = 0$ où l'on a posé $\theta = \dfrac{\pi}{n+1}$.
D'après I.1.2, si l'on impose de plus $x_1 = 1$, on obtient $x_p = \sin(p\theta)$ pour tout $p \in [\![1, n]\!]$ et comme $0 < p\theta < \pi$, les x_p sont tous strictement positifs.
Remarque : comme le spectre est de cardinal n les sous-espaces propres sont tous de dimension 1 et donc ce vecteur engendre $E_\rho\big(A_n(0)\big)$.

Partie II

II.1.1. Comme, par définition, φ est une isométrie, on a $|||\varphi||| = 1$.

II.1.2. Pour fixer les idées posons $\max\limits_{1\leqslant i\leqslant n} |\alpha_i| = |\alpha_n|$.
Si $x = \sum\limits_{i=1}^{n} x_i e_i$ et $\|x\| \leqslant 1$ alors $\sum\limits_{i=1}^{n} x_i^2 \leqslant 1$ et, par définition,
$\|\delta(x)\|^2 = \left\| \sum\limits_{i=1}^{n} \alpha_i x_i e_i \right\|^2 = \sum\limits_{i=1}^{n} \alpha_i^2 x_i^2 \leqslant \alpha_n^2 \sum\limits_{i=1}^{n} x_i^2 \leqslant \alpha_n^2$ d'où $|||\delta||| \leqslant |\alpha_n|$.
D'autre part $\|e_n\| = 1$ et $\|\delta(e_n)\| = |\alpha_n|$ donc $|||\delta||| = |\alpha_n| = \max\limits_{1\leqslant i\leqslant n} |\alpha_i|$.

I.1.3. Le théorème spectral montre que f s'écrit $f = \varphi \circ \delta \circ \varphi^{-1}$ où φ est un automorphisme orthogonal de $\mathbb{R}^n$ et δ comme dans la question précédente.
Par suite $|||f||| \leqslant |||\varphi||| \times |||\delta||| \times |||\varphi^{-1}||| \leqslant \max\limits_{1\leqslant i\leqslant n} |\alpha_i|$ car φ et φ^{-1} sont des isométries et, comme δ et f ont même spectre, $\max\limits_{1\leqslant i\leqslant n} |\alpha_i| = \max\limits_{\lambda\in \mathrm{Sp}(f)} |\lambda| = \rho$.
D'autre part si u est un vecteur propre unitaire de f associé à une valeur propre de plus grande valeur absolue, on a $\|f(x)\| = \rho\|x\| = \rho$ d'où $|||f||| = \rho$.

II.2.1. L'application $(u, v) \mapsto \big(\ell(u)|v\big)$ est bilinéaire symétrique sur $\mathbb{R}^n$ de dimension finie, donc continue. *A fortiori* Φ est continue sur $\mathbb{R}^n$.
Comme S est une partie compacte non vide de $\mathbb{R}^n$ on en déduit que $\Phi(S)$ possède un maximum.

II.2.2. D'après le théorème de Pythagore $\|v + tu\|^2 = \|v\|^2 + t^2\|u\|^2 = 1 + t^2$ et donc $\alpha = \sqrt{1+t^2}$ convient par exemple.
On a : $\forall t \in \mathbb{R},\ \Phi(w) \leqslant \Phi(v)$ or $\Phi(v + tu) = \Phi(v) + 2t\big(\ell(v)|u\big) + t^2\Phi(u)$ par symétrie de ℓ et donc, pour tout $t \in \mathbb{R}$, $\Phi(v) + 2t\big(\ell(v)|u\big) + t^2\Phi(u) \leqslant (1+t^2)\Phi(v)$ *i.e.* $2t\big(\ell(v)|u\big) \leqslant t^2\big[\Phi(v) - \Phi(u)\big]$.
Pour $t > 0$ il vient $2\big(\ell(v)|u\big) \leqslant t\big[\Phi(v) - \Phi(u)\big]$ et donc, quand $t \to 0$, on obtient $\big(\ell(v)|u\big) \leqslant 0$,
et pour $t < 0$, $2\big(\ell(v)|u\big) \geqslant t\big[\Phi(v) - \Phi(u)\big]$, d'où, de même, $\big(\ell(v)|u\big) \geqslant 0$.
Par conséquent $\big(\ell(v)|u\big) = 0$.

Si $x \perp v$ et $x \neq 0$, en posant $u = \dfrac{x}{\|x\|}$ on définit un élément de S orthogonal à v et donc $\ell(v) \perp x$. Par suite $\ell(v) \in \big((\mathbb{R}v)^{\perp}\big)^{\perp} = \mathbb{R}v$ comme l'a rappelé l'énoncé, *i.e.* v est un vecteur propre de ℓ.

II.2.3. $\Phi(x) = \big(\ell(x)|x\big) = \lambda\|x\|^2 = \lambda \leqslant \Phi(v) = \rho$ par le même calcul.

II.3.1. $\ell(x) = \sum\limits_{j=1}^{n} x_j \ell(e_j) = \sum\limits_{1 \leqslant i,j \leqslant n} a_{i,j} x_j e_i$ et donc

$\Phi(x) = \big(\sum\limits_{1 \leqslant i,j \leqslant n} a_{i,j} x_j e_i | \sum\limits_{k=1}^{n} x_k e_k\big) = \sum\limits_{1 \leqslant i,j \leqslant n} a_{i,j} x_i x_j$ car les e_k sont deux à deux orthogonaux. Par inégalité triangulaire $\big|\Phi(x)\big| \leqslant \sum\limits_{1 \leqslant i,j \leqslant n} a_{i,j} \times |x_i| \times |x_j|$ car les $a_{i,j}$ sont positifs, et donc $\big|\Phi(x)\big| \leqslant \Phi(x^+)$.

II.3.2. Comme $x^+ \in S$ facilement et comme ρ est le maximum de Φ sur S on en déduit $\rho = \Phi(x) \leqslant \big|\Phi(x)\big| \leqslant \Phi(x^+) \leqslant \rho$ et donc $0 \leqslant \Phi(x^+) = \rho$.

II.4. On a, d'après II.2.3 et II.3. $|\lambda| = \big|\Phi(x)\big| \leqslant \Phi(x^+) \leqslant \max\big(\Phi(S)\big) = \rho$.

II.5. On a $\Phi(x) = \rho$ et donc $\Phi(x^+) = \rho$ aussi et donc, d'après II.2, il vient $\ell(x^+) = \rho x^+$.

Supposons, pour fixer les idées, que $x_1 = 0$, alors $\ell(x^+) = \rho x^+$ donne pour la première composante $\sum\limits_{j=2}^{n} a_{1,j}|x_j| = 0$ et donc, comme tous les $a_{1,j}$ sont positifs, $\forall j \in [\![2, n]\!]$, $a_{1,j} x_j = 0$. Par (2) il existe $j \in [\![2, n]\!]$ tel que $a_{1,j} \neq 0$ et, donc, tel que $x_j = 0$. Pour fixer les idées on peut choisir $j = 2$ et, en itérant, tous les x_p sont nuls, ce qui est impossible. Donc $x^+ > 0$.

II.6. Comme $y \neq 0$ en posant $w = \dfrac{y}{\|y\|}$, on a $w \in S$ et $\ell(w) = \rho w$ d'où $w^+ > 0$ et donc $|y_1| > 0$. Alors $z \in E_\rho(\ell)$ et $z_1 = 0$, donc $z = 0$ d'après ce qui précède, ce qui montre que $E_\rho(\ell) = \mathbb{R}y$ de dimension 1.

II.7. On écrit $\ell(x) = \lambda x$ et on examine la première composante :

$\sum\limits_{j=1}^{n} a_{1,j} x_j = \lambda x_1$ d'où $\lambda = \dfrac{1}{x_1} \sum\limits_{j=1}^{n} a_{1,j} x_j \geqslant 0$ par hypothèse. Soit $v \in S$ tel que $v > 0$ et $\ell(v) = \rho v$, alors $\big(v|x\big) > 0$ et, comme les sous-espaces propres de ℓ sont deux à deux orthogonaux, on en déduit que $x \in E_\rho(\ell)$ d'où $\lambda = \rho$.

II.8. La matrice A vérifie immédiatement (1).

S'il existe une partition (I, J) de $[\![1, n]\!]$ telle que $\forall (i,j) \in I \times J$, $a_{i,j} = 0$.

Par exemple $1 \in I$ et donc $\forall j \in J$, $a_{1,j} = 0$ et, au vu de la première ligne de A cela impose $\{2, n\} \cap J = \varnothing$. Donc $2 \in I$ et, avec la deuxième ligne, $3 \in I$.

En itérant ce procédé $J = \varnothing$. Donc A vérifie (2).

Comme avec $x = \sum\limits_{i=1}^{n} e_i$ on a $x > 0$ et $\ell(x) = 2x$, la question précédente montre que 2 est la plus grande valeur propre de ℓ.

Fin

Partie I

Soit x un nombre réel dans $]-1,1]$.

1. Soit n un entier naturel non nul. Démontrer l'égalité
$$\frac{1}{1+x}=\sum_{i=0}^{n-1}(-1)^i x^i+\frac{(-1)^n x^n}{1+x}.$$

2. En déduire l'égalité : $\ln(1+x)=\sum_{i=1}^{n}\frac{(-1)^{i-1}}{i}x^i+\int_0^x\frac{(-1)^n t^n}{1+t}dt.$

3. Démontrer que la série $\sum_{n\geqslant 1}\frac{(-1)^{n-1}x^n}{n}$ converge de somme $\ln(1+x)$.
On citera précisément le théorème utilisé.

4. Démontrer les égalités :
$$\ln(2)=\sum_{i=1}^{\infty}\frac{(-1)^{i-1}}{i}\quad\text{et}\quad \ln(2)=\sum_{i=1}^{\infty}\frac{1}{i2^i}$$

5. Soit $(u_n)_{n\geqslant 1}$ une suite décroissante de nombres réels qui converge vers 0.
i. Justifier que la série de terme général $(-1)^{n-1}u_n$ converge.
ii. Soit S la somme de la série de terme général $(-1)^{n-1}u_n$ et soit S_n la somme partielle $\sum_{i=1}^{n}(-1)^{i-1}u_i$, pour tout entier naturel $n\geqslant 1$.

a) Démontrer que la suite $(S_{2n})_{n\geqslant 1}$ est croissante et que la suite $(S_{2n-1})_{n\geqslant 1}$ est décroissante.

b) Démontrer que S vérifie, pour tout entier naturel n, l'encadrement
$$S_{2n}\leqslant S\leqslant S_{2n-1}.$$

iii. En déduire, pour tout entier naturel $n\geqslant 1$, l'inégalité : $|S-S_n|\leqslant u_n$.

6. Soit p un entier naturel. Déterminer un entier naturel N_p tel que $\sum_{i=1}^{n}\frac{(-1)^{i-1}}{i}$ est une valeur approchée de $\ln(2)$ à 10^{-p}, pour tout entier naturel $n\geqslant N_p$.

7. Soit p un entier naturel. On se propose de calculer une valeur de $\ln(2)$ à 10^{-p} près en utilisant les sommes partielles $\left(\sum_{i=1}^{n}\frac{1}{i2^i}\right)_{n\geqslant 1}$

i. Pour un entier naturel $n \geqslant 1$, on pose $R_n = \sum_{i=n+1}^{\infty} \frac{1}{i2^i}$. Justifier l'inégalité : $0 \leqslant R_n \leqslant \frac{1}{2^n}$.
ii. Déterminer un entier naturel N'_p tel que est une valeur approchée de $\ln(2)$ à 10^{-p}, pour tout entier naturel $n \geqslant N'_p$.
iii. Comparer N_p (introduit dans la question 5) et N'_p.

Partie II

Soit n un entier naturel $\geqslant 1$. On désigne par $\mathbb{R}_n[X]$ le $\mathbb{R}$-espace vectoriel formé par les polynômes à coefficients dans $\mathbb{R}$ de degré $\leqslant n$.

1. Soit P dans $\mathbb{R}_n[X]$. Démontrer qu'il existe un unique polynôme dans $\mathbb{R}_{n-1}[X]$ noté $\varphi_n(P)$ tel que $P(-1) - P(X) = (X+1)\varphi_n(P)(X)$

2. Soit φ_n l'application ainsi définie de $\mathbb{R}_n[X]$ dans $\mathbb{R}_{n-1}[X]$. Démontrer que φ_n est une application linéaire. Déterminer le noyau de φ_n. L'application φ_n est-elle surjective ?

3. Ecrire la matrice de de la base $(1, X, X^2, \ldots, X^n)$ de $\mathbb{R}_n[X]$ sur la base $(1, X, X^2, \ldots, X^{n-1})$ de $\mathbb{R}_{n-1}[X]$.

4. Soit P le polynôme $\sum_{i=0}^{n} a_i X^i$. Démontrer que $\varphi_n(P) = \sum_{j=0}^{n-1} b_j X^j$ où les nombres réels $b_0, b_1, \ldots, b_{n-1}$ sont définis par

$$\forall j \in [\![0, n-1]\!], b_j = (-1)^j \sum_{i=j+1}^{n} (-1)^i a_i.$$

Partie III

Dans la suite du problème, on désigne par I l'intervalle $]0, 1]$. Soit f une fonction continue par morceaux sur I, à valeurs réelles positives, et intégrable sur l'intervalle I.

1. Soit g la fonction définie par $g(x) = \frac{f(x)}{1+x}$.
Démontrer que g est intégrable sur l'intervalle I.
2. Soit n un entier naturel. On considère la fonction f_n définie sur l'intervalle I par : $\forall x \in I, f_n(x) = x^n f(x)$.
Démontrer que la fonction f_n est intégrable sur l'intervalle I. Dans la suite du problème, on note

$$S_f(x) = \int_0^1 \frac{f(x)}{1+x}dx \text{ et } u_n(f) = \int_0^1 f_n(x)dx.$$

3. Démontrer que la série de terme général $(-1)^n u_n(f)$ converge.

4. Justifier l'égalité $\mathcal{E}_f$: $\displaystyle\sum_{n=0}^{\infty}(-1)^n u_n(f) = S_f$.

5. Que devient précisément l'égalité $\mathcal{E}_f$ dans les cas suivants :

(i) La fonction f est la fonction constante égale à 1 sur l'intervalle I.

(ii) La fonction f est la fonction définie par : $\forall x \in I, f(x) = \dfrac{1}{2\sqrt{x}}$.

(iii) La fonction f est la fonction définie par : $\forall x \in I, f(x) = \dfrac{1}{3x^{2/3}}$.

Indication : on pourra démontrer que $S_f = \displaystyle\int_0^1 \frac{dx}{1+x^3}$ et déterminer des nombres réels a, b, c tels que :

$$\frac{1}{1+x^3} = \frac{a}{1+x} + \frac{b(-1+2x)}{1-x+x^2} + \frac{c}{1-x+x^2}.$$

Partie IV

1. Soit P un polynôme et soit n son degré. Démontrer l'égalité

$$\int_0^1 \frac{P(x)}{1+x} f(x)dx = P(-1)S_f - \int_0^1 \varphi_n(P)(x)dx.$$

Soit $(T_n)_{n \in \mathbb{N}}$ une suite de polynômes à coefficients réels qui vérifient les propriétés suivantes : $\forall n \in \mathbb{N}, \deg(T_n) = n$ et $T_n(-1) \neq 0$.

On pose $S_n = \displaystyle\int_0^1 \varphi_n(T_n)(x)f(x)dx$ et $M_n = \displaystyle\sup_{x \in [0,1]} |T_n(x)|$.

2. Pour tout entier naturel n, démontrer l'inégalité :

$$\left|S_f - \frac{S_n}{T_n(-1)}\right| \leqslant \frac{M_n S_f}{|T_n(-1)|}.$$

Partie V

Dans toute la suite du problème. on considère $(T_n)_{n \in \mathbb{N}}$ la suite de polynômes définie par récurrence par : $T_0(X) = 1, T_1(X) = 1 - 2X$, pour tout $n \in \mathbb{N}, T_{n+2}(X) = 2(1-2X)T_{n+1}(X) - T_n(x)$.

1. Soit $(v_n)_{n \in \mathbb{N}}$ la suite définie par $v_n = T_n(-1)$, pour tout entier naturel n.

(i) Etablir une relation entre v_{n+2}, v_{n+1} et v_n pour $n \in \mathbb{N}$.

(ii) En déduire l'existence de nombres réels α et β tels que pour tout entier naturel $n, v_n = \alpha(3+\sqrt{8}\,)^n + \beta(3-\sqrt{8}\,)^n$.

(iii) Déterminer les nombres réels α et β.

2. Justifier que la suite $(T_n)_{n \in \mathbb{N}}$ vérifie les hypothèses de la partie IV.

3. Démontrer que les coefficients du polynôme $T_n(X)$ sont des entiers relatifs, pour tout entier naturel n.

4. Démontrer l'égalité $T_n\big(\sin^2(x)\big) = \cos(2nx)$, pour tout entier naturel n et pour tout nombre réel x.

5. Soit n un entier naturel. Démontrer que $M_n = 1$ et en déduire l'inégalité : $\dfrac{M_n}{|T_n(-1)|} \leqslant \dfrac{2}{(3+\sqrt{8}\,)^n}$.

6. Expliquer comment construire une suite de nombres rationnels $(t_n)_{n \in \mathbb{N}}$ telle qu'il existe une constante K strictement positive vérifiant, pour tout entier naturel n, $|\ln(2) - t_n| \leqslant \dfrac{K}{(3+\sqrt{8}\,)^n}$.

Partie VI

On suppose de plus dans cette partie que f est une fonction de classe $\mathcal{C}^5$ sur l'intervalle $[0,1]$. Soit g la fonction définie sur $\mathbb{R}$ par

$$\forall x \in \mathbb{R}, g(x) = \frac{f\big(\sin^2(x)\big)\sin(2x)}{1+\sin^2(x)}.$$

1. Justifier que la fonction g est de classe $\mathcal{C}^5$ sur $\mathbb{R}$.

2. Soit P un polynôme. Démontrer l'égalité :

$$\int_0^1 \frac{P(x)}{1+x} f(x)dx = \int_0^{\frac{\pi}{2}} P\big(\sin^2(t)\big)g(t)dt.$$

3. Soit n un entier naturel non nul et soit T_n le n-ième polynôme de la suite introduite dans la partie V. Démontrer l'égalité

$$4n^2 \int_0^1 \frac{T_n(x)}{1+x} f(x)dx = (-1)^n g'\Big(\frac{\pi}{2}\Big) - g'(0) - \int_0^{\frac{\pi}{2}} \cos(2nx)g''(x)dx.$$

4. Soit alors $(Q_n)_{n \in \mathbb{N}}$ la suite de polynômes définie par :

$$\forall n \in \mathbb{N}, Q_n(x) = (n+2)^2 T_{n+2}(x) - n^2 T_n(x).$$

Soit n un entier naturel non nul.

(i) Démontrer l'égalité

$$\int_0^1 \frac{Q_n(x)}{1+x} f(x)dx = \frac{1}{4}\int_0^{\frac{\pi}{2}} \big(\cos(2nx) - \cos(2(n+2)x)\big)g''(x)dx.$$

(ii) On définit U et V par :

$$U = \int_0^1 \frac{Q_n(x)}{1+x} f(x)dx \text{ et } V = \int_0^{\frac{\pi}{2}} \Big(-\frac{\sin(2nx)}{n^3} + \frac{\sin(2(n+2)x)}{(n+2)^3} \Big) g^{(5)}(x)dx$$

Exprimer U en fonction de $g^{(3)}\Big(\frac{\pi}{2}\Big), g^{(3)}(0)$ et V.

(iii) En déduire qu'il existe un nombre réel K tel que, pour tout entier n non nul, on a : $\Big| \int_0^1 \frac{Q_n(x)}{1+x} f(x)dx \Big| \leqslant \frac{K}{n^3}$.

5. Expliquer comment construire une suite dc nombres rationnels $(q_n)_{n \in \mathbb{N}}$ telle qu'il existe une constante K strictement positive vérifiant pour tout entier naturel n, $|\ln(2) - q_n| \leqslant \frac{K}{n^5(3+\sqrt{8})^n}$.

Solution

Partie I

1. Si $x \in]-1, 1]$, $\sum_{i=0}^{n-1} (-x)^i = \frac{1-(-x)^n}{1-(-x)} = \frac{1}{1+x} - \frac{(-x)^n}{1+x}$
d'après le cours sur les suites géométriques. D'où le résultat.

2. Les fonctions $x \mapsto \frac{1}{1+x}$ et $x \mapsto (-x)^i, 0 \leqslant i \leqslant n-1$ étant continues donc intégrables sur le segment $[0, x]$, par linéarité de l'intégration,

$$\ln(1+x) = \int_0^x \frac{dt}{1+t} = \sum_{i=0}^{n-1} \int_0^x (-1)^i t^i dt + \int_0^x \frac{(-1)^n t^n}{1+t} dt$$

i.e. $\ln(1+x) = \sum_{i=1}^{n} \frac{(-1)^{i-1}}{i} x^i + \int_0^x \frac{(-1)^n t^n}{1+t} dt.$

3. Supposons $x \neq 0$ sinon le résultat est immédiat. Le changement de variable linéaire $t = xu$ implique $\int_0^x \frac{(-1)^n t^n}{1+t} dt = (-1)^n x^{n+1} \int_0^1 \frac{u^n}{1+ux} du$

Si $x = 1$, $\Big| \int_0^x \frac{(-1)^n t^n}{1+t} dt \Big| = \int_0^1 \frac{u^n}{1+u} du \leqslant \int_0^1 u^n du = \frac{1}{n+1}$.

Si $|x| < 1$, $\Big| \int_0^x \frac{(-1)^n t^n}{1+t} dt \Big| = |x|^{n+1} \Big| \int_0^1 \frac{u^n}{1+xu} du \Big| \leqslant |x|^{n+1} \int_0^1 \frac{du}{|1+xu|}$.

Par encadrement, $\forall x \in]-1, 1]$, $\int_0^x \frac{(-1)^n t^n}{1+t} dt \xrightarrow[n \to \infty]{} 0$

Donc $\ln(1+x) - \sum_{i=1}^{n} \frac{(-1)^{i-1}}{i} x^i = \int_0^x \frac{(-1)^n t^n}{1+t} dt \xrightarrow[n \to \infty]{} 0$

i.e. la série $\sum_{i \geqslant 1} \frac{(-1)^{i-1}}{i} x^i$ converge et a pour somme $\ln(1+x)$.

Remarque : on peut aussi montrer en utilisant le théorème de convergence dominée que $\int_0^x \frac{(-1)^n t^n}{1+t} dt \xrightarrow[n \to \infty]{} 0$.

4. La première égalité découle de l'égalité de la question précédente pour $x = 1$ et la seconde de son application dans le cas où $x = -\frac{1}{2}$.

5. (i) la série $\sum (-1)^{i-1} u_i$ converge d'après le théorème spécial des séries alternées.

(ii) a) $S_{2n+2} - S_{2n} = -u_{2n+2} + u_{2n+1} \geqslant 0$ et $S_{2n+1} - S_{2n-1} = u_{2n+1} - u_{2n} \leqslant 0$ car la suite (u_n) étant décroissante, $u_{2n+2} \leqslant u_{2n+1} \leqslant u_{2n} \leqslant u_{2n-1}$.
Donc la suite (S_{2n}) est croissante et la suite (S_{2n-1}) est décroissante.

b) La suite (S_{2n}) croissante étant convergente, car la série $\sum (-1)^{i-1} u_i$ converge, elleest majorée par sa limite. Donc $S_{2n} \leqslant S$. De même, la suite (S_{2n-1}) décroissante étant convergente, elle st majorée par sa limite.
Donc $S_{2n-1} \geqslant S \geqslant S_{2n}$.

(ii) On en déduit que, d'une part, $0 \leqslant S - S_{2p} \leqslant S_{2p-1} - S_{2p} = u_{2p}$, d'autre part, $0 \leqslant S_{2p-1} - S \leqslant S_{2p-1} - S_{2p} = u_{2p} \leqslant u_{2p-1}$.

Donc : $\forall n \in \mathbb{N}, |S - S_n| \leqslant u_n$.

6. Application de 5. avec $u_i = \frac{1}{i}$ pour $i \geqslant 1$. La première égalité de 4. donne pour tout $n \in \mathbb{N}^\star, |\ln(2) - S_n| \leqslant \frac{1}{n}$. Pour avoir $|\ln(2) - S_n| \leqslant 10^{-p}$ il suffit de prendre $n \geqslant N_p = 10^p$.

7. (i) On a $0 < R_n = \sum_{i=n+1}^{\infty} \frac{1}{i 2^i} \leqslant \sum_{i=n+1}^{\infty} \frac{1}{2^i} = \frac{1}{2^{n+1}} \frac{1}{1 - 1/2} = \frac{1}{2^n}$.

(i) $\left| \ln(2) - \sum_{i=1}^{n} \frac{1}{i 2^i} \right| = R_n \leqslant \frac{1}{2^n}$ sera $\leqslant 10^{-p}$ si $2^n \geqslant 10^p \iff n \geqslant N'_p$ où $N'_p = \left[p \frac{\ln(10)}{\ln(2)} \right] + 1$ avec $[x]$ la partie entière de x.

(iii) On a clairement $N'_p \underset{p \to \infty}{=} o(N_p)$.

Partie II

1. $P(-1) - P(X) \in \mathbb{R}_n[X]$ et a pour racine -1. D'après le théorème de la division euclidienne, il existe un unique polynôme noté $\varphi_n(P)$ tel que $P(-1) - P(X) = (X+1)\varphi_n(P)$. Comme $\deg(\varphi_n(P)) + 1 = \deg(P(-1) - P(X))$, on a $\deg(\varphi_n(P)) \leqslant n - 1$, d'où $\varphi_n(P) \in \mathbb{R}_{n-1}[X]$.

2. On a $\varphi_n(P) = \dfrac{P(-1) - P(X)}{X+1}$.
L'application $\mathbb{R}_n[X] \to \mathbb{R}_n[X], P \mapsto P(-1) - P(X)$ est linéaire. L'application $\mathbb{R}(X) \to \mathbb{R}(X), P \mapsto \dfrac{1}{X+1}P$ étant linéaire, par composition, φ_n est linéaire.

$P \in \mathrm{Ker}(\varphi_n) \iff P(X) = P(-1) \iff P \in \mathbb{R}_0[X]$.

On déduit du théorème du rang que $\dim(\mathrm{Im}(\varphi_n)) = \dim(\mathbb{R}_n[X]) - 1 = n$. On a donc $\dim(\mathrm{Im}(\varphi_n)) = \dim(\mathbb{R}_{n-1}[X])$ et $\mathrm{Im}(\varphi_n) \subset \mathbb{R}_{n-1}[X]$. Il s'ensuit que $\mathbb{R}_{n-1}[X] = \mathrm{Im}(\varphi_n)$ *i.e.* φ_n est surjective.

3. $\varphi_n(X^k) = \dfrac{(-1)^k - X^k}{1+X} = -\dfrac{X^k - (-1)^k}{X-(-1)} = -\displaystyle\sum_{i=0}^{k-1}(-1)^{k-1-i}X^i$.

Donc $\varphi_n(1) = 0$ et pour tout $k \in [\![1, n]\!], \varphi_n(X^k) = \displaystyle\sum_{i=0}^{k-1}(-1)^{k-i}X^i$.

La matrice de φ_n dans les bases demandées est la matrice trigonale supérieure $\Phi_n = (\alpha_{i,j}) \in \mathfrak{M}_{n,n+1}(\mathbb{R})$ où $\alpha_{i,j} = (-1)^{j-i}$ si $j \geqslant i$ et 0 sinon.

4. La transposée de la matrice de P dans la base $(1, X, \ldots, X^n)$ de $\mathbb{R}_n[X]$ est ${}^tA = (a_0\, a_1\, \ldots a_n)$ et la transposée de la matrice de $\varphi_n(P)$ dans la base $(1, X, \ldots, X^{n-1})$ de $\mathbb{R}_{n-1}[X]$ ${}^tB = (b_0\, b_1\, \ldots b_{n-1})$ Donc $B = \Phi_n A$ *i.e.* pour tout $j \in [\![0, n-1]\!], b_j = \displaystyle\sum_{i=0}^{n} \alpha_{j+1,i+1}a_i = \sum_{i=j+1}^{n}(-1)^{i-j}a_i$ qui est le résultat.

Partie III

1. Tout comme f, la fonction g est continue par morceaux sur I. Comme $|g| \leqslant f$ et comme f est intégrable sur I, il en est de même de g.

2. De même f_n est continue par morceaux sur I. Pour tout $n \in \mathbb{N}$ et tout $x \in I, |f_n(x)| \leqslant f(x)$. Comme f est intégrable sur I, il en est de même de f_n.

3. $f \geqslant 0 \Rightarrow \big(\forall n \in \mathbb{N}, \forall x \in I, 0 \leqslant x^{n+1}f(x) \leqslant x^n f(x)\big)$.
Donc : $\forall x \in I, \forall n \in \mathbb{N}, 0 \leqslant f_{n+1}(x) \leqslant f_n(x)$.
Les fonctions f_n étant intégrables sur I, d'après III.2. on a, pour tout $n \in \mathbb{N}$, $0 \leqslant u_{n+1}(f) \leqslant u_n(f)$. La suite réelle $(u_n(f))_{n\geqslant 0}$ à termes positifs est décroissante. Montrons qu'elle converge vers 0 avec le théorème de convergence dominée.

Les fonctions f_n sont continues par morceaux, la suite de fonctions $(f_n)_{n\geqslant 0}$ converge simplement sur $]0, 1[$ vers la fonction nulle sur $]0, 1[$ qui est continue par morceaux sur $]0, 1[$. Pour tout $x \in]0, 1[$ et $n \in \mathbb{N}, 0 \leqslant f_n(x) \leqslant f(x)$. Comme f est intégrable sur I, les hypothèses du théorème de convergence dominée sont vérifiées. Donc $\displaystyle\lim_{n\to\infty} u_n(f) = \int_0^1 0dt = 0$.

On déduit alors du théorème spécial des séries alternées que $\sum(-1)^n u_n(f)$ converge.

4. On déduit de I.1. que $\forall x \in I$, $\dfrac{f(x)}{1+x} = \displaystyle\sum_{i=0}^{n-1}(-1)^i x^i f(x) + \dfrac{(-1)^n x^n f(x)}{1+x}$.

Comme g et les f_i sont intégrables sur I, la fonction $x \mapsto \dfrac{(-1)^n x^n f(x)}{1+x}$ l'est

et l'on peut écrire : $S_f = \displaystyle\sum_{i=0}^{n-1}(-1)^i u_i(f) + (-1)^n \int_I \frac{f_n(x)}{1+x}dx$ $\qquad(\star)$.

Comme les fonctions f_i sont positives et $0 < \dfrac{1}{x+1} \leqslant 1$ pour $x \in I$, on a

$\left|(-1)^n \displaystyle\int_I \frac{f_n(x)}{1+x}dx\right| = \int_I \frac{f_n(x)}{1+x}dx \leqslant \int_I f_n = u_n(f)$.

Par encadrement, $\displaystyle\lim_{n\to\infty}(-1)^n \int_I \frac{f_n(x)}{1+x}dx = 0$. Par passage à la limite dans $(\star)$ on obtient $\mathcal{E}_f$.

5. (i) Si $f : x \mapsto 1$, elle est intégrable sur I. On a $u_n(f) = \dfrac{1}{n+1}$.

$\mathcal{E}_f$ s'écrit : $\ln(2) = \displaystyle\int_0^1 \frac{dx}{1+x} = \sum_{n=0}^{\infty}\frac{(-1)^n}{n+1}$ déjà prouvé en I.4.

(ii) Si $f : x \mapsto \dfrac{1}{2\sqrt{x}}$, elle est intégrable sur I. On a $u_n(f) = \dfrac{1}{2n-1}$.

$S_f = \displaystyle\int_0^1 \frac{dx}{2\sqrt{x}\,(1+x)} = \int_0^1 \frac{dt}{1+t^2} = \frac{\pi}{4}$ par le changement de variable $t = \sqrt{x}$ qui est de classe $\mathcal{C}^1$ et bijectif entre $]0,1]$ et $]0,1]$.

$\mathcal{E}_f$ s'écrit : $\dfrac{\pi}{4} = \displaystyle\sum_{n=0}^{\infty}\frac{(-1)^n}{2n-1}$.

(iii) Si $f : x \mapsto \dfrac{1}{3x^{2/3}}$, elle est intégrable sur I. On a $u_n(f) = \dfrac{1}{3n-2}$.

$S_f = \displaystyle\int_0^1 \frac{dx}{3x^{2/3}(1+x)} = \int_0^1 \frac{dt}{1+t^3}$ par le changement de variable $t = x^{1/3}$ qui est de classe $\mathcal{C}^1$ et bijectif entre $]0,1]$ et $]0,1]$.

Comme $X^3+1 = (X+1)(X+j)(X+j^2) = (X+1)(X^2-X+1)$ la décomposition en éléments simples de $\dfrac{1}{X^3+1}$ est de la forme

$\dfrac{P(X)}{Q(X)} = \dfrac{1}{X^3+1} = \dfrac{a}{X+1} + \dfrac{\alpha}{X+j} + \dfrac{\overline{\alpha}}{X+\overline{j}}$.

$a = \dfrac{P(-1)}{Q'(-1)} = \dfrac{1}{3}$ et $\alpha = \dfrac{P(-j)}{Q'(-j)} = \dfrac{1}{3j^2} = \dfrac{j}{3}$.

Donc $\dfrac{1}{X^3+1} = \dfrac{1}{3(X+1)} + \dfrac{1}{3}\left(\dfrac{j}{X+j} + \dfrac{\overline{j}}{X+\overline{j}}\right)$.

Or $\dfrac{j}{X+j}+\dfrac{\bar{j}}{X+\bar{j}}=\dfrac{-X+2}{X^2-X+1}=-\dfrac{1}{2}\dfrac{-2X+1}{X^2-X+1}+\dfrac{3}{2}\dfrac{1}{X^2-X+1}$.

Donc $a=\dfrac{1}{3}, b=-\dfrac{1}{6}$ et $c=\dfrac{1}{2}$.

$$\int_0^1 \frac{dt}{1+t^3}=\frac{1}{3}\int_0^1\frac{dt}{1+t}-\frac{1}{6}\int_0^1\frac{2t-1}{t^2-t+1}dt+\frac{1}{2}\int_0^1\frac{1}{t^2-t+1}dt.$$

$$\int_0^1\frac{dt}{1+t}=\ln(2)\ ;\ \int_0^1\frac{2t-1}{t^2-t+1}dt=\Big[\ln(t^2-t+1)\Big]_0^1=0.$$

Comme $t^2-t+1=\left(t-\dfrac{1}{2}\right)^2+\dfrac{3}{4}$ et comme une primitive sur $\mathbb{R}$ de $t\mapsto\dfrac{1}{t^2+a^2}$ où $a\neq 0$ est la fonction $\dfrac{1}{a}\arctan\left(\dfrac{t}{a}\right)$, on a

$$\int_0^1\frac{dt}{t^2-t+1}=\frac{2}{\sqrt{3}}\Big[\arctan\Big(\frac{2t-1}{\sqrt{3}}\Big)\Big]_0^1=\frac{2\pi}{3\sqrt{3}}.$$

Donc $\mathcal{E}_f$ s'écrit $S_f=\dfrac{1}{3}\Big(\ln(2)+\dfrac{\pi}{\sqrt{3}}\Big)=\displaystyle\sum_{n=0}^{\infty}\frac{(-1)^n}{3n-2}$.

Partie IV

1. Pour tout $x\in\mathbb{R}\setminus\{-1\}, \varphi_n(P)(x)=\dfrac{P(-1)-P(x)}{x+1}$.

Donc, avec les notations de III. $\forall x\in I, \varphi_n(P)(x)f(x)=P(-1)g(x)-\dfrac{P(x)f(x)}{1+x}$

D'après III. g est intégrable sur I et les fonctions f_k aussi. Donc la fonction $x\mapsto\varphi_n(P)(x)f(x)$ est intégrable sur I. On déduit de l'égalité précédente que $x\mapsto\dfrac{P(x)f(x)}{1+x}$ est intégrable sur I et l'égalité de l'énoncé s'ensuit.

2. Dans le cas particulier où $P=T_n$, comme $T_n(-1)\neq 0$, on a

$\left|S_f-\dfrac{S_n}{T_n(-1)}\right|=\dfrac{1}{|T_n(-1)|}\left|\displaystyle\int_0^1\frac{T_n(x)f(x)}{1+x}dx\right|\leqslant\dfrac{M_n}{|T_n(-1)|}S_f$ d'après l'inégalité de la moyenne car $f\geqslant 0$.

Partie V

1. (i) De la relation de récurrence vérifiée par (T_n), on déduit que

$$\forall n\in\mathbb{N}, v_{n+2}=6v_{n+1}-v_n.$$

(ii) La suite (v_n) est une suite récurrente linéaire d'ordre 2. Utilisons la méthode du cours. Son polynôme caractéristique est : X^2-6X+1. Il a deux racines distinctes $r_1=3+\sqrt{8}$ et $r_2=3-\sqrt{8}$. Donc il existe un couple unique de nombres réels (α,β) tel que : $\forall n\in\mathbb{N}, v_n=\alpha(3+\sqrt{8})^n+\beta(3-\sqrt{8})^n$.

(iii) Comme $v_0 = 1$ et $v_1 = 3$, on a $\begin{cases} \alpha + \beta = 1 \\ \alpha(3+\sqrt{8}) + \beta(3-\sqrt{8}) = 3 \end{cases}$

Donc $\alpha = \beta = \dfrac{1}{2}$.

2. $v_n = \dfrac{1}{2}\left[(3+\sqrt{8})^n + (3-\sqrt{8})^n\right] > 0 \Rightarrow T_n(-1) \neq 0$.
Montrons par récurrence que : $\forall n \in \mathbb{N}, \deg(T_n) = n$
$T_0 = 1$ et $T_1 = 1 - 2X$, donc $\deg(T_k) = k$ pour $k \in \{0, 1\}$.
Soit $n \geqslant 2$. Supposons $\deg(T_n) = n$ et $\deg(T_{n+1}) = n+1$.
$\deg\big(2(1-2X)T_{n+1}\big) = n+2 > \deg(T_n)$. La relation de récurrence implique $\deg(T_{n+2}) = n+2$; d'où le résultat prouvé par théorème de récurrence.

On peut conclure que la suite $(T_n)_{n\geqslant 0}$ vérifie les hypothèses de IV.

3. On a déjà $T_0, T_1 \in \mathbb{Z}[X]$. Soit $n \geqslant 2$. Supposons que $T_n, T_{n+1} \in \mathbb{Z}[X]$. Comme $T_{n+2}(X) = 2(1-2X)T_{n+1}(X) - T_n(X)$ et comme $\mathbb{Z}[X]$ a une structure d'anneau, $T_{n+2} \in \mathbb{Z}[X]$. Par théorème de récurrence, les polynômes T_n sont tous éléments de $\mathbb{Z}[X]$.

4. $T_0\big(\sin^2(x)\big) = 1 = \cos(2.0x)$, $T_1\big(\sin^2(x)\big) = 1 - 2\sin^2(x) = \cos(2x)$. Soit $n \geqslant 2$, supposons $T_n\big(\sin^2(x)\big) = \cos(2nx)$ et $T_{n+1}\big(\sin^2(x)\big) = \cos(2(n+1)x)$.
Comme $T_{n+2}\big(\sin^2(x)\big) = 2(1-2\sin^2(x))T_{n+1}\big(\sin^2(x)\big) - T_n\big(\sin^2(x)\big)$,
$T_{n+2}\big(\sin^2(x)\big) = 2\cos(2x)\cos(2(n+1)x) - \cos(2nx) = \cos(2(n+2)x)$,
car $2\cos(a)\cos(b) = \cos(a+b) + \cos(a-b)$. Par théorème de récurrence, on a pour tout $x \in \mathbb{R}$ et $n \in \mathbb{N}, T_n\big(\sin^2(x)\big) = \cos(2nx)$.

5. $\forall x \in [0,1], \sqrt{x} \in [0,1] \Rightarrow \exists t \in \left[0, \dfrac{\pi}{2}\right], \sqrt{x} = \sin(t)$.
Donc $\forall x \in [0,1], |T_n(x)| = \big|T_n\big(\sin^2(t)\big)\big| = |\cos(2t)| \leqslant 1$.
Donc $M_n = \sup\limits_{x \in [0,1]} |T_n(x)| \leqslant 1$. Comme $T_n(0) = 1$, on a même $M_n = 1$.

$v_n = T_n(-1) = \dfrac{1}{2}\left[(3+\sqrt{8})^n + (3-\sqrt{8})^n\right] > \dfrac{(3+\sqrt{8})^n}{2}$.
Donc $\dfrac{M_n}{|T_n(-1)|} \leqslant \dfrac{2}{(3+\sqrt{8})^n}$.

6. Reprenons les notations de III.5.(i), alors $S_f = \ln(2)$.
D'après V.3. les T_n sont dans $\mathbb{Z}[X]$. D'après II.4. les $\varphi_n(T_n)$ sont donc aussi dans $\mathbb{Z}[X]$. Il en découle que les $S_n = \displaystyle\int_0^1 \varphi_n(T_n)(t)dt$ sont dans $\mathbb{Q}$. D'autre part, comme les T_n sont dans $\mathbb{Z}[X]$, les $v_n = T_n(-1)$ sont éléments de $\mathbb{Z}$.

On déduit alors de IV.2. et V.5. que $|\ln(2) - t_n| \leqslant \dfrac{K}{(3+\sqrt{8}\,)^n}$ avec

$K = 2S_f = 2\ln(2)$ et $t_n = \dfrac{S_n}{T_n(-1)} \in \mathbb{Q}$.

Partie VI

1. La fonction f étant de classe $\mathcal{C}^5$ sur $[0,1]$, par théorème de composition, la fonction $x \mapsto f\big(\sin^2(x)\big)$ est de classe $\mathcal{C}^5$ sur $\mathbb{R}$.

La fonction $x \mapsto \dfrac{\sin(2x)}{1+\sin^2(x)}$ est de classe $\mathcal{C}^\infty$ sur $\mathbb{R}$ car fonction rationnelle en sin et cos et $1+\sin^2(x) \neq 0$ pour tout $x \in \mathbb{R}$. Par produit, g est de classe $\mathcal{C}^5$ sur $\mathbb{R}$.

2. La fonction $x \mapsto \dfrac{P(x)f(x)}{1+x}$ est continue sur le segment $[0,1]$, donc l'intégrale $\displaystyle\int_0^1 \frac{P(x)f(x)}{1+x}dx$ existe. Effectuons le changement de variable $x = \sin^2(t)$. il est de classe $\mathcal{C}^1$ et bijectif entre $\left[0, \dfrac{\pi}{2}\right]$ et $[0,1]$ avec $dx = \sin(2t)dt$. On obtient

$$\int_0^1 \frac{P(x)f(x)}{1+x}dx = \int_0^{\frac{\pi}{2}} P\big(\sin^2(t)\big)g(t)dt.$$

3. En particulier pour $P = T_n$, compte tenu de V.4.

$$4n^2 \int_0^1 \frac{T_n(x)f(x)}{1+x}dx = \int_0^{\frac{\pi}{2}} 4n^2 \cos(2nt)g(t)dt.$$

Une première intégration par parties donne

$$\int_0^{\frac{\pi}{2}} 4n^2 \cos(2nt)g(t)dt = \Big[2n\sin(2nt)g(t)\Big]_0^{\frac{\pi}{2}} - \int_0^{\frac{\pi}{2}} 2n\sin(2nt)g'(t)dt.$$

Une autre intégration par parties donne

$$-\int_0^{\frac{\pi}{2}} 2n\sin(2nt)g'(t)dt = \Big[g'(t)\cos(2nt)\Big]_0^{\frac{\pi}{2}} - \int_0^{\frac{\pi}{2}} \cos(2nt)g''(t)dt.$$

Comme $\Big[2n\sin(2nt)g(t)\Big]_0^{\frac{\pi}{2}} = 0$ et $\Big[g'(t)\cos(2nt)\Big]_0^{\frac{\pi}{2}} = (-1)^n g'\Big(\dfrac{\pi}{2}\Big) - g'(0)$,

$$4n^2 \int_0^1 \frac{T_n(x)f(x)}{1+x}dx = (-1)^n g'\Big(\frac{\pi}{2}\Big) - g'(0) - \int_0^{\frac{\pi}{2}} \cos(2nt)g''(t)dt.$$

4. (i) Cette égalité écrite en remplaçant n par $(n+2)$ devient :

$$4(n+2)^2 \int_0^1 \frac{T_{n+2}(x)f(x)}{1+x}dx = (-1)^n g'\Big(\frac{\pi}{2}\Big) - g'(0) - \int_0^{\frac{\pi}{2}} \cos(2(n+2)t)g''(t)dt.$$

En soustrayant les deux dernières égalités membres à membres, on a :

$$\int_0^1 \frac{Q_n(x)}{1+x}f(x)dx = \frac{1}{4}\int_0^{\frac{\pi}{2}} \big(\cos(2nt) - \cos(2(n+2)t)g''(t)dt.$$

(ii) D'un calcul fait en VI.3. en remplaçant g par g'' on déduit :

$$\int_0^{\frac{\pi}{2}} 4n^2\cos(2nt)g''(t)dt = (-1)^n g^{(3)}\Big(\frac{\pi}{2}\Big) - g^{(3)}(0) - \int_0^{\frac{\pi}{2}} \cos(2nt)g^{(4)}(t)dt.$$

Un autre intégration par parties donne :

$$\int_0^{\frac{\pi}{2}} 4n^2\cos(2nt)g''(t)dt = (-1)^n g^{(3)}\Big(\frac{\pi}{2}\Big) - g^{(3)}(0) - \int_0^{\frac{\pi}{2}} \frac{\sin(2nt)}{2n}g^{(5)}(t)dt.$$

En procédant comme à la question VI.4.(ii) : écriture de cette égalité au rang $(n+2)$ puis soustraction, on trouve
$U = \frac{1}{16}\Big(\frac{1}{n^2} - \frac{1}{(n+2)^2}\Big)\Big((-1)^n g^{(3)}\Big(\frac{\pi}{2}\Big) - g^{(3)}(0)\Big) - \frac{V}{16}$.

(iii) Comme $0 \leqslant \frac{1}{n^2} - \frac{1}{(n+2)^2} = \frac{4(n+1)}{n^2(n+2)^2} \leqslant \frac{4}{n^2(n+2)} \leqslant \frac{4}{n^3}$, on a
$|U| \leqslant \frac{1}{4n^3}\Big(\Big|g^{(3)}\Big(\frac{\pi}{2}\Big)\Big| + |g^{(3)}(0)|\Big) + \frac{|V|}{16}$.
Comme $g^{(5)}$ est continue sur le segment $[0,1]$, soit $N_\infty^{[0,1]}(g^{(5)}) = \sup\limits_{t\in[0,1]} |g^{(5)}(t)|$ d'après l'inégalité de la moyenne, on a
$|V| \leqslant N_\infty^{[0,1]}(g^{(5)}). \int_0^{\frac{\pi}{2}} \Big(\frac{1}{n^3} + \frac{1}{(n+2)^3}\Big)dt \leqslant N_\infty^{[0,1]}(g^{(5)}) \int_0^{\frac{\pi}{2}} \frac{2}{n^3}dt.$
Donc $|V| \leqslant \frac{\pi N_\infty^{[0,1]}(g^{(5)})}{n^3}$ et $|U| \leqslant \frac{K}{n^3}$ où
$K = \frac{\pi N_\infty^{[0,1]}(g^{(5)})}{16} + \frac{1}{4}\Big(\Big|g^{(3)}\Big(\frac{\pi}{2}\Big)\Big| + |g^{(3)}(0)|\Big)$.

5. Dans le cas particulier où $f : x \mapsto 1$, on a $S_f = \ln(2)$. Pour $n \geqslant 1$, l'application de IV.1. au polynôme Q_n de degré $(n+2)$ donne :
$U = Q_n(-1)\ln(2) - (n+2)^2 \int_0^1 \varphi_{n+2}(T_{n+2})(x)dx + n^2 \int_0^1 \varphi_n(T_n)(x)dx$
i.e. avec les notations de IV, $U = Q_n(-1)\ln(2) - (n+2)^2 S_{n+2} + n^2 S_n$.
Montrons que $Q_n(-1) \neq 0$.
$Q_n(-1) = (n+2)^2 v_{n+2} - n^2 v_n$. Notons que la suite $(v_n)_{n\geqslant 0}$ est croissante. En effet, $v_0 < v_1$. Supposons $v_n \leqslant v_{n+1}$, alors, puisque les v_k sont > 0, $v_{n+2} = 6v_{n+1} - v_n \geqslant 5v_{n+1} \geqslant v_{n+1}$.
Donc $Q_n(-1) = 6(n+2)^2 v_{n+1} - (n+2)^2 v_n - n^2 v_n \geqslant \big(5(n+2)^2 - n^2\big)v_n \geqslant 4n^2 v_n$ d'où $Q_n(-1) \geqslant 2n^2(3+\sqrt{8})^n > 0$.
On peut donc écrire que : $\ln(2) - \frac{(n+2)^2 S_{n+2} - n^2 S_n}{Q_n(-1)} = \frac{U}{Q_n(-1)}$.
Donc $\Big|\ln(2) - \frac{(n+2)^2 S_{n+2} - n^2 S_n}{Q_n(-1)}\Big| = \frac{|U|}{Q_n(-1)} \leqslant \frac{K}{2n^5(3+\sqrt{8})^n}$.

Comme $v_n \in \mathbb{N}$, on a $Q_n(-1) \in \mathbb{N}^\star$.

Comme $S_n \in \mathbb{Q}$ on peut prendre $q_n = \frac{(n+2)^2 S_{n+2} - n^2 S_n}{Q_n(-1)} \in \mathbb{Q}$.

Fin

E3A
Filière MP 2009
Épreuve B

Trois exercices
Trois heures

Exercice I :

1) Déterminer le rayon de convergence R strictement positif de la série entière $\sum \frac{(-x)^n}{3n+1}$.

2) a) Calculer $\int_0^1 t^{3n}dt$ où n est un entier naturel.

b) En déduire, en justifiant avec soin la permutation des symboles $\sum$ et $\int$, la somme $\sum_{n=0}^{\infty} \frac{(-x)^n}{3n+1}$ lorsque x appartient a l'intervalle $]-R, R[$.
(Il pourra être utile pour les calculs de poser $a = \sqrt[3]{x}$)

3) Montrer que la série $\sum \frac{(-1)^n}{3n+1}$ est convergente et calculer sa somme

$$\sum_{n=0}^{\infty} \frac{(-1)^n}{3n+1}.$$

Exercice II :

Soit n un entier strictement positif, A une matrice carrée d'ordre n à coefficients complexes.
On définit deux matrices U et V carrées d'ordre $2n$ à coefficients complexes par : $U = \begin{pmatrix} A & A \\ 0 & A \end{pmatrix}$ et $V = \begin{pmatrix} A & 0 \\ 0 & A \end{pmatrix}$

Première partie.

Dans cette partie, on suppose que les deux matrices U et V sont semblables, c'est-à-dire qu'il existe une matrice P inversible d'ordre $2n$ à coefficients complexes vérifiant l'égalité : $U = P^{-1}VP$.

1) Soit R un polynôme à coefficients complexes. Montrer que :

$$R(U) = \begin{pmatrix} R(A) & AR'(A) \\ 0 & R(A) \end{pmatrix}$$

où R' est le polynôme dérivé du polynôme R.

2) On note Π le polynôme minimal de la matrice A, c'est-à-dire le polynôme unitaire annulateur de la matrice A de plus petit degré α strictement positif. On pose $\Pi(X) = \sum_{p=0}^{\alpha} b_p X^p$

Déterminer la matrice V^k pour k entier naturel, en déduire la matrice $\Pi(V)$.

3) Etablir l'égalité : $\alpha\Pi(X) = X\Pi'(X)$, où Π' est le polynôme dérivé du polynôme Π.

4) En déduire que la matrice A est nilpotente, c'est-à-dire qu'il existe un entier N tel que $A^N = 0$.

Deuxième partie

Dans cette partie, on suppose que la matrice A carrée d'ordre n à coefficients complexes vérifie la propriété suivante :

$$A^n = 0 \text{ et } A^{n-1} \neq 0, n \in \mathbb{N}^\star.$$

1) Montrer que la matrice A est semblable à la matrice

$$J = \begin{pmatrix} 0 & \dots & \dots & \dots & 0 \\ 1 & \ddots & & & \vdots \\ 0 & 1 & \ddots & & \vdots \\ \vdots & \ddots & \ddots & \ddots & \vdots \\ 0 & \dots & 0 & 1 & 0 \end{pmatrix}$$

2) Déterminer une matrice D diagonale d'ordre n telle que $DJ - JD = J$.

3) Déterminer une matrice H carrée d'ordre n telle que : $HA - AH = A$.

4) Calculer le produit matriciel $\begin{pmatrix} I_n & -H \\ 0 & I_n \end{pmatrix} \times \begin{pmatrix} A & A \\ 0 & A \end{pmatrix} \times \begin{pmatrix} I_n & H \\ 0 & I_n \end{pmatrix}$, I_n désigne la matrice identité d'ordre n.

5) Montrer que les matrices U et V sont semblables.

Exercice III :

On considère trois réels α, β et γ non nuls et la quadrique (Σ) dont une équation est : $\alpha^2(x+y+z)^2 + \beta^2(-x+y)^2 + \gamma^2(2y+z)^2 = 1$ dans un repère orthonormé $\mathcal{R} = (O, \overrightarrow{i}, \overrightarrow{j}, \overrightarrow{k})$ d'un espace affine de dimension trois.

1) a) Montrer que les plans (P) et (Q) d'équations respectives $x + y + z = 0$ et $-x + y = 0$ sont orthogonaux.

b) On note $\overrightarrow{I}$ et $\overrightarrow{J}$ les deux vecteurs unitaires, d'abscisses positives, normaux respectivement aux plans (P) et (Q). Déterminer les vecteurs $\overrightarrow{I}$ et $\overrightarrow{J}$ ainsi que le vecteur $\overrightarrow{K}$ tel que le repère $\mathcal{R}' = (O, \overrightarrow{I}, \overrightarrow{J}, \overrightarrow{K})$ soit orthonormé direct.

c) Déterminer une équation de la quadrique (Σ) dans le repère $\mathcal{R}'$. On notera X, Y et Z les coordonnées d'un point M dans le repère $\mathcal{R}'$.

d) Que peut-on dire de la nature de la quadrique (Σ) ?

2) On note $(\mathcal{E})$ la conique obtenue comme intersection de la quadrique (Σ) avec le plan d'équation $Z = 0$ dans le repère $\mathcal{R}'$.
Réduire l'équation de la conique $(\mathcal{E})$. En déduire qu'il existe un repère orthonormé $\mathcal{R}'' = (O, \overrightarrow{I'}, \overrightarrow{J'}, \overrightarrow{K'})$ tel que l'équation dans le repère $\mathcal{R}''$ de la quadrique (Σ) soit de la forme : $\dfrac{X'^2}{a^2} + \dfrac{Y^2}{b^2} = 1$ avec $0 < a < b$.
Les coordonnées d'un point M dans le repère $\mathcal{R}''$ sont notées X', Y' et Z'.

3) Soit k un réel quelconque ; on appelle (P_k) le plan dont une équation dans le repère $\mathcal{R}''$ est : $\dfrac{X'\sqrt{b^2 - a^2}}{ab} - \dfrac{Z'}{b} = k$.

a) En considérant l'expression : $\dfrac{X'^2}{a^2} + \dfrac{Y'^2}{b^2} - \dfrac{1}{b^2}(X'^2 + Y'^2 + Z'^2)$ montrer que l'intersection (C_k) du plan (P_k) et de la quadrique (Σ) est l'intersection du plan (P_k) avec une sphère (S_k) dont on précisera le centre Ω_k et le rayon R_k.

b) Montrer que l'ensemble (C_k) est un cercle dont on précisera le rayon.

e) Que peut-on dire du rayon du cercle (C_k) ? Pouvait-on le prévoir ?

Solution

Exercice I

1. Notons $u_n = \dfrac{(-x)^n}{3n+1}\cdot$ Pour $x \neq 0$ et $n \geqslant 0, u_n \neq 0$.
$\dfrac{|u_{n+1}|}{|u_n|} = |x|\dfrac{3n+1}{3n+4} \xrightarrow[n\to\infty]{} |x|$. D'après la règle de d'Alembert pour les séries à termes positifs, la série $\sum |u_n|$ converge si $|x| < 1$ et diverge si $|x| > 1$. On déduit de la définition du rayon de convergence d'une série entière que $R = 1$.

2. a) On a $\displaystyle\int_0^1 t^{3n}dt = \frac{1}{3n+1}\cdot$

b) Donc $\displaystyle\int_0^1 (-xt^3)^n dt = \frac{(-x)^n}{3n+1}\cdot$ Pour $x \in]-1,1[$, notons $v_n(t) = (-xt^3)^n$. Pour tout $t \in [0,1], |v_n(t)| \leqslant |x|^n$ qui est indépendant de t. Comme la série géométrique $\sum |x|^n$ converge, la série de fonctions $\sum v_n$ converge normalement *a fortiori* uniformément sur $[0,1]$ de somme $V : t \mapsto \dfrac{1}{1+xt^3}\cdot$ Comme les fonctions $t \mapsto v_n(t)$ sont continues sur $[0,1]$, on déduit du théorème d'intégration des séries de fonctions continues sur un segment que
$\displaystyle\int_0^1 V = \int_0^1 \Big(\sum_{n=0}^{\infty} v_n(t)\Big)dt = \sum_{n=0}^{\infty}\int_0^1 v_n$. Donc
$\displaystyle\forall x \in]-1,1[, \int_0^1 \frac{dt}{1+xt^3} = \sum_{n=0}^{\infty}\frac{(-x)^n}{3n+1} = S(x).$

$S(0) = 1$. Nous supposerons que $x > 0$ pour poser $a = \sqrt[3]{x}$. En effet, si $x < 0$, on devrait poser $a = -\sqrt[3]{-x}$. On a $\displaystyle S(x) = \int_0^1 \frac{dt}{1+a^3t^3} = \frac{1}{a}\int_0^1 \frac{du}{1+u^3}\cdot$
Comme $1 + X^3 = (1+X)(1-X+X^2)$, par des méthodes «classiques» mais hors programme, de décomposition en éléments simples, on a
$\dfrac{1}{X^3+1} = \dfrac{1}{3(X+1)} + \dfrac{1}{3}\dfrac{-X+2}{X^2-X+1}\cdot$ Donc
$\forall u \in [0,1], \dfrac{1}{u^3+1} = \dfrac{1}{3(u+1)} - \dfrac{1}{6}\cdot\dfrac{2u-1}{u^2-u+1} + \dfrac{1}{2}\cdot\dfrac{1}{u^2-u+1}\cdot$
Comme $u^2 - u + 1 = \Big(u - \dfrac{1}{2}\Big)^2 + \dfrac{3}{4}$, une primitive de la fonction $u \mapsto \dfrac{1}{1+u^3}$ sur $[0,1]$ est $P : u \mapsto \dfrac{1}{3}\ln\Big(\dfrac{1+u}{\sqrt{u^2-u+1}}\Big) + \dfrac{1}{\sqrt{3}}\arctan\Big(\dfrac{2u-1}{\sqrt{3}}\Big)\cdot$
Donc $\forall x \in [0,1[, S(x) = \dfrac{1}{a}(P(a) - P(0))$ avec $a = \sqrt[3]{x}$ *i.e.*
$$S(x) = \frac{1}{3\sqrt[3]{x}}\ln\Big(\frac{1+\sqrt[3]{x}}{\sqrt{(\sqrt[3]{x})^2 - \sqrt[3]{x} + 1}}\Big) + \frac{1}{\sqrt[3]{x}\sqrt{3}}\Big(\arctan\Big(\frac{2\sqrt[3]{x}-1}{\sqrt{3}}\Big) + \frac{\pi}{6}\Big)\cdot$$

3. Notons $w_n(x) = \dfrac{(-x)^n}{3n+1}$ pour $x \in]0,1]$. La série $\sum w_n(x)$ est alternée et $\dfrac{|w_{n+1}(x)|}{|w_n(x)|} = x\dfrac{3n+1}{3n+4} < x \leqslant 1$. Donc la suite $(|w_n(x)|)_{n\geqslant 0}$ décroît, comme elle converge vers 0, la série alternée $\sum w_n(x)$ converge avec le théorème spécial des séries alternées. Ce théorème implique : $\forall n \in \mathbb{N}$, $\forall x \in]0,1]$,

$\left|\sum_{k=n}^{\infty} w_k(x)\right| \leqslant |w_n(x)| = \dfrac{x}{3n+1} \leqslant \dfrac{1}{3n+1}$: indépendant de x.

Donc la série de fonctions continues $\sum w_n$ converge uniformément sur $]0,1]$. Sa somme S est donc continue sur $]0,1]$. Comme à la question 2), nous avons trouvé une fonction φ continue sur $[0,1]$ telle que $S(x) = \varphi(x)$ si $x \in [0,1[$,

$$S(1) = \sum_{n=0}^{\infty} \frac{(-1)^n}{3n+1} = \lim_{1^-} S = \lim_{1^-} \varphi = \frac{1}{3}\Big(\ln(2) + \frac{\pi}{\sqrt{3}}\Big).$$

Exercice II

Partie I

1) On montre par récurrence et en faisant des produits par blocs que, pour tout $k \in \mathbb{N}, U^k = \begin{pmatrix} A^k & kA^k \\ 0 & A^k \end{pmatrix}$. Ensuite si $R(X) = \sum_{k=0}^{p} r_k X^k$, toujours par calcul matriciel,

$$R(U) = \begin{pmatrix} \sum_{k=0}^{p} r_k A^k & \sum_{k=0}^{p} r_k k A^k \\ 0 & \sum_{k=0}^{p} r_k A^k \end{pmatrix} = \begin{pmatrix} R(A) & AR'(A) \\ 0 & R(A) \end{pmatrix}.$$

2) $V = \text{Diag}(A, A) \Rightarrow \forall k \in \mathbb{N}, V^k = \text{Diag}(A^k, A^k)$
Comme à la question précédente, $\Pi(V) = \text{Diag}(\Pi(A), \Pi(A)) = 0$ par définition de Π.

3) U et V étant semblables, d'après le cours sur les polynômes de matrices, $\Pi(U)$ et $\Pi(V)$ sont semblables. D'après 2), on a alors $\Pi(U) = 0$. Comme $\Pi(U) = \begin{pmatrix} \Pi(A) & A\Pi'(A) \\ 0 & \Pi(A) \end{pmatrix}$, il s'ensuit que $A\Pi'(A) = 0$ *i.e.* $X\Pi'(X)$ st un polynôme annulateur de A. Comme Π est le polynôme minimal de A, il divise $X\Pi'(X)$. Comme les deux polynômes Π et $X\Pi'(X)$ sont de même degré α, et comme leurs coefficients dominants sont 1 et α, on a $X\Pi'(X) = \alpha\Pi(X)$.

4) On déduit de 3) et des notations de l'énoncé que $\sum_{p=0}^{\alpha} p b_p X^p = \sum_{p=0}^{\alpha} \alpha b_p X^p$.
la famille $(X^p)_{0\leqslant p\leqslant \alpha}$ étant libre dans $\mathbb{C}[X], \forall p \in [\![0, \alpha - 1]\!], pb_p = \alpha b_p$

i.e. $\forall p \in [\![0, \alpha-1]\!], b_p = 0$. Donc $\Pi(X) = X^\alpha$. D'où $\Pi(A) = 0 = A^\alpha$. La matrice A est bien nilpotente.

Partie II

1) Si f est l'endomorphisme de $\mathbb{C}^n$ canoniquement associé à la matrice A, alors $f^n = 0$ et il existe $x \in \mathbb{C}^n$ tel que $f^{n-1}(x) \neq 0$.
Soit $\mathcal{B} = (x, f(x), \ldots, f^{n-1}(x))$. Montrons que $\mathcal{B}$ est libre. Supposons $\mathcal{B}$ liée, il existe $(\alpha_0, \alpha_1, \ldots, \alpha_{n-1}) \in \mathbb{C}^n$ et non tous nuls tels que $\displaystyle\sum_{k=0}^{n-1} \alpha_k f^k(x) = 0$.

Soit $i = \min\{k \in [\![0, n-1]\!] \mid \alpha_k \neq 0\}$. Alors $\displaystyle\sum_{k=i}^{n-1} \alpha_k f^k(x) = 0$.

Comme f est linéaire et $f^n = 0$, on a $f^{n-1-i}\Big(\displaystyle\sum_{k=i}^{n-1} \alpha_k f^k(x)\Big) = \alpha_i f^{n-1}(x) = 0$.

Comme $f^{n-1}(x) \neq 0$, il s'ensuit que $\alpha_i = 0$ ce qui contredit la définition de i. Donc $\mathcal{B}$ est libre. Comme $\mathrm{Card}\,[\mathcal{B}] = n = \dim(\mathbb{C}^n)$, la famille $\mathcal{B}$ est une base de $\mathbb{C}^n$. On a $M_\mathcal{B}(f) = J$ *i.e.* A est semblable à J.

2) Notons $D = \mathrm{Diag}(d_i \delta_{i,j})$, $J = (m_{i,j})$ où $\delta_{i,j}$ est le symbole de Kronecker et $m_{i,j} = 0$ si $i \neq j+1$ et 1 sinon, avec $j \in [\![1, n-1]\!]$.

On a alors $DJ - JD = (\beta_{i,j})$ où $\beta_{i,j} = \begin{cases} 0 & \text{si } i \neq j+1 \\ d_{j+1} - d_j & \text{sinon} \end{cases}$

Donc $DJ - JD = J \iff \forall j \in [\![1, n-1]\!], d_{j+1} = d_j + 1$.
La matrice $D = \mathrm{Diag}(0, 1, 2, \ldots, (n-1))$ convient.

3) La matrice A étant semblable à J, il existe $P \in \mathrm{GL}_n(\mathbb{C})$ tel que $A = PJP^{-1}$. Comme $DJ - JD = J$, on vérifie que $HA - AH = A$ où $H = PDP^{-1}$.

4) Le produit matriciel demandé est égal à $V = \mathrm{Diag}(A, A)$.

5) Comme $\begin{pmatrix} I_n & -H \\ 0 & I_n \end{pmatrix} \times \begin{pmatrix} I_n & H \\ 0 & I_n \end{pmatrix} = \begin{pmatrix} I_n & 0 \\ 0 & I_n \end{pmatrix}$ et comme dans l'anneau des matrices $\mathfrak{M}_{2n}(\mathbb{C})$ (inversible à gauche) équivaut à (inversible à droite) équivaut à (inversible), la matrice $\begin{pmatrix} I_n & H \\ 0 & I_n \end{pmatrix}$ est inversible et $\begin{pmatrix} I_n & -H \\ 0 & I_n \end{pmatrix}$ est son inverse. l'égalité de 4) traduit donc le fait que U et V sont semblables.

Exercice III

1) a) Deux plans de $\mathbb{R}^3$ sont orthogonaux si, et seulement si, leurs vecteurs normaux le sont. Un vecteur normal à (P) est $\overrightarrow{n} = (1, 1, 1)$ et un vecteur normal à (Q) est $\overrightarrow{n'} = (1, -1, 0)$. On a bien $\overrightarrow{n}.\overrightarrow{n'} = 0$. D'où le résultat.

b) En prenant $\overrightarrow{I} = \dfrac{\overrightarrow{n}}{\|\overrightarrow{n}\|}$, $\overrightarrow{I} = \dfrac{\overrightarrow{n'}}{\|\overrightarrow{n'}\|}$ et $\overrightarrow{K} = \overrightarrow{I} \wedge \overrightarrow{J}$ on a un repère orthonormé direct : $\overrightarrow{I} = \dfrac{1}{\sqrt{3}}(1,1,1)$, $\overrightarrow{J} = \dfrac{1}{\sqrt{2}}(1,-1,0)$, $\overrightarrow{K} = \dfrac{1}{\sqrt{6}}(1,1,-2)$.

c) D'après le cours sur les changements de bases,
$\begin{pmatrix} x \\ y \\ z \end{pmatrix} = P \begin{pmatrix} X \\ Y \\ Z \end{pmatrix}$ où $P = \dfrac{1}{\sqrt{6}} \begin{pmatrix} \sqrt{2} & \sqrt{3} & 1 \\ \sqrt{2} & -\sqrt{3} & 1 \\ \sqrt{2} & 0 & -2 \end{pmatrix} \in \mathcal{SO}(3)$.
Donc $(x+y+z)^2 = 3X^2, (-x+y)^2 = 2Y^2$ et $(2y+z)^2 = \left(X\sqrt{3} - Y\sqrt{2}\,\right)^2$.
D'une équation cartésienne de (Σ) dans le repère $\mathcal{R}'$ est

$$3\alpha^2X^2 + 2\beta^2Y^2 + \gamma^2\left(X\sqrt{3} - Y\sqrt{2}\,\right)^2 = 1.$$

d) Dans cette équation de surface, il manque Z, La surface (Σ) est un cylindre d'axe (OZ).

2) L'équation cartésienne de $(\mathcal{E})$ dans le plan d'équation $Z = 0$ est

$$3\alpha^2X^2 + 2\beta^2Y^2 + \gamma^2\left(X\sqrt{3} - Y\sqrt{2}\,\right)^2 = 1$$

i.e. $3(\alpha^2+\gamma^2)X^2 - 2\gamma^2\sqrt{6}\,XY + 2(\beta^2+\gamma^2)Y = 1$.
La matrice associée est $A = \begin{pmatrix} 3(\alpha^2+\gamma^2) & -\gamma^2\sqrt{6} \\ -\gamma^2\sqrt{6} & 2(\beta^2+\gamma^2) \end{pmatrix} \in S_2(\mathbb{R})$. D'après le cours, elle est diagonalisable dans $\mathbb{R}$ et les sous-espaces propres associés à ses valeurs propres distinctes, puisque $A \notin \mathrm{Vect}(I_2)$, sont orthogonaux.
$\chi_A(T) = T^2 - \mathrm{tr}(A)T + \det(A)$
$\chi_A(T) = T^2 - (3\alpha^2 + 2\beta^2 + 5\gamma^2)T + 6(\alpha^2+\gamma^2)(\beta^2+\gamma^2) - 6\gamma^4$.
On trouve les valeurs propres λ_1 et λ_2
$\lambda_1 = \dfrac{1}{2}\Big(3\alpha^2 + 2\beta^2 + 5\gamma^2 + \mu\Big)$ et $\lambda_2 = \dfrac{1}{2}\Big(3\alpha^2 + 2\beta^2 + 5\gamma^2 - \mu\Big)$ avec
$\mu = \sqrt{9\alpha^4 + 4\beta^4 + 25\gamma^4 - 12\alpha^2\beta^2 - 4\beta^2\gamma^2 + 6\alpha^2\gamma^2}$.
Un vecteur propre associé à λ_1 est $\overrightarrow{u_1} = \big(\gamma^2\sqrt{6}, 3(\alpha^2+\gamma^2) - \lambda_1\big)$ et un vecteur propre associé à λ_2 est $\overrightarrow{u_2} = \big(\gamma^2\sqrt{6}, 3(\alpha^2+\gamma^2) - \lambda_2\big)$ dans $(\overrightarrow{I}, \overrightarrow{J})$.

Il suffit de prendre $\overrightarrow{I'} = \dfrac{\overrightarrow{u_1}}{\|\overrightarrow{u_1}\|}$ et $\overrightarrow{J'} = \dfrac{\overrightarrow{u_2}}{\|\overrightarrow{u_2}\|}$.
Comme $\det(A) = \lambda_1\lambda_2 = 6(\alpha^2\beta^2 + \alpha^2\gamma^2 + \beta^2\gamma^2) > 0$ et comme $\mathrm{tr}(A) = \lambda_1 + \lambda_2 = 3\alpha^2 + 2\beta^2 + 5\gamma^2 > 0$, on a $0 < \lambda_2 < \lambda_1$.

L'équation réduite de $(\mathcal{E})$ dans le repère orthonormé $(O; \overrightarrow{I'}, \overrightarrow{J'})$ est $\lambda_1X'^2 + \lambda_2Y'^2 = 1$ avec $\lambda_1 > 0$ et $\lambda_2 > 0$ *i.e.* de la forme voulue. Le nouveau repère orthonormé est $\mathcal{R}'' = (O; \overrightarrow{I'}, \overrightarrow{J'}, \overrightarrow{K'})$ où $\overrightarrow{K'} = \overrightarrow{K}$. Dans ce repère, (Σ) a une équation réduite de la forme voulue avec $\lambda_1 = \dfrac{1}{a^2}$ et $\lambda_2 = \dfrac{1}{b^2}$,$0 < a < b$.

3) a) $\dfrac{X'^2}{a^2} + \dfrac{Y'^2}{b^2} - \dfrac{1}{b^2}(X'^2 + Y'^2 + Z'^2) = \dfrac{b^2 - a^2}{a^2b^2}X'^2 - \dfrac{Z'^2}{b^2}$. Donc

$$\frac{X'^2}{a^2}+\frac{Y'^2}{b^2}-\frac{1}{b^2}(X'^2+Y'^2+Z'^2)=\Big(\frac{X'\sqrt{b^2-a^2}}{ab}-\frac{Z'}{b}\Big)\Big(\frac{X'\sqrt{b^2-a^2}}{ab}+\frac{Z'}{b}\Big)$$

$$M\in(C_k)=(\Sigma)\cap(P_k)\iff\begin{cases}\dfrac{X'^2}{a^2}+\dfrac{Y'^2}{b^2}=1\\ \dfrac{X'\sqrt{b^2-a^2}}{ab}-\dfrac{Z'}{b}=k\end{cases}\quad(1).$$

$$(1)\iff\begin{cases}\dfrac{X'\sqrt{b^2-a^2}}{ab}-\dfrac{Z'}{b}=k\\ 1-\dfrac{1}{b^2}(X'^2+Y'^2+Z'^2)=k\Big(\dfrac{X'\sqrt{b^2-a^2}}{ab}+\dfrac{Z'}{b}\Big)\end{cases}$$

Comme $1-\frac{1}{b^2}(X'^2+Y'^2+Z'^2)=k\Big(\frac{X'\sqrt{b^2-a^2}}{ab}+\frac{Z'}{b}\Big)$ est équivalent à $X'^2+Y^2+Z'^2+kb\frac{\sqrt{b^2-a^2}}{a}X'+kbZ'=b^2$ qui est l'équation de la sphère (S_k) de centre $\Omega_k\Big(-kb\frac{\sqrt{b^2-a^2}}{2a},0,-\frac{kb}{2}\Big)$ dans le repère orthonormé $\mathcal{R}''$ et de rayon $R_k=\frac{b}{a}\sqrt{k^2b^2+4a^2}$, on a $(C_k)=(\Sigma)\cap(P_k)=(S_k)\cap(P_k)$.

b) L'intersection d'une sphère et d'un plan est un cercle si, et seulement si, la distance du centre de la sphère au plan est strictement inférieure au rayon de la sphère.
Si un plan Π est d'équation cartésienne $ux+vy+wz+h=0$ et si M_0 a pour coordonnées (x_0,y_0,z_0), alors $d(M_0,\Pi)=\frac{|ux_0+vy_0+wz_0+h|}{\sqrt{u^2+v^2+w^2}}$.
Ici, on calcule et l'on trouve $d(\Omega_k,(P_k)=\frac{kb^2}{2a}$. Or $R_k=\frac{b}{a}\sqrt{k^2b^2+4a^2}$,
Donc $R_k-d(\Omega_k,(P_k)=\frac{b}{2a}\Big(\sqrt{k^2b^2+4a^2}-kb\Big)>0$.
Donc (C_k) est un cercle et le théorème de Pythagore donne son rayon $r_k=\sqrt{R_k^2-d^2(\Omega_k,(P_k)}=b$.

c) Le rayon du cercle est égal à la demi-longueur du grand axe de l'ellipse $(\mathcal{E})$. Si l'on est bon géomètre, on pouvait le prévoir car l'ellipse est l'image du cercle (C_k) par la projection orthogonale sur le plan (Q) d'équation $Z'=0$. Comme $(C_k)\subset(P_k)$ et comme $\overrightarrow{J'}$ est vecteur directeur commun aux deux plans (P_k) et (Q). Donc un diamètre de (C_k) dirigé suivant $\overrightarrow{J'}$ conserve sa longueur par la projection orthogonale envisagée.

Fin

◇ Ce problème a pour but d'étudier les crochets de Lie sur un $\mathbb{R}$-espace vectoriel de dimension 1, 2 ou 3.
Les parties I et II sont indépendantes, la partie III utilise certains résultats de la partie I.

◇ E étant un $\mathbb{R}$-espace vectoriel :
Une application B de $E \times E$ dans E est dite antisymétrique si, et seulement si, $\forall(\overrightarrow{u}, \overrightarrow{v}) \in E^2,\ B(\overrightarrow{u}, \overrightarrow{v}) = -B(\overrightarrow{v}, \overrightarrow{u})$.
On appelle crochet de Lie sur E noté $[\ ,\ ]$ toute application telle que :

- $[\ ,\ ] : E \times E \to E$
- $[\ ,\ ]$ est bilinéaire
- $[\ ,\ ]$ est antisymétrique
- $\forall(\overrightarrow{u}, \overrightarrow{v}, \overrightarrow{w}) \in E^3,\ [\overrightarrow{u},[\overrightarrow{v}, \overrightarrow{w}]] + [\overrightarrow{v},[\overrightarrow{w}, \overrightarrow{u}]] + [\overrightarrow{w},[\overrightarrow{u}, \overrightarrow{v}]] = \overrightarrow{0}$

◇ Dans ce problème l'ensemble des vecteurs de la géométrie plane est identifié à l'espace vectoriel $\mathbb{R}^2$ et l'ensemble des vecteurs de la géométrie dans l'espace à l'espace vectoriel $\mathbb{R}^3$. Si E est le $\mathbb{R}$-espace vectoriel $\mathbb{R}^2$ ou $\mathbb{R}^3$ la notation de la géométrie vectorielle pour les éléments de E sera adoptée : ils seront notés avec une flèche.

◇ Dans les parties I et III, l'espace vectoriel $\mathbb{R}^3$ est muni de sa structure euclidienne canonique, le produit scalaire usuel de vecteurs $\overrightarrow{u}$ et $\overrightarrow{v}$ sera noté $\overrightarrow{u} \cdot \overrightarrow{v}$ et le produit vectoriel de ces deux vecteurs sera noté $\overrightarrow{u} \wedge \overrightarrow{v}$.
On rappelle la formule :

$$\forall(\overrightarrow{u}, \overrightarrow{v}, \overrightarrow{w}) \in \mathbb{R}^3,\ \overrightarrow{u} \wedge (\overrightarrow{v} \wedge \overrightarrow{w}) = (\overrightarrow{u} \cdot \overrightarrow{w})\overrightarrow{v} - (\overrightarrow{u} \cdot \overrightarrow{v})\overrightarrow{w}.$$

$b_0 = \left(\overrightarrow{\imath}, \overrightarrow{\jmath}, \overrightarrow{k}\right)$ désigne la base orthonormale directe canonique de $\mathbb{R}^3$.

◇ Si $n \in \mathbb{N}^\star$, $\mathfrak{M}_n(\mathbb{R})$ représente l'espace vectoriel des matrices carrées d'ordre n, $S_n(\mathbb{R})$ le sous-espace vectoriel de $\mathfrak{M}_n(\mathbb{R})$ constitué des matrices symétriques et $A_n(\mathbb{R})$ le sous-espace vectoriel de $\mathfrak{M}_n(\mathbb{R})$ constitué des matrices antisymétriques.

◇ Si b est une base de $\mathbb{R}^3$, $\overrightarrow{u} \in \mathbb{R}^3$ et f un endomorphisme de $\mathbb{R}^3$, $\mathfrak{M}_b(\overrightarrow{u})$ désigne le vecteur de $\mathbb{R}^3$ formé par les coordonnées de $\overrightarrow{u}$ dans la base b et $\mathfrak{M}_b(f)$ la matrice de f dans la base b.
Si $A \in \mathfrak{M}_3(\mathbb{R})$, φ_A désignera l'endomorphisme de $\mathbb{R}^3$ canoniquement associé à A c'est-à-dire l'endomorphisme de $\mathbb{R}^3$ dont la matrice dans la base b_0 est A.

Questions de cours

1) Montrer que $A_3(\mathbb{R})$ et $S_3(\mathbb{R})$ sont supplémentaires dans $\mathfrak{M}_3(\mathbb{R})$, en particulier si $C \in \mathfrak{M}_3(\mathbb{R})$ donner l'unique décomposition de C en $C = S_C + A_C$ où $S_C \in S_3(\mathbb{R})$ et $A_C \in A_3(\mathbb{R})$.

2) Si $S \in S_3(\mathbb{R})$ avec $\text{rg}(S) \leqslant 2$, montrer qu'il existe une base b de $\mathbb{R}^3$ orthonormée **directe** telle que $M_b(\varphi_S)$ est de la forme $\begin{pmatrix} 0 & 0 & 0 \\ 0 & \beta & 0 \\ 0 & 0 & \gamma \end{pmatrix}$ où $\beta, \gamma \in \mathbb{R}$.

Application : on considère $S = \begin{pmatrix} 0 & 1 & 0 \\ 1 & 0 & 1 \\ 0 & 1 & 0 \end{pmatrix}$, déterminer une base b et les valeurs de β et γ.

Calculer pour tout $n \in \mathbb{N}^\star$, la matrice S^n (distinguer n pair et n impair).

Partie I : Exemples de crochets de Lie et premières propriétés

1) Exemples de crochet de Lie

a) On considère E un $\mathbb{R}$ espace vectoriel quelconque, montrer que $[\ ,\ ] : \begin{pmatrix} E \times E & \to & E \\ (\overrightarrow{u}, \overrightarrow{v}) & \mapsto & \overrightarrow{0} \end{pmatrix}$ est un crochet de Lie sur E.

b) Montrer que $[\ ,\ ] : \begin{pmatrix} E \times E & \to & E \\ (A, B) & \mapsto & AB - BA \end{pmatrix}$ est un crochet de Lie sur $E = \mathfrak{M}_n(\mathbb{R})$ et sur $E = A_n(\mathbb{R})$ où $n \in \mathbb{N}^\star$. Est-ce un crochet de Lie sur $E = S_n(\mathbb{R})$? (justifier la réponse)

2) Crochet de Lie usuel sur $\mathbb{R}^3$

a) Montrer que :

$$\forall (\overrightarrow{u}, \overrightarrow{v}, \overrightarrow{w}) \in (\mathbb{R}^3)^3,\ \overrightarrow{u} \wedge (\overrightarrow{v} \wedge \overrightarrow{w}) + \overrightarrow{v} \wedge (\overrightarrow{w} \wedge \overrightarrow{u}) + \overrightarrow{w} \wedge (\overrightarrow{u} \wedge \overrightarrow{v}) = \overrightarrow{0}.$$

En déduire que $[\ ,\ ] : \begin{pmatrix} \mathbb{R}^3 \times \mathbb{R}^3 & \to & \mathbb{R}^3 \\ (\overrightarrow{u}, \overrightarrow{v}) & \mapsto & \overrightarrow{u} \wedge \overrightarrow{v} \end{pmatrix}$ est un crochet de Lie sur $\mathbb{R}^3$.

b) On considère $\overrightarrow{a} \in \mathbb{R}^3$, $\overrightarrow{a} \neq \overrightarrow{0}$ et $\psi_{\overrightarrow{a}} : \begin{pmatrix} \mathbb{R}^3 & \to & \mathbb{R}^3 \\ \overrightarrow{u} & \mapsto & \overrightarrow{a} \wedge \overrightarrow{u} \end{pmatrix}$.

i)Montrer que $\psi_{\overrightarrow{a}}$ est un endomorphisme de $\mathbb{R}^3$.

ii) Déterminer le noyau et le rang de $\psi_{\overrightarrow{a}}$.

iii) Dans la suite de cette question, on pose $\overrightarrow{a} = \alpha \overrightarrow{\imath} + \beta \overrightarrow{\jmath} + \gamma \overrightarrow{k}$ où $\alpha, \beta, \gamma \in \mathbb{R}$, donner la matrice $A_{\overrightarrow{a}}$ de $\psi_{\overrightarrow{a}}$ dans la base b_0, vérifier que $A_{\overrightarrow{a}} \in A_3(\mathbb{R})$.

iv) Calculer le polynôme caractéristique de $A_{\overrightarrow{a}}$.

v) $\psi_{\overrightarrow{a}}$ est-il diagonalisable dans $\mathfrak{M}_3(\mathbb{R})$?

vi) On considère une matrice antisymétrique quelconque $A \in A_3(\mathbb{R})$, montrer qu'il existe un unique $\overrightarrow{a} \in \mathbb{R}^3$ tel que $A = A_{\overrightarrow{a}}$.

Partie II : Détermination des crochets de Lie en dimension 1 et 2

1) On considère E un $\mathbb{R}$ espace vectoriel quelconque muni d'un crochet de Lie [,].

a) Montrer que si $(\overrightarrow{u}, \overrightarrow{v})$ est une famille liée de E alors $[\overrightarrow{u}, \overrightarrow{v}] = \overrightarrow{0}$.

b) La réciproque est-elle vraie ?

2) Détermination des crochets de Lie en dimension 1

On considère E un $\mathbb{R}$-espace vectoriel de dimension 1.

a) Si E est muni d'un crochet de Lie [,], montrer que :

$$\forall (\overrightarrow{u}, \overrightarrow{v}) \in E^2,\ [\overrightarrow{u}, \overrightarrow{v}] = \overrightarrow{0}.$$

b) Quels sont tous les crochets de Lie sur E ?

3) Détermination des crochets de Lie en dimension 2

On considère E un $\mathbb{R}$-espace vectoriel de dimension 2 muni d'une base $B = (\overrightarrow{u_0}, \overrightarrow{v_0})$. Le déterminant de deux vecteurs $(\overrightarrow{u}, \overrightarrow{v})$ de E dans la base B sera noté $\det_B(\overrightarrow{u}, \overrightarrow{v})$.

a) On suppose dans cette question que E est muni d'un crochet de Lie [,] quelconque. Si $(\overrightarrow{x}, \overrightarrow{y}) \in E^2$ avec $\overrightarrow{x} = x_1\overrightarrow{u_0} + x_2\overrightarrow{v_0}$ et $y = y_1\overrightarrow{u_0} + y_2\overrightarrow{v_0}$ où $x_1, x_2, y_1, y_2 \in \mathbb{R}$, montrer que :

$$[\overrightarrow{x}, \overrightarrow{y}] = \det_B(\overrightarrow{x}, \overrightarrow{y})\overrightarrow{k_0} \text{ où } \overrightarrow{k_0} = [\overrightarrow{u_0}, \overrightarrow{v_0}].$$

b) Dans cette question, on considère $\overrightarrow{k}$ un vecteur quelconque de E et on pose si $(\overrightarrow{x}, \overrightarrow{y}) \in E^2$: $[\overrightarrow{x}, \overrightarrow{y}] = \det_B(\overrightarrow{x}, \overrightarrow{y})\,\overrightarrow{k}$, le but de cette question est de montrer que c'est un crochet de Lie sur E.

i) Montrer que $\forall (\overrightarrow{u}, \overrightarrow{v}, \overrightarrow{w}) \in E^3$,

$$\det_B(\overrightarrow{u}, \overrightarrow{v})\overrightarrow{w} + \det_B(\overrightarrow{v}, \overrightarrow{w})\overrightarrow{u} + \det_B(\overrightarrow{w}, \overrightarrow{u})\overrightarrow{v} = \overrightarrow{0}.$$

ii) Montrer que

$$\forall (\overrightarrow{u}, \overrightarrow{v}, \overrightarrow{w}) \in E^3,\ [\overrightarrow{u}, [\overrightarrow{v}, \overrightarrow{w}]] = \left[\det_B(\overrightarrow{v}, \overrightarrow{w})\overrightarrow{u}, \overrightarrow{k}\right].$$

iii) En déduire que [,] est un crochet de Lie sur E.

c) Quels sont tous les crochets de Lie sur E ?

Partie III : Étude des crochets de Lie en dimension 3.

Les questions 1) et 2) sont indépendantes.

On rappelle que $b_0 = \left(\overrightarrow{\imath}, \overrightarrow{\jmath}, \overrightarrow{k}\right)$ désigne la base orthonormale directe canonique de $\mathbb{R}^3$.

1) Expression des crochets de Lie sur $\mathbb{R}^3$

Dans toute la question 1), [,] représente un crochet de Lie quelconque sur $\mathbb{R}^3$.

On pose alors $\overrightarrow{c_1} = [\overrightarrow{\jmath}, \overrightarrow{k}] = \begin{pmatrix} c_{1,1} \\ c_{2,1} \\ c_{3,1} \end{pmatrix}$, $\overrightarrow{c_2} = [\overrightarrow{k}, \overrightarrow{\imath}] = \begin{pmatrix} c_{1,2} \\ c_{2,2} \\ c_{3,2} \end{pmatrix}$,

$\overrightarrow{c_3} = [\overrightarrow{\imath}, \overrightarrow{\jmath}] = \begin{pmatrix} c_{1,3} \\ c_{2,3} \\ c_{3,3} \end{pmatrix}$ et $C = \begin{pmatrix} c_{1,1} & c_{1,2} & c_{1,3} \\ c_{2,1} & c_{2,2} & c_{2,3} \\ c_{3,1} & c_{3,2} & c_{3,3} \end{pmatrix}$ avec $C \in \mathfrak{M}_3(\mathbb{R})$.

a) Le but de cette question est de montrer qu'il existe un unique endomorphisme f de $\mathbb{R}^3$ tel que pour tout $(\overrightarrow{x}, \overrightarrow{y}) \in (\mathbb{R}^3)^2$,

$$[\overrightarrow{x}, \overrightarrow{y}] = f(\overrightarrow{x} \wedge \overrightarrow{y}).$$

i) Montrer que si $\overrightarrow{x} = \begin{pmatrix} x_1 \\ x_2 \\ x_3 \end{pmatrix}$ et $\overrightarrow{y} = \begin{pmatrix} y_1 \\ y_2 \\ y_3 \end{pmatrix}$ alors

$$[\overrightarrow{x}, \overrightarrow{y}] = (x_2y_3 - x_3y_2)\overrightarrow{c_1} + (x_3y_1 - x_1y_3)\overrightarrow{c_2} + (x_1y_2 - x_2y_1)\overrightarrow{c_3}.$$

ii) En déduire que pour tout $(\overrightarrow{x}, \overrightarrow{y}) \in (\mathbb{R}^3)^2$, $[\overrightarrow{x}, \overrightarrow{y}] = \varphi_C(\overrightarrow{x} \wedge \overrightarrow{y})$.

iii) Montrer que φ_C est l'unique endomorphisme f de $\mathbb{R}^3$ tel que pour tout $(\overrightarrow{x}, \overrightarrow{y}) \in (\mathbb{R}^3)^2$, $[\overrightarrow{x}, \overrightarrow{y}] = f(\overrightarrow{x} \wedge \overrightarrow{y})$.

b) D'après la question de cours 1) il existe un unique $S_C \in S_3(\mathbb{R})$ et $A_C \in A_3(\mathbb{R})$ tels que $C = S_C + A_C$.

i) D'après (Partie 1)2)b)vi)), il existe un unique $\overrightarrow{a} \in \mathbb{R}^3$ tel que $A_C = A_{\overrightarrow{a}}$ c'est-à-dire $\forall \overrightarrow{u} \in \mathbb{R}^3$, $\varphi_{A_C}(\overrightarrow{u}) = \overrightarrow{a} \wedge \overrightarrow{u}$.

Montrer que $2\overrightarrow{a} = \begin{pmatrix} c_{3,2} - c_{2,3} \\ c_{1,3} - c_{3,1} \\ c_{2,1} - c_{1,2} \end{pmatrix}$.

ii) Montrer que $2\overrightarrow{a} = \overrightarrow{\imath} \wedge \overrightarrow{c_1} + \overrightarrow{\jmath} \wedge \overrightarrow{c_2} + \overrightarrow{k} \wedge \overrightarrow{c_3}$.

iii) Montrer que $[\overrightarrow{\imath}, \overrightarrow{c_1}] + [\overrightarrow{\jmath}, \overrightarrow{c_2}] + [\overrightarrow{k}, \overrightarrow{c_3}] = \overrightarrow{0}$.

iv) En déduire que $\varphi_C(2\overrightarrow{a}) = \overrightarrow{0}$ et que $\overrightarrow{a} \in \mathrm{Ker}(\varphi_{S_C})$.

c) Déduire des questions précédentes que $\forall (\overrightarrow{x}, \overrightarrow{y}) \in (\mathbb{R}^3)^2$,

$$[\overrightarrow{x}, \overrightarrow{y}] = \varphi_{S_C}(\overrightarrow{x} \wedge \overrightarrow{y}) + (\overrightarrow{a} \cdot \overrightarrow{y})\overrightarrow{x} - (\overrightarrow{a} \cdot \overrightarrow{x})\overrightarrow{y}.$$

2) Réciproque

Dans cette question, on considère $S \in S_3(\mathbb{R})$ et $\overrightarrow{a} \in \mathrm{Ker}(\varphi_S)$ quelconques. On définit [,] par :
$\forall(\overrightarrow{x}, \overrightarrow{y}) \in (\mathbb{R}^3)^2$, $[\overrightarrow{x}, \overrightarrow{y}] = \varphi_S(\overrightarrow{x} \wedge \overrightarrow{y}) + (\overrightarrow{a} \cdot \overrightarrow{y})\overrightarrow{x} - (\overrightarrow{a} \cdot \overrightarrow{x})\overrightarrow{y}$ et l'on veut montrer que [,] est un crochet de Lie sur $\mathbb{R}^3$ (dit crochet de Lie associé à S).

a) Montrer que [,] est bilinéaire antisymétrique.

b) On suppose dans cette question $\overrightarrow{a} \neq \overrightarrow{0}$, on pose $\rho = \|\overrightarrow{a}\|$. Dans la question de cours 2), a été établie l'existence d'une base b de $\mathbb{R}^3$ orthonormale directe telle que $\mathfrak{M}_b(\varphi_S) = \begin{pmatrix} 0 & 0 & 0 \\ 0 & \beta & 0 \\ 0 & 0 & \gamma \end{pmatrix}$ où $\beta, \gamma \in \mathbb{R}$.

i) Montrer que le premier vecteur de b peut-être choisi égal à $\dfrac{\overrightarrow{a}}{\rho}$.

Dans la suite de cette question, le premier vecteur de b est $\dfrac{\overrightarrow{a}}{\rho}$.

ii) Si $\overrightarrow{u}, \overrightarrow{v} \in \mathbb{R}^3$, on note $\mathfrak{M}_b(\overrightarrow{u}) = \begin{pmatrix} u_1 \\ u_2 \\ u_3 \end{pmatrix}$ et $\mathfrak{M}_b(\overrightarrow{v}) = \begin{pmatrix} v_1 \\ v_2 \\ v_3 \end{pmatrix}$, montrer que $[\overrightarrow{u}, \overrightarrow{v}] = (u_3 v_1 - u_1 v_3)\overrightarrow{d} + (u_1 v_2 - u_2 v_1)\overrightarrow{e}$ où $\mathfrak{M}_b(\overrightarrow{d}) = \begin{pmatrix} 0 \\ \beta \\ \rho \end{pmatrix}$ et $\mathfrak{M}_b(\overrightarrow{e}) = \begin{pmatrix} 0 \\ -\rho \\ \gamma \end{pmatrix}$.

iii) Si $\overrightarrow{x} \in \mathbb{R}^3$, on note $\mathfrak{M}_b(\overrightarrow{x}) = \begin{pmatrix} x_1 \\ x_2 \\ x_3 \end{pmatrix}$, calculer $[\overrightarrow{x}, \overrightarrow{d}]$ et $[\overrightarrow{x}, \overrightarrow{e}]$.

iv) En déduire que si $\overrightarrow{x}, \overrightarrow{y}, \overrightarrow{z} \in \mathbb{R}^3$ avec $\mathfrak{M}_b(\overrightarrow{x}) = \begin{pmatrix} x_1 \\ x_2 \\ x_3 \end{pmatrix}$, $\mathfrak{M}_b(\overrightarrow{y}) = \begin{pmatrix} y_1 \\ y_2 \\ y_3 \end{pmatrix}$ et $\mathfrak{M}_b(\overrightarrow{z}) = \begin{pmatrix} z_1 \\ z_2 \\ z_3 \end{pmatrix}$ alors

$$[\overrightarrow{x}, [\overrightarrow{y}, \overrightarrow{z}]] = x_1\big((y_1 z_2 - y_2 z_1)\overrightarrow{d'} + (y_1 z_3 - y_3 z_1)\overrightarrow{e'}\big)$$

où $\mathfrak{M}_b(\overrightarrow{d'}) = \begin{pmatrix} 0 \\ \rho^2 - \beta\gamma \\ -2\rho\gamma \end{pmatrix}$ et $\mathfrak{M}_b(\overrightarrow{e'}) = \begin{pmatrix} 0 \\ 2\rho\beta \\ \rho^2 - \beta\gamma \end{pmatrix}$.

v) Montrer que [,] est un crochet de Lie sur $\mathbb{R}^3$.

vi) Application : En utilisant la partie Question de cours)2), donner l'expression d'un crochet de Lie sur $\mathbb{R}^3$ associé à $S = \begin{pmatrix} 0 & 1 & 0 \\ 1 & 0 & 1 \\ 0 & 1 & 0 \end{pmatrix}$.

c) On suppose dans cette question $\overrightarrow{a} = \overrightarrow{0}$, montrer par un raisonnement similaire à III)2)b) que [,] est un crochet de Lie sur $\mathbb{R}^3$.

Solution

Questions de cours

1) Si, comme dans l'énoncé, on a $C = S + A$ alors ${}^tC = S - A$ d'où $S = \dfrac{C + {}^tC}{2}$ et $A = \dfrac{C - {}^tC}{2}\cdot$

Réciproquement $\dfrac{C + {}^tC}{2}$ est symétrique, $\dfrac{C - {}^tC}{2}$ est antisymétrique et la somme de ces deux matrices est C, donc $\mathfrak{M}_3(\mathbb{R}) = S_3(\mathbb{R}) \oplus A_3(\mathbb{R})$ et la décomposition de C vient d'être donnée.

Remarque : $C \mapsto {}^tC$ est un endomorphisme involutif de $\mathfrak{M}_3(\mathbb{R})$ et donc diagonalisable car $X^2 - 1$ en est polynôme annulateur scindé à racines simples. $S_3(\mathbb{R})$ et $A_3(\mathbb{R})$ en sont les deux sous-espaces propres et donc supplémentaires dans $\mathfrak{M}_3(\mathbb{R})$. Cette méthode est rapide mais ne fournit pas la décomposition demandée de C.

2) φ_S est un endomorphisme autoadjoint non inversible de $\mathbb{R}^3$. Il est donc diagonalisable en base orthonormale directe et 0 en est valeur propre, d'où l'existence de (b, β, γ).

$S \in S_3(\mathbb{R})$ et $\mathrm{rg}(S) = 2$, on peut donc appliquer ce qui précède. Comme $\varphi_S(\overrightarrow{\imath} - \overrightarrow{k}) = \overrightarrow{0}$ on a $\mathrm{Ker}(\varphi_S) = \mathrm{Vect}\left(\overrightarrow{\imath} - \overrightarrow{k}\right)$.

$\chi_S(X) = \det(S - XI_3) = X(2 - X^2)$ donc $\mathrm{Sp}(S) = \left\{-\sqrt{2}, 0, \sqrt{2}\right\}\cdot$

$S - \sqrt{2}I_3 = \begin{pmatrix} -\sqrt{2} & 1 & 0 \\ 1 & -\sqrt{2} & 1 \\ 0 & 1 & -\sqrt{2} \end{pmatrix}$ dont les colonnes vérifient

$C_1 + \sqrt{2}C_2 + C_3 = 0$ et donc $E_{\sqrt{2}}(S)$ est la droite engendrée par $\begin{pmatrix} 1 \\ \sqrt{2} \\ 1 \end{pmatrix}$.

On pose donc $\overrightarrow{I} = \dfrac{\overrightarrow{\imath} - \overrightarrow{k}}{\sqrt{2}}$, $\overrightarrow{J} = \dfrac{\overrightarrow{\imath} + \sqrt{2}\overrightarrow{\jmath} + \overrightarrow{k}}{2}$ et $\overrightarrow{K} = \overrightarrow{I} \wedge \overrightarrow{J}$ d'où

$\overrightarrow{K} = \dfrac{\overrightarrow{\imath} - \sqrt{2}\overrightarrow{\jmath} + \overrightarrow{k}}{2}$ et alors $b = (\overrightarrow{I}, \overrightarrow{J}, \overrightarrow{K})$ et $(\beta, \gamma) = (\sqrt{2}, -\sqrt{2})$ conviennent.

Par calcul on obtient facilement $S^2 = \begin{pmatrix} 1 & 0 & 1 \\ 0 & 2 & 0 \\ 1 & 0 & 1 \end{pmatrix}$ et $S^3 = 2S$ et donc, par récurrence, $S^{2n+1} = 2^n S$ et $S^{2n+2} = 2^n S^2$ pour tout $n \in \mathbb{N}$.

Partie I

1) a) La fonction nulle est bilinéaire alternée et nulle, donc c'est un crochet de Lie.

b) Ici aussi $[\ ,\ ]$ est immédiatement bilinéaire et antisymétrique.

Si $(A, B, C) \in \big(\mathfrak{M}_n(\mathbb{R})\big)^3$ on a

$\big[A, [B, C]\big] = [A, BC - CB] = ABC - ACB - BCA + CBA$ et donc, par calcul, $\big[A, [B, C]\big] + \big[B, [C, A]\big] + \big[C, [A, B]\big] = 0$. On en déduit que $[\ ,\ ]$ est un crochet de Lie sur $\mathfrak{M}_n(\mathbb{R})$.

Si A et B sont antisymétriques alors $AB - AB$ l'est aussi et, donc, $[\ ,\ ]$ induit aussi un crochet de Lie sur $A_n(\mathbb{R})$.

En revanche si A et B sont symétriques et ne commutent pas alors $AB - BA$ est antisymétrique et non nulle, donc $[\ ,\ ]$ n'envoie pas $S_n(\mathbb{R}) \times S_n(\mathbb{R})$ dans $S_n(\mathbb{R})$, il ne peut s'agir d'un crochet de Lie sur $S_n(\mathbb{R})$.

2) a) Le produit vectoriel est bilinéaire et antisymétrique;

Comme $\overrightarrow{u} \wedge (\overrightarrow{v} \wedge \overrightarrow{w}) = (\overrightarrow{u} \cdot \overrightarrow{w})\overrightarrow{v} - (\overrightarrow{u} \cdot \overrightarrow{v})\overrightarrow{w}$, un simple calcul finit de prouver que c'est un crochet de Lie sur $\mathbb{R}^3$.

b)i) Découle de la linéarité à droite de $\wedge$.

ii) $\mathrm{Ker}(\psi_{\overrightarrow{a}}) = \mathbb{R}\overrightarrow{a}$ et donc, par le théorème de rang, $\psi_{\overrightarrow{a}}$ est de rang 2. En fait son image est l'orthogonal de son noyau.

iii) $\psi_{\overrightarrow{a}}(\overrightarrow{\imath}) = \overrightarrow{a} \wedge \overrightarrow{\imath} = \gamma\overrightarrow{\jmath} - \beta\overrightarrow{k}$, $\psi_{\overrightarrow{a}}(\overrightarrow{\jmath}) = \overrightarrow{a} \wedge \overrightarrow{\jmath} = \alpha\overrightarrow{k} - \gamma\overrightarrow{\imath}$ et $\psi_{\overrightarrow{a}}(\overrightarrow{k}) = \overrightarrow{a} \wedge \overrightarrow{k} = \beta\overrightarrow{\imath} - \alpha\overrightarrow{\jmath}$ d'où $A_{\overrightarrow{a}} = \begin{pmatrix} 0 & -\gamma & \beta \\ \gamma & 0 & -\alpha \\ -\beta & \alpha & 0 \end{pmatrix} \in A_3(\mathbb{R})$.

iv) Son polynôme caractéristique est $-X^3 - (\alpha^2 + \beta^2 + \gamma^2)X$, soit encore $-X(X^2 + \|\overrightarrow{a}\|^2)$.

v) Comme $\|\overrightarrow{a}\|^2 > 0$ le polynôme précédent n'est pas scindé sur $\mathbb{R}$ et donc $A_{\overrightarrow{a}}$ n'est pas diagonalisable sur $\mathbb{R}$ *i.e.* $\psi_{\overrightarrow{a}}$ n'est pas diagonalisable.

vi) Une matrice antisymétrique à 3 colonnes s'écrit de façon unique comme $A_{\overrightarrow{a}}$ d'où l'existence et l'unicité de $\overrightarrow{a}$.

Partie II

1) a) Par exemple $\overrightarrow{v} = \lambda\overrightarrow{u}$ où $\lambda \in \mathbb{R}$ et alors
$[\overrightarrow{u}, \overrightarrow{v}] = \lambda[\overrightarrow{u}, \overrightarrow{u}] = -\lambda[\overrightarrow{u}, \overrightarrow{u}] = -[\overrightarrow{u}, \overrightarrow{v}]$ par bilinéarité et antisymétrie, d'où $[\overrightarrow{u}, \overrightarrow{v}] = \overrightarrow{0}$.

b) Deux éléments de $\mathfrak{M}_n(\mathbb{R})$ peuvent commuter sans être colinéaires et, donc, l'exemple I.1)b) montre que la réciproque est fausse.

2) a) Découle de II.1)a)

b) Il n'y a qu'un crochet de Lie, l'application nulle.

3) a) On utilise la bilinéarité, l'antisymétrie et II.1)a) pour développer :

$$\begin{aligned}[\overrightarrow{u}, \overrightarrow{v}] &= x_1y_1[\overrightarrow{u_0}, \overrightarrow{u_0}] + x_1y_2[\overrightarrow{u_0}, \overrightarrow{v_0}] + x_2y_1[\overrightarrow{v_0}, \overrightarrow{u_0}] + x_2, y_2[\overrightarrow{v_0}, \overrightarrow{u_0}] \\ &= (x_1y_2 - x_2y_1)[\overrightarrow{u_0}, \overrightarrow{v_0}] = \det{}_B(\overrightarrow{x}, \overrightarrow{y})[\overrightarrow{u_0}, \overrightarrow{v_0}].\end{aligned}$$

b)i) La famille des trois vecteurs est liée car E est de dimension 2, par exemple $\overrightarrow{w} = \alpha\overrightarrow{u} + \beta\overrightarrow{v}$ et alors $\det_B(\overrightarrow{v}, \overrightarrow{w}) = -\alpha\det_B(\overrightarrow{u}, \overrightarrow{v})$ et $\det_B(\overrightarrow{w}, \overrightarrow{v}) = -\beta\det_B(\overrightarrow{u}, \overrightarrow{v})$ d'où la nullité de la somme des trois vecteurs car elle s'écrit $\det_B(\overrightarrow{u}, \overrightarrow{v})\big[\overrightarrow{w} - \alpha\overrightarrow{u} - \beta\overrightarrow{v}\big]$.

ii) $\big[\overrightarrow{u}, [\overrightarrow{v}, \overrightarrow{w}]\big] = \det_B(\overrightarrow{u}, [\overrightarrow{v}, \overrightarrow{w}])\overrightarrow{k} = \det_B(\overrightarrow{v}, \overrightarrow{w})\det_B(\overrightarrow{u}, \overrightarrow{k})\overrightarrow{k}$ par définition et par linéarité à droite du det, d'où, par linéarité à gauche du det, $\big[\overrightarrow{u}, [\overrightarrow{v}, \overrightarrow{w}]\big] = \det_B\big(\det_B(\overrightarrow{v}, \overrightarrow{w})\overrightarrow{u}, \overrightarrow{k}\big)\overrightarrow{k} = \big[\det_B(\overrightarrow{v}, \overrightarrow{w})\overrightarrow{u}, \overrightarrow{k}\big]$.

iii) Comme $\det_B$ est bilinéaire et antisymétrique il en va de même pour $[\ ,\ ]$.
La question précédente donne :

$$\begin{aligned}\big[\overrightarrow{u}, [\overrightarrow{v}, \overrightarrow{w}]\big] + \big[\overrightarrow{v}, [\overrightarrow{w}, \overrightarrow{u}]\big] + \big[\overrightarrow{w}, [\overrightarrow{u}, \overrightarrow{v}]\big] &= \big[\det{}_B(\overrightarrow{v}, \overrightarrow{w})\overrightarrow{u}, \overrightarrow{k}\big] \\ &+ \big[\det{}_B(\overrightarrow{w}, \overrightarrow{u})\overrightarrow{v}, \overrightarrow{k}\big] \\ &+ \big[\det{}_B(\overrightarrow{u}, \overrightarrow{v})\overrightarrow{w}, \overrightarrow{k}\big] = \overrightarrow{0}\end{aligned}$$

d'après i) et donc $[\ ,\ ]$ est un crochet de Lie sur E.

c) $[\ ,\ ]$ est donc un crochet de Lie sur E si, et seulement si, il existe un élément $\overrightarrow{k}$ de E tel que, pour tout $(\overrightarrow{u}, \overrightarrow{v}) \in E^2$, $[\overrightarrow{u}, \overrightarrow{v}] = \det_B(\overrightarrow{u}, \overrightarrow{v})\overrightarrow{k}$.

Partie III

1) a)i) C'est exactement le même calcul que dans II.3.a)

ii) $(\overrightarrow{x}, \overrightarrow{y}) \mapsto [\overrightarrow{x}, \overrightarrow{y}]$ et $(\overrightarrow{x}, \overrightarrow{y}) \mapsto \varphi_C(\overrightarrow{x}, \overrightarrow{y})$ sont bilinéaires antisymétriques et, d'après l'expression précédente, elles coïncident en $(\overrightarrow{\imath}, \overrightarrow{\jmath})$, $(\overrightarrow{\jmath}, \overrightarrow{k})$ et$(\overrightarrow{k}, \overrightarrow{\imath})$ donc elles sont égales sur $E \times E$.

iii) Si f est une autre solution alors $f - \varphi_C$ est nulle en tout vecteur de la forme $\overrightarrow{x} \wedge \overrightarrow{y}$ et, donc, sur E, ce qui établit l'unicité de f.

b)i) Le vecteur $2\overrightarrow{a}$ est associé à $A_{\overrightarrow{a}}$ ou encore à $C - {}^tC$, donc ses coordonnées sont $(c_{3,2} - c_{2,3}, c_{1,3} - c_{3,1}, c_{2,1} - c_{1,2})$ d'après I.2)b)vi)

ii) Simple vérification.

iii) $[\overrightarrow{\jmath}, \overrightarrow{k}] = \varphi_C(\overrightarrow{\jmath} \wedge \overrightarrow{k}) = \varphi_C(\overrightarrow{\imath}) = \overrightarrow{c_1}$ et, de même, $[\overrightarrow{k}, \overrightarrow{\imath}] = \overrightarrow{c_2}$ et $[\overrightarrow{\imath}, \overrightarrow{\jmath}] = \overrightarrow{c_3}$ d'où

$[\overrightarrow{\imath}, \overrightarrow{c_1}] + [\overrightarrow{\jmath}, \overrightarrow{c_2}] + [\overrightarrow{k}, \overrightarrow{c_3}] = [\overrightarrow{\imath}, [\overrightarrow{\jmath}, \overrightarrow{k}]] + [\overrightarrow{\jmath}, [\overrightarrow{k}, \overrightarrow{\imath}]] + [\overrightarrow{k}, [\overrightarrow{\imath}, \overrightarrow{\jmath}]] = \overrightarrow{0}$.

iv) $\varphi_C(\overrightarrow{\imath} \wedge \overrightarrow{c_1}) = [\overrightarrow{\imath}, \overrightarrow{c_1}] = [\overrightarrow{\imath}, [\overrightarrow{\jmath}, \overrightarrow{k}]]$ et, en procédant de même pour $\varphi_C(\overrightarrow{\jmath}, \overrightarrow{c_2})$ et $\varphi_C(\overrightarrow{k}, \overrightarrow{c_3})$, on obtient :

$\varphi_C(2\overrightarrow{a}) = [\overrightarrow{\imath}, [\overrightarrow{\jmath}, \overrightarrow{k}]] + [\overrightarrow{\jmath}, [\overrightarrow{k}, \overrightarrow{\imath}]] + [\overrightarrow{k}, [\overrightarrow{\imath}, \overrightarrow{\jmath}]] = \overrightarrow{0}$.

Comme $\varphi_{A_C}(\overrightarrow{a}) = \overrightarrow{a} \wedge \overrightarrow{a} = \overrightarrow{0}$ et comme $\varphi_C = \varphi_{S_C} + \varphi_{A_C}$, on en déduit $\varphi_{S_C}(\overrightarrow{a}) = \overrightarrow{0}$ et donc $\overrightarrow{a} \in \mathrm{Ker}(\varphi_{S_C})$.

c) On rappelle que $\varphi_C = \varphi_{S_C} + \varphi_{A_C}$ et que $\varphi_{A_C}(\overrightarrow{x} \wedge \overrightarrow{y}) = \overrightarrow{a} \wedge (\overrightarrow{x} \wedge \overrightarrow{y})$ d'où $[\overrightarrow{x}, \overrightarrow{y}] = \varphi_C(\overrightarrow{x} \wedge \overrightarrow{y}) = \varphi_{S_C}(\overrightarrow{x}, \overrightarrow{y}) + (\overrightarrow{a} \cdot \overrightarrow{y})\overrightarrow{x} - (\overrightarrow{a} \cdot \overrightarrow{x})\overrightarrow{y}$.

2) a) Comme $\wedge$ est bilinéaire antisymétrique et comme le produit scalaire est bilinéaire symétrique, l'expression de $[\ ,\ ]$ montre que c'est une application bilinéaire antisymétrique.

b)i) Par définition $\overrightarrow{a}$ est un élément non nul de $\mathrm{Ker}(\varphi_S)$ et on peut donc choisir $\dfrac{\overrightarrow{a}}{\rho}$ comme premier vecteur de b.

ii) $\mathfrak{M}_b(\overrightarrow{u} \wedge \overrightarrow{v}) = \begin{pmatrix} u_2v_3 - u_3v_2 \\ u_3v_1 - u_1v_3 \\ u_1v_2 - u_2v_1 \end{pmatrix}$ d'où $\mathfrak{M}_b\big(\varphi_S(\overrightarrow{u} \wedge \overrightarrow{v})\big) = \begin{pmatrix} 0 \\ \beta(u_3v_1 - u_1v_3) \\ \gamma(u_1v_2 - u_2v_1) \end{pmatrix}$,

$\overrightarrow{a} \cdot \overrightarrow{v} = \rho v_1$ et $\overrightarrow{a} \cdot \overrightarrow{u} = \rho u_1$

d'où $\mathfrak{M}_b([\overrightarrow{u}, \overrightarrow{v}]) = \begin{pmatrix} 0 \\ \beta(u_3v_1 - u_1v_3) \\ \gamma(u_1v_2 - u_2v_1) \end{pmatrix} + \rho \begin{pmatrix} 0 \\ u_2v_1 - u_1v_2 \\ u_3v_1 - u_1v_3 \end{pmatrix}$, ce qui est l'égalité demandée.

iii) On applique la question précédente : $[\overrightarrow{x}, \overrightarrow{d}] = -x_1\overrightarrow{e'}$ et $[\overrightarrow{x}, \overrightarrow{e}] = x_1\overrightarrow{d'}$ avec les notations de iv)

iv) Comme, par ii), $[\overrightarrow{y}, \overrightarrow{z}] = (y_3z_1 - y_1z_3)\overrightarrow{d} + (y_1z_2 - y_2z_1)\overrightarrow{e}$, par linéarité à gauche, $[\overrightarrow{x}, [\overrightarrow{y}, \overrightarrow{z}]] = x_1\big(-(y_3z_1 - y_1z_3)\overrightarrow{e'} + (y_1z_2 - y_2z_1)\overrightarrow{d'}\big)$, ce qu'il fallait prouver.

v) Calcul utilisant la question précédente.

vi) Encore un délicieux calcul, on choisit par exemple $\overrightarrow{a} = \overrightarrow{\imath} - \overrightarrow{k}$.
Matriciellement :

$$S(X \wedge Y) = S\begin{pmatrix} x_2y_3 - x_3y_2 \\ x_3y_1 - x_1y_3 \\ x_1y_2 - x_2y_1 \end{pmatrix} = \begin{pmatrix} x_3y_1 - x_1y_3 \\ x_1y_2 + x_2y_3 - x_2y_1 - x_3y_2 \\ x_3y_1 - x_1y_3 \end{pmatrix}$$

$A{\cdot}Y = y_1 - y_3$ et $A{\cdot}X = x_1 - x_3$ d'où $[X, Y] = 2(x_3y_1 - x_1y_3)\begin{pmatrix} 1 \\ 0 \\ 1 \end{pmatrix}$ d'où, vectoriellement, $[\overrightarrow{x}, \overrightarrow{y}] = 2(x_3y_1 - x_1y_3)\big(\overrightarrow{\imath} + \overrightarrow{k}\big)$.

c) On choisit une base orthonormale directe b dans laquelle la matrice de φ_S est $\mathrm{Diag}(0, \beta, \gamma)$ alors, dans cette base la matrice de $[\overrightarrow{u}, \overrightarrow{v}]$ est, comme précédemment, $\begin{pmatrix} 0 \\ \beta(u_3v_1 - u_1v_3) \\ \gamma(u_1v_2 - u_2v_1) \end{pmatrix}$ et les mêmes calculs permettent encore de conclure.

Fin

EXERCICE 1

Soit $n \in \mathbb{N}^\star$ fixé et $E = \mathbb{R}_{2n}[X]$, l'espace vectoriel réel des polynômes réels de degré inférieur ou égal à $2n$; il est muni du produit scalaire défini par : $\forall (P,Q) \in E^2, \big(P|Q\big) = \displaystyle\int_{-1}^{1} P(t)Q(t)dt.$

(on ne demande pas de vérifier qu'il s'agit bien d'un produit scalaire).

Soit $\Delta : E \to E$ défini par : $\forall P \in E, \Delta(P) = (X^2-1)P'' + 2XP'$

où l'on note respectivement P' ou $P'(X)$, ainsi que P'' ou $P''(X)$ les dérivées premières et deuxièmes de $P = P(X)$.

1. **(a)** Soit $F = \{P \in E \mid P(X) = P(-X)\}$,
$G = \{P \in E \mid P(X) = -P(-X)\}$.

Montrer que F et G sont deux sous-espaces vectoriels de E supplémentaires et orthogonaux. Préciser la dimension de F et de G.

(b) Vérifier que Δ est un endomorphisme de l'espace vectoriel réel E.

(c) En considérant la matrice de Δ relativement à la base canonique $(1, X, \dots, X^{2n})$, déterminer les valeurs propres de Δ. Préciser si Δ est diagonalisable, et la dimension des sous-espaces propres.

(d) Soit $k \in [\![0, 2n]\!]$, et on pose $\lambda_k = k(k+1)$.

Justifier l'existence d'un unique vecteur propre P_k de Δ associé à λ_k, tel que P_k, soit de degré k et admette 1 comme coefficient de X^k ?

(e) Montrer que pour tous P et Q dans E, on a :

$$\big(\Delta(P)|Q\big) = \big(P|\Delta(Q)\big).$$

En déduire que pour tout $(k,h) \in [\![0, 2n]\!]^2$ tel que $k \neq h$, on a :

$$\big(P_k|P_h\big) = 0.$$

Que peut-on en déduire pour $\mathcal{B} = (P_0, P_1, , \dots, P_{2n})$?

(f) Montrer que $(P_0, P_2, \dots, P_{2n})$ est une base de F et $(P_1, P_3, \dots, P_{2n-1})$ est une base de G.

2. On prend ici $n = 1$, et l'espace euclidien $E = \mathbb{R}_2[X]$, toujours muni du produit scalaire défini précédemment.

(a) Expliciter P_0, P_1, P_2 définis en 1. et en déduire une base orthonormale de E formée de vecteurs propres pour Δ.

(b) Soit $G = \{P \in E \mid P(X) = -P(-X)\}$. Calculer la distance euclidienne de $A = X + 1$ au sous-espace vectoriel G de E.

(c) Montrer que $C = \{h \in \mathcal{L}(E) \mid h \circ \Delta = \Delta \circ h\}$ est un espace vectoriel réel de dimension 3. On pourra utiliser la matrice de Δ et de $h \in C$ dans la base (P_0, P_1, P_2).

(d) Déterminer tous les endomorphismes g de E tels que $g \circ g = \Delta$. On les donnera par leur matrice dans la base (P_0, P_1, P_2).

EXERCICE 2

On rappelle les deux formules usuelles de trigonométrie, pour $t \in \mathbb{R}$

$$\cos(2t) = 2\cos^2(t) - 1 = 1 - 2\sin^2(t) \qquad \sin(2t) = 2\sin(t)\cos(t).$$

1. On considère l'espace vectoriel réel usuel $\mathbb{R}^2$ muni de son produit scalaire canonique tel que la base canonique $\mathcal{B}$ soit orthonormale.

(a) Soit $h : \mathbb{R} \to \mathbb{R}^2$ définie par : $h(t) = \big(\cos^2(t), \cos(t)\sin(t)\big)$.

i. Représenter la courbe C_1 d'équation dans $\mathcal{B}$ $(2x-1)^2+(2y)^2 = 1$, et préciser la nature de cette courbe.

ii. Comparer C_1 avec la courbe paramétrée par h, c'est-à-dire

$$\big\{\big(\cos^2(t), \cos(t)\sin(t)\big), t \in \mathbb{R}\big\}\cdot$$

(b) Soit $f_2 : \mathbb{R} \to \mathbb{R}^2$ avec $f_2(t) = \big(\cos^2(t), \sin(t)\big)$. Étudier et représenter la courbe C_2 paramétrée par f_2, c'est-à-dire :
$C_2 = \big\{(\cos^2(t), \sin(t)), t \in \mathbb{R}\big\}\cdot$
Pour cela, on commencera par comparer C_2 avec la courbe d'équation dans $\mathcal{B}$: $x + y^2 = 1$, avec $-1 \leqslant y \leqslant 1$, et préciser la nature de cette courbe.

(c) Soit $f_3 : \mathbb{R} \to \mathbb{R}^2$ avec $f_3(t) = \big(\cos(t)\sin(t), \sin(t)\big)$. Étudier et représenter la courbe C_3 paramétrée par f_3, c'est-à-dire

$$C_3 = \big\{(\cos(t)\sin(t), \sin(t)), t \in \mathbb{R}\big\}\cdot$$

Montrer que C_3 est la courbe d'équation dans $\mathcal{B}$: $(2x)^2+(1-2y^2)^2 = 1$.

2. On considère l'espace vectoriel réel usuel $\mathbb{R}^3$ orienté, muni de son produit scalaire canonique tel que la base canonique $\mathcal{C}$ soit orthonormale directe.

(a) Soit $S_1 = \big\{(x, y, z) \in \mathbb{R}^3 \mid x^2 - x + y^2 = 0\big\}$ et
$S_2 = \big\{(x, y, z) \in \mathbb{R}^3 \mid x^2 + y^2 + z^2 = 1\big\}\cdot$ Préciser la nature des deux surfaces S_1 et S_2.

(b) Soit $\Gamma = \left\{(x, y, z) \in \mathbb{R}^3 \;\middle|\; \left\{\begin{array}{c} x = x^2 + y^2 \\ x^2 + y^2 + z^2 = 1 \end{array}\right.\right\}\cdot$ Que représente Γ vis-à-vis de S_1 et S_2 ?

(c) Déterminer l'équation dans $\mathcal{C}$ du plan tangent en tout point régulier $M_0 = (x_0, y_0, z_0)$ de S_1. De même déterminer l'équation dans

$\mathcal{C}$ du plan tangent en tout point régulier $M_0 = (x_0, y_0, z_0)$ de S_2. En déduire la tangente en tout point $M_0 = (x_0, y_0, z_0)$ régulier de Γ.

(d) Déterminer un paramétrage de Γ, en utilisant les coordonnées cylindriques : c'est-à-dire que l'on exprimera pour
$M = (x, y, z) = (r\cos(\theta), r\sin(\theta), z)$ les conditions sur r, θ, z pour que M soit sur Γ.

En déduire une représentation paramétrique du cône de sommet $S = \left(\frac{1}{2}, 0, 0\right)$, engendré par les droites passant par S et un point variable sur Γ.

(e) Pour $t \in \mathbb{R}$, on pose : $F(t) = \left(\cos^2(t), \cos(t)\sin(t), \sin(t)\right)$.
Soit $\gamma = \left\{F(t), t \in \mathbb{R}\right\}$. Montrer que $\gamma \subset \Gamma$. Y-a-t-il égalité $\gamma = \Gamma$?

(f) Préciser comment on obtient les trois courbes planes qui sont les projections orthogonales de Γ sur les plans xOy, xOz et yOz, en faisant le lien avec les courbes étudiées dans la première question.

EXERCICE 3

1. **(a)** Justifier l'existence des intégrales :

$$\int_0^1 \frac{\ln(x)}{1-x}dx \quad \text{et} \quad K = \int_0^1 \frac{\ln(1-x)}{x}dx.$$

(b) Justifier l'existence et calculer $u_n = \displaystyle\int_0^1 x^n \ln(x)dx$, pour tout $n \in \mathbb{N}$.

(c) Soit $f : \mathbb{R} \to \mathbb{R}$, 2π-périodique et telle que $f(x) = |x|$ si $x \in [-\pi, \pi]$.
Calculer les coefficients de Fourier de f.

En déduire la valeur de $S = \displaystyle\sum_{k=0}^{\infty} \frac{1}{(2k+1)^2}$ en précisant le résultat du cours utilisé.

(d) Soit $T = \displaystyle\sum_{n=1}^{\infty} \frac{1}{n^2}\cdot$ Justifier que $\frac{3}{4}T = S$, et grâce à (c) en déduire la valeur de T.

(e) En utilisant la série de terme général u_n, justifier l'égalité :

$$\int_0^1 \frac{\ln(x)}{1-x}dx = -\sum_{n=1}^{\infty} \frac{1}{n^2},$$

en précisant le résultat du cours utilisé. En déduire les valeurs des intégrales J et K de (a).

(f) Justifier l'existence des intégrales suivantes :

$$\int_0^1 \frac{\ln(x)}{1+x}dx, \int_0^1 \frac{\ln(x)}{1-x^2}dx$$

et les calculer grâce aux résultats précédents.

2. **(a)** Calculer : $A = \sum_{k=1}^{\infty} \frac{1}{k2^k}$ et justifier l'existence de : $B = \sum_{k=1}^{\infty} \frac{1}{k^2 2^k}$.

(b) Justifier l'égalité : $\int_0^{\frac{1}{2}} \frac{\ln(x)}{1-x}dx = -\ln^2(2) - B.$

(c) Calculer $\int_0^{\frac{1}{2}} \frac{\ln(1-t)}{t}dt$ en fonction de B, et en déduire la valeur de B.

3. Pour $n \in \mathbb{N}^\star$, on pose $h_n = \sum_{k=1}^{n} \frac{1}{k}$ et $a_n = h_n - \ln(n)$.

(a) Déterminer un développement limité à l'ordre 2 de $g(x) = x + \ln(1-x)$ quand x tend vers 0. En déduire un équivalent simple de $a_{n+1} - a_n$ quand n tend vers $+\infty$.

(b) Déterminer la nature de la série de terme général $a_{n+1} - a_n$ et en déduire que la suite $(a_n)_{n\geqslant 1}$ converge dans $\mathbb{R}$.
On pourra noter $L = \lim(a_n)$ que l'on ne cherchera pas à calculer.

(c) Déterminer la nature de la série de terme général $\frac{h_n}{n}$, ainsi que de terme général $(-1)^n \frac{h_n}{n}$.

4. **(a)** Pour tout $n \in \mathbb{N}$, justifier l'existence de $v_n = \int_0^1 x^n \ln(1-x)dx$, et montrer que $v_n = -\frac{h_{n+1}}{n+1}$.

(b) Montrer l'égalité des trois réels U, V et W, avec

$$U = \sum_{n=1}^{\infty} (-1)^{n-1} \frac{h_n}{n},\ V = -\int_0^1 \frac{\ln(1-t)}{1+t}dt,\ W = \sum_{n=1}^{\infty} \frac{1}{n^2 2^n}.$$

Solution

EXERCICE 1

1. (a) $P \in E \iff \exists (a_k)_{0 \leqslant k \leqslant 2n} \in \mathbb{R}^{2n+1}, P = \sum_{k=0}^{2n} a_k X^k.$

$P \in F \iff P(-X) = P(X) \iff \sum_{k=0}^{2n} a_k X^k = \sum_{k=0}^{2n} a_k (-1)^k X^k.$

Comme la famille $(X^k)_{0 \leqslant k \leqslant 2n}$ est libre dans E, $\forall k \in [\![0, 2n]\!], a_k = (-1)^k a_k$ *i.e.* pour tout $k = 2p+1, 0 \leqslant p \leqslant k-1$, $a_k = 0$. Donc $F = \mathrm{Vect}(X^{2k})_{0 \leqslant k \leqslant n}$.

De même, on prouve que $G = \mathrm{Vect}(X^{2k+1})_{0 \leqslant k \leqslant n-1}$. Donc F et G sont des sous-espaces vectoriels de E et l'on a pour chacun d'eux une famille génératrice. En tant que sous familles de la famille libre $(X^k)_{0 \leqslant k \leqslant 2n}$, ces familles sont libres et par suite des bases de F et G. Donc F est de dimension égale à $(n+1)$ et G de dimension égale à n.

Comme $F \cap G = \{0\}$ et $\dim(E) = \dim(F) + \dim(G)$, on a $E = F \oplus G$. *i.e.* F et G sont deux sous-espaces vectoriels supplémentaires de E.

Si $(P, Q) \in F \times G$, la fonction $t \mapsto P(t)Q(t)$ est impaire.

Donc $\big(P|Q\big) = \int_{-1}^{1} PQ = 0$. D'où F et G sont orthogonaux.

(b) $\Delta(P) = \big((X^2-1)P'\big)'$. Soient $d : P \mapsto P', u : P \mapsto (X^2-1)P$.
Alors $\Delta = d \circ u \circ d$. Les applications d et u étant linéaires, Δ est linéaire.

D'autre part, si $P \in E, d(P) \in \mathbb{R}_{2n-1}[X]$; $u \circ d(P) \in \mathbb{R}_{2n+1}[X]$ et donc $d \circ u \circ d(P) \in \mathbb{R}_{2n}[X] = E$. On peut conclure que $\Delta \in \mathcal{L}(E)$.

(c) $\Delta(X^0) = 0$, $\Delta(X) = 2X$ et
$\forall k \in [\![2, 2n]\!], \Delta(X^k) = k(k+1)X^k - k(k-1)X^{k-2}$.
La matrice de Δ dans la base $(1, X, \ldots, X^{2n})$ est trigonale supérieure à éléments diagonaux $(0, 2, 6, \ldots, k(k+1), \ldots, 2n(2n+1))$. Donc les valeurs propres de Δ sont $\lambda_k = k(k+1)$ pour $0 \leqslant k \leqslant 2n$.

Comme $\lambda_k - \lambda_\ell = (k-\ell)(k+\ell+1) \neq 0$ si $k \neq \ell$, $\Delta \in \mathcal{L}(E)$ a $(2n+1)$ valeurs propres dans l'espace vectoriel de dimension $(2n+1)$. Il s'ensuit que Δ est diagonalisable et ses sous-espaces propres sont des droites vectorielles.

(d) La matrice de Δ dans la base $(1, X, \ldots, X^{2n})$ étant trigonale supérieure, pour tout $k \in [\![0, 2n]\!], \mathbb{R}_k[X]$ est stable par Δ. Donc l'endomorphisme induit Δ_k de Δ sur $\mathbb{R}_k[X]$ est diagonalisable de valeurs propres $\lambda_i, 0 \leqslant i \leqslant k$.
Donc $\exists P_k \in \mathbb{R}_k[X], \Delta(P_k) = \Delta_k(P_k) = \lambda_k P_k$.

Notons $P_k = \sum_{j=0}^{k} a_j X^j$. La résolution du système de matrice trigonale donne

$a_{k-1} = 0$ et $\forall j \leqslant k-2, \big[j(j+1) - k(k+1)\big]a_j = (j+1)(j+2)a_{j+2}$.
i.e. $a_{k-1} = 0$ et $\forall j \leqslant k-2, \big[(j-k)(j+k+1)\big]a_j = (j+1)(j+2)a_{j+2}$.

Si $a_k = 1$, les égalités précédentes déterminent de façon unique, par récurrence descendante les a_j, pour $j \in [\![0, k-1]\!]$.

(e) $\big(\Delta(P)|Q\big) = \displaystyle\int_{-1}^{1} u'(t)Q(t)dt$ où $u(t) = (t^2-1)P'(t)$.

Les fonctions u et Q étant de classe $\mathcal{C}^1$ sur $[-1,1]$, par intégration par parties, comme $(uQ)(1) = (uQ)(-1) = 0$, on obtient

$\big(\Delta(P)|Q\big) = \displaystyle\int_{-1}^{1}(1-t^2)P'(t)Q'(t)dt$: expression symétrique en P et Q, donc $\big(\Delta(P)|Q\big) = \big(\Delta(Q)|P\big)$. Le produit scalaire étant symétrique, ceci implique $\big(\Delta(P)|Q\big) = \big(P|\Delta(Q)\big)$. *i.e.* Δ est un endomorphisme symétrique de E. On déduit du cours que les sous-espaces propres associés à des valeurs propres distinctes sont orthogonaux. Comme ces sous-espaces propres sont les droites de E engendrées par les P_k, on a $\big(P_k|P_h\big) = 0$ pour $k \neq h$. Par suite la famille $\mathcal{B} = (P_0, P_1, \ldots, P_{2n})$ est une base orthogonale constituée de valeurs propres de Δ.

(f) D'après (d), $P_k \in \mathbb{R}_k[X]$ et P_k est de même parité que k. Donc, pour tout $j \in [\![0, n]\!], P_{2j} \in F$ et pour tout $j \in [\![0, n-1]\!], P_{2j+1} \in G$.
$(P_0, P_2, \ldots, P_{2n})$ famille libre de $(n+1)$ vecteurs de F qui est de dimension $(n+1)$ est une base de F. Notons que la famille est libre soit parce que c'est une famille de vecteurs propres associés à des valeurs propres distinctes, soit parce que c'est une famille de vecteurs non nuls deux à deux orthogonaux.

De même, $(P_1, P_3, \ldots, P_{2n-1})$ est une base de G.

2. (a) On déduit de 1.(d) que $P_0 = 1, P_1 = X$ et $P_2 = X^2 - \dfrac{1}{3}\cdot$

Comme $\|P_0\|^2 = 2, \|P_1\|^2 = \displaystyle\int_{-1}^{1} t^2 = \frac{2}{3}$ et $\|P_2\|^2 = \displaystyle\int_{-1}^{1}\Big(t^2 - \frac{1}{3}\Big)^2 = \frac{8}{45}$

(Q_0, Q_1, Q_2) où $Q_0 = \dfrac{1}{\sqrt{2}}, Q_1 = \sqrt{\dfrac{3}{2}}\,X$ et $Q_2 = \dfrac{3}{2}\sqrt{\dfrac{5}{2}}\Big(X^2 - \dfrac{1}{3}\Big)$ est une base orthonormale de $E = \mathbb{R}_2[X]$.

(b) D'après le théorème de la projection orthogonale applicable ici puisque E est de dimension finie, $d(A,G) = \|A - P_G(A)\|$ où $P_G(A)$ est le projeté orthogonal de A sur G. Comme une base orthonormale de G est Q_1, on a

$P_G(A) = \big(A|Q_1\big) = \dfrac{\big(A|P_1\big)}{\|P_1\|^2}P_1$.

D'après le théorème de Pythagore, $d^2(A,G) = \|A\|^2 - \|P_g(A)\|^2$

$\|A\|^2 = \displaystyle\int_{-1}^{1}(t+1)^2dt = \frac{8}{3}$; $\big(A|P_1\big) = \displaystyle\int_{-1}^{1} t(t+1)dt = \int_{-1}^{1} t^2dt = \|P_1\|^2 = \frac{2}{3}$,

donc $d(A,G) = \sqrt{2}$.

(c) $M_{\mathcal{B}}(\Delta) = \begin{pmatrix} 0 & 0 & 0 \\ 0 & 2 & 0 \\ 0 & 0 & 6 \end{pmatrix}$. Notons $M_{\mathcal{B}}(h) = \begin{pmatrix} a & b & c \\ a' & b' & c' \\ a'' & b'' & c'' \end{pmatrix}$. Alors

$M_{\mathcal{B}}(\Delta \circ h) = \begin{pmatrix} 0 & 0 & 0 \\ 2a' & 2b' & 2c' \\ 6a'' & 6b'' & 6c'' \end{pmatrix}$ et $M_{\mathcal{B}}(h \circ \Delta) = \begin{pmatrix} 0 & 2b & 6c \\ 0 & 2b' & 6c' \\ 0 & 2b'' & 6c'' \end{pmatrix}$.

$\Delta \circ h = h \circ \Delta \iff b = c = a' = a'' = c' = b'' = 0.$

Donc $h \in C \iff M_{\mathcal{B}}(h) = \operatorname{Diag}(a, b', c'') = aM_{1,1} + b'M_{2,2} + c''M_{3,3}$ où $(M_{i,j})_{1 \leqslant i,j \leqslant 3}$ est la base canonique de $\mathfrak{M}_3(\mathbb{R})$. Si $u_{i,j}$ est l'endomorphisme canoniquement associé à la matrice $M_{i,j}$, alors $C = \operatorname{Vect}(u_{1,1}, u_{2,2}, u_{3,3})$. Il s'ensuit que C est un espace vectoriel de dimension 3.

(d) $g \circ g = \Delta \Rightarrow g \circ \Delta = \Delta \circ g = g^3$. D'après (c), $M_{\mathcal{B}}(g) = \operatorname{Diag}(\alpha, \beta, \gamma)$.

$g^2 = \Delta \iff (\alpha^2 = 0, \beta^2 = 2, \gamma^2 = 6)$. D'où les 4 matrices solutions $\operatorname{Diag}(0, \sqrt{2}, \sqrt{3}\,), \operatorname{Diag}(0, \sqrt{2}, -\sqrt{3}\,), \operatorname{Diag}(0, -\sqrt{2}, \sqrt{3}\,), \operatorname{Diag}(0, -\sqrt{2}, -\sqrt{3}\,)$.

EXERCICE 2

1. (a) (i) $(2x-1)^2 + (2y)^2 = 1 \iff \left(x - \dfrac{1}{2}\right)^2 + y^2 = \dfrac{1}{4}\cdot$

C_1 est le cercle de centre $\Omega\left(\dfrac{1}{2}, 0\right)$ et de rayon $\dfrac{1}{2}\cdot$ Il passe par O.

(ii) $\begin{cases} x = \cos^2(t) = \dfrac{1+\cos(2t)}{2} \\ y = \sin(t)\cos(t) = \dfrac{\sin(2t)}{2} \end{cases} \iff \begin{cases} \cos(2t) = 2x - 1 \\ \sin(2t) = 2y \end{cases}$

Comme $\sin^2 + \cos^2 = 1$, on a $(2x-1)^2 + (2y)^2 = 1$. La courbe paramétrée est contenue dans C_1. Inversement, si $M(x,y) \in C_1$,il existe $\theta \in \mathbb{R}$ tel que $\cos(2\theta) = 2x - 1$ et $\sin(2\theta) = 2y$; ce point est sur l'arc paramétré. Donc C_1 est la courbe paramétrée par h.

(b) Si $x = \cos^2(t)$ et $y = \sin(t)$, alors $x + y^2 = 1$ et $-1 \leqslant y \leqslant 1$.

Inversement, si $x + y^2 = 1$ et $-1 \leqslant y \leqslant 1$ il existe $t \in \mathbb{R}$ tel que $y = \sin(t)$, d'où $x = 1 - \sin^2(t) = \cos^2(t)$. Donc C_2 est la courbe paramétrée par f_2.

C_2 est la partie de la parabole de sommet le point de coordonnées $(1, 0)$ passant par les points de coordonnées $(0, 1)$ et $(0, -1)$ et située dans le demi-plan d'équation $x \geqslant 0$.

(c) $\begin{cases} x = \sin(t)\cos(t) = \dfrac{\sin(2t)}{2} \\ y = \sin(t) \end{cases}$ Comme $\sin^2(2t) + \cos^2(2t) = 1$, on obtient $(2x)^2 + (1 - 2y^2)^2 = 1$.

Inversement, si $(2x)^2 + (1-2y^2)^2 = 1$, il existe $\theta \in [0,\pi]$ tel que $2x = \sin(2\theta)$ et $1-2y^2 = \cos(2\theta)$. Donc $y^2 = \dfrac{1-\cos(2\theta)}{2} = \sin^2(\theta)$ qui implique $y = \sin(\theta)$ puisque $\theta \in [0,\pi]$. Donc C_3 est la courbe paramétrée par f_3. La courbe se trace aisément.

2. (a) (S_1) est le cylindre de révolution d'axe Oz et de projection orthogonale sur le plan xOy le cercle C_1.

(S_2) est la sphère de centre O et de rayon 1.

(b) $\Gamma = S_1 \cap S_2$.

(c) Notons S_1 d'équation $f(x,y,z) = 0$ où $f(x,y,z) = x^2 - x + y^2$

f est de classe $\mathcal{C}^\infty$ sur $\mathbb{R}^3$ et $\overrightarrow{\text{grad}\, f}(x,y,z) = (2x-1, 2y, 0)$.

$\overrightarrow{\text{grad}\, f}(x,y,z) = 0$ si, et seulement si, $M = \Omega$. Donc les points de S_1 sont tous réguliers. Une équation du plan tangent en M_0 à S_1 est $\overrightarrow{\text{grad}\, f}(M).\overrightarrow{OM} = 0$ *i.e.* $(2x_0-1)(x-x_0) + 2y_0(y-y_0) = 0$ *i.e.* $2xx_0 + 2yy_0 - (x+x_0) = 0$.

On montre de même que tout point de S_2 est régulier et que le plan plan tangent en $M_0 \in S_2$ à S_2 est d'équation cartésienne : $xx_0 + yy_0 + zz_0 = 1$. Donc la tangente en M_0 un point régulier de Γ est $\begin{cases} 2xx_0 + 2yy_0 - (x+x_0) = 0 \\ xx_0 + yy_0 + zz_0 = 1 \end{cases}$

(d) $M \in \Gamma \iff \begin{cases} x = x^2 + y^2 \\ x^2 + y^2 + z^2 = 1 \end{cases} \iff \begin{cases} r\cos(\theta) = r^2 \\ r^2 + z^2 = 1 \end{cases}$

Le point correspondant à $r = 0$ est un point de Γ définie par : $\begin{cases} r = \cos(\theta) \\ z^2 = \sin^2(\theta) \end{cases}$

Donc $M \in \Gamma \iff r = \cos(\theta)$ et $z = \pm\sin(\theta), \theta \in \mathbb{R}$.

Le cône de sommet S de coordonnées $\left(\dfrac{1}{2}, 0, 0\right)$ est l'ensemble des points P de coordonnées (x_P, y_P, z_P) tels qu'il existe $\lambda \in \mathbb{R}$, tel que $\overrightarrow{SP} = \lambda\overrightarrow{SM}$.

Donc $x_P = \lambda\cos^2(\theta) + \dfrac{1-\lambda}{2}$; $y_P = \lambda\sin(\theta)\cos(\theta)$; $z_P = \pm\lambda\sin(\theta), \lambda, \theta \in \mathbb{R}$.

(e) $\gamma \subset \Gamma$ d'après (d).

Comme $F(t+\pi) = \big(\cos^2(t), \sin(t)\cos(t), -\sin(t)\big)$, on a $\gamma = \Gamma$.

(f) La projection de Γ sur xOy est définie par $\begin{cases} x = \cos^2(t) \\ y = \sin(t)\cos(t) \end{cases}$. C'est C_1.

La projection de Γ sur xOz est définie par $\begin{cases} x = \cos^2(t) \\ z = \sin(t) \end{cases}$. C'est C_2.

La projection de Γ sur yOz est définie par $\begin{cases} y = \sin(t)\cos(t) \\ z = \sin(t) \end{cases}$. C'est C_3.

EXERCICE 3

1. (a) La fonction $F : x \mapsto \begin{cases} \dfrac{\ln(x)}{1-x} & \text{si } x \in]0,1[\\ -1 & \text{si } x = 1 \end{cases}$ est continue sur $]0,1]$ par théorèmes généraux et $\ln(x) \underset{x\to 1}{\sim} (x-1)$. Comme $F(x) \underset{x\to 0^+}{\sim} -\ln(x)$ et comme ln est intégrable sur $]0,1]$, la fonction F est intégrable sur $]0,1]$.
Le changement de variable affine $1 - x = t$ donne $J = K$.

(b) Pour tout $n \in \mathbb{N}$, la fonction $x \mapsto x^n \ln(x)$ est continue sur $]0,1]$. Comme, par croissances comparées, $x^n \ln(x) \underset{x\to 0^+}{=} o\big(x^{-1/2}\big)$ et comme $\dfrac{1}{2} < 1$, la fonction $x \mapsto x^n \ln(x)$ est intégrable sur $]0,1]$. Effectuons une intégration par parties en posant $u(x) = \ln(x)$ et $v(x) = \dfrac{x^{n+1}}{n+1}\cdot$ Ces deux fonctions sont de classe $\mathcal{C}^1$ sur $]0,1]$. Comme $(uv)(1) = 0$ et $\displaystyle\lim_{x\to 0^+}(uv)(x) = 0$ car $n+1 \geqslant 1$,

$$u_n = \int_0^1 uv' = -\int_0^1 u'v = -\frac{1}{(n+1)^2}\cdot$$

(c) la fonction f est continue sur $\mathbb{R}$ paire et 2π-périodique. Donc pour tout $n \geqslant 1, b_n(f) = 0$ et pour tout $n \in \mathbb{N}, a_n(f) = \dfrac{2}{\pi}\displaystyle\int_0^\pi f(t)\cos(nt)dt$.
$a_0(f) = \pi$. Pour $n \geqslant 1$, par une intégration par parties,

$$a_n(f) = \frac{2}{\pi}\int_0^\pi t\cos(t)dt = \frac{2}{\pi}\left[\frac{t\sin(nt)}{n}\right]_0^\pi - \frac{2}{n\pi}\int_0^\pi \sin(nt)dt = \frac{2((-1)^n - 1)}{\pi n^2}\cdot$$

Donc, si $p \geqslant 1, a_{2p}(f) = 0$ et si $p \in \mathbb{N}, a_{2p+1}(f) = -\dfrac{4}{\pi(2p+1)^2}\cdot$
Comme f est de classe $\mathcal{C}^1$ par morceaux et appartient à $\mathcal{C}_{2\pi}$, on déduit du théorème de convergence normale que f est somme sur $\mathbb{R}$ de sa série de Fourier.

$$\forall x \in \mathbb{R}, f(x) = \frac{\pi}{2} + \sum_{p=0}^{\infty} -\frac{4}{\pi(2p+1)^2}\cos\big((2p+1)x\big).$$

Donc $f(0) = 0 = \dfrac{\pi}{2} - \displaystyle\sum_{p=0}^{\infty} -\frac{4}{\pi(2p+1)^2}$ qui implique $S = \dfrac{\pi^2}{8}\cdot$

(d) Comme les séries $\sum \dfrac{1}{n^2}$, $\sum \dfrac{1}{(2n)^2}$ et $\sum \dfrac{1}{(2n+1)^2}$ convergent, on peut écrire $\displaystyle\sum_{n=1}^{\infty}\frac{1}{n^2} = \sum_{n=1}^{\infty}\frac{1}{(2n)^2} + \sum_{n=0}^{\infty}\frac{1}{(2n+1)^2}$ *i.e.* $T = \dfrac{1}{4}T + S$. Donc $T = \dfrac{\pi^2}{6}\cdot$

(e) $\forall x \in]0,1[, \dfrac{1}{1-x} = \displaystyle\sum_{n=0}^{\infty} x^n \Rightarrow f(x) = \sum_{n=0}^{\infty} f_n(x)$ avec $f_n(x) = x^n\ln(x)$.

$(f_n)_{n\geqslant 0}$ est une suite de fonctions intégrables sur $]0,1[$, d'après 1.(b), telle que la série $\sum f_n$ converge simplement sur $]0,1[$ de somme f qui est continue sur $]0,1[$. Comme $\displaystyle\int_0^1 |f_n| = -\int_0^1 f_n = -u_n = \frac{1}{(n+1)^2}$, la série $\sum \displaystyle\int_0^1 |f_n|$

converge. On déduit du théorème d'intégration des séries de fonctions intégrables sur un intervalle que $J = \int_0^1 f = \sum_{n=0}^{\infty} \int_0^1 f_n = \sum_{n=0}^{\infty} u_n = -T$.

On déduit de 1. (a) que $J = K = -\dfrac{\pi^2}{6}$.

(f) La fonction $x \mapsto \dfrac{\ln(x)}{1+x}$ est continue sur $]0,1]$ et équivalente à la fonction ln au voisinage de 0. Comme ln est intégrable sur $]0,1]$, la fonction $x \mapsto \dfrac{\ln(x)}{1+x}$ est intégrable sur $]0,1]$. Notons $L = \displaystyle\int_0^1 \frac{\ln(x)}{1+x} dx$.

$J - L = \displaystyle\int_0^1 \frac{2x\ln(x)}{1-x^2} dx = \int_0^1 \frac{\ln\left(\sqrt{t}\right)}{1-t} dt$ par le changement de variable $x = \sqrt{t}$ de classe $\mathcal{C}^1$ et bijectif entre $]0,1[$ et $]0,1[$.

Donc $J - L = \dfrac{1}{2} \displaystyle\int_0^1 \frac{\ln(t)}{1-t} dt = \frac{1}{2} J$. D'où $L = \dfrac{J}{2} = -\dfrac{\pi^2}{12}$.

$J + L = \displaystyle\int_0^1 \frac{2\ln(x)}{1-x^2} dx$. Donc cette intégrale existe et

$\displaystyle\int_0^1 \frac{\ln(x)}{1-x^2} dx = \frac{3J}{4} = -\frac{\pi^2}{8}$.

2. (a) $\forall x \in]-1,1[, -\ln(1-x) = \displaystyle\sum_{k=1}^{\infty} \frac{x^k}{k}$.

En particulier, $\displaystyle\sum_{k=1}^{\infty} \frac{1}{2^k k} = \ln(2)$. Comme, pour tout $k \geqslant 1, 0 < \dfrac{1}{k^2 2^k} \leqslant \dfrac{1}{k 2^k}$ on déduit du théorème de comparaison des séries à termes positifs que la série $\sum \dfrac{1}{k^2 2^k}$ converge.

(b) Intégrons par parties $\displaystyle\int_0^{\frac{1}{2}} \frac{\ln(x)}{1-x} dx$.

Posons $u(x) = \ln(x), v(x) = -\ln(1-x)$. Les fonctions u et v sont de classe $\mathcal{C}^1$ sur $]0,1[$. On a $(uv)\left(\dfrac{1}{2}\right) = -\ln^2(2)$ et comme $(uv)(x) \underset{x \to 0^+}{\sim} x\ln(x)$ et comme $\displaystyle\lim_{x \to 0^+} x\ln(x) = 0$, on a $\displaystyle\lim_{x \to 0^+} (uv)(x) = 0$.

Donc $\displaystyle\int_0^{\frac{1}{2}} \frac{\ln(x)}{1-x} dx = -\ln^2(2) - \int_0^{\frac{1}{2}} \frac{\ln(1-x)}{x} dx$.

Notons $G(x) = \begin{cases} \dfrac{\ln(1-x)}{x} & \text{si } 0 < x \leqslant \dfrac{1}{2} \\ -1 & \text{si} x = 0 \end{cases}$.

Pour tout $x \in]-1,1[, \ G(x) = -\displaystyle\sum_{n=1}^{\infty} \frac{x^{n-1}}{n}$ *i.e.* G est développable en série

entière sur $]-1,1[$. Comme le segment $\left[0,\dfrac{1}{2}\right]$ est contenu dans $]-1,1[$, on déduit du théorème d'intégration des séries entières que
$\displaystyle\int_0^{\frac{1}{2}} G = -\sum_{n=1}^{\infty}\int_0^{\frac{1}{2}}\frac{x^{n-1}}{n}dx = -\sum_{n=1}^{\infty}\frac{1}{n^2 2^n} = -B.$

Donc $\displaystyle\int_0^{\frac{1}{2}}\frac{\ln(x)}{1-x}dx = -\ln^2(2) - B.$

(c) D'après un calcul du (b), $\displaystyle\int_0^{\frac{1}{2}}\frac{\ln(1-t)}{t}dt = -B.$
Par le changement de variable affine $1-x=t$, on obtient
$\displaystyle\int_{\frac{1}{2}}^1\frac{\ln(x)}{1-x}dx = \int_0^{\frac{1}{2}}\frac{\ln(1-t)}{t}dt = -B$. En écrivant :
$\displaystyle\int_0^1\frac{\ln(x)}{1-x}dx = \int_0^{\frac{1}{2}}\frac{\ln(x)}{1-x}dx + \int_{\frac{1}{2}}^1\frac{\ln(x)}{1-x}dx$ on a $-\dfrac{\pi^2}{6} = -\ln^2(2) - 2B$, on trouve que $B = \dfrac{1}{2}\left(\dfrac{\pi^2}{6} - \ln^2(2)\right)$.

3. (a) $g(x) \underset{x\to 0}{=} -\dfrac{x^2}{2} + o(x^2)$.
$a_{n+1} - a_n = \dfrac{1}{n+1} - \ln(n+1) + \ln(n) = \dfrac{1}{n+1} + \ln\left(1 - \dfrac{1}{n+1}\right) = g\left(\dfrac{1}{n+1}\right)\cdot$
Donc $a_{n+1} - a_n \underset{n\to\infty}{\sim} -\dfrac{1}{(n+1)^2} < 0$.

(b) Comme la série de Riemann $\sum\dfrac{1}{n^2}$ converge, la série à termes négatifs $\sum(a_{n+1}-a_n)$ converge. D'après le critère suite/série, la série $\sum(a_{n+1}-a_n)$ converge si, et seulement si, la suite (a_n) converge dans $\mathbb{R}$. Donc la suite (a_n) est convergente dans $\mathbb{R}$.

(c) $n\cdot\dfrac{h_n}{n} = a_n + \ln(n) \underset{n\to\infty}{\longrightarrow} +\infty$ d'après (b). Donc $\dfrac{1}{n} \underset{n\to\infty}{=} o\left(\dfrac{h_n}{n}\right)\cdot$
La série à termes positifs $\sum\dfrac{h_n}{n}$ est donc divergente.

Comme $\dfrac{h_n}{n} > 0$ la série $\sum(-1)^{n-1}\dfrac{h_n}{n}$ est alternée.
On déduit de (b) que $\displaystyle\lim_{n\to\infty}\frac{h_n}{n} = 0$.
Montrons que la suite $\left(\dfrac{h_n}{n}\right)_{n\geqslant 1}$ est décroissante.
$\dfrac{h_{n+1}}{n+1} - \dfrac{h_n}{n} = \dfrac{1}{n+1}\left(h_n + \dfrac{1}{n+1}\right) - \dfrac{h_n}{n} = \dfrac{-1}{n(n+1)}h_n + \dfrac{1}{n+1)^2}\cdot$
$\displaystyle\frac{h_{n+1}}{n+1} - \frac{h_n}{n} = \frac{1}{n(n+1)}\left(\frac{n}{n+1} - \sum_{k=1}^n\frac{1}{k}\right) = \frac{1}{n(n+1)}\sum_{k=1}^n\left(\frac{1}{n+1} - \frac{1}{k}\right) < 0.$
On déduit du théorème spécial des séries alternées que $\sum(-1)^{n-1}\dfrac{h_n}{n}$ est

convergente.

4. (a) $x \mapsto x^n \ln(1-x)$ est continue sur $[0,1[$ et $x^n \ln(1-x) \underset{x\to 1}{\sim} \ln(1-x)$. Comme la fonction $x \mapsto \ln(1-x)$ est négligeable au voisinage de 1 par rapport à la fonction $x \mapsto (1-x)^{-1/2}$, on peut conclure que $x \mapsto x^n \ln(1-x)$ est intégrable sur $[0,1[$. Effectuons une intégration par parties en posant $u(x) = \ln(1-x)$ et $v(x) = \dfrac{x^{n+1}-1}{n+1}\cdot$ On a affaire à deux fonctions de classe $\mathcal{C}^1$ sur $]0,1[$. Pour tout $x \in [0,1[$, $(uv)(x) = \dfrac{1}{n+1}(x-1)\Big(\sum_{k=0}^{n} x^k\Big)\ln(1-x)$.

Comme $\lim_{x\to 1}(1-x)\ln(1-x) = 0$, on a $\lim_{x\to 1}(uv)(x) = 0$. Comme $(uv)(0) = 0$,

$$v_n = -\frac{1}{n+1}\int_0^1 \frac{x^{n+1}-1}{x-1}dx - \frac{1}{n+1}\int_0^1 \Big(\sum_{k=0}^{n} x^k\Big)dx = -\frac{1}{n+1}\sum_{k=0}^{n}\frac{1}{k+1}\cdot$$

Donc $v_n = -\dfrac{h_{n+1}}{n+1}\cdot$

(b) $S(t) = \dfrac{\ln(1-t)}{1-t} = \displaystyle\sum_{n=0}^{\infty}(-1)^n t^n \ln(1-t)$ si $t \in [0,1[$.

Notons $g_n(t) = (-1)^n t^n \ln(1-t)$. On note que $\displaystyle\int_0^1 |g_n| = \dfrac{h_{n+1}}{n+1}\cdot$ Donc le théorème d'intégration des séries de fonctions intégrables n'est pas applicable. Essayons le théorème de convergence dominée appliqué à la suite de fonctions $(S_n)_{n\geqslant 0}$ où $S_n = \displaystyle\sum_{k=0}^{n} g_k$. On a déjà (S_n) qui converge simplement vers S sur $[0,1[$ et S continue sur $[0,1[$.

$\forall t \in [0,1[, S_n(t) = \displaystyle\sum_{k=0}^{n} g_k(t) = \dfrac{1-(-1)^{n+1}}{1+t}\ln(1-t)$.

Donc $\forall t \in [0,1[, \forall n \in \mathbb{N}, |S_n(t)| \leqslant \big|\ln(1-t)\big| = \varphi(t)$

Comme φ est intégrable sur $[0,1[$, d'après 4. (a) dans le cas où $n = 0$, le théorème de convergence dominée est applicable.

Donc $\displaystyle\int_0^1 S = \sum_{n=0}^{\infty}\int_0^1 g_n = \sum_{n=0}^{\infty}(-1)^{n+1}\frac{h_{n+1}}{n+1} = \sum_{n=1}^{\infty}(-1)^n\frac{h_n}{n}$ *i.e.* $V = U$.

Par changement de variable affine, $V = -\displaystyle\int_0^1 \frac{\ln(x)}{2-x}dx$.

Pour tout $x \in]-2,2[$, $\dfrac{\ln(x)}{2-x} = \dfrac{1}{2}\displaystyle\sum_{n=0}^{\infty}\Big(\frac{x}{2}\Big)^n \ln(x)$. En procédant comme à la question 1.(e), on montre que $V = -\dfrac{1}{2}\displaystyle\sum_{n=0}^{\infty}\frac{u_n}{2^n} = \sum_{n=0}^{\infty}\frac{1}{2^{n+1}(n+1)^2} = W$

Donc $U = V = W = \dfrac{1}{2}\Big(\dfrac{\pi^2}{6} - \ln^2(2)\Big)$.

Fin

Applications simples du cours.

Rappels.

Soit $I = [a, b]$ (avec $a < b$) un intervalle de $\mathbb{R}$ et U un ouvert de $\mathbb{R}^2$.
On considère $V : (x, y) \in U \mapsto \begin{pmatrix} P(x, y) \\ Q(x, y) \end{pmatrix}$ un champ de vecteurs et γ un arc orienté plan de paramétrage : $t \in I \mapsto \begin{pmatrix} x(t) \\ y(t) \end{pmatrix}$, de classe $\mathcal{C}^1$ par morceaux sur I, parcouru dans le sens des t croissants.
On rappelle que la circulation de V le long de γ, notée $\int_\gamma V$ se calcule par la formule $\int_\gamma V = \int_\gamma \big(P(x, y)\, dx + Q(x, y)\, dy\big)$.
On suppose P et Q de classe $\mathcal{C}^1$ sur U. L'arc est supposé fermé, sans point double et parcouru dans le sens trigonométrique. Il délimite un domaine G d'un seul tenant, inclus dans U.
On rappelle la formule de **Green-Riemann** :

$$\int_\gamma V = \iint_G \Big(\frac{\partial Q}{\partial x}(x, y) - \frac{\partial P}{\partial y}(x, y)\Big) dxdy$$

1. Dans cette question seulement, on prend
$G = \big\{(x, y) \in \mathbb{R}^2 \mid y \geqslant x^2 \text{ et } y^2 \leqslant x\big\}$ et pour γ l'arc frontière délimitant ce domaine, parcouru dans le sens trigonométrique.
1.1. Représenter le domaine G et γ.

1.2. Calculer directement, en paramétrant l'arc : $\int_\gamma V$ avec

$$P : (x, y) \mapsto 2xy - x^2 \text{ et } Q : (x, y) \mapsto x + y^2.$$

1.3. Retrouver le résultat précédent en utilisant la formule de Green-Riemann.

2. On suppose que les deux fonctions P et Q vérifient : pour tout $(x, y) \in \mathbb{R}^2$, $\frac{\partial Q}{\partial x}(x, y) = \frac{\partial P}{\partial y}(x, y)$.

2.1. Que vaut $\int_\gamma V$?

2.2. Donner un exemple de champ de vecteur V, non identiquement nul, et vérifiant la propriété : $\forall (x, y) \in \mathbb{R}^2$, $\frac{\partial Q}{\partial x}(x, y) = \frac{\partial P}{\partial y}(x, y)$.

3.

3.1. Démontrer que les intégrales curvilignes suivantes : $A_1 = \int_\gamma x\,dy$, $A_2 = -\int_\gamma y\,dx$ et $A_3 = \dfrac{1}{2}\int_\gamma (x\,dy - y\,dx)$ sont égales. Interpréter géométriquement le résultat obtenu.

3.2. Représenter graphiquement l'arc orienté γ d'équations paramétriques $t \in [-\pi, \pi] \mapsto \begin{pmatrix} x(t) = \cos^3(t) \\ y(t) = \sin^3(t) \end{pmatrix}$ dans un repère orthonormé $(O\,;\overrightarrow{\imath}, \overrightarrow{\jmath})$ direct.
On précisera les tangentes aux points singuliers.

3.3. Déterminer l'aire délimitée par la courbe γ.

Problème

Préliminaires

1. Illustrer graphiquement la double inégalité :

$$\forall t \in \left[0, \frac{\pi}{2}\right], \ \frac{2t}{\pi} \leqslant \sin(t) \leqslant t.$$

2. On veut montrer que l'intégrale $\displaystyle\int_0^{+\infty} \frac{\sin(t)}{t}\,dt$ est convergente.

On pose alors, pour tout $t > 0$, $\varphi(t) = \dfrac{\sin(t)}{t}$.

2.1. Vérifier que φ est prolongeable par continuité sur l'intervalle $[0, 1]$.

2.2. Pour tout $x > 1$, on définit $\Phi : x \mapsto \Phi(x) = \displaystyle\int_1^x \varphi(t)\,dt$.

Montrer que l'on a : $\forall x > 1$, $\Phi(x) = \cos(1) - \dfrac{\cos(x)}{x} - \displaystyle\int_1^x \frac{\cos(t)}{t^2}\,dt$.

2.3. Prouver que $\Phi(x)$ tend vers une limite finie quand x tend vers $+\infty$.

2.4. Déduire de ces résultat que l'intégrale $\displaystyle\int_0^{+\infty} \frac{\sin(t)}{t}\,dt$ est convergente.

I - Une première façon de calculer $I = \displaystyle\int_0^{+\infty} \frac{\sin(t)}{t}\,dt$.

Soient les deux fonctions :

$$P : (x, y) \mapsto P(x, y) = \frac{e^{-y}}{x^2 + y^2}\left[x\sin(x) - y\cos(x)\right]$$

$$Q : (x, y) \mapsto Q(x, y) = \frac{e^{-y}}{x^2 + y^2} \left[x\cos(x) + y\sin(x) \right]$$

et V le champ de vecteurs : $(x, y) \mapsto \begin{pmatrix} P(x, y) \\ Q(x, y) \end{pmatrix}$.

1. Justifier le fait que P et Q sont deux fonctions de classe $\mathcal{C}^1$ sur tout domaine U de $\mathbb{R}^2$ ne contenant pas l'origine.

2. Soit γ un arc paramétré sans point double, n'entourant pas l'origine et parcouru dans le sens trigonométrique. Démontrer que $\displaystyle\int_\gamma V = 0$.

3. On considère Γ l'arc de cercle de rayon $\rho > 0$ paramétré par $\theta \in \left[0, \frac{\pi}{2}\right] \mapsto \begin{pmatrix} x(\theta) = \rho\cos(\theta) \\ y(\theta) = \rho\sin(\theta) \end{pmatrix}$ et on note A_ρ l'intégrale

$$A_\rho = \int_\gamma \big(P(x, y)\, dx + Q(x, y)\, dy\big).$$

3.1. Montrer que $A_\rho = \displaystyle\int_0^{\frac{\pi}{2}} e^{-\rho\sin(\theta)} \cos\big(\rho\cos(\theta)\big)\, d\theta$.

3.2. Calculer $\displaystyle\lim_{\rho \to 0^+} A_\rho$.

3.3. Montrer que $\displaystyle\lim_{\rho \to +\infty} A_\rho = 0$. On pourra, par exemple, utiliser les préliminaires.

4. Soient r et R deux réels tels que $0 < r < R$. On considère l'arc γ constitué par :

γ_1 : le segment $[A_1, A_2]$ où $A_1 = (r, 0)$ et $A_2 = (R, 0)$,
γ_2 : le quart de cercle de centre O et de rayon R reliant A_2 à $A_3 = (0, R)$,
γ_3 : le segment $[A_3, A_4]$ où $A_4 = (0, r)$,
γ_4 : le quart de cercle de cercle de centre O et de rayon r reliant A_4 à A_1.

4.1. Représenter graphiquement l'arc orienté γ dans un repère orthonormé $\left(O\,; \overrightarrow{\imath}, \overrightarrow{\jmath}\right)$ direct.

4.2. Montrer que $\displaystyle\int_{\gamma_1} V = \int_r^R \frac{\sin(t)}{t}\, dt$.

4.3. Montrer que $\displaystyle\int_{\gamma_3} V = 0$.

4.4. En utilisant les résultats précédents, déterminer la valeur de

$$I = \int_0^{+\infty} \frac{\sin(t)}{t}\, dt.$$

II - Une deuxième façon de calculer $I = \displaystyle\int_0^{+\infty} \frac{\sin(t)}{t}\,dt$.

On pose : $\forall n \in \mathbb{N},\ u_n = \displaystyle\int_0^{\frac{\pi}{2}} \frac{\cos(t)\sin(2nt)}{\sin(t)}\,dt$ et $v_n = \displaystyle\int_0^{\frac{\pi}{2}} \frac{\sin(2nt)}{t}\,dt$.

1. 1.1. Vérifier que u_n et v_n existent pour tout $n \in \mathbb{N}$.

1.2. En calculant $u_{n+1} - u_n$, montrer que u_n est indépendante de n et donner sa valeur.

2. Soit h une fonction de classe $\mathcal{C}^1$ sur un segment $[\alpha, \beta]$ à valeurs dans $\mathbb{R}$. On pose, pour tout $m \in \mathbb{N}$, $H_m = \displaystyle\int_\alpha^\beta h(t)e^{imt}\,dt$.
Montrer, en utilisant une intégration par parties, que $\displaystyle\lim_{m\to+\infty} H_m = 0$.
Ce résultat est connu sous le nom de **Lemme de Riemann-Lebesgue**.

3. Montrer que la fonction $h : t \mapsto h(t) = \dfrac{1}{t} - \dfrac{\cos(t)}{\sin(t)}$ est prolongeable en une fonction de classe $\mathcal{C}^1$ sur $\left[0, \dfrac{\pi}{2}\right]$.

4.
4.1. Calculer $\displaystyle\lim_{n\to\infty} (v_n - u_n)$.

4.2. En déduire la valeur de $I = \displaystyle\int_0^{+\infty} \frac{\sin(t)}{t}\,dt$.

III - Une troisième façon de calculer $I = \displaystyle\int_0^{+\infty} \frac{\sin(t)}{t}\,dt$.

Soit $u \in \mathbb{R}_+$. On note $\Delta = [0, u] \times [0, u]$ et $J = \displaystyle\iint_\Delta \sin(x)e^{-xy}\,dxdy$.

1. Donner une primitive sur $\mathbb{R}$ de $x \mapsto \sin(x)e^{-\alpha x}$ où $\alpha \in \mathbb{R}^\star$.

2. En utilisant l'intégrale J, montrer que

$$\int_0^u \frac{\sin(x)}{x}(1 - e^{ux})\,dx = \int_0^u \frac{1 - e^{yu}\big(\cos(u) + y\sin(u)\big)}{1 + y^2}\,dy.$$

3. On note alors $K_1 = \displaystyle\int_0^u e^{-xu}\frac{\sin(x)}{x}\,dx$ et
$K_2 = \displaystyle\int_0^u \frac{y\sin(u) + \cos(u)}{1 + y^2}e^{-yu}\,dy$.
3.1. Prouver que $\displaystyle\lim_{u\to+\infty} K_1 = 0$.

3.2. En utilisant une majoration, déterminer $\lim_{u \to +\infty} K_2$.

3.3. Retrouver alors la valeur de $I = \displaystyle\int_0^{+\infty} \frac{\sin(t)}{t}\, dt$.

4.

4.1. Montrer que l'intégrale $\displaystyle\int_0^{+\infty} \frac{\sin^2(t)}{t^2}\, dt$ est convergente.

4.2. En utilisant ce qui précède, calculer la valeur de $\displaystyle\int_0^{+\infty} \frac{\sin^2(t)}{t^2}\, dt$.

Solution

Applications simples du cours

1.1. Il s'agit d'un compact limité par deux portions de paraboles :

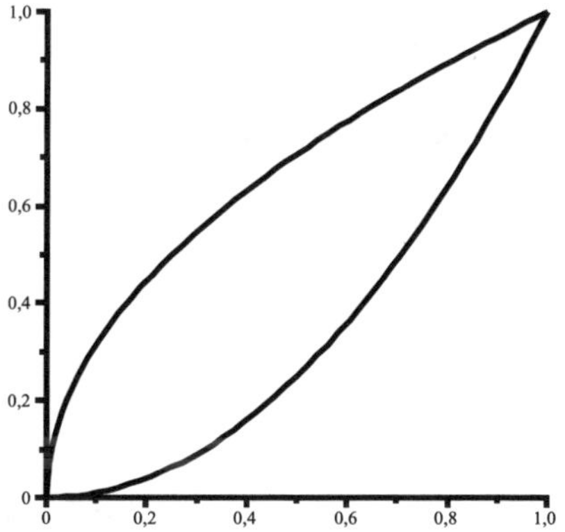

1.2. On utilise la succession de deux arcs $\gamma_1 : \begin{pmatrix} [-1,0] & \to & \mathbb{R}^2 \\ t & \mapsto & (t^2,-t) \end{pmatrix}$ et $\gamma_2 : \begin{pmatrix} [0,1] & \to & \mathbb{R}^2 \\ t & \mapsto & (t,t^2) \end{pmatrix}$ pour paramétrer γ, d'où :

$$\int_\gamma V = \int_{-1}^0 \big[-(2t^3+t^4)(2t)-(t^2+t^2)\big]dt + \int_0^1 \big[(2t^3-t^2)+(t+t^4)(2t)\big)dt$$

$$= -2\int_{-1}^0 (t^5+2t^4+t^2)dt + \int_0^1 (2t^5+2t^3+t^2)dt$$

$$= 2\Big(\frac{1}{6}-\frac{2}{5}-\frac{1}{3}\Big) + \Big(\frac{1}{3}+\frac{1}{2}+\frac{1}{3}\Big) = \frac{1}{30}.$$

1.3. D'après la formule de Green-Riemann :

$$\int_\gamma V = \iint_G (1-2x)dxdy = \int_0^1 \left(\int_{x^2}^{\sqrt{x}} (1-2x)dy \right) dx$$

$$= \int_0^1 (1-2x)\big(\sqrt{x} - x^2\big)dx = \int_0^1 \big(x^{\frac{1}{2}} - x^2 - 2x^{\frac{3}{2}} + 2x^3\big)dx$$

$$= \frac{2}{3} - \frac{1}{3} - \frac{4}{5} + \frac{1}{2} = \frac{1}{30}.$$

2.1. D'après la formule de Green-Riemann ici $\displaystyle\int_\gamma V = 0$.

2.2. Il suffit de choisir P et Q constants.

3.1. Ces trois intégrales, d'après la formule de Green-Riemann, sont égales à $\displaystyle\iint dxdy$ et donc à l'aire de G.

3.2. On note M_t le point d'affixe $z(t)$ où $z(t) = x(t)+iy(t)$, son paramétrage est de classe $\mathcal{C}^\infty$, le point M_{-t} (respectivement $M_{\pi-t}$ puis $M_{\frac{\pi}{2}-t}$) se déduit de M_t par une réflexion d'axe Ox (respectivement Oy puis la droite d'équation $x = y$) ce qui permet de limiter l'étude à $\left[0, \frac{\pi}{4}\right]\cdot$ De plus $z'(t) = -3\sin(t)\cos(t)e^{-it}$ qui ne s'annule qu'en 0 dans cet intervalle et $z(t) \underset{t\to 0}{=} 1 - \dfrac{3t^2}{2} + t^3 + o(t^3)$ d'où une tangente horizontale en un point de rebroussement de première espèce.

On a donc la courbe

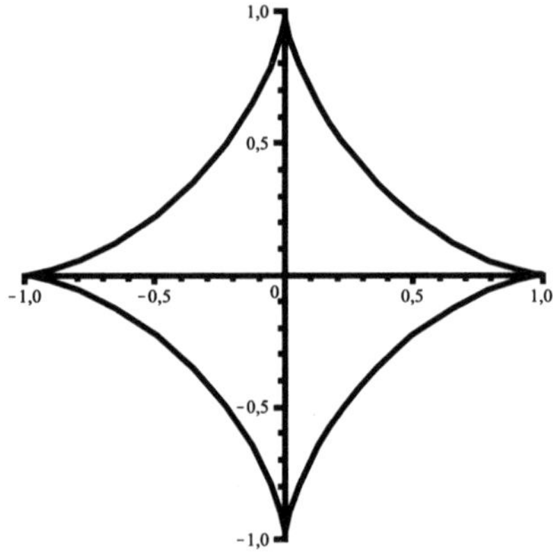

3.3. Le long de cette courbe on a

$$xdy - ydx = 3\big[\cos^4(t)\sin^2(t) + \sin^4(t)\cos^2(t)\big] = 3\sin^2(t)\cos^2(t)$$

$$= \frac{3\sin^2(2t)}{4} = \frac{3}{8}\big[1 - \cos(4t)\big]$$

d'où, avec les symétries, $\mathcal{A} = \dfrac{3}{2}\displaystyle\int_0^{\frac{\pi}{4}} \big[1 - \cos(4t)\big]dt = \dfrac{3\pi}{8}\cdot$

Problème

Préliminaires

1. Tout simplement sin est concave sur cet intervalle et donc sa courbe est au-dessus de la corde et sous la tangente issue de O.

2.1. Déjà φ est, comme quotient, continue sur cet intervalle privé de 0 et, comme elle admet 1 pour limite en 0, on peut la prolonger par continuité.

2.2. Simple intégration par parties sans mystère.

2.3. On a $\left|\dfrac{\cos(x)}{x}\right| \leqslant \dfrac{1}{x} \xrightarrow[x\to+\infty]{} 0$ et $t \mapsto \dfrac{\cos(t)}{t^2}$ continue et dominée par $t \mapsto \dfrac{1}{t^2}$, donc intégrable sur $[1,+\infty[$,

par suite $\Phi(x) \xrightarrow[x\to+\infty]{} \cos(1) - \displaystyle\int_1^{+\infty} \frac{\cos(t)}{t^2}\, dt \in \mathbb{R}$.

2.4. φ est intégrable sur $[0,1]$ car prolongeable par continuité à $[0,1]$ et on vient de montrer que $\displaystyle\int_1^{+\infty} \varphi(t)\, dt$ converge, donc $\displaystyle\int_0^{+\infty} \varphi(t)\, dt$ converge.

Partie I

1. P et Q sont $\mathcal{C}^1$ dès que $O \notin U$ comme produit et quotient de telles fonctions.

2. Un calcul des plus légers donne, pour tout $(x,y) \in U$:

$$\begin{aligned}\frac{\partial P}{\partial y}(x,y) &= \frac{e^{-y}}{(x^2+y^2)^2}\left[(y^3+x^2y+y^2-x^2)\cos(x)-(x^3+xy^2+2xy)\sin(x)\right]\\ &= \frac{\partial Q}{\partial x}(x,y)\end{aligned}$$

et donc, d'après 2.1. des rappels, $\displaystyle\int_\gamma V = 0$.

3.1. Encore un calcul léger et, oh miracle :
$P\big(x(\theta),y(\theta)\big)d\big(x(\theta)\big) + Q\big(x(\theta),y(\theta)\big)d\big(y(\theta)\big) = e^{-\rho\sin(\theta)}\cos\big(\rho\cos(\theta)\big)d\theta$ d'où l'égalité.

3.2. Soit $f : (\rho,\theta) \mapsto e^{-\rho\sin(\theta)}\cos\big(\rho\cos(\theta)\big)$,
si $\rho \geqslant 0$, $\theta \mapsto f(\rho,\theta)$ est continue sur $\left[0,\frac{\pi}{2}\right]$,
si $0 \leqslant \theta \leqslant \frac{\pi}{2}$, $\rho \mapsto f(\rho,\theta)$ est continue sur $\mathbb{R}_+$,
si $\rho \geqslant 0$ et $0 \leqslant \theta \leqslant \frac{\pi}{2}$ alors $\left|f(\rho,\theta)\right| \leqslant 1$ et $\theta \mapsto 1$ est intégrable sur $\left[0,\frac{\pi}{2}\right]$,
donc, en tant qu'intégrale paramétrée, $\rho \mapsto \displaystyle\int_0^{\frac{\pi}{2}} f(\rho,\theta)\, d\theta$ est continue sur $\mathbb{R}_+$
et, en particulier, en 0, d'où $A_\rho \xrightarrow[\rho\to 0^+]{} \displaystyle\int_0^{\frac{\pi}{2}} f(0,\theta)\, d\theta = \frac{\pi}{2}$.

3.3. D'après les préliminaires $|A_\rho| \leqslant \int_0^{\frac{\pi}{2}} e^{-\frac{2\rho\theta}{\pi}} d\theta = \frac{\pi}{2\rho}\left[1-e^{-\rho}\right] \xrightarrow[\rho\to+\infty]{} 0$ et donc $A_\rho \xrightarrow[\rho\to+\infty]{} 0$.

4.1.

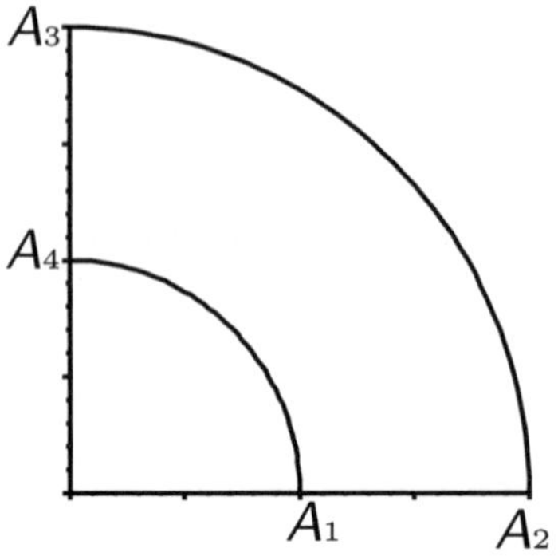

4.2. Un paramétrage de γ_1 est : $[r,R] \to \mathbb{R}^2,\ t \mapsto (t,0)$ d'où
$\displaystyle\int_{\gamma_1} V = \int_r^R P(t,0)\,dt = \int_r^R \frac{\sin(t)}{t}\,dt.$

4.3. γ_3 est paramétrée par $[-R,-r] \to \mathbb{R}^2,\ t \mapsto (0,-t)$ d'où
$\displaystyle\int_{\gamma_3} V = \int_{-R}^{-r} Q(0,-t)\,dt = 0.$

4.4. D'après I.2. on a $\displaystyle\int_\gamma V = 0$ *i.e.* $\displaystyle\int_{\gamma_1} V + \int_{\gamma_2} V + \int_{\gamma_4} V = 0$ d'après la question précédente, ou encore, en utilisant I.3. $\displaystyle\int_{\gamma_1} V + A_R - A_r = 0.$
Lorsque $r \to 0$ et $R \to +\infty$, toujours d'après I.3. et I.4. il vient :

$$\int_0^{+\infty} \frac{\sin(t)}{t}\,dt = \frac{\pi}{2}\cdot$$

Partie II

1.1. Les fonctions $t \mapsto \dfrac{\cos(t)\sin(2nt)}{\sin(t)}$ et $t \mapsto \dfrac{\sin(2nt)}{t}$ sont continues sur $\left]0,\dfrac{\pi}{2}\right]$ et admettent $2n$ pour limite en 0, elles sont donc intégrables sur cet intervalle.

1.2. Comme $\sin\big((2n+2)t\big) - \sin(2nt) = 2\cos\big((2n+1)t\big)\sin(t)$, il vient :
$\displaystyle u_{n+1}-u_n = 2\int_0^{\frac{\pi}{2}} \cos\big((2n+1)t\big)\cos(t)\,dt = \int_0^{\frac{\pi}{2}} \big[\cos\big((2n+2)t\big)+\cos(2nt)\big]dt$
d'où $u_{n+1} - u_n = 0$ et donc $\displaystyle u_n = u_1 = \int_0^{\frac{\pi}{2}} 2\cos^2(t)\,dt = \int_0^{\frac{\pi}{2}} \big[1+\cos(2t)\big]dt$
soit $u_n = \dfrac{\pi}{2}\cdot$

2. En intégrant par parties $H_m = \left[h(t)\dfrac{e^{imt}}{im}\right]_\alpha^\beta + \dfrac{i}{m}\displaystyle\int_\alpha^\beta h'(t)e^{imt}dt$ d'où $|H_m| \leqslant \dfrac{1}{m}\big[2\|h\|_\infty + \|h'\|_1\big]$ si $m > 0$ et donc $H_m \xrightarrow[m\to+\infty]{} 0$.

3. h est, comme différence de quotients, de classe $\mathcal{C}^1$ sur $\left]0,\dfrac{\pi}{2}\right]$.
$h(t) = \dfrac{\sin(t) - t\cos(t)}{t\sin(t)} \underset{t\to 0}{=} O(t)$ et donc $h(t) \xrightarrow[t\to 0]{} 0$, donc h admet un prolongement par continuité en 0 en posant $h(0) = 0$. Reste à montrer que h' admet une limite finie en 0 par caractérisation des fonctions de classe $\mathcal{C}^1$.
$h'(t) = \dfrac{1}{\sin^2(t)} - \dfrac{1}{t^2} = \dfrac{\big[t - \sin(t)\big]\big[t + \sin(t)\big]}{t^2\sin^2(t)} \underset{t\to 0}{\sim} \dfrac{\frac{t^3}{6}\times(2t)}{t^4} \xrightarrow[t\to 0]{} \dfrac{1}{3}$ et donc h est de classe $\mathcal{C}^1$ (après prolongement) sur $\left[0,\dfrac{\pi}{2}\right]$.

4.1. $v_n - u_n = \Im m(H_{2n})$ où h est la fonction précédente et le lemme de Riemann-Lebesgue montre donc que $v_n - u_n \xrightarrow[n\to\infty]{} 0$.

4.2. Le changement de variable $x = 2nt$ donne :
$v_n = \displaystyle\int_0^{n\pi} \frac{\sin(x)}{x}\,dx \xrightarrow[n\to\infty]{} \int_0^{+\infty} \frac{\sin(x)}{x}\,dx = u_1 = \frac{\pi}{2}$ d'après les questions précédentes.

Partie III

1. $\forall x \in \mathbb{R},\ \sin(x)e^{-\alpha x} = \Im m\left(e^{-x(\alpha-i)}\right)$ et $x \mapsto \dfrac{e^{-x(\alpha-i)}}{i-\alpha}$ est une primitive de $x \mapsto e^{-x(\alpha-i)}$. Comme $\dfrac{e^{-x(\alpha-i)}}{i-\alpha} = -\dfrac{e^{-\alpha x}(\alpha+i)\big[\cos(x) + i\sin(x)\big]}{1+\alpha^2}$, en prenant la partie imaginaire, $x \mapsto -\dfrac{e^{-\alpha x}\big[\cos(x) + \alpha\sin(x)\big]}{1+\alpha^2}$ est une primitive de $x \mapsto \sin(x)e^{-\alpha x}$.

2. Comme $(x, y) \mapsto \sin(x)e^{-xy}$ est continue sur le pavé Δ on a :
$J = \displaystyle\int_0^u \left(\int_0^u \sin(x)e^{-xy}dx\right)dy = \int_0^u \left(\sin(x)\int_0^u e^{-xy}dy\right)dx$ et donc
$\displaystyle\int_0^u \left[-\frac{e^{-xy}\big[\cos(x) + y\sin(x)\big]}{1+y^2}\right]_{x=0}^{x=u} dy = \int_0^u \sin(x)\left[\frac{1-e^{-ux}}{x}\right]dx$, d'où le résultat.

3.1. Comme sin est 1-lipschitzienne sur $\mathbb{R}$ on a $|K_1| \leqslant \displaystyle\int_0^u e^{-xu}dx = \frac{1-e^{-u^2}}{u}$ et donc $K_1 \xrightarrow[u\to+\infty]{} 0$.

3.2. $|K_2| \leqslant \int_0^u \frac{y+1}{1+y^2} e^{-yu} dy$ or $y \mapsto \frac{1+y}{1+y^2}$ est continue sur $\mathbb{R}_+$ de limite nulle en $+\infty$ donc bornée sur $\mathbb{R}_+$ et, si M désigne sa borne supérieure on a $|K_2| \leqslant M \frac{1-e^{-u^2}}{u}$ et donc, de même, $K_2 \xrightarrow[u \to +\infty]{} 0$.

3.3. De la question 2. en faisant tendre u vers $+\infty$ on déduit :

$$\int_0^{+\infty} \frac{\sin(x)}{x} dx = \int_0^{+\infty} \frac{dy}{1+y^2} = \frac{\pi}{2}.$$

4.1. $t \mapsto \frac{\sin^2(t)}{t^2}$ est continue sur $\mathbb{R}_+^\star$, de limite 1 en 0 et dominée par $t \mapsto \frac{1}{t^2}$, donc intégrable sur $\mathbb{R}_+^\star$.

4.2. Si $0 < a < b$ en intégrant par parties :

$\int_a^b \frac{\sin(x)}{x} dx = \left[\frac{1-\cos(x)}{x}\right]_a^b + \int_a^b \frac{1-\cos(t)}{t^2} dt$. Lorsque $a \to 0$ et $b \to +\infty$, il vient $\frac{\pi}{2} = \int_0^{+\infty} \frac{\sin(t)}{t} dt = \int_0^{+\infty} \frac{1-\cos(t)}{t^2} dt = 2\int_0^{+\infty} \frac{\sin^2\left(\frac{t}{2}\right)}{t^2} dt$ et, en effectuant le changement de variable linéaire $t = 2x$ on obtient

$$\frac{\pi}{2} = \int_0^{+\infty} \frac{\sin^2\left(\frac{t}{2}\right)}{\left(\frac{t}{2}\right)^2} \frac{dt}{2} = \int_0^{+\infty} \frac{\sin^2(x)}{x^2} dx.$$

Fin

E3A
Filière PSI 2009
Épreuve B

Quatre exercices en trois heures

Exercice 1

On considère une matrice carrée A d'ordre 4 à coefficients réels. On suppose que le rang de A est égal à 3, que la somme des coefficients de chaque ligne de A est égale à 1, que -1 est valeur propre double de A.

1. Prouver que 0 est valeur propre de A.

2. Prouver que 1 est valeur propre de A.

3. Déterminer le polynôme caractéristique noté $P_A(X)$ de la matrice A.

4. Pour k entier naturel, $k \geqslant 4$, déterminer le reste, noté $R_k(X)$, de la division euclidienne de X^k par $P_A(X)$.

5. Pour k entier naturel, $k \geqslant 4$, démontrer que A^k est combinaison linéaire de A, A^2 et A^3 et déterminer cette combinaison linéaire.

Exercice 2

Soit α et β deux réels, avec $\alpha < \beta$. Soit a et b deux applications de $[\alpha, \beta]$ vers $\mathbb{R}$, continues sur $[\alpha, \beta]$.
On note (E) l'équation différentielle suivante :

$$y''(t) + a(t)y'(t) + b(t)y(t) = 0.$$

Dans cet exercice on appelle solution de (E) toute application de $[\alpha, \beta]$ vers $\mathbb{R}$ de classe $\mathcal{C}^2$ vérifiant (E) sur $[\alpha, \beta]$.
Soit f une solution de (E) sur $[\alpha, \beta]$. On suppose que f admet une infinité de zéros dans $[\alpha, \beta]$. Le but de l'exercice est d'établir que f est l'application nulle sur $[\alpha, \beta]$.
Pour cela on considère une suite $(x_n)_{n \geqslant 0}$ de zéros de f, deux à deux distincts, appartenant à $[\alpha, \beta]$.

1. Dans cette question on suppose que la suite $(x_n)_{n \geqslant 0}$ converge vers un réel x.
a) Prouver que x appartient à $[\alpha, \beta]$. En déduire que $f(x) = 0$.

b) Montrer que pour tout entier naturel n, il existe au moins un zéro de f', noté y_n strictement compris entre x_n et x_{n+1}.

c) Calculer $f'(x)$.

d) Conclure.

2. Prouver que f est aussi l'application nulle sur $[\alpha, \beta]$ lorsque la suite $(x_n)_{n \geqslant 0}$ n'est pas convergente.

3. Prouver à l'aide d'un contre-exemple que le résultat établi dans cet exercice est faux si l'on remplace $[\alpha, \beta]$ par $\mathbb{R}$.

Exercice 3

$\mathbb{R}$ est l'ensemble des nombres réels et n et n_0 sont des entiers naturels. Cet exercice comporte deux parties. Dans la première partie, on établit un résultat général appelé : Règle de Raabe-Duhamel. Dans la deuxième partie on applique, sans omettre les justifications nécessaires, ce résultat à l'étude de plusieurs séries particulières.
Soit (α_n) une suite réelle.
On rappelle que la relation $\alpha_n = o\left(\frac{1}{n}\right)$ signifie que $\lim\limits_{n \to \infty} n\alpha_n = 0$.

Partie A : règle de Raabe-Duhamel

Soit $(u_n)_{n \geqslant n_0}$ une suite de réels strictement positifs telle qu'il existe un réel λ vérifiant : $\forall n \geqslant n_0,\ \dfrac{u_{n+1}}{u_n} = 1 - \dfrac{\lambda}{n} + o\left(\dfrac{1}{n}\right)$.

1. Prouver que si $\lambda < 0$, alors la série $\sum u_n$ diverge.

2. Soit β un réel quelconque et $v_n = \dfrac{1}{n^\beta}$.
Montrer que $\dfrac{u_{n+1}}{u_n} - \dfrac{v_{n+1}}{v_n} = \dfrac{\mu}{n} + o\left(\dfrac{1}{n}\right)$ où μ est un réel, indépendant de n, à déterminer.

3. On suppose que $\lambda > 1$. On se propose de démontrer que la série $\sum u_n$ converge. On choisit β tel que $\lambda > \beta > 1$.

a) Justifier l'existence d'un entier naturel N tel que, pour $n \geqslant N$, on ait $\dfrac{u_{n+1}}{u_n} \leqslant \dfrac{v_{n+1}}{v_n}$.

b) Déterminer un réel positif K, indépendant de n, tel que pour $n \geqslant N$, on ait $u_n \leqslant K v_n$.

c) Prouver que la série $\sum u_n$ converge.

4. On suppose que $0 \leqslant \lambda < 1$. Démontrer par un raisonnement analogue à celui fait à la question précédente que la série $\sum u_n$ diverge (on choisira β de manière à ce que la série $\sum v_n$ diverge et que ceci implique la divergence de la série $\sum u_n$).

5. Pour $n \geqslant 2$, on pose $x_n = \dfrac{1}{n}$ et $y_n = \dfrac{1}{n\ln^2(n)}\cdot$ Déterminer la nature des séries $\sum x_n$ et $\sum y_n$ et en déduire que le cas $\lambda = 1$ est un cas douteux de la règle de Raabe-Duhamel.

Partie B

Les trois questions qui suivent sont indépendantes les unes des autres et sont des applications directes ou partielles de la règle de Raabe-Duhamel.

1. Pour $n \geqslant 2$, on pose $w_n = \sqrt{(n-1)!}\displaystyle\prod_{k=1}^{n-1} \sin\left(\frac{1}{\sqrt{k}}\right)\cdot$

Déterminer la nature de la série $\sum w_n$.

2. Pour $n \geqslant 1$, on considère l'intégrale généralisée $\displaystyle\int_0^{+\infty} \frac{dt}{(t^4+1)^n}\cdot$

a) Montrer que cette intégrale généralisée converge. On note I_n sa valeur.

b) Établir que $I_n = 4n(I_n - I_{n+1})$.

c) En déduire la nature de la série $\sum I_n$.

3. Soit α un réel donné n'appartenant pas à l'ensemble $\mathbb{N}$. On pose

$$a_0 = 1;\forall n \geqslant 1, a_n = \frac{\alpha(\alpha-1)(\alpha-2)\cdots(\alpha-n+1)}{n!}; S(x) = \sum_{n=0}^{\infty} a_n\, x^n.$$

a) Indiquer (sans démonstration) le rayon de convergence R de la série entière $\sum a_n\, x^n$, et pour $x \in]-R, R[$, la valeur de $S(x)$.

b) Utiliser la règle de Raabe-Duhamel pour montrer que la série $\sum a_n$ est absolument convergente si et seulement si $\alpha > 0$.

c) Montrer que si $\alpha > 0$, S est continue sur $[-R, R]$ et établir que $\sum\limits_{n=0}^{\infty} a_n = 2^\alpha$ et $\sum\limits_{n=0}^{\infty} (-1)^n a_n = 0$.

d) Montrer que si $\alpha < -1$, la série $\sum a_n$ diverge.

e) On suppose que $-1 < \alpha < 0$.

i) Prouver que $\lim\limits_{n\to\infty} \ln\left(|a_n|\right) = -\infty$.

ii) Montrer que la série $\sum a_n$ converge.

iii) Calculer $\sum\limits_{n=0}^{\infty} a_n$.

Exercice 4

E est un espace euclidien de dimension $n \geqslant 1$. Le produit scalaire sur E est noté $(\ |\ )$.
$(x_k)_{1\leqslant k\leqslant p}$ et $(y_k)_{1\leqslant k\leqslant p}$ sont deux familles de vecteurs de E telles que

$$\forall i,j \in \{1,2,\dots,p\},\ \big(x_i|x_j\big) = \big(y_i|y_j\big).$$

Le but de cet exercice est d'établir la propriété $(\mathcal{P})$ suivante :
il existe un automorphisme orthogonal f de E vérifiant

$$\forall k \in \{1,\dots,p\},\ f(x_k) = y_k.$$

1. Soit $(\lambda_1,\dots,\lambda_p)\in\mathbb{R}^p$. Prouver que : $\left\|\sum\limits_{i=1}^{p}\lambda_i x_i\right\| = \left\|\sum\limits_{i=1}^{p}\lambda_i y_i\right\|$.
En déduire que si $x_1, x_2, \dots, x_p$ sont linéairement indépendants dans E alors il en est de même de $y_1,\dots,y_p$.

2. Dans cette question, on suppose que $x_1, x_2, \dots, x_p$ sont linéairement indépendants dans E et que $p = n$. Établir la propriété $(\mathcal{P})$.

3. Dans cette question, on suppose que $x_1, x_2, \dots, x_p$ sont linéairement indépendants dans E et que $p \neq n$. On note F le sous-espace vectoriel de E engendré par la famille $(x_k)_{1\leqslant k\leqslant p}$ et G celui engendré par la famille $(y_k)_{1\leqslant k\leqslant p}$. $F^\perp$ et $G^\perp$ désignent les sous-espaces de E orthogonaux à F et G.

a) Justifier l'inégalité $p < n$; préciser les dimensions des sous-espaces vectoriels F, $F^\perp$, G et $G^\perp$.

b) Donner une condition sur l'entier q pour assurer l'existence d'une famille orthonormale $(x_k)_{p+1\leqslant k\leqslant q}$ de vecteurs de $F^\perp$ et d'une famille orthonormale $(y_k)_{p+1\leqslant k\leqslant q}$ de vecteurs de $G^\perp$.
Pour tout (i,j) élément de $\{1,2,\dots,q\}^2$, comparer $\big(x_i|x_j\big)$ et $\big(y_i|y_j\big)$.

c) Établir la propriété $(\mathcal{P})$.

4. Dans cette question, on suppose que $x_1,\dots,x_p$ sont linéairement dépendants dans E. Établir la propriété $(\mathcal{P})$.

Solution

Exercice 1

1. Comme $\mathrm{rg}(A) = 3 < 4$ la matrice A n'est pas inversible et donc $0 \in \mathrm{Sp}(A)$.

2. Si $U = {}^t(1\ 1\ 1\ 1)$ alors, par hypothèse, $AU = U$ et $U \neq 0$, donc $1 \in \mathrm{Sp}(A)$.

3. Avec ce que l'on vient d'établir et sachant que -1 est valeur propre double de A, comme P_A est un polynôme unitaire de degré 4, c'est $X(X-1)(X+1)^2$.

4. On écrit $X^k = Q_k(X)P_A(X) + R_k(X)$où $R_k(X) = a_k + b_k X + c_k X^2 + d_k X^3$ et on remplace successivement X par 0, 1 et -1 pour obtenir

$$a_k = 0,\ a_k + b_k + c_k + d_k = 1 \text{ et } a_k - b_k + c_k - d_k = (-1)^k.$$

En dérivant et en remplaçant X par -1, comme -1 est racine double de $Q_k(X)P_A(X)$ on a également $k(-1)^{k-1} = b_k - 2c_k + 3d_k$.

En résumé $a_k = 0$ et $\begin{pmatrix} 1 & 1 & 1 \\ -1 & 1 & -1 \\ 1 & -2 & 3 \end{pmatrix} \begin{pmatrix} b_k \\ c_k \\ d_k \end{pmatrix} = \begin{pmatrix} 1 \\ (-1)^k \\ k(-1)^{k-1} \end{pmatrix}$.

la somme des lignes 1 et 2 donne $c_k = \dfrac{1 + (-1)^k}{2}$ et alors, après quelques calculs fastidieux mais élémentaires, $b_k = \dfrac{1 + (2k-5)(-1)^k}{4}$, $c_k = \dfrac{1 + (-1)^k}{2}$ et $d_k = \dfrac{1 + (3-2k)(-1)^k}{4}$.

5. On utilise le théorème de Cayley-Hamilton et on remplace, dans l'égalité précédente, X par A pour obtenir : $A^k = R_k(A) = b_k A + c_k A^2 + d_k A^3$.

Exercice 2

1. a) Comme $(x_n)_n$ est à valeurs dans le fermé $[\alpha, \beta]$ sa limite, x est élément de $[\alpha, \beta]$. Alors f est continue en x et, comme $\big(f(x_n)\big)_n$ est la suite nulle, sa limite est nulle, *i.e.* $f(x) = 0$.

b) Application immédiate du théorème de Rolle à la restriction de f au segment d'extrémités x_n et x_{n+1}.

c) Par encadrement $(y_n)_n$ converge vers x et, par continuité de f' en x, de même qu'en a) on a $f'(x) = 0$.

d) La fonction nulle et f vérifient, sur $[\alpha, \beta]$, le problème de Cauchy constitué par (E) et les conditions $y(x) = y'(x) = 0$, donc f est nulle sur $[\alpha, \beta]$.

2. On réordonne $(x_n)_n$ en une suite $(x'_n)_n$ strictement croissante (pourquoi ne pas l'avoir fait tout de suite peut-on se demander) et la question 1. permet de conclure car cette suite est croissante et majorée par β donc convergente.

3. Pensons à sin qui s'annule en tout point de $\pi\mathbb{Z}$ et est solution, sur $\mathbb{R}$, de $y'' + y = 0$.

Exercice 3

Partie A

1. Si $\lambda < 0$ alors, à partir d'un rang n_1 supérieur à n_0, on a $u_{n+1} \geqslant u_n$.
Si $\sum u_n$ converge alors $u_n \xrightarrow[n\to\infty]{} 0$ alors que $(u_n)_{n \geqslant n_1}$ est croissante et que $u_{n_1} > 0$, c'est absurde.
Donc les hypothèses $\big(\lambda < 0\big)$ et $\big(\sum u_n$ converge $\big)$ sont incompatibles.

2. $\dfrac{v_{n+1}}{v_n} = \left(1+\dfrac{1}{n}\right)^{-\beta} = 1 - \dfrac{\beta}{n} + o\left(\dfrac{1}{n}\right)$ et donc $\mu = \beta - \lambda$ convient.

3. a) Comme $\mu < 0$ la question précédente donne le résultat.

b) Ce qui précède montre que $\left(\dfrac{u_n}{v_n}\right)_{n\geqslant N}$ décroît et donc, si $n \geqslant N$, $u_n \leqslant K v_n$ avec $K = \dfrac{u_N}{v_N}\cdot$

c) $\sum v_n$ est une série de Riemann convergente car $\beta > 1$ et donc, par domination, la série à termes positifs $\sum u_n$ converge.

4. On choisit β dans $]\lambda, 1[$ et alors il existe $N \geqslant n_0$ tel que $\left(\dfrac{u_n}{v_n}\right)_{n\geqslant N}$ soit croissante et donc, si $n \geqslant N$, $u_n \geqslant K v_n$ où $K = \dfrac{u_N}{v_N}$ et, comme $\sum v_n$ est une série de Riemann divergente, par minoration $\sum u_n$ diverge.

5. Ce qui serait douteux c'est l'application de la dite règle à $\sum x_n$, enfin néanmoins $\dfrac{x_{n+1}}{x_n} = \left(1+\dfrac{1}{n}\right)^{-1} = 1 - \dfrac{1}{n} + o\left(\dfrac{1}{n}\right)$ et donc, ici $\lambda = 1$ avec un cas de divergence.

$\ln(n+1) = \ln(n) + \ln\left(1+\dfrac{1}{n}\right) = \ln(n) + \dfrac{1}{n} + o\left(\dfrac{1}{n}\right)$

d'où $\dfrac{\ln(n+1)}{\ln(n)} = \left[1 + o\left(\dfrac{1}{n}\right)\right]$ et donc $\dfrac{y_{n+1}}{y_n} = \left(1+\dfrac{1}{n}\right)^{-1}\left[1+o\left(\dfrac{1}{n}\right)\right]$ soit $\dfrac{y_{n+1}}{y_n} = 1 - \dfrac{1}{n} + o\left(\dfrac{1}{n}\right)$ et, ici encore, $\lambda = 1$.

Comme $t \mapsto \dfrac{1}{t\ln^2(t)}$ est positive continue et décroissante sur $[2, +\infty[$ le théorème de comparaison série/intégrale assure que $\sum y_n$ converge si, et seulement si, $\displaystyle\int_e^{+\infty} \frac{dt}{t\ln^2(t)}$ converge.

Le changement de variable $u = \ln(t)$ est un $\mathcal{C}^1$-difféomorphisme de $[e, +\infty[$ sur $[1, +\infty]$ et, comme $\displaystyle\int_1^{+\infty} \frac{du}{u^2}$ converge, il montre que $\sum y_n$ converge.

On ne peut donc (en général) pas conclure dans le cas où $\lambda = 1$.

Partie B

1. $\forall n \geqslant 2$, $w_n > 0$ et $\dfrac{w_{n+1}}{w_n} = \sqrt{n}\sin\left(\dfrac{1}{\sqrt{n}}\right) = \sqrt{n}\times\left(\dfrac{1}{\sqrt{n}} - \dfrac{1}{6\sqrt{n^3}} + o(n^{-\frac{3}{2}}\right)$ d'où $\dfrac{w_{n+1}}{w_n} = 1 - \dfrac{1}{6n} + o\left(\dfrac{1}{n}\right)$ et, donc, la règle de Raabe-Duhamel lorsque $\lambda = \dfrac{1}{6}$ montre que $\sum w_n$ diverge.

2. a) $f_n : t \mapsto (t^4+1)^{-n}$ est continue sur $\mathbb{R}_+$ et $f_n(t) \underset{t\to+\infty}{\sim} t^{-4n}$ avec $4n \geqslant 4 > 1$, donc f_n est intégrable sur $\mathbb{R}_+$.

b) $4n(I_n - I_{n+1}) = \displaystyle\int_0^{+\infty} t \times \frac{4nt^3\,dt}{(t^4+1)^{n+1}}$ et, en intégrant par parties avec $u : t \mapsto t$ et $v : t \mapsto (t^4+1)^{-n}$, comme $(uv)(0) = 0$ et $(uv)(t) \xrightarrow[t\to+\infty]{} 0$, on a $4n(I_n - I_{n+1}) = I_n$.

c) I_n est strictement positive en tant qu'intégrale d'une fonction continue strictement positive.

La question précédente donne $\dfrac{I_{n+1}}{I_n} = \dfrac{4n-1}{4n} = 1 - \dfrac{1}{4n}$ et donc la règle de Raabe-Duhamel lorsque $\lambda = \dfrac{1}{4}$ montre que $\sum I_n$ diverge.

3. a) D'après le cours $R = 1$ et, si $|x| < 1$, $S(x) = (1+x)^\alpha$.

b) Comme $\alpha \notin \mathbb{N}$ on a : $\forall n \in \mathbb{N}$, $|a_n| > 0$.

Pour n assez grand $\dfrac{|a_{n+1}|}{|a_n|} = \dfrac{|n-\alpha|}{n+1} = \Big(1 - \dfrac{\alpha}{n}\Big)\Big(1 + \dfrac{1}{n}\Big)^{-1} = 1 - \dfrac{\alpha+1}{n} + o\Big(\dfrac{1}{n}\Big)$ et, ici, $\lambda = \alpha + 1 \neq 1$, donc, d'après la partie A, $\sum |a_n|$ converge si, et seulement si, $\alpha > 0$.

c) Si $\alpha > 0$ alors $\sum a_n\, x^n$ converge normalement sur $[-1,1]$ et, donc, S est continue sur $[-1,1]$.

On en déduit $\sum\limits_{n=0}^{\infty} a_n = \lim\limits_{x\to 1^-} (1+x)^\alpha = 2^\alpha$ et $\sum\limits_{n=0}^{\infty} (-1)^n a_n = \lim\limits_{x\to -1^+} S(x) = 0$ car $\alpha > 0$.

d) Si $\alpha < -1$, en reprenant le calcul de b) on a $\lambda = \alpha + 1 < 0$ et donc, d'après la preuve de A.1. la série $\sum |a_n|$ est grossièrement divergente, et donc $\sum a_n$ diverge grossièrement aussi.

e) Ici $\lambda = \alpha + 1 \in \,]0,1[$.

i) $\ln\big(|a_n|\big) = \displaystyle\sum_{k=1}^{n} \ln\Big(\frac{|\alpha+k-1|}{k}\Big)$ et, pour $k \geqslant 1$,

$\ln\Big(\dfrac{|\alpha+k-1|}{k}\Big) = \ln\Big(1 - \dfrac{1-\alpha}{k}\Big) \underset{k\to\infty}{\sim} -\dfrac{1-\alpha}{k}$ terme général d'une série à termes négatifs divergente, d'où $\ln\big(|a_n|\big) \xrightarrow[n\to\infty]{} -\infty$.

ii) On a, pour tout $n \in \mathbb{N}$, $(-1)^n a_n > 0$ et, d'après la question précédente, $|a_n| \xrightarrow[n\to\infty]{} 0$. D'autre part, comme $\lambda > 0$ la suite $\big(|a_n|\big)_n$ décroît à partir d'un certain rang donc, d'après le théorème des séries alternées, $\sum a_n$ converge.

iii) Si $f_n : x \mapsto a_n\, x^n$ alors le même théorème s'applique à $\sum f_n(x)$ pour tout $x \in [0,1]$, ce qui montre que $\sum f_n$ converge simplement sur $[0,1]$ et que, si $0 \leqslant x \leqslant 1$, $\Big|\sum\limits_{k=n}^{\infty} f_k(x)\Big| \leqslant \big|f_n(x)\big| \leqslant |a_n|$ d'où la convergence uniforme de $\sum f_n$ sur $[0,1]$ et, donc, la continuité de S en 1.

Tout comme dans c) on en déduit $\sum\limits_{n=0}^{\infty} a_n = 2^\alpha$.

Exercice 4

1. $\left\|\sum_{i=1}^{p} \lambda_i x_i\right\|^2 = \sum_{1\leqslant i,j\leqslant p} \lambda_i\lambda_j\big(x_i|x_j\big) = \sum_{1\leqslant i,j\leqslant p} \lambda_i\lambda_j\big(y_i|y_j\big) = \left\|\sum_{i=1}^{p} \lambda_i y_i\right\|$, d'où le résultat.

Si $(x_1,\ldots,x_p)$ est libre et si $\sum_{i=1}^{p} \lambda_i y_i = 0$ alors, d'après ce qui précède, $\sum_{i=1}^{p} \lambda_i x_i = 0$ et donc $\lambda_1 = \cdots = \lambda_p = 0$, ce qui montre la liberté de $(y_1,\ldots,y_p)$.

2. Dans ce cas $(x_1,\ldots,x_n)$ et $(y_1,\ldots,y_n)$ sont des bases de E et il existe un unique élément f de $\mathrm{GL}(E)$ vérifiant : $\forall i \in [\![1,p]\!],\ f(x_i) = y_i$.
Comme $(x,y) \mapsto \big(f(x)|f(y)\big) - \big(x|y\big)$ est bilinéaire nulle quand x et y décrivent les x_i, c'est la fonction nulle sur E^2, et donc $f \in O(E)$.

3. a) Comme $(x_1,\ldots,x_p)$ est libre on a $p \leqslant n$ et donc, par hypothèse, $p < n$. Par suite $\dim(F) = p$ et $\dim(F^\perp) = n - p$. D'après 1. la famille $(y_1,\ldots,y_p)$ est libre également et donc $\dim(G) = p$ et $\dim(G^\perp) = n - p$.

b) D'après la dimension commune trouvée pour $F^\perp$ et $G^\perp$, une condition nécessaire et suffisante est : $p < q \leqslant n$.
Soit $(i,j) \in [\![1,q]\!]^2$, on distingue les cas :
- $(i,j) \in [\![1,p]\!]^2$ alors $\big(x_i|x_j\big) = \big(y_i|y_j\big)$ par hypothèse,
- $i \leqslant p < j \leqslant q$ ou $j \leqslant p < i$, alors $\big(x_i|x_j\big) = 0 = \big(y_i|y_j\big)$,
- $(i,j) \in [\![p+1,q]\!]^2$ alors $\big(x_i|x_j\big) = \delta_{i,j} = \big(y_i|y_j\big)$.

c) On choisit $q = n$ et l'on est ramené à 2. où $(\mathcal{P})$ a été établie.

4. Si tous les x_i sont nuls alors $f = I_E$ convient, on exclut désormais ce cas. On réindexe les $(x_i)_{1\leqslant i\leqslant p}$ de façon à ce que $(x_1,\ldots,x_r)$ soit une sous-famille libre maximale et on fait subir exactement la même réindexation à $(y_1,\ldots,y_p)$. La question précédente assure l'existence d'un endomorphisme orthogonal f de E vérifiant : $\forall i \in [\![1,r]\!],\ f(x_i) = y_i$; fixons un tel f.
Si $r < i \leqslant p$ alors, par construction, $x_i = \sum_{k=1}^{r} \lambda_k x_k$ où les λ_k sont des nombres réels.
On a, d'après la première question, $\left\|y_i - \sum_{k=1}^{r} \lambda_k y_k\right\| = \left\|x_i - \sum_{k=1}^{r} \lambda_k x_k\right\| = 0$ d'où $y_i = \sum_{k=1}^{r} \lambda_k y_k = \sum_{k=1}^{r} \lambda_k f(x_k) = f\left(\sum_{k=1}^{r} \lambda_k x_k\right) = f(x_i)$ et donc f est solution du problème, ce qui prouve $(\mathcal{P})$.

Fin

2008

Objectifs : on note F la fonction zeta alternée de Riemann définie par

$$F(x) = \sum_{n=1}^{\infty} \frac{(-1)^{n-1}}{n^x}$$

et la fonction zeta de Riemann définie sur $]1, +\infty[$ par

$$\zeta(x) = \sum_{n=1}^{\infty} \frac{1}{n^x}.$$

On propose une étude croisée de quelques propriétés de F et ζ. Mise à part la partie **III.** qui utilise des résultats de la partie **I.**, les parties sont dans une très large mesure indépendantes.

I. Généralités

1. Déterminer l'ensemble de définition de F.

2. On considère la suite de fonctions $(g_n)_{n\geqslant 1}$ définies sur $[0, 1[$ par

$$g_n(t) = \sum_{k=0}^{n} (-t)^k.$$

Déterminer la limite simple g de $(g_n)_{n\geqslant 1}$ puis, en utilisant le théorème de convergence dominée, montrer que $F(1) = \int_0^1 g(t)dt$.

En déduire la valeur de $F(1)$.

3. Démontrer que la série de fonctions $\sum_{n\geqslant 1} \frac{(-1)^{n-1}}{n^x}$ converge normalement sur $[2, +\infty[$. En déduire la limite de F en $+\infty$.

4. Dérivabilité de F

a) Soit $x > 0$. Étudier les variations sur $]0, +\infty[$ de la fonction $t \mapsto \frac{\ln(t)}{t^x}$ et en déduire que la suite $\left(\frac{\ln(n)}{n^x}\right)_{n\geqslant 1}$ est monotone a partir d'un certain rang (dépendant de x) que l'on précisera.

b) Pour $n \geqslant 1$, on pose $f_n(x) = \frac{(-1)^{n-1}}{n^x}$. Si a est un réel strictement positif, démontrer que la série des dérivées $\sum_{n\geqslant 1} f'_n$ converge uniformément sur $[a, +\infty[$. En déduire que F est une fonction de classe $\mathcal{C}^1$ sur $]0, +\infty[$.

5. Lien avec ζ. Calculer, pour $x > 1, F(x) - \zeta(x)$ en fonction de x et de $\zeta(x)$. En déduire que : $F(x) = (1 - 2^{1-x})\zeta(x)$

Puis en déduire la limite de ζ en $+\infty$.

II. Produit de Cauchy de la série alternée par elle-même

On rappelle que le produit de Cauchy de deux séries

$\sum_{n\geqslant 1} a_n$ et $\sum_{n\geqslant 1} b_n$ est la série $\sum_{n\geqslant 2} c_n$ où $c_n = \sum_{k=1}^{n-1} a_k b_{n-k}$.

Dans cette partie, on veut déterminer la nature selon la valeur de x, de la série $\sum_{n\geqslant 1} c_n(x)$ produit de Cauchy de $\sum_{n\geqslant 1} \frac{(-1)^{n-1}}{n^x}$ par elle-même.

Cette étude va illustrer le fait que le produit de Cauchy de deux séries convergentes n'est pas nécessairement une série convergente. Dans toute cette partie, n désigne un entier supérieur ou égal à 2 et x un réel strictement positif.

6. Étude de la convergence

a) Indiquer sans aucun calcul la nature et la somme en fonction de F de la série produit $\sum_{n\geqslant 2} c_n(x)$, lorsque $x > 1$.

b) Démontrer que pour $x > 0, |c_n(x)| \geqslant \frac{4^x(n-1)}{n^{2x}}$.

En déduire pour $0 < x \leqslant \frac{1}{2}$ la nature de la série $\sum_{n\geqslant 2} c_n(x)$.

7. Cas où $x = 1$. On suppose dans cette question 7. que $x = 1$.

a) Décomposer en éléments simples la fraction rationnelle $\frac{1}{X(n-X)}$.

En déduire une expression de $c_n(x)$ en fonction de H_{n-1} où $H_n = 1 + \frac{1}{2} + \cdots + \frac{1}{n}$ (somme partielle de la série harmonique).

b) Déterminer la monotonie de la suite $\left(\frac{H_{n-1}}{n}\right)_{n\geqslant 2}$.

c) En déduire la nature de la série $\sum_{n\geqslant 2} c_n(x)$.

III. Calcul de la somme d'une série à l'aide d'une étude de zeta au voisinage de 1.

8. Développement asymptotique en 1

a) Écrire en fonction de $\ln(2)$ et de $F'(1)$ le développement limité à l'ordre 1 et au voisinage de 1 de la fonction F puis déterminer le développement limité à l'ordre 2 et au voisinage de 1 de la fonction $x \mapsto 1 - 2^{1-x}$.

b) En déduire deux réels a et b qui s'écrivent éventuellement à l'aide de $\ln(2)$ et $F'(1)$ tels que l'on ait pour x au voisinage de 1^+ :

$$\zeta(x) = \frac{a}{x-1} + b + o(1)$$

9. Développement asymptotique en 1 (bis)

On considère la série de fonctions $\sum_{n\geqslant 1} v_n$ où v_n est définie sur $[1,2]$ par

$$v_n(x) = \frac{1}{n^x} - \int_n^{n+1} \frac{dt}{t^x}$$

a) Justifier que pour $n \geqslant 1$ et $x \in [1,2]$, on a :

$$0 \leqslant v_n(x) \leqslant \frac{1}{n^x} - \frac{1}{(n+1)^x}.$$

(b) Justifier que pour $x \in [1,2]$, la série $\sum_{n\geqslant 1} v_n(x)$ converge.

On note alors $\gamma = \sum_{n=1}^{\infty} v_n(1)$ (c'est la constante d'Euler).

c) Exprimer pour $x \in]1,2]$, la somme $\sum_{n=1}^{\infty} v_n(x)$ à l'aide de $\zeta(x)$ et $1-x$.

d) Démontrer que la série de fonctions $\sum_{n\geqslant 1} v_n$ converge uniformément sur le segment $[1,2]$ (on pourra utiliser le reste de la série).

e) En déduire que l'on a pour x au voisinage de 1^+ :

$$\zeta(x) = \frac{1}{x-1} + \gamma + o(1).$$

10. Application

Déduire des résultats précédents une expression à l'aide de $\ln(2)$ et γ de la somme : $$\sum_{n=1}^{\infty} \frac{(-1)^{n-1}\ln(n)}{n}.$$

IV. Calcul des $F(2k)$ à l'aide des nombres de Bernoulli

Dans cette partie, on se propose d'établir une formule permettant de calculer la valeur des $\zeta(2k)$ avec un entier $k \geqslant 1$. Pour cela, on introduit les polynômes et nombres de Bernoulli. $\mathbb{R}[X]$ désigne la $\mathbb{R}$-algèbre des polynômes à coefficients réels. On identifie un polynôme et sa fonction polynomiale associée.

On dit qu'une suite (B_n) de $\mathbb{R}[X]$ est une suite de polynômes de Bernoulli si elle vérifie les propriétés suivantes

$$B_0 = 1, \quad \forall n \in \mathbb{N}^\star, B_n' = nB_{n-1} \quad \text{et} \quad \int_0^1 B_n(t)dt = 0.$$

On **admet** qu'il existe **une et une seule** suite de polynômes de Bernoulli que l'on notera (B_n).

On l'appelle **la** suite de polynômes de Bernoulli. On pose $b_n = B_n(0)$, b_n est appelé le n-ième nombre de Bernoulli.

11. Calculer B_1 et B_2. En déduire b_1 et b_2.

12. Calculer pour $n \geqslant 2$, $B_n(1) - B_n(0)$.

13. Symétrie.
Démontrer que pour tout $n \in \mathbb{N}$, on a $B_n(X) = (-1)^n B_n(1-X)$.

14. Développement en série de Fourier
Soit k un entier naturel. On définit l'application g_k de $\mathbb{R}$ dans $\mathbb{R}$ par :

$g_k(x) = B_{2k}\left(\dfrac{x}{2\pi}\right)$ pour $x \in [0, 2\pi[$ et g_k périodique de période 2π.

Justifier avec soin qu'il existe une unique suite de réels $(a_n(k))_{n\geqslant 0}$ telle que pour tout réel x, on ait : $g_k(x) = \dfrac{a_0(k)}{2} + \displaystyle\sum_{n=1}^{\infty} a_n(k)\cos(nx)$.

15. Expression des coefficients

a) Soient $n \geqslant 1$ et $k \geqslant 1$. Montrer que l'on a :

$$a_n(k) = \frac{k}{(n\pi)^2}\Big(B_{2k-1}(1) - B_{2k-1}(0)\Big) - \frac{(2k)(2k-1)}{(2n\pi)^2} a_{n-1}(k-1).$$

b) En déduire la valeur de $a_n(1)$ pour $n \geqslant 1$.

c) Conclure que pour $n \geqslant 1$ et $k \geqslant 2$, on a : $a_n(k) = \dfrac{(-1)^{k-1}(2k)!}{2^{2k-1}(n\pi)^{2k}}$.

On remarquera pour la suite (sans le redémontrer) que cette formule reste vraie pour $k = 1$.

16. Conclusion.
Déterminer pour $k \geqslant 1$ une relation entre $\zeta(2k)$ et b_{2k}.

17. Calcul effectif des b_{2k}

a) Démontrer en utilisant une formule de Taylor que pour tout $n \in \mathbb{N}$,

$$B_n(X) = \sum_{k=0}^{n} \binom{n}{k} b_{n-k} X^k.$$

b) En déduire une relation de récurrence permettant de calculer les nombres de Bernoulli sans avoir à déterminer les polynômes de Bernoulli associés. Écrire, dans un des langages au programme, un petit algorithme permettant d'obtenir la valeur de b_n pour un entier n donné.

Solution

Partie I

1. Soit, pour $n \in \mathbb{N}^\star$ et $x \in \mathbb{R}$, $f_n(x) = \dfrac{(-1)^{n-1}}{n^x}\cdot$ Comme $|f_n(x)| = n^{-x}$, si $x \leqslant 0$, la série $\sum\limits_{n\geqslant 1} f_n(x)$ diverge grossièrement. Si $x > 0$, elle converge avec le théorème spécial des séries alternées puisque la suite $\big(|f_n(x)|\big)_{n\geqslant 1}$ est décroissante de limite nulle. L'ensemble de définition de la fonction F est donc $]0, +\infty[$.

2. En tant que somme d'une suite géométrique, $\forall t \in [0,1[, g_n(t) = \dfrac{1-t^{n+1}}{1+t}\cdot$
La suite de fonctions $(g_n)_{n\geqslant 1}$ converge donc simplement sur $[0,1[$ vers la fonction $g : t \mapsto \dfrac{1}{1+t}\cdot$ Aussi bien les fonctions polynômes g_n que la fonction rationnelle g sont continues sur $[0,1[$. On a : $\forall n \geqslant 1, \forall t \in [0,1[, |g_n(t)| \leqslant 1$.
Comme la fonction constante $t \mapsto 1$ est intégrable sur $[0,1]$, il résulte du théorème de convergence dominée que g est intégrable sur $[0,1[$ et
$\lim\limits_{n\to\infty} \displaystyle\int_0^1 g_n = \int_0^1 g$. Comme $\displaystyle\int_0^1 g_n = \sum_{k=0}^{n} \frac{(-1)^k}{k+1} \xrightarrow[n\to\infty]{} F(1)$ et $\displaystyle\int_0^1 g = \ln(2)$, par unicité de la limite, $F(1) = \ln(2)$.

3. $\forall x \in [2, +\infty[, \forall n \geqslant 1, |f_n(x)| \leqslant \dfrac{1}{n^2}\cdot$
Comme $\dfrac{1}{n^2}$ est indépendant de x et comme la série de Riemann $\sum\limits_{n\geqslant 1} \dfrac{1}{n^2}$ converge, la série de fonctions $\sum\limits_{n\geqslant 1} f_n$ converge normalement sur $[2, +\infty[$.
D'autre part, $\forall n \in \mathbb{N}^\star$, $\lim\limits_{x\to+\infty} f_n(x) = \begin{cases} 0 & \text{si } n \geqslant 2 \\ 1 & \text{si } n = 1 \end{cases}$
D'après le théorème de la double limite, $\lim\limits_{x\to+\infty} F(x) = 1$.

4.a) La fonction $h : t \mapsto \dfrac{\ln(t)}{t^x}$ est de classe $\mathcal{C}^\infty$ sur $\mathbb{R}_+^\star$ par théorèmes généraux et $h'(t) = \dfrac{1 - x\ln(t)}{t^{x+1}}\cdot$ On a donc $h'(t) \geqslant 0 \iff t \leqslant \exp\left(\dfrac{1}{x}\right)$ car ln et exp sont strictement croissantes. Il s'ensuit que h est croissante sur $]0, e^{1/x}]$ et décroissante sur $[e^{1/x}, +\infty[$. La suite $\big(h(n)\big)_{n\geqslant 1}$ décroît à partir du rang $N(x) = \left[e^{1/x}\right] + 1$ où $[t]$ est la partie entière du nombre réel t.

4.b) f_n est de classe $\mathcal{C}^1$ sur $\mathbb{R}_+^\star$ et $f_n'(x) = (-1)^n h(n)$.
Si $a > 0$, soit $n_0 = \left[e^{1/a}\right] + 1$. On a $x \geqslant a > 0 \Rightarrow 0 < \dfrac{1}{x} \leqslant \dfrac{1}{a} < n_0$.

Pour tout $x \in [a,+\infty[$ la suite $\big(|f_n'(x)|\big)_{n\geqslant n_0}$ est décroissante. Donc la série $\sum\limits_{n\geqslant n_0} f_n'(x)$ converge avec le théorème spécial des séries alternées.

Si $R_n(x) = \sum\limits_{k=n}^{\infty} f_n'(x)$, on a $\forall x \in [a,+\infty[, \forall n \geqslant n_0, |R_n(x)| \leqslant |f_n'(x)| \leqslant \dfrac{\ln(n)}{n^a}$.

Comme $\dfrac{\ln(n)}{n^a}$ est indépendant de x et de limite nulle quand $n \to \infty$, la suite de fonctions $(R_n)_{n\geqslant n_0}$ converge uniformément vers la fonction nulle sur $[a,+\infty[$ *i.e.* la série de fonctions $\sum\limits_{n\geqslant n_0} f_n'$ converge uniformément sur $[a,+\infty[$.

On déduit du théorème de dérivation des séries de fonctions dont toutes les hypothèses sont ainsi vérifiées que F est de classe $\mathcal{C}^1$ sur $\mathbb{R}_+^\star$ et pour $x \in \mathbb{R}_+^\star$,

$$F'(x) = \sum_{n=1}^{\infty} f_n'(x) = \sum_{n=1}^{\infty} \frac{(-1)^n \ln(n)}{n^x}.$$

5. Pour tout $n \in \mathbb{N}^\star$, $\displaystyle\sum_{k=1}^{2n} \frac{(-1)^{k-1}}{k^x} - \sum_{k=1}^{2n} \frac{1}{k^x} = -2\sum_{p=1}^{n} \frac{1}{(2p)^x} = -2^{1-x}\sum_{p=1}^{n} \frac{1}{p^x}$.

Par passage à la limite quand $n \to \infty$, on obtient :

$\forall x > 1, F(x) - \zeta(x) = -2^{1-x}\zeta(x)$ *i.e.* $\forall x \in]1,+\infty[, F(x) = \big(1-2^{1-x}\big)\zeta(x)$.

On déduit alors de I.3. et de $\lim\limits_{x\to+\infty} 2^{1-x} = 0$ que $\lim\limits_{x\to+\infty} \zeta(x) = 1$.

Partie II

6.a) Le produit de Cauchy de deux séries absolument convergentes est une série absolument convergente de somme le produit des sommes. Donc si $x > 1$, la série $\sum\limits_{n\geqslant 2} c_n(x)$ converge et a pour somme $\big(F(x)\big)^2$.

6.b). $\forall x > 0, c_n(x) = (-1)^n \displaystyle\sum_{k=1}^{n-1} \frac{1}{\big(k(n-k)\big)^x}$.

$\forall k \in [\![1,k-1]\!], 0 < k(n-k) = -\Big(k - \dfrac{n}{2}\Big)^2 - \dfrac{n^2}{4} \leqslant \dfrac{n^2}{4}$.

Donc $\forall n \geqslant 2, |c_n(x)| \geqslant \displaystyle\sum_{k=1}^{n-1} \Big(\frac{4}{n^2}\Big)^x = \frac{4^x(n-1)}{n^{2x}}$.

$\dfrac{4^x(n-1)}{n^{2x}} \underset{n\to\infty}{\sim} \dfrac{4^x}{n^{2x-1}}$ et la série $\sum\limits_{n\geqslant 2} \dfrac{4^x}{n^{2x-1}}$ diverge grossièrement si $0 < x \leqslant \dfrac{1}{2}$

donc la série $\sum\limits_{n\geqslant 2} v_n(x)$ diverge aussi dans ce cas.

7.a) $\dfrac{1}{n(n-X)} = \dfrac{1}{n}\Big(\dfrac{1}{X} + \dfrac{1}{n-X}\Big)$. Donc

$$c_n(1) = \frac{(-1)^n}{n}\sum_{k=1}^{n-1}\Big(\frac{1}{k}+\frac{1}{n-k}\Big) = \frac{(-1)^n}{n}\Big(\sum_{k=1}^{n-1}\frac{1}{k}+\sum_{p=1}^{n-1}\frac{1}{p}\Big) = \frac{2(-1)^n H_{n-1}}{n}.$$

7.b) $\dfrac{H_n}{n+1} - \dfrac{H_{n-1}}{n} = H_{n-1}\Big(\dfrac{1}{n+1}-\dfrac{1}{n}\Big) + \dfrac{1}{n(n+1)} = \dfrac{-1}{n(n+1)}\displaystyle\sum_{k=2}^{n-1}\frac{1}{k} < 0.$

La suite $\Big(\dfrac{H_{n-1}}{n}\Big)_{n\geqslant 2}$ est décroissante.

7.c) On déduit du théorème spécial des séries alternées que la série $\displaystyle\sum_{n\geqslant 2} c_n(1)$ converge.

Partie III

8.a) Comme $F(1) = \ln(2)$, on a $F(x) \underset{x\to 1}{=} (x-1)F'(1) + o(x-1)$.
Du développement limité de la fonction exp on déduit :
$1 - 2^{1-x} \underset{x\to 1}{=} (x-1)\ln(2) - \dfrac{(x-1)^2}{2}\ln^2(2) + o((x-1)^2).$

8.b) $\dfrac{1}{1-2^{1-x}} \underset{x\to 1}{=} \dfrac{1}{(x-1)\ln(2)}\cdot\dfrac{1}{1-(x-1)\dfrac{\ln(2)}{2}+o(x-1)}.$

Donc $\dfrac{1}{1-2^{1-x}} \underset{x\to 1}{=} \dfrac{1}{(x-1)\ln(2)}\Big(1+(x-1)\dfrac{\ln(2)}{2}+o(x-1)\Big)$

D'où $\zeta(x) = \dfrac{F(x)}{1-2^{1-x}} \underset{x\to 1}{=} \dfrac{1}{x-1} + \dfrac{F'(1)}{\ln(2)} + \dfrac{\ln(2)}{2} + o(1).$

9.a) La fonction $t \mapsto \dfrac{1}{t^x}$ est continue et décroissante sur $[1,2]$. On déduit de l'inégalité de la moyenne que : $\forall n \leqslant 1, \dfrac{1}{n+1)^x} \leqslant \displaystyle\int_n^{n+1}\frac{dt}{t^x} \leqslant \frac{1}{n^x}.$

Donc : $\forall x \in [1,2], \forall n \in \mathbb{N}^\star, 0 \leqslant v_n(x) \leqslant \dfrac{1}{n^x} - \dfrac{1}{(n+1)^x}.$

9.b) $\displaystyle\lim_{n\to\infty}\frac{1}{n^x} = 0$. D'après le critère suites/séries, la série $\displaystyle\sum_{n\geqslant 1}\Big(\frac{1}{n^x}-\frac{1}{(n+1)^x}\Big)$ converge. Par comparaison des séries à termes positifs, $\sum_{n\geqslant 1} v_n(x)$ converge.

9.c) Pour $x \in]1,2]$, la série $\displaystyle\sum_{n\geqslant 1}\frac{1}{n^x}$ converge et a pour somme $\zeta(x)$ et l'on a

$\displaystyle\sum_{n=1}^{\infty}\int_n^{n+1}\frac{dt}{t^x} = \int_1^{+\infty}\frac{dt}{t^x} = \frac{1}{x-1}.$ Donc $\forall x > 1, \displaystyle\sum_{n=1}^{\infty} v_n(x) = \zeta(x) - \frac{1}{x-1}.$

9.d) On déduit de 9.a) que $R_n(x) = \displaystyle\sum_{k=n}^{\infty} v_k(x) \leqslant \sum_{k=n}^{\infty}\Big(\frac{1}{k^x} - \frac{1}{(n+1)^x}\Big) = \frac{1}{n^x}.$

D'où $\forall n \in \mathbb{N}^\star, \forall x \in [1,2], 0 \leqslant R_n(x) \leqslant \dfrac{1}{n}.$

Comme $\dfrac{1}{n}$ est indépendant de x et est de limite nulle, on peut conclure que la série de fonctions $\sum v_n$ converge uniformément sur $[1,2]$.

9.e) Du théorème sur les intégrales paramétrées (cas du segment), on déduit que les v_n sont continues sur $[1,2]$. D'après le théorème de continuité des sommes de séries de fonctions, compte tenu de 9.d), $S : x \mapsto \sum_{n=1}^{\infty} v_n(x)$ est continue sur $[1,2]$. Donc $S(1) = \gamma = \lim_{x\to 1^+} S(x) \underset{x\to 1^+}{=} \zeta(x) - \dfrac{1}{x-1}\cdot$

10. On déduit de 10. que $b = \gamma = \lim_{x\to 1^+}\left(\zeta(x) - \dfrac{1}{x-1}\right)$

i.e. $F'(1) = \gamma\ln(2) - \dfrac{\ln^2(2)}{2}\cdot$ Il découle alors de 4.b) que

$$\sum_{n=1}^{\infty}(-1)^{n-1}\frac{\ln(n)}{n} = \frac{\ln^2(2)}{2} - \gamma\ln(2).$$

Partie IV

11. $B_1' = B_0 = 1 \Rightarrow \big(\forall x \in \mathbb{R}, B_1(x) = x + \alpha\big)$; $\displaystyle\int_0^1 B_1 = 0 \Rightarrow \alpha = -\frac{1}{2}\cdot$

Donc $B_1(X) = X - \dfrac{1}{2}\cdot$ En procédant de même, on obtient $B_2(X) = X^2 - X + \dfrac{1}{6}\cdot$

D'où $b_0 = 1$, $b_1 = -\dfrac{1}{2}$ et $b_2 = \dfrac{1}{6}\cdot$

12. $\forall n \geqslant 2, B_n(1) - B_n(0) = \displaystyle\int_0^1 B_n'(t)dt = n\int_0^1 B_{n-1}(t)dt = 0.$

13. Soit $Q_n(X) = (-1)^n B_n(1-X)$. On a $Q_0 = 1$. D'autre part, pour $n \geqslant 1$, $Q_n'(X) = (-1)^{n+1}Q_n'(1-X) = (-1)^{n+1}\big[nB_{n-1}(1-X)\big] = nQ_{n-1}(1-X)$.

Enfin, pour tout $n \geqslant 1$, $\displaystyle\int_0^1 Q_n(t)dt = (-1)^n\int_0^1 B_n(1-t)dt$. Le changement de variable affine $u = 1-t$ implique $\displaystyle\int_0^1 Q_n(t)dt = (-1)^n\int_0^1 B_n(u)du = 0.$

De l'unicité de la suite des polynômes de Bernoulli, on déduit que, pour tout $n \in \mathbb{N}, Q_n = B_n$.

14. g_k est continue sur $\mathbb{R}\setminus 2\pi\mathbb{Z}$. Pour prouver sa continuité sur $\mathbb{R}$, il suffit de prouver, compte tenu de sa périodicité, sa continuité en 0.

$\lim_{x\to 0^+} g_k(x) = g_k(0) = B_{2k}(0) = b_{2k}$. D'autre part,

$\lim_{x\to 0^-} g_k(x) = \lim_{x\to 2\pi^-} g_k(x) = B_{2k}(1) = \begin{cases} b_{2k} & \text{si } k \geqslant 1 \\ 1 & \text{si } k = 0 \end{cases}.$

Comme $b_0 = 1$ on a $\forall k \in \mathbb{N}$, $\lim_{x\to 0^+} g_k(x) = \lim_{x\to 0^-} g_k(x) = b_{2k} = g_k(0)$.

Donc $g_k \in \mathcal{C}_{2\pi}(\mathbb{R},\mathbb{R})$. Comme g_k est de classe $\mathcal{C}^1$ par morceaux sur $\mathbb{R}$, on déduit du théorème de convergence normale que g_k est somme de sa série de Fourier qui converge normalement sur $\mathbb{R}$.

Pour tout $x \in [-2\pi, 0[, g_k(x) = B_{2k}\Big(\dfrac{x+2\pi}{2\pi}\Big)$ d'après sa définition.

$x \in [-2\pi, 0[\Rightarrow -x \in [0, 2\pi[\Rightarrow g_k(-x) = B_{2k}\Big(\dfrac{-x}{2\pi}\Big) = B_{2k}\Big(1 - \dfrac{-x}{2\pi}\Big)$ d'après 13.

Donc, si $x \in [-2\pi, 0[, g_k(-x) = g_k(x)$. De même,

si $x \in [0, 2\pi[,\ -x \in]-2\pi, 0], g_k(-x) = B_{2k}\Big(\dfrac{-x+2\pi}{2\pi}\Big) = B_{2k}\Big(\dfrac{x}{2\pi}\Big)$ d'après 13.

On peut donc conclure que g_k est paire, d'où $\forall n \geqslant 1, b_n(g_k) = 0$.

En notant $a_n(g_k) = a_n(k)$, on a : $\forall x \in \mathbb{R}, g_k(x) = \dfrac{a_0(k)}{2} + \displaystyle\sum_{n=1}^{\infty} a_n(k)\cos(nx)$.

Remarque : il est hors de question de prouver, par vous, lecteur étudiant de CPGE, une quelconque unicité d'un développement en série de Fourier.

15.a) Par définition, $a_n(k) = \dfrac{1}{\pi}\displaystyle\int_0^{2\pi} g_k(t)\cos(nt)dt$. Avec le changement de variable linéaire $t = 2\pi x$, on a $a_n(k) = 2\displaystyle\int_0^1 B_{2k}(x)\cos(2\pi nx)dx$.

Une intégration par parties donne puisque $B'_{2k} = 2kB_{2k-1}$

$$a_n(k) = 2\Big[-B_{2k}(x)\frac{\sin(2\pi nx)}{2\pi n}\Big]_0^1 + \frac{2k}{n\pi}\int_0^1 B_{2k-1}(x)\sin(2\pi nx)dx.$$

Donc $a_n(k) = \dfrac{2k}{n\pi}\displaystyle\int_0^1 B_{2k-1}(x)\sin(2\pi nx)dx$.

Une seconde intégration par parties donne puisque $B'_{2k-1} = (2k-1)B_{2k-2}$,

$$a_n(k) = \frac{2k}{n\pi}\Big(\Big[B_{2k-1}(x)\frac{\cos(2\pi nx)}{2\pi n}\Big]_0^1 - \frac{(2k-1)}{2n\pi}\int_0^1 B_{2k-2}(x)\cos(2\pi nx)dx\Big).$$

Donc $a_n(k) = \dfrac{k}{(n\pi)^2}\Big(B_{2k-1}(1) - B_{2k-1}(0)\Big) - \dfrac{2k(2k-1)}{(2n\pi)^2}a_n(k-1)$.

15.b) $a_n(1) = \dfrac{1}{(n\pi)^2}\Big(B_1(1) - B_1(0)\Big) - \dfrac{2}{(2n\pi)^2}a_n(0)$.

Or $a_n(0) = 2\displaystyle\int_0^1 B_0(x)\cos(2\pi nx)dx = \dfrac{1}{n\pi}\Big[\sin(2\pi nt)\Big]_0^1 = 0$ et

$B_1(1) = -B_1(0) = \dfrac{1}{2}$, on a $a_n(1) = \dfrac{1}{(n\pi)^2}$.

D'après 12. on a $B_{2k-1}(0) - B_{2k-1}(1) = 0$ si $k \geqslant 2$.

Donc $a_n(k) = -\dfrac{(2k)(2k-1)}{(2n\pi)^2}a_n(k-1)$.

Par récurrence, on a $a_n(k) = \dfrac{(-1)^{k-1}(2k)!}{2^{2k-1}(n\pi)^{2k}}a_n(1)$ d'où le résultat.

16. D'après 14. on a $g_k(0) = \dfrac{a_0(k)}{2} + \displaystyle\sum_{n=1}^{\infty} a_n(k)$.

Comme $a_0(k) = 2\displaystyle\int_0^1 B_{2k}(t)dt = 0$ si $k \geqslant 1$ et $g_k(0) = b_{2k}$, on a

$b_{2k} = \dfrac{(-1)^{k-1}(2k)!}{2^{2k-1}\pi^{2k}}\zeta(2k).$

17.a) La formule de Taylor pour les polynômes implique

$$B_n(X) = \sum_{k=0}^{n} \frac{B^{((k)}(0)}{k!} X^k.$$

Comme $B_n' = nB_{n-1}$ pour tout $n \geqslant 1$, par récurrence, on prouve que

$$\forall k \in [\![0, n]\!], B_n^{(k)} = n(n-1)\cdots(n-k+1)B_{n-k} = \frac{n!}{(n-k)!}B_{n-k}.$$

Donc $\dfrac{B^{((k)}(0)}{k!} = \dbinom{n}{k} b_{n-k}$. D'où le résultat.

17.b) Il s'en déduit que $B_n(1) = \displaystyle\sum_{k=0}^{n} \binom{n}{k} b_{n-k}$.

Comme $B_n(1) = B_n(0)$ d'après 12. si $n \geqslant 2$, $\displaystyle\sum_{k=1}^{n} \binom{n}{k} b_{n-k} = 0$.

Comme on a déjà b_0, b_1 et b_2, par un programme classique qui résout un système linéaire triangulaire, on trouve les b_n.

Noter que l'on déduit de 12. et 13. que $b_{2k+1} = 0$ si $k \geqslant 1$.

Fin

Les matrices diagonales et les matrices triangulaires sont des exemples triviaux de matrices ayant leurs valeurs propres sur la diagonale. Ce problème s'intéresse aux matrices vérifiant cette particularité.
Dans ce problème, toutes les matrices sont à coefficients réels et n est un entier, $n \geqslant 2$.
On dira qu'une matrice $A = (a_{i,j})$ de $\mathfrak{M}_n(\mathbb{R})$ est une matrice à diagonale propre si son polynôme caractéristique est scindé sur $\mathbb{R}$ et si ses termes diagonaux sont ses valeurs propres avec le même ordre de multiplicité, c'est-à-dire si le polynôme caractéristique de A est $\chi_A(X) = \prod_{i=1}^{n}(a_{i,i} - X)$
On pourra noter en abrégé : A est une **MDP** pour A est une matrice à diagonale propre. On notera $\mathcal{E}_n$ l'ensemble des matrices de $\mathfrak{M}_n(\mathbb{R})$ à diagonale propre.

I. EXEMPLES

1. Soient α un réel et $M(\alpha) = \begin{pmatrix} 1 & -1 & \alpha \\ 0 & 2 & -\alpha \\ 1 & 1 & 2-\alpha \end{pmatrix}$

a) Calculer, en donnant le détail des calculs, le polynôme caractéristique de la matrice $M(\alpha)$. Démontrer que, pour tout α, la matrice $M(\alpha)$ est une matrice à diagonale propre.

b) Quelles sont les valeurs de α pour lesquelles la matrice $M(\alpha)$ est diagonalisable ?

2. On considère la matrice $A = \begin{pmatrix} 0 & 0 & -1 \\ 0 & 0 & 0 \\ 1 & 0 & 0 \end{pmatrix}$. Cette matrice antisymétrique A est-elle une matrice à diagonale propre ?

3. *Cas* $n = 2$
Déterminer $\mathcal{E}_2$ puis montrer que $\mathcal{E}_2$ est une partie fermée de $\mathfrak{M}_2(\mathbb{R})$.

II. TEST DANS LE CAS $n = 3$

4. Donner une condition nécessaire et suffisante pour qu'une matrice à diagonale propre soit inversible. Donner un exemple de matrice à diagonale propre (non diagonale) de $\mathfrak{M}_3(\mathbb{R})$, inversible et telle que A^{-1} est également une matrice à diagonale propre. On donnera A^{-1}.

5. Soit $A = (a_{i,j})$ une matrice de $\mathfrak{M}_3(\mathbb{R})$, démontrer que A est une matrice à diagonale propre si, et seulement si, elle vérifie les deux propriétés suivantes :

$$\det(A) = \prod_{i=1}^{3} a_{i,i} \text{ et } a_{1,2}a_{2,1} + a_{1,3}a_{3,1} + a_{2,3}a_{3,2} = 0.$$

6. *Utilisation de la calculatrice*

a) Écrire un algorithme en français qui, à partir d'une matrice $A = (a_{i,j}) \in \mathfrak{M}_3(\mathbb{R})$, teste si la matrice est ou n'est pas une matrice à diagonale propre. On considère que l'algorithme suppose connu le calcul du déterminant.

b) Écrire ensuite cet algorithme sur la calculatrice (il n'est pas demandé d'écrire sur la copie le programme en langage calculatrice). Parmi les matrices suivantes, indiquer les matrices à diagonale propre :

$$A_1 = \begin{pmatrix} -1 & 0 & 3 \\ -3 & 2 & 3 \\ 0 & 0 & 2 \end{pmatrix} \quad A_2 = \begin{pmatrix} 5 & 2 & 2 \\ -8 & 4 & 0 \\ 1 & 1 & 4 \end{pmatrix} \quad A_3 = \begin{pmatrix} 1 & -1 & 4 \\ 0 & 2 & -4 \\ 1 & 1 & -2 \end{pmatrix}$$

$$A_4 = \begin{pmatrix} 4 & 2 & 0 \\ 0 & 2 & 0 \\ -2 & -2 & 2 \end{pmatrix} \quad A_5 = \begin{pmatrix} 1 & 1 & 1 \\ -1 & 1 & 1 \\ -2 & 3 & 6 \end{pmatrix} \quad A_6 = \begin{pmatrix} 2 & 0 & 2 \\ -2 & 4 & 2 \\ 2 & -2 & 2 \end{pmatrix}$$

$$A_7 = \begin{pmatrix} 0 & 1 & 0 \\ 0 & 2 & 1 \\ 1 & 0 & 3 \end{pmatrix} \quad A_8 = \begin{pmatrix} 0 & 1 & 0 \\ 0 & 0 & 0 \\ 1 & 0 & 1 \end{pmatrix}.$$

c) Conjecturer une condition nécessaire et suffisante sur les produits

$$a_{1,2}a_{2,1}, \; a_{1,3}a_{3,1} \text{ et } a_{3,2}a_{2,3}$$

pour qu'une matrice $A = (a_{i,j}) \in \mathfrak{M}_3(\mathbb{R})$ à diagonale propre inversible soit telle que A^{-1} soit également une matrice à diagonale propre (on demande juste de donner cette conjecture sans chercher à la prouver).

III. EXEMPLES DE MATRICES PAR BLOCS

7. Si $M = \begin{pmatrix} A & B \\ 0 & C \end{pmatrix}$ est une matrice de $\mathfrak{M}_n(\mathbb{R})$ par blocs (les matrices A et C étant des matrices carrées), démontrer que $\det(M) = \big(\det(A)\big)\big(\det(C)\big)$.

(on pourra utiliser les matrices par blocs $\begin{pmatrix} I_r & 0 \\ 0 & C \end{pmatrix}$ et $\begin{pmatrix} A & B \\ 0 & I_s \end{pmatrix}$ en donnant des précisions sur les tailles des matrices qui interviennent).

8. Donner un exemple d'une matrice M à diagonale propre de $\mathfrak{M}_4(\mathbb{R})$ (matrice 4×4) dans chacun des cas suivants

a) La matrice M contient treize réels non nuls (on expliquera brièvement la démarche).

b) $M = \begin{pmatrix} A & B \\ 0 & C \end{pmatrix}$ où les matrices A, B et C sont toutes des matrices de $\mathfrak{M}_2(\mathbb{R})$ ne contenant aucun terme nul (on expliquera brièvement la démarche).

IV. QUELQUES PROPRIÉTÉS

9. Si A est une matrice de $\mathfrak{M}_n(\mathbb{R})$ à diagonale propre, démontrer que, pour tout couple (a, b) de réels, les matrices $aA + bI_n$ et les matrices $a\,{}^tA + bI_n$ sont encore des matrices à diagonale propre.

10. Si on note G_n l'ensemble des matrices à diagonale propre inversibles, démontrer que G_n est dense dans $\mathcal{E}_n$.

11. *Matrices trigonalisables*

a) Une matrice trigonalisable est-elle nécessairement une matrice à diagonale propre ?

b) Justifier qu'une matrice à diagonale propre est trigonalisable.

c) Déterminer une condition nécessaire et suffisante pour qu'une matrice de $\mathfrak{M}_n(\mathbb{R})$ soit semblable à une matrice à diagonale propre.

12. Démontrer que toute matrice de $\mathfrak{M}_n(\mathbb{R})$ est somme de deux matrices à diagonale propre. $\mathcal{E}_n$ est-il un sous-espace vectoriel de $\mathfrak{M}_n(\mathbb{R})$?

V. MATRICES SYMÉTRIQUES ET MATRICES ANTISYMÉTRIQUES

On notera $\mathcal{S}_n$ le sous-espace vectoriel de $\mathfrak{M}_n(\mathbb{R})$ formé des matrices symétriques et $\mathcal{A}_n$ le sous-espace vectoriel de $\mathfrak{M}_n(\mathbb{R})$ formé des matrices antisymétriques.

13. *Question préliminaire*

Soit $A = (a_{i,j})$ une matrice de $\mathfrak{M}_n(\mathbb{R})$, déterminer $\mathrm{trace}\big({}^tAA\big)$.

14. *Matrices symétriques à diagonale propre*

a) Soit $A = (a_{i,j})$ une matrice de $\mathfrak{M}_n(\mathbb{R})$ symétrique dont les valeurs propres sont notées $\lambda_1, \ldots, \lambda_n$. Démontrer que $\sum_{i=1}^{n}\sum_{j=1}^{n} a_{i,j}^2 = \sum_{i=1}^{n} \lambda_i^2$

b) Déterminer l'ensemble des matrices symétriques réelles à diagonale propre.

15. *Matrices antisymétriques à diagonale propre*

Soit A une matrice antisymétrique de $\mathfrak{M}_n(\mathbb{R})$ à diagonale propre.

a) Démontrer que $A^n = 0$ et calculer $({}^tAA)^n$.

b) Justifier que la matrice ${}^tAA$ est diagonalisable puis que ${}^tAA = 0$.

c) Conclure que A est la matrice nulle.

VI. DIMENSION MAXIMALE D'UN ESPACE VECTORIEL INCLUS DANS $\mathcal{E}_n$

16. Question préliminaire
Indiquer la dimension de $\mathcal{A}_n$ (on ne demande aucune démonstration, la réponse suffit).

17. Soit F un sous-espace vectoriel de $\mathfrak{M}_n(\mathbb{R})$ tel que l'on ait $F \subset \mathcal{E}_n$. Démontrer que $\dim(F) \leqslant \dfrac{n(n+1)}{2}$, (pour cela on pourra utiliser $\dim(F + \mathcal{A}_n)$.

Quelle est la dimension maximale d'un sous-espace vectoriel F de $\mathfrak{M}_n(\mathbb{R})$ vérifiant $F \subset \mathcal{E}_n$?

18. Déterminer un sous-espace vectoriel F de $\mathfrak{M}_n(\mathbb{R})$ vérifiant $F \subset \mathcal{E}_n$ de dimension maximale, mais tel que F ne soit pas constitué uniquement de matrices triangulaires.

Solution

Partie I

1. a) $\chi_{M(\alpha)}(X) = \det(M(\alpha) - XI_3) = \begin{vmatrix} 1-X & -1 & \alpha \\ 0 & 2-X & -\alpha \\ 1 & 1 & 2-\alpha-X \end{vmatrix}$.

Par l'opération élémentaire $L_1 \leftarrow L_1 + L_2$ on a :

$$\chi_{M(\alpha)}(X) = (1-X)\begin{vmatrix} 1 & 1 & 0 \\ 0 & 2-X & -\alpha \\ 1 & 1 & 2-\alpha-X \end{vmatrix}$$

Puis par l'opération élémentaire $C_2 \leftarrow C_2 - C_1$, on obtient :

$$\chi_{M(\alpha)}(X) = (1-X)(2-X)\begin{vmatrix} 1 & 0 & 0 \\ 0 & 1 & -\alpha \\ 1 & 0 & 2-\alpha-X \end{vmatrix}.$$

Enfin, un développement par rapport à la deuxième colonne donne $\chi_{M(\alpha)}(X) = (1-X)(2-X)(2-\alpha-X)$. Pour tout $\alpha \in \mathbb{R}$, $M(\alpha)$ est une MDP.

b) Si $\alpha \neq 0, M(\alpha) \in \mathfrak{M}_3(\mathbb{R})$ a 3 valeurs propres réelles distinctes ; elle est diagonalisable. Si $\alpha = 0$, la matrice $M(\alpha)$ a 2 pour valeur propre double.

Comme $M(0)-2I_3 = \begin{pmatrix} -1 & -1 & 0 \\ 0 & 0 & 0 \\ 1 & 1 & 0 \end{pmatrix}$ est de rang 1, on déduit du théorème du rang que $\dim\left[E_2(M(0))\right] = \dim\left[\mathrm{Ker}(M(0)-2I_3)\right] = 2$ qui est la multiplicité de 2. Donc $M(0)$ est aussi diagonalisable.

2. Par développement par rapport à la dexième colonne, $\chi_A(X) = -X(X^2+1)$ n'est pas un polynôme scindé sur $\mathbb{R}$. Donc A n'est pas une MDP.

3. Si $M = \begin{pmatrix} a & b \\ c & d \end{pmatrix} \in \mathfrak{M}_2(\mathbb{R})$ alors $\chi_A(X) = X^2 - \text{tr}(A)X + \det(A)$
$\chi_A(X) = X^2 - (a+d)X + ad - bc = (a-X)(d-X) - bc.$
Donc $\chi_A(X) = (a-X)(d-X)$ si, et seulement si, $bc = 0$ si, et seulement si, $b = 0$ ou $c = 0$.

Donc $\mathcal{E}_2$ est la réunion des deux sous-espaces vectoriels de $\mathfrak{M}_2(\mathbb{R})$ $\mathcal{TS}_2$ constitué des matrices trigonales supérieures et $\mathcal{TI}_2$ constitué des matrices triangulaires inférieures. Ces deux sous-espaces vectoriels d'un espace vectoriel de dimension finie sont fermés dans $\mathfrak{M}_2(\mathbb{R})$. Donc $\mathcal{E}_2$ est fermé dans $\mathfrak{M}_2(\mathbb{R})$.

Partie II

4. $A = (a_{i,j})$ est une MDP inversible si, et seulement si, $\det(A) = \chi_A(0) \neq 0$ *i.e.* si, et seulement si, $a_{1,1}a_{2,2}a_{3,3} \neq 0$.
$A = \begin{pmatrix} 1 & -1 & 0 \\ 0 & 1 & -1 \\ 0 & 0 & 1 \end{pmatrix} = I_3 - N$ où N est nilpotente $N^3 = 0$. Donc A est inversible et $A^{-1} = I + N + N^2 = \begin{pmatrix} 1 & 1 & 1 \\ 0 & 1 & 1 \\ 0 & 0 & 1 \end{pmatrix}$.

On a A une MDP ainsi que A^{-1}.

5. Par développement du déterminant suivant une rangée, on a
$\chi_A(X) = -X^3 + \text{tr}(A)X^2 - \alpha X + \det(A)$ avec
$\alpha = a_{1,1}a_{2,2} + a_{1,1}a_{3,3} + a_{2,2}a_{3,3} - a_{1,2}a_{2,1} - a_{1,3}a_{3,1} - a_{2,3}a_{3,2}$.

$$\prod_{i=1}^{3}(a_{i,i} - X) = -X^3 + (a_{1,1} + a_{2,2} + a_{3,3})X^2 - X(a_{1,1}a_{2,2} + a_{1,1}a_{3,3} + a_{2,2}a_{3,3}) + a_{1,1}a_{2,2}a_{3,3}.$$

Comme $(1, X, X^2, X^3)$ est libre, $\chi_A(X) = \prod_{i=1}^{3}(a_{i,i} - X)$ si, et seulement si,

$$\det(A) = a_{1,1}a_{2,2}a_{3,3} \text{ et } a_{1,2}a_{2,1} + a_{1,3}a_{3,1} + a_{2,3}a_{3,2} = 0.$$

6. a) Un algorithme en français est :
si $a_{1,2}a_{2,1} + a_{1,3}a_{3,1} + a_{2,3}a_{3,2} \neq 0$ alors M n'est pas une MDP,
sinon si $\det(A) = a_{1,1}a_{2,2}a_{3,3}$, M est une MDP.

b) $A_1, A_3 = M(4)$, A_4, A_5, A_6, A_8 sont à diagonale propre.

A_2 et A_7 ne sont pas à diagonale propre.

c) Une condition nécessaire et suffisante (suggérée par le cas où $n = 2$) est que les trois produits sont nuls.

Partie III

7. $\begin{pmatrix} A & B \\ 0 & C \end{pmatrix} = \begin{pmatrix} I_r & 0 \\ 0 & C \end{pmatrix} \begin{pmatrix} A & B \\ 0 & I_s \end{pmatrix}$ où $A \in \mathfrak{M}_r(\mathbb{R}), C \in \mathfrak{M}_s(\mathbb{R}), B \in \mathfrak{M}_{r,s}(\mathbb{R})$.
En développant le déterminant de la première matrice par rapport aux lignes 1 puis 2,... r on trouve son déterminant égal à $\det(C)$.
En développant le déterminant de la seconde matrice par rapport aux lignes n puis $(n-1)$,... $(s+1)$ on trouve son déterminant égal à $\det(A)$. D'où le résultat.

8. a) On cherche $\begin{pmatrix} A & B \\ 0 & C \end{pmatrix} \in \mathfrak{M}_4(\mathbb{R})$ avec 13 éléments non nuls. Il suffit de prendre $r = 3$, $s = 1$. Avec $A = A_5$ de la question 6.b), ${}^tB = (1\,1\,1)$ et $C = (1)$ on a le résultat puisque $\chi_M(X) = \chi_A(X)\chi_C(X) = \chi_A(X)(1 - X)$.

b) Soit $A = \begin{pmatrix} a & b \\ c & d \end{pmatrix} \in \mathfrak{M}_2(\mathbb{R})$ alors $\chi_A(X) = (a - X)(d - X) - bc$.

$C = \begin{pmatrix} a' & b' \\ c' & d' \end{pmatrix} \in \mathfrak{M}_2(\mathbb{R})$ alors $\chi_C(X) = (a' - X)(d' - X) - b'c'$.
Comme $\chi_M(X) = \chi_A(X)\chi_C(X)$, on a $\chi_M(X) = (a-X)(d-X)(a'-X)(d'-X)$ si, et seulement si, $-bc(a' - X)(d' - X) - b'c'(a - X)(d - X) + bcb'c' = 0$.
Comme $(1, X, X^2)$ est libre dans $\mathbb{R}[X]$, ceci équivaut à

$$(1) \quad \begin{cases} bc + b'c' = 0 \\ bc(a' + d') + b'c'(a + d) = 0 \\ -bca'd' - b'c'ad + bcb'c' = 0 \end{cases}$$

Comme les éléments sont tous non nuls,

$$(1) \iff \begin{cases} bc + b'c' = 0 \\ a' + d' = a + d \\ -a'd' + ad - b'c' = 0 \end{cases}$$

En posant $t = a+d = a'+d'$, on trouve que l'on peut prendre $d = t - a, d' = t - a', b = a - a', c = c' = a + a' - t, b' = -b$.
Avec $t = 2$, on obtient $a = 1, a' = -1, b = 2, b' = -2, c = -2 = c', d = 1, d' = 3$

Partie IV

9. Si $M = aA + bI_n = (m_{i,j})$, alors $m_{i,i} = aa_{i,i} + b$ et $\chi_A(X) = \prod_{i=1}^{n}(a_{i,i} - X)$.

$\chi_M(M) = \det(M - XI_n) = \det\big(aA - (X - b)I_n\big) = a^n \det\Big(A - \dfrac{X - b}{a}I_n\Big)$.

Donc $\chi_M(X) = a^n\chi_A\Big(\dfrac{X - b}{a}\Big) = a^n \prod_{i=1}^{n}\Big(a_{i,i} - \dfrac{X - b}{a}\Big) = \prod_{i=1}^{n}(aa_{i,i} + b - X)$.

D'où M est une MDP. D'autre part, si M est une MDP, il en est de même de sa transposée puisqu'une matrice et sa transposée ont même polynôme caractéristique.

10. Soit $A \in \mathcal{E}_n$. Quel que soit $k \in \mathbb{N}$, $A_k = A - \dfrac{1}{k+1}I_n \in \mathcal{E}_n$ d'après 9.

$\mathrm{Sp}(A)$ étant fini, il existe $k_0 \in \mathbb{N}$ tel que, pour tout $k \geqslant k_0$, $\dfrac{1}{k+1} \notin \mathrm{Sp}(A)$. Donc pour tout $k \geqslant k_0, A_k \in \mathrm{GL}_n(\mathbb{R})$. Comme $\lim\limits_{k \to \infty} A_k = A$, on peut conclure que G_n est dense dans $\mathcal{E}_n$.

11. a) La réponse est NON. Soit par exemple $A = \begin{pmatrix} 1 & -1 & 0 \\ 1 & -1 & 0 \\ 1 & -1 & 0 \end{pmatrix}$ de rang 1. Donc $A^2 = \mathrm{tr}(A)A = 0$. La matrice est nilpotente. Donc $\chi_A = (-X)^3$ qui est différent de $-X(1-X)(1+X)$. Donc A n'est par une MDP.

b) Une MDP ayant son polynôme caractéristique scindé sur $\mathbb{R}$, est donc trigonalisable d'après un théorème du cours.

c) La condition nécessaire et suffisante est « M est trigonalisable».
En effet, si M est une MDP, elle est trigonalisable d'après 11.b).
Réciproquement, si M est trigonalisable, $M = PTP^{-1}$ où $T = (t_{i,j}) \in \mathfrak{M}_3(\mathbb{R})$ avec $t_{i,j} = 0$ si $i > j$. La matrice T étant triangulaire supérieure, est une MDP *i.e.* M est semblable à une matrice MDP.

12. $M = (m_{i,j}) = T_1 + T_2$ où $T_1 = (\alpha_{i,j})$ avec $\alpha_{i,j} = \begin{cases} m_{i,j} & \text{si } i > j \\ 0 & \text{si } i \leqslant j \end{cases}$

et $T_2 = (\beta_{i,j})$ avec $\beta_{i,j} = \begin{cases} m_{i,j} & \text{si } i \leqslant j \\ 0 & \text{si } i > j \end{cases}$. Les deux matrices T_1 et T_2 étant triangulaires, sont à diagonale propre.

$\mathcal{E}_n$ n'est pas un sous-espace vectoriel de $\mathfrak{M}_n(\mathbb{R})$. En effet, si c'était le cas, d'après le début de cette question, toute matrice de $\mathfrak{M}_n(\mathbb{R})$ étant somme de deux matrices de $\mathcal{E}_n$, on aurait $\mathfrak{M}_n(\mathbb{R}) = \mathcal{E}_n$ or, d'après 6.b), $\mathfrak{M}_3(\mathbb{R}) \neq \mathcal{E}_3$.

Partie V

13. On sait que $(A, B) \mapsto \mathrm{tr}\left({}^t\!AB\right)$ est le produit scalaire canonique sur $\mathfrak{M}_n(\mathbb{R})$. Donc $\mathrm{tr}\left({}^t\!AA\right) = \displaystyle\sum_{i=1}^{n}\sum_{j=1}^{n} a_{i,j}^2$.

14. a) Si $A \in \mathcal{S}_n$ de valeurs propres $\lambda_1, \ldots, \lambda_n$, elle est diagonalisable et la matrice ${}^t\!AA = A^2$ a pour valeurs propres $\lambda_1^2, \ldots, \lambda_n^2$, d'où $\mathrm{tr}(A^2) = \displaystyle\sum_{i=1}^{n} \lambda_i^2$. On déduit le résultat de la question 13.

b) Si $A \in \mathcal{S}_n$ est une MDP, alors les $a_{i,i}, 1 \leqslant i \leqslant n$ sont les $\lambda_i, 1 \leqslant i \leqslant n$. Il découle de 14.a) que : $\displaystyle\sum_{i=1}^{n}\sum_{j=1}^{n} a_{i,j}^2 = \sum_{i=1}^{n} a_{i,i}^2$ *i.e.* $\displaystyle\sum_{\substack{1 \leqslant i,j \leqslant n \\ i \neq j}} a_{i,j}^2 = 0$. Comme les $a_{i,j}$ sont tous réels, il s'ensuit que $a_{i,j} = 0$ pour tout $i \neq j$ et donc que A est diagonale. La réciproque étant immédiate, les matrices de $\mathcal{E}_n \cap \mathcal{S}_n$ sont les matrices diagonales de $\mathfrak{M}_n(\mathbb{R})$.

15. $A \in \mathcal{A}_n$ est une MDP

a) Si $A = (a_{i,j}) \in \mathcal{A}_n$, alors tous les $a_{i,i}$ sont nuls. Donc $\chi_A(X) = (-X)^n$. On déduit qu théorème de Cayley-Hamilton que $A^n = 0$.
${}^t\!A = -A \Rightarrow \left({}^t\!AA\right)^n = (-1)^n A^{2n} = 0$.

b) ${}^t\!AA$ étant élément de $\mathcal{S}_n(\mathbb{R})$, elle est diagonalisable. Or c'est une matrice nilpotente, donc son spectre est $\{0\}\cdot$ Comme elle est diagonalisable, ${}^t\!AA = 0I_n$ *i.e.* ${}^t\!AA = 0$

c) ${}^t\!AA = 0$. Donc sa trace est nulle. Il découle de 13. que $A = 0$.

Partie VI

16. $\dim(\mathcal{A}_n) = \dfrac{n(n-1)}{2}\cdot$

17. D'après 15. $F \cap \mathcal{A}_n = \{0\}\cdot$ Donc $F + \mathcal{A}_n = F \oplus \mathcal{A}_n\cdot$
D'où $\dim(F + \mathcal{A}_n) = \dim(F) + \dim(\mathcal{A}_n)$. Comme $F + \mathcal{A}_n$ est un sous-espace vectoriel de $\mathfrak{M}_n(\mathbb{R})$ qui est un espace vectoriel de dimension n^2 on a
$\dim(F) \leqslant n^2 - \dfrac{n(n-1)}{2} = \dfrac{n(n+1)}{2}\cdot$
Si $\mathcal{T}_n(\mathbb{R})$ est le sous-espace vectoriel de $\mathfrak{M}_n(\mathbb{R})$ constitué des matrices trigonales supérieures, on sait que $\dim(\mathcal{T}_n) = \dfrac{n(n+1)}{2}\cdot$ Comme $\mathcal{T}_n(\mathbb{R}) \subset \mathcal{E}_n$ la dimension maximale des sous-espace vectoriel F de $\mathfrak{M}_n(\mathbb{R})$ vérifiant $F \subset \mathcal{E}_n$, de dimension maximale est $\dfrac{n(n+1)}{2}\cdot$

18. Le résultat demandé est faux si $n = 2$.

Fin

Notations et objectifs

Pour tout n entier naturel supérieur ou égal à 1, on note $\mathfrak{M}_n(\mathbb{R})$ le $\mathbb{R}$-espace vectoriel des matrices carrées d'ordre n à coefficients dans $\mathbb{R}$ et $\mathfrak{M}_{n,1}(\mathbb{R})$ le $\mathbb{R}$-espace vectoriel des matrices colonnes à n lignes à coefficients dans $\mathbb{R}$.
$\mathcal{S}_n(\mathbb{R})$ désigne l'ensemble des matrices symétriques de $\mathfrak{M}_n(\mathbb{R}), \mathcal{O}_n(\mathbb{R})$ l'ensemble des matrices orthogonales de $\mathfrak{M}_n(\mathbb{R})$ et I_n la matrice identité d'ordre n.
Tout vecteur $x = (x_1, \ldots, x_n)$ de $\mathbb{R}^n$ est identifié à un élément X de $\mathfrak{M}_{n,1}(\mathbb{R})$ tel que l'élément de la i-ième ligne de X soit x_i. Dans toute la suite, nous noterons indifféremment $X = (x_1, \ldots, x_n)$ un élément de $\mathfrak{M}_{n,1}(\mathbb{R})$ aussi bien que le vecteur de $\mathbb{R}^n$ qui lui est associé.
Selon le contexte, 0 désigne soit le réel nul, soit la matrice nulle de $\mathfrak{M}_n(\mathbb{R})$, soit encore la matrice nulle de $\mathfrak{M}_{n,1}(\mathbb{R})$.
$\mathbb{R}^n$ est muni de son produit scalaire canonique noté $\left(\cdot|\cdot\right)_n$ et de la norme associée notée $\|\cdot\|_n$
Une matrice carrée M sera dite positive si tous ses coefficients sont positifs ou nuls et on notera dans ce cas $M \geqslant 0$. De même un vecteur X de $\mathbb{R}^n$ sera dit positif si toutes ses composantes x_i sont positives ou nulles et on notera aussi $X \geqslant 0$. L'ensemble des matrices carrées réelles d'ordre n, positives et symétriques est noté $\mathcal{S}_n(\mathbb{R}_+)$.

L'objectif de ce problème est d'étudier des conditions pour lesquelles, étant donnés n nombres réels distincts ou non, $\lambda_1, \lambda_2, \ldots, \lambda_n$ il existe une matrice carrée réelle d'ordre n positive et symétrique admettant pour valeurs propres $\lambda_1, \lambda_2, \ldots, \lambda_n$ comptées avec multiplicité, c'est-à-dire dont le polynôme caractéristique est égal à $\displaystyle\prod_{k=1}^{n}(\lambda_k - X)$
Dans la première partie on considérera quelques exemples simples.
Dans la seconde, on montrera que si S est une matrice carrée réelle positive et symétrique de plus grande valeur propre α, alors α est positif, S admet pour la valeur propre α un vecteur propre positif et toute valeur propre λ de S vérifie $|\lambda| \leqslant \alpha$.
La troisième partie, assez technique, permettra de connaître les valeurs propres d'une matrice carrée réelle positive et symétrique d'ordre $n+p$ construite à partir de deux matrices A et B carrées réelles positives et symétriques d'ordres respectifs n et p dont on connaît les valeurs propres.
Enfin la dernière partie donnera des conditions suffisantes pour qu'il

existe une matrice carrée réelle positive et symétrique d'ordre n admettant pour valeurs propres comptées avec multiplicité, n réels donnés.

PARTIE I

I.1. Montrer que si $\lambda_1, \lambda_2, \ldots, \lambda_n$ sont des réels positifs, distincts ou non, il existe une matrice S carrée réelle positive et symétrique d'ordre n et de valeurs propres $\lambda_1, \lambda_2, \ldots, \lambda_n$ comptées avec multiplicité.

I.2.a) Soit M une matrice carrée réelle d'ordre 2 admettant -1 et 1 pour valeurs propres. Montrer que son polynôme caractéristique P est donné par $P(X) = X^2 - 1$.
I.2.b) En déduire une matrice S carrée réelle positive et symétrique d'ordre 2 admettant pour valeurs propres -1 et 1.

I.3. Déterminer une matrice S carrée réelle positive et symétrique d'ordre 3 admettant pour valeurs propres $-1, 0$ et 1.
I.4. Déterminer une matrice S carrée réelle positive et symétrique d'ordre 4 admettant pour valeurs propres comptées avec multiplicité : $-1, -1, 1$ et 1.
I.5. Montrer qu'il n'existe aucune matrice S carrée réelle positive et symétrique d'ordre 3 admettant pour valeurs propres comptées avec multiplicité : $-1, -1$ et 0.
I.6.a) Pour a et b réels, on note H la matrice carrée d'ordre n dont les coefficients diagonaux valent tous a et les autres valent tous b. Déterminer les valeurs propres de H.
I.6.b) Une matrice carrée réelle symétrique d'ordre n dont toutes les valeurs propres sont positives ou nulles est-elle nécessairement positive ?

PARTIE II

II.1. Soit $(X, Y) \in \left(\mathfrak{M}_{n,1}(\mathbb{R})\right)^2, S \in \mathcal{S}_n(\mathbb{R})$ et $P \in \mathcal{O}_n(\mathbb{R})$. Établir les égalités :
II.1.a) $\left(X|Y\right)_n = {}^tXY = {}^tYX$.
II.1.b) ${}^tXSY = \left(X|SY\right)_n = \left(SX|Y\right)_n$.
II.1.c) $\|PX\|_n = \|X\|_n$.

II.2. Soit $(X, Y) \in \left(\mathfrak{M}_{n,1}(\mathbb{R})\right)^2$ et $(U, V) \in \left(\mathfrak{M}_{p,1}(\mathbb{R})\right.$. On note Z et T les matrices de $\mathfrak{M}_{n+p,1}(\mathbb{R})$ définies par blocs sous la forme

$$Z = \begin{pmatrix} X \\ U \end{pmatrix}, T = \begin{pmatrix} Y \\ V \end{pmatrix}.$$

II.2.a) Montrer que $\left(Z|T\right)_{n+p} = \left(X|Y\right)_n + \left(U|V\right)_p$.

II.2.b) Montrer que si X, Y sont orthogonaux dans $\mathbb{R}^n$ et U, V orthogonaux dans $\mathbb{R}^p$, alors Z, T sont orthogonaux dans $\mathbb{R}^{n+p}$.

II.2.c) La réciproque est-elle vraie ?

Dans la suite de cette partie S désigne une matrice de $\mathcal{S}_n(\mathbb{R})$ et $D = \operatorname{Diag}(\lambda_1, \ldots, \lambda_n)$ une matrice diagonale semblable à S. On pose $\alpha = \max\limits_{1 \leqslant i \leqslant n} \lambda_i$.

II.3.a) Montrer que pour tout $Y \in \mathfrak{M}_{n,1}(\mathbb{R})$, $\big(DY|Y\big)_n \leqslant \alpha \|Y\|_n^2$.

II.3.b) En déduire que pour tout $X \in \mathfrak{M}_{n,1}(\mathbb{R}) \setminus \{0\}$, $\dfrac{\big(SX|X\big)_n}{\|X\|_n^2} \leqslant \alpha$.

II.3.c) En utilisant une décomposition du vecteur X sur une base orthonormée de vecteurs propres de S, montrer que cette dernière inégalité est une égalité si, et seulement si, X est vecteur propre de S associé à la valeur propre α.

II.4. Soit $E = \{X \in \mathfrak{M}_{n,1}(\mathbb{R}) \,|\, X \geqslant 0\}$, $\Sigma = \{X \in \mathfrak{M}_{n,1}(\mathbb{R}) \,|\, \|X\|_n = 1\}$ et $C = E \cap \Sigma$.

II.4.a) Montrer que E est un fermé de $\mathfrak{M}_{n,1}(\mathbb{R})$.

II.4.b) Montrer que C est un fermé borné de $\mathfrak{M}_{n,1}(\mathbb{R})$.

II.4.c) Soit $\varphi : \mathfrak{M}_{n,1}(\mathbb{R}) \to \mathbb{R}, X \mapsto \big(SX|X\big)_n$. Donner l'expression de $\varphi(X)$ en fonction des coefficients de S et de ceux de X ; en déduire que φ est continue sur $\mathfrak{M}_{n,1}(\mathbb{R})$.

II.4.d) On pose $\mu = \sup\limits_{X \in C} \varphi(X)$. Justifier l'existence de μ et montrer qu'il existe X_0 appartenant à C tel que $\varphi(X_0) = \mu$.

II.4.e) Montrer que $\mu \leqslant \alpha$.

II.5. On suppose dans cette question $S \geqslant 0$.

II.5.a) Si $X = (x_1, \ldots, x_n)$ est un vecteur propre unitaire de S associé à la valeur propre α, on pose $W = \big(|x_i|\big)_{1 \leqslant i \leqslant n}$.

i) Montrer que W est élément de C.

ii) Montrer que $\big|\varphi(X)\big| \leqslant \varphi(W)$.

iii) Montrer que $|\alpha| \leqslant \mu$

II.5.b) En déduire $\alpha \geqslant 0$, puis que la matrice S admet un vecteur propre positif associé à la valeur propre α.

II.5.c) Montrer que pour tout $i \in \{1, 2, \ldots, n\}$, $|\lambda_i| \leqslant \alpha$.

PARTIE III

Soit n et p deux éléments de $\mathbb{N}^\star$, A, B deux matrices symétriques réelles d'ordres respectifs n et p, $(X_1, \ldots, X_n)$ une base orthonormée de $\mathbb{R}^n$

formée de vecteurs propres de A, $(Y_1, \dots, Y_p)$ une base orthonormée de $\mathbb{R}^p$ formée de vecteurs propres de B et $\alpha_1, \alpha_2, \dots, \alpha_n, \beta_1, \beta_2, \dots \beta_p$, les réels tels que :

$\forall i \in \{1, 2, \dots, n\}, AX_i = \alpha_i X_i$ et $\forall j \in \{1, 2, \dots, p\}, BY_j = \beta_j Y_j$

Pour tout réel s, on note M_s la matrice de $\mathfrak{M}_{n+p}(\mathbb{R})$ donnée sous forme de blocs par : $M_s = \begin{pmatrix} A & sX_1{}^tY_1 \\ sY_1{}^tX_1 & B \end{pmatrix}$ (1)

et l'on considère les vecteurs $(Z_i)_{1 \leqslant i \leqslant n}$ de $\mathbb{R}^{n+p}$ définis par $Z_i = \begin{pmatrix} X_i \\ 0 \end{pmatrix}$ ainsi que les vecteurs $(T_j)_{1 \leqslant j \leqslant p}$ de $\mathbb{R}^{n+p}$ définis par $T_j = \begin{pmatrix} 0 \\ Y_j \end{pmatrix}$.

III.1. Montrer que $Z_2, Z_3, \dots, Z_n$ et $T_2, T_3, \dots, T_p$ sont vecteurs propres de M_s et préciser les valeurs propres correspondantes.

III.2. Pour θ réel, on note $V(\theta)$ le vecteur défini par $V(\theta) = \begin{pmatrix} \cos(\theta) X_1 \\ \sin(\theta) Y_1 \end{pmatrix}$

III.2.a) Montrer que $V(\theta)$ est unitaire dans $\mathbb{R}^{n+p}$.

III.2.b) Déterminer le spectre de M_0.

III.2.c) On suppose dans cette question $s \neq 0$. On note θ_1 l'unique réel de l'intervalle $\left] -\frac{\pi}{2}, \frac{\pi}{2} \right[$ tel que :

$\tan(\theta_1) = \dfrac{\beta_1 - \alpha_1 + \sqrt{(\alpha_1 - \beta_1)^2 + 4s^2}}{2s}$ et l'on pose $\theta_2 = \theta_1 + \dfrac{\pi}{2}$.

i) Montrer que θ_1 est non nul.

ii) Évaluer le produit $\tan(\theta_1) . \tan(\theta_2)$.

iii) Montrer que θ_1 et θ_2 vérifient l'équation : $\alpha_1 + s \tan(\theta) = \beta_1 + \dfrac{s}{\tan(\theta)}$.

iv) En déduire que $V(\theta_1)$ et $V(\theta_2)$ sont vecteurs propres de M_s et exprimer les valeurs propres correspondantes μ_1 et μ_2 en fonction de α_1, β_1 et s.

v) Montrer que $V(\theta_1), V(\theta_2), Z_2, Z_3, \dots, Z_n$ et $T_2, T_3, \dots, T_p$ forment une base orthonormée de $\mathbb{R}^{n+p}$ et donner l'ensemble des valeurs propres de M_s.

vi) Montrer que les formules exprimant μ_1 et μ_2 en fonction de α_1, β_1 et s donnent encore des valeurs propres de M_s lorsque $s = 0$.

PARTIE IV

Dans cette partie on se propose de démontrer par récurrence la propriété (P_n) suivante : si $(\lambda_1, \dots, \lambda_n)$ est un élément de $\mathbb{R}^n$ tel que :

$$\lambda_1 \geqslant 0 \geqslant \lambda_2 \geqslant \cdots \geqslant \lambda_n \text{ et } \lambda_1 + \lambda_2 + \cdots \lambda_n \geqslant 0$$

alors il existe $A \in \mathcal{S}_n(\mathbb{R}_+)$ tel que $\lambda_1, \lambda_2, \dots, \lambda_n$ soient les valeurs propres de A comptées avec multiplicité.

IV.1. Vérifier que (P_1) est vraie.
IV.2. Soit $n \in \mathbb{N}^\star$ tel que (P_n) soit vraie et soit $(\lambda_1, \ldots, \lambda_{n+1}) \in \mathbb{R}^{n+1}$ vérifiant

$$\lambda_1 \geqslant 0 \geqslant \lambda_2 \geqslant \cdots \geqslant \lambda_n \geqslant \lambda_{n+1} \text{ et } \lambda_1 + \lambda_2 + \cdots \lambda_n + \lambda_{n+1} \geqslant 0$$

On pose $a = \lambda_1 + \lambda_{n+1}$.

IV.2.a) Montrer qu'il existe $A \in \mathcal{S}_n(\mathbb{R}_+)$ tel que $a, \lambda_2, \ldots, \lambda_n$ soient valeurs propres de A. Dans la suite de cette question **IV.2**, A désignera une telle matrice.

IV.2.b) Montrer que A admet un vecteur propre X_1 unitaire et positif associé à la valeur propre a.
IV.2.c) Pour s réel, soit M_s la matrice de $\mathfrak{M}_{n+1}(\mathbb{R})$ définie par :

$$M_s = \begin{pmatrix} A & sX_1 \\ s\,{}^tX_1 & 0 \end{pmatrix}.$$

i) Vérifier que M_s est bien de la forme (1) : préciser p, B et Y_1.
ii) En déduire les valeurs propres de M_s.
iii) Montrer que si $s = \sqrt{-\lambda_1\lambda_{n+1}}$, les valeurs propres de M_s sont : $\lambda_1, \lambda_2, \ldots, \lambda_{n+1}$ et conclure.
IV.3. Exemple

IV.3. a) Déterminer le spectre de la matrice $A = \begin{pmatrix} 1 & 2 & 3 \\ 2 & 1 & 3 \\ 3 & 3 & 0 \end{pmatrix}$

IV.3. b) Déterminer une matrice B carrée réelle positive et symétrique d'ordre 4, admettant pour valeurs propres $\lambda_1 = 9, \lambda_2 = -1, \lambda_3 = \lambda_4 = -3$.

Solution

Partie I

I.1. $S = \mathrm{Diag}(\lambda_1, \ldots, \lambda_n)$ est un élément de $\mathcal{S}_n(\mathbb{R}_+)$ répondant à la question.

I.2.a) Si $M \in \mathfrak{M}_2(\mathbb{R})$ a pour vecteurs propres 1 et -1, elle a deux valeurs propres distinctes. Elle est donc diagonalisable et son polynôme caractéristique est celui de la matrice $\mathrm{Diag}(1, -1)$ *i.e.* c'est $P(X) = (X-1)(X+1) = X^2 - 1$.

I.2.b) La matrice $S = \begin{pmatrix} 0 & 1 \\ 1 & 0 \end{pmatrix}$ appartient à $\mathcal{S}_2(\mathbb{R}_+)$ et a pour polynôme caractéristique P, donc pour valeurs propres -1 et 1.

I.3. La matrice $S = \begin{pmatrix} 0 & 1 & 0 \\ 1 & 0 & 0 \\ 0 & 0 & 0 \end{pmatrix}$ appartient à $\mathcal{S}_3(\mathbb{R}_+)$ et a pour polynôme caractéristique $\chi_S(X) = -XP(X)$. Donc $\mathrm{Sp}(S) = \{-1, 1, 0\}$.

I.4. À partir de la matrice $S_2 = \begin{pmatrix} 0 & 1 \\ 1 & 0 \end{pmatrix}$ de la question I.2.b), on fabrique la matrice par blocs $S = \mathrm{Diag}(S_2, S_2)$ élément de $\mathcal{S}_4(\mathbb{R}_+)$ de valeurs propres $-1, -1, 1, 1$.

I.5. S'il existait une matrice $S = (s_{i,j}) \in \mathcal{S}_3(\mathbb{R}_+)$ de vecteurs propres $-1, -1$ et 0, sa trace serait $\mathrm{tr}(S) = a_{1,1} + a_{2,2} + a_{3,3} = -2 < 0$: absurde puisque les $a_{i,j}$ sont tous dans $\mathbb{R}_+$.

I.6.a) Si J est la matrice de $\mathfrak{M}_n(\mathbb{R})$ dont tous les éléments sont égaux à 1, alors $H = bJ + (a-b)I_n$. La matrice J est élément de $\mathcal{S}_n(\mathbb{R})$, donc diagonalisable. Son rang étant égal à 1, elle admet 0 pour valeur propre de multiplicité égale à $\dim(E_0(J)) = \dim\left[\ker(J - 0I_n)\right] = n - \mathrm{rg}(J) = n - 1$ d'après le théorème du rang. Comme d'autre part, si X est le vecteur de $\mathbb{R}^n$ dont tous les éléments sont égaux à 1, on a $JX = nX$, on peut conclure que les valeurs propres de J sont 0 de multiplicité $(n-1)$, et n de multiplicité 1. Il s'ensuit que les valeurs propres de H sont $(a-b)$ de multiplicité $(n-1)$, et $a + (n-1)b$ de multiplicité 1.

I.6.b) La réponse est non. Un contre-exemple est donné par une matrice H de la forme de celles de I.6.a) avec $a > (n-1)$ et $b = -1$ par exemple.

Partie II

II.1.a) Si ${}^tX = (x_1, \ldots, x_n)$ et ${}^tY = (y_1, \ldots, y_n)$ on a immédiatement

$$\left(X|Y\right)_n = \sum_{i=1}^{n} x_i y_i = {}^tXY = {}^tYX$$

II.1.b) Il s'ensuit que $\left(X|SY\right)_n = {}^tX(SY) = {}^tXSY$.
Comme ${}^tS = S$, $\left(X|SY\right)_n = {}^tX{}^tSY = {}^t(SX)Y = \left(SX|Y\right)_n$.

II.1.c) La matrice P étant orthogonale, ${}^tPP = I_n$. Donc
$\|PX\|_n^2 = {}^t(PX)(PX) = {}^tX({}^tPP)X = {}^tXI_nX = {}^tXX = \|X\|_n^2$.
Le résultat découle de la positivité de la norme.

II.2.a) $\left(Z|T\right)_{n+p} = {}^tZT = \begin{pmatrix} {}^tX & {}^tU \end{pmatrix} \begin{pmatrix} Y \\ V \end{pmatrix} = {}^tXY + {}^tUV$ soit

$$\left(Z|T\right)_{n+p} = \left(X|Y\right)_n + \left(U|V\right)_p.$$

II.2.b) découle de a.

II.2.c) On a le contre-exemple : $n = p = 1$, $X = Y = U = -V = (1)$ car $\left(X|Y\right)_1 = -\left(U|V\right)_1 = 1$ et $\left(Z|T\right)_2 = 0$.

II.3.a) $\left(DY|Y\right)_n = \sum\limits_{i=1}^{n} \lambda_i y_i^2 \leqslant \sum\limits_{i=1}^{n} \alpha y_i^2 = \alpha \|Y\|_n^2$.

II.3.b) Soit $X \neq 0$ et écrivons $S = PD{}^tP$ où $P \in \mathcal{O}_n(\mathbb{R})$.

$\|SX\|_n = \|PD^tPX\|_n = \|D^tPX\|_n$ par II.1.c, d'où $\|SX\|_n \leqslant \alpha\|^tPX\|_n$ par II.3.a puis $\|SX\|_n \leqslant \alpha\|X\|_n$ toujours par II.1.c.
L'inégalité de Cauchy-Schwarz fournit alors $\big(SX|X\big)_n \leqslant \|SX\|_n\|X\|_n$ d'où

$$\frac{\big(SX|X\big)_n}{\|X\|_n^2} \leqslant \alpha.$$

II.3.c) Si $(X_1, \ldots, X_n)$ est une base orthonormale de $\mathbb{R}^n$ formée de vecteurs propres associée à la famille $(\lambda_1, \ldots, \lambda_n)$ de valeurs propres et si $X = \sum\limits_{i=1}^{n} X_i$, alors $\big(SX|X\big)_n = \Big(\sum\limits_{i=1}^{n} \lambda_i x_i X_i \Big| \sum\limits_{j=1}^{n} x_j X_j\Big)_n = \sum\limits_{1\leqslant i,j\leqslant n} \lambda_i x_i x_j \big(X_i|X_j\big)_n = \sum\limits_{i=1}^{n} \lambda_i x_i^2$.
Donc $\alpha\|X\|_n^2 - \big(SX|X\big)_n = \sum\limits_{i=1}^{n}(\alpha - \lambda_i)x_i^2$, somme de réels positifs qui n'est nulle que si, et seulement si, pour tout $i \in [\![1, n]\!]$, $x_i = 0$ ou $\lambda_i = \alpha$ *i.e.* si, et seulement si, $X \in \mathrm{Ker}(S - \alpha I_n)$.

II.4.a) Pour tout $i \in [\![1, n]\!]$, $\varphi_i : \mathfrak{M}_{n,1}(\mathbb{R}) \to \mathbb{R}$, $X \mapsto x_i$ est linéaire donc continue et $E = \bigcap\limits_{i=1}^{n} \varphi_i^{-1}(\mathbb{R}_+)$ fermé comme intersection de fermés.

II.4.b) De même $\| \ \|_n$ est continue sur $\mathfrak{M}_{n,1}(\mathbb{R})$ car 1-lipschitzienne et, donc, Σ est un fermé, de plus Σ est borné. Par intersection C est un fermé borné de $\mathfrak{M}_{n,1}(\mathbb{R})$.

II.4.c) Pour $X \in \mathfrak{M}_{n,1}(\mathbb{R})$ posons $Y = SX$. Si $1 \leqslant i \leqslant n$, $y_i = \sum\limits_{j=1}^{n} s_{i,j}x_j$ et

$\big(SX|X\big)_n = \big(Y|X\big)_n = \sum\limits_{i=1}^{n} x_i y_i = \sum\limits_{1\leqslant i,j\leqslant n} s_{i,j}x_i x_j$.
φ est polynomiale en les x_i donc continue sur $\mathfrak{M}_{n,1}(\mathbb{R})$.

II.4.d) $C \neq \varnothing$ car ${}^t(10\cdots 0)$ en est élément, c'est donc un compact non vide. Par suite la fonction continue φ y admet un maximum. Il suffit de choisir pour X_0 un antécédent (dans C) de ce maximum.

II.4.e) $\mu = \varphi(X_0) = \dfrac{\big(SX_0|X_0\big)_n}{\|X_0\|_n^2} \leqslant \alpha$ car $\|X_0\|_n = 1$.

II.5.a) i) $W \in E$ par définition et $\|X\|_n^2 = \sum\limits_{i=1}^{n} |x_i|^2 = \sum\limits_{i=1}^{n} x_i^2 = 1$, donc $W \in C$.

ii) $\big|\varphi(X)\big| = \Bigg|\sum\limits_{1\leqslant i,j\leqslant n} s_{i,j}x_i x_j\Bigg| \leqslant \sum\limits_{1\leqslant i,j\leqslant n} s_{i,j}w_i w_j$ par inégalité triangulaire et car $S \geqslant 0$, donc $\big|\varphi(X)\big| \leqslant \varphi(W)$.

iii) Si $X \neq 0$ on pose $X' = \dfrac{X}{\|X\|_n}$ et alors X' est unitaire avec, par bilinéarité du produit scalaire, $\dfrac{\big(SX|X\big)_n}{\|X\|_n^2} = \big(SX'|X\big)'_n = \varphi(X')$ et, comme d'après ii),

$\left|\varphi(X')\right| \leqslant \varphi(W) = \mu$, on en déduit $|\alpha| \leqslant \mu$.

II.5.b) On a $|\alpha| \leqslant \mu \leqslant \alpha$ et donc $\alpha = \mu \geqslant 0$ et, par II.4.d, la matrice S admet un vecteur propre associé à α dans C, et donc positif.

II.5.c) Avec les notations de II.3.c on a, si $i \in [\![1, n]\!]$, $|\lambda_i| = \left|\left(SX_i|X_i\right)_n\right| \leqslant \alpha$.

Partie III

III.1. Si $2 \leqslant i \leqslant n$ on a $Z_i \neq 0$ et $M_s Z_i = \begin{pmatrix} AX_i \\ sY_1\left(X_1|X_i\right)_n \end{pmatrix} = \alpha_i Z_i$ car $X_1 \perp X_i$ et donc Z_i est un vecteur propre de M_s associé à la valeur propre α_i. De même si $2 \leqslant j \leqslant p$, T_j est un vecteur propre de M_s associé à la valeur propre β_j.

III.2.a) $\|V(\theta)\|_{n+p}^2 = \cos^2(\theta)\|X_1\|_n^2 + \sin^2(\theta)\|Y_1\|_n^2 = 1$ car X_1 et Y_1 sont unitaires.

III.2.b) $M_0 = \operatorname{Diag}(A, B)$ de spectre $\operatorname{Sp}(A) \cup \operatorname{Sp}(B)$ *i.e.* M_0 a pour spectre $\{\alpha_1, \ldots, \alpha_n, \beta_1, \ldots, \beta_p\}$.

III.2.C) i)$\theta_1 = 0 \Rightarrow \alpha_1 - \beta_1 = \sqrt{(\alpha_1 - \beta_1)^2 + 4s^2} \Rightarrow s = 0$, ce qui est exclu.

ii) $\tan(\theta_2) = \tan\left(\theta_1 + \dfrac{\pi}{2}\right) = -\operatorname{cotan}(\theta_1)$ d'où $\tan(\theta_1)\tan(\theta_2) = -1$.

iii) On a :

$$\begin{aligned} \tan(\theta_1) + \tan(\theta_2) &= \frac{\tan^2(\theta_1) - 1}{\tan(\theta_1)} \\ &= \frac{2(\beta_1 - \alpha_1)^2 + 2(\beta_1 - \alpha_1)\sqrt{(\alpha_1 - \beta_1)^2 + 4s^2}}{2s\left[\beta_1 - \alpha_1 + \sqrt{(\alpha_1 - \beta_1)^2 + 4s^2}\right]} = \frac{\beta_1 - \alpha_1}{s} \end{aligned}$$

et donc $\left[X - \tan(\theta_1)\right]\left[X - \tan(\theta_2)\right] = X^2 + \dfrac{\alpha_1 - \beta_1}{s} X - 1$ d'où le résultat.

iv) Si $1 \leqslant i \leqslant 2$ on a :

$M_s V(\theta_i) = \begin{pmatrix} \left[\alpha_1 \cos(\theta_i) + s\sin(\theta_i)\right] X_1 \\ \left[s\sin(\theta_i) + \beta_1\cos(\theta_i)\right] Y_1 \end{pmatrix} = \begin{pmatrix} \left[\alpha_1 + s\tan(\theta_i)\right]\cos(\theta_i) X_1 \\ \left[s + \beta_1\tan(\theta_i)\right]\sin(\theta_i) Y_1 \end{pmatrix}$ ou encore $M_s V(\theta_i) = \left[\alpha_1 + s\tan(\theta_i)\right] V(\theta_i)$ et $V(\theta_i)$ est non nul car unitaire.

On pose donc $\mu_1 = \alpha_1 + s\tan(\theta_1) = \dfrac{\alpha_1 + \beta_1 + \sqrt{(\alpha_1 - \beta_1)^2 + 4s^2}}{2}$ et

$\mu_2 = \alpha_1 + s\tan(\theta_2)$ or $\tan(\theta_2) = \dfrac{\beta_1 - \alpha_1}{s} - \tan(\theta_1)$, d'où

$\mu_2 = \dfrac{\alpha_1 + \beta_1 + \sqrt{(\alpha_1 - \beta_1)^2 + 4s^2}}{2}$.

v) Le fait que la famille soit orthonormée est un simple calcul. Comme elle est de cardinal $n + p$ c'est une base orthonormale de $\mathbb{R}^{n+p}$.

Enfin la famille associée des valeurs propres est : $\mu_1, \mu_2, \alpha_2, \ldots, \alpha_n, \beta_2, \ldots, \beta_p$.

vi) Si $s = 0$ et, par exemple, $\alpha_1 > \beta_1$, alors $\mu_1 = \dfrac{\alpha_1 + \beta_1 + (\alpha_1 - \beta_1)}{2} = \alpha_1$ et, de même, $\mu_2 = \beta_1$.

Partie IV

IV.1. Il suffit de poser $A = (\lambda_1)$.

IV.2.a) Comme $\lambda_2 + \cdots + \lambda_n \leqslant 0$, on a $a \geqslant \lambda_1 + \lambda_2 + \cdots + \lambda_n + \lambda_{n+1} \geqslant 0$ d'où $a \geqslant 0 \geqslant \lambda_2 \geqslant \cdots \geqslant \lambda_n$ et $a + \lambda_2 + \cdots + \lambda_n \geqslant 0$. L'existence de A découle alors de (P_n).

IV.2.b) L'existence de X découle de II.5.b.

IV.2.C) i) On choisit $p = 1$, $Y_1 = (1)$, $B = (0)$, alors $BY_1 = \beta_1 Y_1$ où $\beta_1 = 0$ et $Y_1 \neq 0$, donc M_s est de la forme (1).

ii) Les valeurs propres de M_s sont, d'après II.2.c.v) :
$\dfrac{a + \sqrt{a^2 + 4s^2}}{2s}, \dfrac{a - \sqrt{a^2 + 4s^2}}{2s}, \lambda_2, \ldots, \lambda_n$.

iii) $M_s \in \mathcal{S}_{n+1}(\mathbb{R}_+)$ et $a^2 + 4s^2 = (\lambda_1 + \lambda_{n+1})^2 - 4\lambda_1\lambda_{n+1} = (\lambda_1 - \lambda_{n+1})^2$, donc les valeurs propres de M_s sont $\lambda_1, \lambda_{n+1}, \lambda_2, \ldots, \lambda_n$.
On a donc établi (P_1) et $(P_n) \Rightarrow (P_{n+1})$, le théorème de récurrence assure que (P_n) est vraie pour tout $n \in \mathbb{N}^\star$.

IV.3.a) $\chi_A(X) = (1 + X)(3 + X)(6 - X)$ donc $\mathrm{Sp}(A) = \{-3, -1, 6\}$.

b) On pose $\lambda_1 = 9$, $\lambda_2 = -1$, $\lambda_3 = \lambda_4 = -3$, alors $\lambda_1 \geqslant 0 \geqslant \lambda_2 \geqslant \lambda_3 \geqslant \lambda_4$ et $\sum_{i=1}^{4} \lambda_i = 2 \geqslant 0$, on peut donc utiliser la preuve de $(P_3) \Rightarrow (P_4)$.

On pose donc $a = \lambda_1 + \lambda_4 = 6$ et A convient pour IV.2 avec $X_1 = \begin{pmatrix} 1 \\ 1 \\ 1 \end{pmatrix}$ facilement. On a également $s = \sqrt{27} = 3\sqrt{3}$ et donc il suffit de choisir $B = M_s$

$$i.e.\ B = \begin{pmatrix} 1 & 2 & 3 & 3\sqrt{3} \\ 2 & 1 & 3 & 3\sqrt{3} \\ 3 & 3 & 0 & 3\sqrt{3} \\ 3\sqrt{3} & 3\sqrt{3} & 3\sqrt{3} & 0 \end{pmatrix}.$$

Fin

PARTIE I

Pour tout nombre réel s, on considère l'équation différentielle linéaire homogène du second ordre $(\mathcal{E}_s)$ suivante :

$$(\mathcal{E}_s) \qquad (1-x^2)y''(x) - 2(s+2)xy'(x) - 2(s+1)y(x) = 0.$$

On note f_s la solution de $(\mathcal{E}_s)$ sur $]-1,+1[$ qui vérifie les conditions initiales $f_s(0) = 0$ et $f_s'(0) = 1$.

I.1. Soit g_s la fonction définie sur $]-1,+1[$ par $g_s(x) = f_s(x) + f_s(-x)$.

I.1.1. Montrer que g_s est solution de $(\mathcal{E}_s)$ sur $]-1,+1[$.

I.1.2. Calculer $g_s(0)$ et $g_s'(0)$. En déduire que f_s est impaire.

I.2. Déterminer en fonction de s l'unique valeur de $\alpha \in \mathbb{R}$ telle que la fonction $x \mapsto (1-x^2)^\alpha$ soit solution de $(\mathcal{E}_s)$ sur $]-1,+1[$.

I.3. Soit u_s la fonction définie sur $]-1,+1[$ par $u_s(x) = (1-x^2)^{s+1} f_s(x)$.

I.3.1. Montrer que la dérivée u_s' de u_s est solution sur $]-1,+1[$ de l'équation différentielle

$$(\mathcal{E}_s') \qquad (1-x^2)y'(x) + 2sxy(x) = 0.$$

I.3.2. Déterminer l'ensemble des solutions de $(\mathcal{E}_s')$ sur $]-1,+1[$.

I.3.3. Calculer $u_s(0)$ et $u_s'(0)$. En déduire que $u_s(x) = \displaystyle\int_0^x (1-t^2)^s dt$ pour tout $x \in]-1,1[$.

1.4. Soit y une fonction impaire, définie sur un intervalle ouvert I contenant 0, développable en série entière sur I. On note $y(x) = \displaystyle\sum_{n=0}^{\infty} c_n x^{2n+1}$ le développement en série entière de y sur I.

I.4.1. Montrer que pour que y soit solution de $(\mathcal{E}_s)$ sur I, il faut et il suffit que l'on ait pour tout $n \in \mathbb{N}$, $c_{n+1} = \dfrac{2s+2n+3}{2n+3} c_n$.

I.4.2. En déduire pour tout $n \in \mathbb{N}$ une expression de c_n en fonction de n et c_0.

I.4.3. Pour quelles valeurs de $s \in \mathbb{R}$ l'équation $(\mathcal{E}_s)$ admet-elle des solutions polynomiales impaires non identiquement nulles ?

I.4.4. On suppose que $s \notin \left\{ -n - \dfrac{3}{2} \middle| n \in \mathbb{N} \right\}$, que $y(x) = \displaystyle\sum_{n=0}^{\infty} c_n x^{2n+1}$ est solution de $(\mathcal{E}_s)$ sur I, et que $c_0 \neq 0$. Déterminer le rayon de convergence de la série entière $\sum c_n x^{2n+1}$.

I.5. Déduire des questions précédentes que pour tout $s \in \mathbb{R}$ et tout $x \in]-1,+1[$ on a :

$$f_s(x) = x + \sum_{n=1}^{\infty} \left[\frac{2^n n!}{(2n+1)!} \prod_{k=1}^{n} (2s+2k+1) \right] x^{2n+1}$$

I.6. Montrer que pour tout $p \in \mathbb{N}$ et tout $x \in]-1,+1[$ on a :

$$\int_0^x \frac{dt}{(1-t^2)^{p+\frac{3}{2}}} = \frac{Q_p(x)}{(1-x^2)^{p+\frac{1}{2}}},$$

où Q_p est une fonction polynomiale impaire de degré $2p+1$ que l'on explicitera.

Expliciter en particulier $\displaystyle\int_0^x \frac{dt}{(1-t^2)^{\frac{3}{2}}}$ et $\displaystyle\int_0^x \frac{dt}{(1-t^2)^{\frac{5}{2}}}$.

PARTIE II

On considère la fonction β de la variable réelle x définie par :

$$\beta(x) = \int_0^1 (1-t^2)^x dt.$$

II.1. Déterminer le domaine de définition de β.

II.2. Montrer que β est continue sur $]-1,+\infty[$.

On admettra que β est de classe $\mathcal{C}^1$ sur $]-1,+\infty[$, de dérivée la fonction $x \mapsto \beta'(x) = \displaystyle\int_0^1 (1-t^2)^x \ln(1-t^2) dt.$

II.3. Montrer que β est strictement monotone sur sur $]-1,+\infty[$ et préciser son sens de variation.

II.4.

II.4.1. À l'aide d'une intégration par parties, montrer que l'on a $\beta(x+1) = \dfrac{2x+2}{2x+3}\beta(x)$ pour tout $x > -1$.

II.4.2. Calculer $\beta(0)$. En déduire la limite de $\beta(x)$ lorsque x tend vers -1 par valeurs supérieures.

II.4.3. Pour tout $n \in \mathbb{N}^\star$ donner une expression de $\beta(n)$ à l'aide de factorielles. En utilisant la formule de Stirling, déterminer un équivalent de $\beta(n)$ lorsque n tend vers $+\infty$. En déduire la limite de $\beta(n)$ lorsque n tend vers $+\infty$, puis celle de $\beta(x), x \in \mathbb{R}$, lorsque x tend vers $+\infty$.

II.4.4. Calculer $\beta\Big(-\dfrac{1}{2}\Big)$. En déduire la valeur de $\beta\Big(-\dfrac{1}{2}+n\Big)$ pour tout $n \in \mathbb{N}^\star$.

PARTIE III

Soit γ un nombre réel strictement supérieur à 1, non entier. Soit φ_γ la fonction 2π-périodique définie sur $\mathbb{R}$ par : $\forall x \in \mathbb{R}, \varphi_\gamma(x) = \big|\cos(x)\big|^\gamma$.

On note $a_0(\gamma) + \sum_{n=1}^{\infty}[a_n(\gamma)\cos(nx) + b_n(\gamma)\sin(nx)]$ la série de Fourier de φ_γ.

III.1.

III.1.1. Préciser pourquoi φ_γ est égale en tout point de $\mathbb{R}$ à la somme de sa série de Fourier.

III.1.2. Que peut-on dire des coefficients $b_n(\gamma), n \in \mathbb{N}^\star$ et $a_{2p+1}(\gamma)$ pour $p \in \mathbb{N}$?

III.2. Pour tout $p \in \mathbb{N}$ on considère l'intégrale

$$I_p = \int_0^{\frac{\pi}{2}} \cos^\gamma(x)\cos(2px)dx.$$

III.2.1. Montrer que $I_p - I_{p+1} = 2\int_0^{\frac{\pi}{2}} \cos^\gamma(x)\sin(x)\sin((2p+1)x)dx.$

III.2.2. À l'aide d'une intégration par parties, montrer que :

$$I_p - I_{p+1} = 2\frac{2p+1}{\gamma+1}\int_0^{\frac{\pi}{2}} \cos^\gamma(x)\cos(x)\cos((2p+1)x)dx.$$

III.2.3. En déduire que $I_p - I_{p+1} = \dfrac{2p+1}{\gamma+1}\left[I_p + I_{p+1}\right]$

III.2.4. Montrer que $I_0 = \beta(\gamma')$ où γ' est un nombre réel strictement positif que l'on calculera en fonction de γ.

III.2.5. En déduire que pour tout $p \in \mathbb{N}^\star$ on a

$$I_p = \frac{\gamma}{\gamma+2p}A_p(\gamma)\beta(\gamma') \text{ où } A_p(\gamma) = \prod_{k=0}^{p-1}\frac{\gamma-2k}{\gamma+2k}.$$

III.3. Déduire de ce qui précède les valeurs de $a_0(\gamma)$ et de $a_{2p}(\gamma)$ pour tout $p \in \mathbb{N}^\star$.

Solution

Partie I

I.1. Notons dans tout le problème $I =]-1, 1[$.

I.1.1. La fonction g_s est deux fois dérivable sur I et, pour tout $x \in I$, $g_s'(x) = f_s'(x) - f_s'(-x)$ et $g_s''(x) = f_s''(x) + f_s''(-x)$. On vérifie que g_s est solution de $(\mathcal{E}_s)$ sur I.

I.1.2. $g_s(0) = g_s'(0) = 0$. Comme la fonction nulle sur I est solution de $(\mathcal{E}_s)$ sur I et comme $(\mathcal{E}_s)$ est une équation différentielle linéaire homogène du second ordre, à coefficients fonctions continues sur I et telle que le coefficient de y''

ne s'annule pas sur I, on déduit du théorème de Cauchy-Lipschitz linéaire que g_s est la fonction nulle sur I *i.e.* f_s est impaire.

I.2. Notons, pour tout $x \in I, \psi(x) = (1-x^2)^\alpha$.
La fonction ψ est de classe $\mathcal{C}^2$ sur I et
$\psi'(x) = -2\alpha x(1-x^2)^{\alpha-1}, \psi''(x) = -2\alpha x(1-x^2)^{\alpha-2}\big[1-x^2-2(\alpha-1)x^2\big]$.
ψ est solution de $(\mathcal{E}_s)$ sur I si, et seulement si, pour tout $x \in I$,
$(1-x^2)^{\alpha-1}\big[-2\alpha-2(s+1)+x^2(4\alpha(\alpha-1)+2\alpha+4\alpha(s+2)+2(s+1))\big] = 0$.
Comme $(x \mapsto 1, x \mapsto x^2)$ est libre dans $\mathcal{F}(I, \mathbb{R})$, ceci équivaut à

$$\begin{cases} \alpha+s+1=0 \\ (\alpha+s+1)(2\alpha+1)=0 \end{cases} \iff \alpha = -(s+1).$$

I.3.

I.3.1. La fonction $f_s : x \mapsto \psi(x)u_s(x)$ est de classe $\mathcal{C}^2$ sur I et
$f_s(x) = \psi(x)u_s(x) \Rightarrow f_s'(x) = \psi'(x)u_s(x) + \psi(x)u_s'(x)$ puis
$f_s''(x) = \psi''(x)u_s(x) + 2\psi'(x)u_s'(x) + \psi(x)u_s''(x)$.
Comme $\big[(1-x^2)\psi''(x) - 2(s+2)x\psi'(x) - 2(s+1)\psi(x)\big]u_s(x) = 0$, on a
$(1-x^2)f_s''(x) - 2(s+2)xf_s'(x) - 2(s+1)f_s(x) = 0$ si, et seulement si,
$\forall x \in I, \big[2\psi'(x)(1-x^2) - 2x(s+2)\psi(x)\big]u_s'(x) + (1-x^2)\psi(x)u_s''(x) = 0$
si, et seulement si, $\forall x \in I, (1-x^2)u_s''(x) + 2xsu_s'(x) = 0$,
ce qui équivaut à u_s' est solution de $(\mathcal{E}_s')$ sur I.

I.3.2. Une primitive de $x \mapsto \dfrac{2sx}{1-x^2}$ sur I est $x \mapsto -\ln\big[(1-x^2)^s\big]$. Donc

$$y \in S_I(\mathcal{E}_s') \iff \frac{d}{dx}\Big(\frac{y(x)}{(1-x^2)^s}\Big) = 0 \iff \exists a \in \mathbb{R}, \forall x \in I, y(x) = a(1-x^2)^s.$$

I.3.3. Donc, pour tout $x \in I, u_s'(x) = a(1-x^2)^s$. Comme $u_s'(0) = 1$ et $u_s(0) = 0$, il s'ensuit que : $\forall x \in I, u_s(x) = \displaystyle\int_0^x (1-t^2)^s dt$.

I.4.

I.4.1. La fonction $y : x \mapsto \displaystyle\sum_{n=0}^{\infty} c_n x^{2n+1}$ étant de classe $\mathcal{C}^\infty$ sur I d'après le cours sur les séries entières et telle que

$$y'(x) = \sum_{n=0}^{\infty} c_n(2n+1)x^{2n} \text{ et } y''(x) = \sum_{n=1}^{\infty} c_n(2n+1)(2n)x^{2n-1}.$$

$(1-x^2)y''(x) - 2(s+2)xy'(x) - 2(s+1)y(x) = 0$ si, et seulement si, d'après l'unicité des coefficients du DSE de la fonction nulle,

$\forall n \in \mathbb{N}, -2(s+1)c_n - 2(s+2)(2n+1)c_n - (2n+1)(2n)c_n + (2n+3)(2n+2)c_{n+1} = 0$
ce qui équivaut à $\forall n \in \mathbb{N}, (2n+3)(n+1)c_{n+1} = (n+1)(2n+2s+3)c_n$.
ce qui équivaut à $\forall n \in \mathbb{N}, c_{n+1} = \dfrac{2n+2s+3}{2n+3}c_n$.

I.4.2. Par récurrence,

$$\forall n \geqslant 1, c_n = \frac{(2s+2n+1)(2s+2n-1)\cdots(2s+3)}{(2n+1)(2n-1)\cdots 3}c_0$$

Or $(2n+1)(2n-1)\cdots 3 = \dfrac{(2n+1)2n(2n-1)\cdots 3.2}{(2n)(2n-2)\cdots 2} = \dfrac{(2n+1)!}{2^n n!}$,

donc : $\forall n \in \mathbb{N}, c_n = c_0 \dfrac{2^n n!}{(2n+1)!} \displaystyle\prod_{k=1}^{n} (2s+2k+1)$.

I.4.3. Si $s \neq -n - \dfrac{3}{2}, n \in \mathbb{N}$ et $c_0 \neq 0$, les c_n sont tous non nuls et $(\mathcal{E}_s)$ n'a pas de solution polynôme ; mais si $n = -k - \dfrac{3}{2}, k \in \mathbb{N}$, les c_n sont tous nuls pour $n > k$ et $c_k \neq 0$, on a donc des solutions fonction polynôme impaires dans ce cas (non identiquement nulles si $c_0 \neq 0$).

I.4.4. $s \neq -n - \dfrac{3}{2}, n \in \mathbb{N}$ et $c_0 \neq 0$, et pour $x \in \mathbb{R}^\star$, on déduit de I.4.1.
$\left|\dfrac{c_{n+1}x^{n+1}}{c_n x^n}\right| = |x|\left|\dfrac{2n+2s+3}{2n+3}\right| \xrightarrow[n\to\infty]{} |x|$. On déduit de la règle de d'Alembert pour les séries à termes positifs, que la série $\sum |c_n x^{2n+1}|$ converge si $|x| < 1$ et diverge si $|x| > 1$. D'après la définition du rayon de convergence d'une série entière, on a $\sum c_n x^{2n+1}$ de rayon de convergence 1.

I.5. $f_s'(0) = 1$ implique $c_0 = 1$. Le résultat découle de I.4.

I.6. L'application de I.3. avec $s = -p - \dfrac{3}{2}$ et $p \in \mathbb{N}$ donne

$$u_s(x) = \int_0^x \frac{dt}{(1-t^2)^{p+\frac{3}{2}}} = (1-x^2)^{s+1} f_s(x) = \frac{f_s(x)}{(1-x^2)^{p+\frac{1}{2}}}.$$

On déduit de I.4.3. que $f_s(x) = Q_p(x) = \displaystyle\sum_{n=0}^{p} c_n x^{2n+1}$. On a Q_p polynôme de degré $(2p+1)$ et $Q_p(x) = x + \displaystyle\sum_{n=1}^{p} \left[\frac{2^{2n} n!}{(2n+1)!} \prod_{k=1}^{n} (k-p+1)\right] x^{2n+1}$.

$$Q_0(x) = x \Rightarrow \int_0^x \frac{dt}{(1-t^2)^{\frac{3}{2}}} = \frac{x}{\sqrt{1-x^2}}.$$

$$Q_1(x) = x - \frac{2}{3}x^3 \Rightarrow \int_0^x \frac{dt}{(1-t^2)^{\frac{5}{2}}} = \frac{3x-2x^3}{3(1-x^2)^{\frac{3}{2}}}.$$

Partie II

II.1. Notons $g(x,t) = (1-t^2)^x$. Pour tout $x \in \mathbb{R}$, la fonction : $t \mapsto g(x,t)$ est continue sur $[0,1[$. Comme $g(x,t) \underset{t\to 1^-}{\sim} 2^x(1-t)^x$ et comme $t \mapsto (1-t)^x$ est intégrable sur $[0,1[$ si, et seulement si, $x > -1$, il en est de même de la fonction $t \mapsto g(x,t)$. Comme cette dernière fonction est positive, l'ensemble de définition de la fonction β est $]-1,+\infty[$.

II.2. On vient de voir que $t \mapsto g(x,t)$ est continue et intégrable sur $[0,1[$ pour tout $x > -1$. Pour tout $t \in [0,1[$, la fonction $x \mapsto g(x,t)$ est continue sur $]-1,+\infty[$. Soit $a > -1$. Pour tout $(x,t) \in [a,+\infty[\times[0,1[, 0 < g(x,t) \leqslant g(a,t)$.

Comme la fonction $t \mapsto g(a,t)$ est intégrable sur $[0,1[$, on déduit du théorème de continuité des intégrales paramétrées que β est continue sur $]-1,+\infty[$.

II.3. Pour tout $(x,t) \in]-1,+\infty[\times[0,1[, (1-t^2)^x \ln(1-t^2) \leqslant 0$. Donc $\beta'(x) \leqslant 0$ pour tout $x \in]-1,+\infty[$. Comme la fonction $t \mapsto (1-t^2)^x \ln(1-t^2)$ est de plus continue et distincte de la fonction nulle, on a : $\forall x \in]-1,+\infty[, \beta'(x) < 0$. La fonction β est donc strictement décroissante sur $]-1,+\infty[$.

Complément **:** le jour du concours, l'énoncé demandait d'admettre la dérivabilité de la fonction β. Il fallait suivre ses recommandations. Si vous êtes en train de lire ces lignes, vous êtes censé vous entraîner. Refermez donc cet ouvrage et prouvez que β est élément de $\mathcal{C}^1(]-1,+\infty[,\mathbb{R})$. Le corrigé suit.
On a $g \in \mathcal{C}^1(]-1,+\infty[\times[0,1[,\mathbb{R})$ et $t \mapsto g(x,t)$ intégrable sur $[0,1[$. Il suffit de prouver la condition de domination. On a $\dfrac{\partial g}{\partial x}(x,t) = (1-t^2)^x \ln(1-t^2)$

Soit $a > -1$; pour tout $(x,t) \in [a,+\infty[\times[0,1[, \left|\dfrac{\partial g}{\partial x}(x,t)\right| \leqslant (1-t^2)^a \left|\ln(1-t^2)\right|$.
La fonction $\varphi : t \mapsto (1-t^2)^a \left|\ln(1-t^2)\right|$ est continue sur $[0,1[$.
$\varphi(t) \underset{t\to 1^-}{\sim} 2^a(1-t)^a \left|\ln(1-t)\right|$.
Comme $a > -1$, on a $1 > -a$. Soit b tel que $1 > b > -a$, alors
$(1-t)^b\varphi(t) \underset{t\to 1^-}{\sim} 2^a(1-t)^{a+b}\left|\ln(1-t)\right| \underset{t\to 1}{\longrightarrow} 0$ par croissances comparées *i.e.*
$\varphi(t) \underset{t\to 1}{=} o\left(\dfrac{1}{(1-t)^b}\right)$ avec $b < 1$. Donc φ est intégrable sur $[0,1[$. On déduit du théorème de dérivation des intégrales paramétrées que β est de classe $\mathcal{C}^1$ sur $]-1,+\infty[$ et que $\forall x \in]-1,+\infty[, \beta'(x) = \displaystyle\int_0^1 \frac{\partial g}{\partial x}(x,t)dt$.

II.4.

II.4.1. Intégrons par parties en posant $u(t) = (1-t^2)^{x+1}$ et $v(t) = t$. Les fonctions u et v sont de classe $\mathcal{C}^1$ sur $[0,1[$. Comme $x+1 > 0$,
$(uv)(1) = (uv)(0) = 0$, on a $\beta(x+1) = 2(x+1)\displaystyle\int_0^1 t^2(1-t^2)^x dt$.
En écrivant $t^2 = (t^2-1)+1$, on obtient $\beta(x+1) = (2x+2)\left[-\beta(x+1)+\beta(x)\right]$.
Donc : $\forall x \in]-1,+\infty[, \beta(x+1) = \dfrac{2x+2}{2x+3}\beta(x)$.

II.4.2. $\beta(0) = 1$. On a $\beta(x) = \dfrac{2x+3}{2x+2}\beta(x+1)$. Comme $\displaystyle\lim_{x\to 1-^+} \frac{2x+3}{2x+2} = +\infty$ et $\displaystyle\lim_{x\to 1-^+} \beta(x+1) = \beta(0) = 1$ puisque β est continue en $0 \in]-1,+\infty[$, on conclut que $\displaystyle\lim_{x\to 1-^+} \beta(x) = +\infty$.

II.4.3. Pour tout $n \in \mathbb{N}, \beta(n+1) = \dfrac{2n+2}{2n+3}\beta(n)$. Par récurrence, on obtient
$\beta(n) = \dfrac{2n\cdots 2}{(2n+1)\cdots 3} = \dfrac{(2^n n!)^2}{(2n+1)!}$.
D'après la formule de Stirling, $n! \underset{n\to\infty}{\sim} \left(\dfrac{n}{e}\right)^n\sqrt{2\pi n}$.

En écrivant $\beta(n) \underset{n\to\infty}{\sim} \dfrac{1}{2n}\dfrac{(2^n n!)^2}{(2n)!}$ et en utilisant la formule de Stirling, on obtient : $\beta(n) \underset{n\to\infty}{\sim} \dfrac{1}{2}\sqrt{\dfrac{\pi}{n}}$ et donc $\lim\limits_{n\to\infty} \beta(n) = 0$.
Comme on a vu que β est décroissante sur $]-1,+\infty[$, pour tout $x \geqslant 1$, notons $n = [x]$ la partie entière de x. On a $n \leqslant x < n+1$ $(\star)$.
Donc $\beta(n+1) \leqslant \beta(x) \leqslant \beta(n)$. Comme $\lim\limits_{x\to+\infty} n = +\infty$ et $\lim\limits_{n\to\infty} \beta(n) = 0$, on déduit du théorème d'encadrement que $\lim\limits_{x\to+\infty} \beta(x) = 0$.

Remarque : on peut déduire de $(\star)$ que $\beta(x) \underset{x\to+\infty}{\sim} \dfrac{1}{2}\sqrt{\dfrac{\pi}{x}}\cdot$

II.4.4. $\beta\Big(-\dfrac{1}{2}\Big) = \displaystyle\int_0^1 \frac{dt}{\sqrt{1-t^2}} = \arcsin(1) - \arcsin(0) = \frac{\pi}{2}\cdot$
On déduit de II.4.1. que $\beta\Big(-\dfrac{1}{2}+n\Big) = \dfrac{2n}{2n+1}\beta\Big(-\dfrac{3}{2}+n\Big)$. Par récurrence, il vient : $\beta\Big(-\dfrac{1}{2}+n\Big) = \dfrac{2n\cdots 2}{(2n+1)\cdots 3}\beta\Big(-\dfrac{1}{2}\Big) = \dfrac{(2^n n!)^2}{(2n+1)!}\cdot\dfrac{\pi}{2}\cdot$

Partie III

III.1.
III.1.1. La fonction φ_γ est continue, de classe $\mathcal{C}^1$ par morceaux sur $\mathbb{R}$ et 2π-périodique. On déduit du théorème de convergence normale, que φ_γ est somme de sa série de Fourier.

III.1.2. La fonction φ_γ étant continue et paire, $b_n(\varphi_\gamma) = 0$ pour tout $n \geqslant 1$.
$a_{2p+1}(\varphi_\gamma) = \dfrac{2}{\pi}\displaystyle\int_0^\pi |\cos(t)|^\gamma \cos((2p+1)t)dt$. Le changement de variable affine $t = \pi - x$ donne $a_{2p+1}(\varphi_\gamma) = 0$ pour tout $p \in \mathbb{N}$.

III.2.
III.2.1. $I_p - I_{p+1} = \displaystyle\int_0^{\frac{\pi}{2}} |\cos(t)|^\gamma \big[\cos((2p)t) - \cos((2p+2)t)\big]dt.$
Le résultat découle de la formule de trigonométrie :
$\cos(a) - \cos(b) = -2\sin\Big(\dfrac{a+b}{2}\Big)\sin\Big(\dfrac{a-b}{2}\Big)$. D'où

$$I_p - I_{p+1} = 2\int_0^{\frac{\pi}{2}} \cos^\gamma(x)\sin(x)\sin((2p+)x)dx.$$

III.2.2. Effectuons une intégration par parties en posant $u(t) = -\dfrac{1}{\gamma+1}\cos^{\gamma+1}(x)$ et $v(x) = \sin((2p+1)x)$. Comme $\gamma > 1$ et $p \in \mathbb{N}$, les deux fonctions u et v sont de classe $\mathcal{C}^1$ sur $[0,\pi/2]$ et $\Big[u(t)v(t)\Big]_0^{\frac{\pi}{2}} = 0$, on obtient :

$$I_p - I_{p+1} = 2\frac{2p+1}{\gamma+1}\int_0^{\frac{\pi}{2}} \cos^\gamma(x)\cos(x)\cos((2p+1)x)dx.$$

III.2.3. On déduit de de la formule :
$\cos(a) + \cos(b) = 2\cos\left(\frac{a+b}{2}\right)\cos\left(\frac{a-b}{2}\right)$ que

$I_p + I_{p+1} = 2\int_0^{\frac{\pi}{2}} \cos^\gamma(x)\cos(x)\cos((2p+1)x)dx.$

D'où $I_p - I_{p+1} = \frac{2p+1}{\gamma+1}\big(I_p + I_{p+1}\big).$

III.2.4. $I_0 = \int_0^{\frac{\pi}{2}} \cos^\gamma(x)dx$. Le changement de variable $x = \arcsin(t)$ établissant un $\mathcal{C}^1$-difféomorphisme entre $[0,1[$ et $\left[0, \frac{\pi}{2}\right[$, on a

$I_0 = \int_0^1 \left(1-t^2\right)^{\frac{\gamma-1}{2}} dt = \beta(\gamma')$ où $\gamma' = \frac{\gamma-1}{2}.$

III.2.5. On déduit de III.2.3. que $I_{p+1} = \frac{\gamma-2p}{\gamma+2p+2} I_p$. D'où par récurrence,

$I_p = \frac{\gamma-2(p-1))\cdots\gamma}{(\gamma+2p)\cdots(\gamma+2)} I_0 = \frac{\gamma}{\gamma+2p}\prod_{k=0}^{p-1}\left(\frac{\gamma-2k}{\gamma+2k}\right)\cdot\beta(\gamma')$ *i.e.* le résultat.

III.3. $a_{2p} = \frac{4}{\pi} I_p$ si $p \geqslant 1$ puisque $\int_0^\pi \theta = 2\int_0^{\frac{\pi}{2}} \theta$ si $\theta(\pi - t) = \theta(t)$.

$a_0(\gamma) = \frac{1}{2}a_0(\varphi_\gamma) = \frac{2}{\pi}I_0 = \frac{2}{\pi}\beta\Big(\frac{\gamma-1}{2}\Big).$

Fin

Notations :

On note :

- $\mathbb{R}$: l'ensemble des nombres réels,
- ln : la fonction logarithme népérien.

Pour tout nombre réel x tel que la série $\sum_{n\geqslant 1} \frac{(-1)^{n+1}}{n^x}$ converge (resp. la série $\sum_{n\geqslant 0} \ln\left(1+e^{-nx}\right)$ converge), on note $\theta(x) = \sum_{n=1}^{\infty} \frac{(-1)^{n+1}}{n^x}$ (resp $f(x) = \sum_{n=0}^{\infty} \ln\left(1+e^{-nx}\right)$) la somme de cette série.

Objectifs :

On se propose d'étudier quelques propriétés des fonctions θ et f.
Dans la partie I, on calcule trois valeurs exactes et une valeur approchée de $\theta(n)$ pour quatre entiers naturels n. La partie II est consacrée à une étude de la fonction f en liaison avec $\theta(2)$. Dans la partie III, on étudie de façon plus précise la continuité et le caractère $\mathcal{C}^1$ de la fonction θ.

PARTIE I

Quelques valeurs de la fonction θ

I.1. Calcul de $\theta(1)$

I.1.1. Préciser, selon la valeur du nombre réel x, la limite de $\frac{1}{n^x}$ lorsque l'entier n tend vers ∞.

I.1.2. Montrer que l'ensemble de définition de la fonction θ est $E =]0, +\infty[$.

I.1.3. Pour tout entier naturel n, on pose $J_n = \int_0^{\frac{\pi}{4}} \left(\tan(t)\right)^n dt$.

I.1.3.1. Préciser une primitive de la fonction $t \mapsto \tan(t)$ et calculer J_1.

I.1.3.2. Montrer que la suite (J_n) est convergente et préciser sa limite.

I.1.3.3. Calculer $J_n + J_{n+2}$ pour tout entier naturel n.

I.1.3.4. En utilisant le résultat obtenu en I.1.3.3, établir (par exemple par récurrence), pour tout entier naturel n non nul, la relation :

$$\sum_{k=1}^{n} \frac{(-1)^{k+1}}{2k} = J_1 + (-1)^{n+1} J_{2n+1}.$$

I.1.3.5. En déduire la valeur de $\theta(1)$.

I.2. Une valeur approchée de $\theta(3)$

Pour tout entier naturel n non nul, on pose $S_n = \sum_{k=1}^{n} \frac{(-1)^{k+1}}{k^3}$.

I.2.1. Décrire, en français, un algorithme de calcul de S_n pour n entier naturel non nul donné.

I.2.2. En utilisant l'algorithme précédent et la calculatrice, donner la valeur décimale approchée par défaut σ de S_{30} à la précision 10^{-4}.

I.2.3. Montrer que σ est aussi la valeur décimale approchée par défaut de $\theta(3)$ à la précision 10^{-4}.

I.3. Calcul de $\theta(2)$ et $\theta(4)$

On considère la fonction g définie sur $\mathbb{R}$, à valeurs réelles, 2π-périodique et vérifiant : $g(x) = x^2$ pour tout $x \in [-\pi, \pi]$.

Pour tout entier naturel n , on pose $\alpha_n = \int_0^{\pi} x^2 \cos(nx)\, dx$.

I.3.1. Calculer α_n pour tout entier naturel n .

I.3.2. Expliciter les coefficients de Fourier réels $a_n(g)$ et $b_n(g)$ de la fonction g. On rappelle que pour tout entier naturel n :

$$a_n(g) = \frac{1}{\pi} \int_{-\pi}^{\pi} g(x) \cos(nx)\, dx \text{ et } b_n(g) = \frac{1}{\pi} \int_{-\pi}^{\pi} g(x) \sin(nx)\, dx.$$

I.3.3. Justifier la convergence, pour tout x réel, de $\sum_{n \geqslant 1} \frac{(-1)^n}{n^2} \cos(nx)$ et expliciter sa somme $\sum_{n=1}^{\infty} \frac{(-1)^n}{n^2} \cos(nx)$ pour tout $x \in [-\pi, \pi]$.

I.3.4. En déduire la valeur de $\theta(2)$.

I.3.5. Justifier la convergence de la série $\sum_{n \geqslant 1} \frac{1}{n^4}$ et calculer la valeur de sa somme $\sum_{n=1}^{\infty} \frac{1}{n^4}$.

I.3.6. En utilisant le résultat obtenu en I.3.3, établir la convergence de la série $\sum_{n \geqslant 1} \frac{(-1)^n}{n^3} \sin(nx)$ et expliciter sa somme $\sum_{n=1}^{\infty} \frac{(-1)^n}{n^3} \sin(nx)$ pour $x \in [-\pi, \pi]$.

I.3.7. Justifier, pour tout x réel, la convergence de la série $\sum_{n \geqslant 1} \frac{(-1)^n}{n^4} \cos(nx)$ et calculer sa somme $\sum_{n=1}^{\infty} \frac{(-1)^n}{n^4} \cos(nx)$ pour $x \in [-\pi, \pi]$ en fonction de x et $\theta(4)$.

I.3.8. En déduire la valeur de $\theta(4)$.

PARTIE II
Étude d'une fonction

Pour tout entier naturel n et tout nombre réel x, on note
$u_n(x) = \ln(1 + e^{-nx})$.
Pour tout nombre réel x tel que la série $\sum\limits_{n \geqslant 0} u_n(x)$ converge, on note
$f(x) = \sum\limits_{n=0}^{\infty} u_n(x)$ la somme de cette série. On se propose d'étudier quelques propriétés de la fonction f en utilisant en particulier
$\theta(2) = \displaystyle\sum_{n=1}^{\infty} \frac{(-1)^{n+1}}{n^2}$.

II.1. Montrer que la fonction f est définie sur $]0, +\infty[$.

On note désormais $\mathcal{E}$ l'image par f de l'intervalle $]0, +\infty[$.

II.2. Montrer que la fonction f est continue sur $]0, +\infty[$.

II.3. Montrer que la fonction f est strictement monotone sur $]0, +\infty[$.

II.4. Justifier l'affirmation : $\mathcal{E}$ est un intervalle de $\mathbb{R}$.

II.5. Montrer que la fonction f admet une limite finie (que l'on précisera) en $+\infty$.

II.6. Pour tout nombre réel x strictement positif, on désigne par ψ_x la fonction définie sur $\mathbb{R}_+$ par : $\psi_x(t) = \ln(1 + e^{-tx})$.

II.6.1. Justifier la convergence de l'intégrale $\displaystyle\int_0^{+\infty} \psi_x(t)\, dt$.

II.6.2. Établir, pour tout nombre réel $x > 0$, la double inégalité :

$$\int_0^{+\infty} \psi_x(t)\, dt \leqslant f(x) \leqslant \ln(2) + \int_0^{+\infty} \psi_x(t)\, dt.$$

II.6.3. Montrer l'existence de l'intégrale $\displaystyle\int_0^1 \frac{\ln(1+y)}{y}\, dy$ et exprimer sa valeur en fonction de $\theta(2)$.

II.6.4. Montrer qu'il existe une constante μ (que l'on précisera) telle que pour tout nombre réel x strictement positif, on ait la double inégalité :

$$\frac{\mu}{x} \leqslant f(x) \leqslant \lambda + \frac{\mu}{x}.$$

II.6.5. En déduire la limite de $xf(x)$ lorsque x tend vers 0 et préciser l'intervalle $\mathcal{E}$.

PARTIE III
Propriétés de la fonction θ

Rappel : $\theta(x) = \sum_{n=1}^{\infty} \frac{(-1)^{n+1}}{n^x}\cdot$

III.1. Montrer que pour tout nombre réel x de $E =]0, +\infty[$, on a la double inégalité : $1 - \frac{1}{2^x} \leqslant \theta(x) \leqslant 1$.

III.2. En déduire que la fonction θ est bornée sur E et qu'elle admet une limite finie en $+\infty$; on précisera cette limite.

III.3. Continuité de la fonction

III.3.1. En utilisant la notion de convergence normale, montrer que la fonction θ est continue sur l'intervalle $]1, +\infty[$.

III.3.2. Montrer que la fonction θ est continue sur E.

III.4. Caractère $\mathcal{C}^1$ de la fonction θ

III.4.1. Soit x un nombre réel fixé strictement positif, on désigne par φ_x la fonction définie sur l'intervalle $[2, +\infty[$ par $\varphi_x(t) = \frac{\ln(t)}{t^x}\cdot$ Étudier les variations de la fonction φ_x sur l'intervalle $[2, +\infty[$; on précisera l'étude dans les deux cas :

III.4.1.1. lorsque $x \geqslant \frac{1}{\ln(2)}\cdot$

III.4.1.2. lorsque $x \in \left]0\,, \frac{1}{\ln(2)}\right[\cdot$

III.4.2. Démontrer de façon rigoureuse que la fonction θ est de classe $\mathcal{C}^1$

III.4.2.1. sur l'intervalle $\left[\frac{1}{\ln(2)}\,, +\infty\right[$,

III.4.2.2. sur l'intervalle $]0, +\infty[$.

III.4.3. Déterminer le signe

III.4.3.1. de $\theta'(2)$,

III.4.3.2. de $\theta'(1)$.

Solution

Partie I

I.1.

I.1.1. $\dfrac{1}{n^x} \xrightarrow[n\to\infty]{} \begin{cases} 1 & \text{si } n=1, \\ 0 & \text{si } n \geqslant 2. \end{cases}$

I.1.2. Si $x \leqslant 0$ alors $\dfrac{(-1)^{n+1}}{n^x} \underset{n\to\infty}{\not\longrightarrow} 0$, donc la série $\sum \dfrac{(-1)^{n+1}}{n^x}$ diverge grossièrement.
Si $x > 0$ en revanche le théorème des séries alternées s'applique et montre que cette série converge, en effet $\left(\dfrac{1}{n^x}\right)_n$ converge vers 0 en décroissant et la série est clairement alternée.
Donc θ admet $\mathbb{R}_+^\star$ pour ensemble de définition.

I.1.3.1. Si $t \not\equiv \dfrac{\pi}{2}$ $[\pi]$ alors $\dfrac{d}{dt}\Big(-\ln\big(|\cos(t)|\big)\Big) = \tan(t)$
d'où $J_1 = \Big[-\ln\big(|\cos(t)|\big)\Big]_0^{\frac{\pi}{4}} = \dfrac{\ln(2)}{2}\cdot$

I.1.3.2. Si on note $f_n : t \mapsto \tan^n(t)$, alors, pour tout $n \in \mathbb{N}$, f_n est continue sur $\left[0, \dfrac{\pi}{4}\right]$, $(f_n)_n$ converge simplement vers la fonction nulle sur $\left[0, \dfrac{\pi}{4}\right[$, la fonction nulle est continue et on a la domination : $\big|f_n(t)\big| \leqslant 1$ si $n \in \mathbb{N}$ et $0 \leqslant t \leqslant \dfrac{\pi}{4}\cdot$
Comme $t \mapsto 1$ est intégrable sur $\left[0, \dfrac{\pi}{4}\right[$, le théorème de convergence dominée montre que $(J_n)_n$ converge vers 0.

I.1.3.3. $J_n + J_{n+2} = \displaystyle\int_0^{\frac{\pi}{4}} \tan^n(t) d\big(\tan(t)\big) = \dfrac{1}{n+1}\cdot$

I.1.3.4. $\displaystyle\sum_{k=1}^{n} \dfrac{(-1)^{k+1}}{2k} = \sum_{k=1}^{n} (-1)^{k+1}(J_{2k-1} + J_{2k+1}) = J_1 + (-1)^{n+1} J_{2n+1}$ par transformation suite/série.

I.1.3.5. $\theta(1) = 2 \displaystyle\lim_{n\to\infty} \sum_{k=1}^{n} \dfrac{(-1)^{k+1}}{2k} = 2J_1$ d'après I.1.3.2, donc $\theta(1) = \ln(2)$.

I.2.

I.2.1. Initialement a est nul, pour k allant de 1 à n ajouter $\dfrac{(-1)^{k+1}}{k}$ à a.

I.2.2. Pour $n = 30$ on trouve $0,9015$ comme valeur approchée par défaut de S_{30} à 10^{-4} près.

I.2.3. Le théorème des séries alternées montre que $S_{30} \leqslant \theta(3) \leqslant S_{31}$ et, par le même algorithme, $S_{31} < 0,9016$, donc $0,9015$ est une valeur approchée par défaut de $\theta(3)$ à 10^{-4} près.

I.3.

I.3.1. Immédiatement $\alpha_0 = \dfrac{\pi^3}{3}$ et, si $n \geqslant 1$, on procède à deux intégrations par parties : $\alpha_n = \left[\dfrac{x^2\sin(nx)}{n} + \dfrac{2x\cos(nx)}{n^2} + \dfrac{2\sin(nx)}{n^3}\right]_0^{\pi} = \dfrac{2(-1)^n\pi}{n^2}\cdot$

I.3.2. Si $n \geqslant 1$, $b_n(g) = 0$ car g est paire.
Si $n \in \mathbb{N}$, $a_n(g) = \dfrac{2\alpha_n}{\pi}$ donc $\dfrac{a_0(g)}{2} = \dfrac{\pi^2}{3}$ et $a_n(g) = \dfrac{4(-1)^n}{n^2}$ si $n \geqslant 1$.

I.3.3. g est continue, de classe $\mathcal{C}^1$ par morceaux sur $\mathbb{R}$, 2π-périodique et, donc, sa série de Fourier converge normalement sur $\mathbb{R}$ et admet g pour somme.
En particulier si $|x| \leqslant \pi$, $\displaystyle\sum_{n=1}^{\infty} \frac{(-1)^n\cos(nx)}{n^2} = \frac{1}{4}\Big(x^2 - \frac{\pi^2}{3}\Big)\cdot$

I.3.4. Quand $x = 0$ on en déduit $\theta(2) = \dfrac{\pi^2}{12}\cdot$

I.3.5. L'égalité de Parseval s'écrit $\displaystyle\frac{1}{\pi}\int_0^{\pi} x^4\,dx = \frac{a_0(g)^2}{4} + \frac{1}{2}\sum_{n=1}^{\infty} a_n^2(g)$ et montre la convergence de $\sum \dfrac{1}{n^4}$ avec $\dfrac{\pi^4}{5} = \dfrac{\pi^4}{9} + 8\zeta(4)$ d'où $\zeta(4) = \dfrac{\pi^4}{90}\cdot$

I.3.6. La convergence normale évoquée en I.3.3 montre que, si $|x| \leqslant \pi$:
$\displaystyle\int_0^x \sum_{n=1}^{\infty} \frac{(-1)^n\cos(nt)}{n^2}\,dt = \sum_{n=1}^{\infty} \frac{(-1)^n}{n^2}\int_0^x \cos(nt)\,dt$ ou encore

$$\frac{x}{12}(x^2 - \pi^2) = \sum_{n=1}^{\infty} \frac{(-1)^n\sin(nx)}{n^3}\cdot$$

I.3.7. De même, et toujours par convergence normale sur tout segment, si $|x| \leqslant \pi$: $\displaystyle\int_0^x \frac{t}{12}(t^2-\pi^2)\,dt = \sum_{n=1}^{\infty} \frac{(-1)^n}{n^3}\int_0^x \sin(nt)\,dt = \sum_{n=1}^{\infty} \frac{(-1)^{n+1}}{n^4}\big[\cos(nx)-1\big]$
d'où $\displaystyle\sum_{n=1}^{\infty} \frac{(-1)^n\cos(nx)}{n^4} = \frac{x^2}{24}\Big(\pi^2 - \frac{x^2}{2}\Big) - \theta(4).$

I.3.8. Pour $x = \pi$ on en déduit $\zeta(4) = \dfrac{\pi^4}{90} = \dfrac{\pi^4}{48} - \theta(4)$ d'où $\theta(4) = \dfrac{7\pi^4}{720}\cdot$

Partie II

II.1. Si $x \leqslant 0$, $u_n(x) \underset{n\to\infty}{\not\longrightarrow} 0$, donc $\sum u_n(x)$ diverge grossièrement.
Si $x > 0$, $u_n(x) \underset{n\to\infty}{\sim} e^{-nx}$ et $\sum e^{-nx}$ est une série à termes positifs géométrique convergente, donc $\sum u_n(x)$ converge.
Par suite l'ensemble de définition de f est $\mathbb{R}_+^{\star}$, ce qui est plus précis que la réponse attendue.

II.2. Si $x \geqslant a > 0$ alors $\left|u_n(x)\right| \leqslant u_n(a)$ et $\sum u_n(a)$ converge, donc $\sum u_n$ converge normalement sur $[a, +\infty[$.
Comme chaque u_n est continue sur $\mathbb{R}_+^\star$, la fonction f est continue sur $\mathbb{R}_+^\star$.

II.3. f est strictement décroissante sur $\mathbb{R}_+^\star$ en tant que limite simple de telles fonctions.

II.4. Conséquence immédiate du théorème des valeurs intermédiaires.

II.5. Pour tout $n \in \mathbb{N}$, $u_n(x) \xrightarrow[x \to +\infty]{} \delta_{n,0} \times \ln(2)$ et $\sum u_n$ converge normalement sur $[1, +\infty[$, donc le théorème de la double limite montre que $f(x) \xrightarrow[x \to +\infty]{} \ln(2)$.

II.6.
II.6.1. ψ_x est continue sur $\mathbb{R}_+$ et $\psi_x(t) \underset{t \to +\infty}{\sim} e^{-tx}$, ψ_x est intégrable sur $\mathbb{R}_+$.

II.6.2. ψ_x décroît sur $\mathbb{R}_+$ donc, pour tout $n \in \mathbb{N}$, $\psi_x(n) \leqslant \displaystyle\int_n^{n+1} \psi_x \leqslant \psi_x(n+1)$

et, en sommant quand n décrit $\mathbb{N}$, $f(x) - \ln(2) \leqslant \displaystyle\int_0^{+\infty} \psi_x \leqslant f(x)$, d'où le résultat.

II.6.3. Si, pour tout $n \in \mathbb{N}$, on pose $f_n : y \mapsto \dfrac{(-1)^n y^n}{n+1}$, alors f_n est continue sur $[0,1]$, $\sum f_n$ converge simplement sur $]0,1[$ et sa somme, $S : y \mapsto \dfrac{\ln(1+y)}{y}$, est continue.
De plus $\displaystyle\int_0^1 |f_n| = \frac{1}{(n+1)^2}$, terme général d'une série convergente.
Le théorème d'intégration terme à terme assure alors l'absolue convergence (et donc la convergence) de $\displaystyle\int_0^1 S$ ainsi que $\displaystyle\int_0^1 S = \theta(2)$.

II.6.4. Si $x > 0$, $t \mapsto e^{-tx}$ est un $\mathcal{C}^1$-difféomorphisme de $\mathbb{R}_+$ sur $]0,1]$.
Si $y = e^{-tx}$ alors $dt = -\dfrac{dy}{xy}$ et $\displaystyle\int_0^{+\infty} \psi_x(t)\,dt = \frac{1}{x}\int_0^1 \frac{\ln(1+y)}{y}\,dy = \frac{\theta(2)}{x}$.
La question II.6.2 fournit alors : $\dfrac{\pi^2}{12x} \leqslant f(x) \leqslant \ln(2) + \dfrac{\pi^2}{12x}$.

II.6.5. Par encadrement $x f(x) \xrightarrow[x \to 0]{} \dfrac{\pi^2}{12}$.

Partie III

III.1. Posons, si $n \in \mathbb{N}^\star$, $\theta_n : x \mapsto \dfrac{(-1)^{n+1}}{n^x}$. Le théorème des séries alternées montre que $\theta_1(x) - \theta_2(x) \leqslant \theta(x) \leqslant \theta_1(x)$ si $x > 0$ *i.e.* $1 - \dfrac{1}{2^x} \leqslant \theta(x) \leqslant 1$.

III.2. Cela montre que θ est à valeurs dans $]0,1]$ et, par encadrement, que $\theta(x) \xrightarrow[x\to+\infty]{} 1$.

III.3.

III.3.1. Si $x \geqslant a > 1$ alors $|\theta_n(x)| \leqslant \dfrac{1}{n^a}$ et $\sum \dfrac{1}{n^a}$ converge. De plus chaque θ_n est continue sur $\mathbb{R}_+^\star$, donc θ est continue sur $]1,+\infty[$.

III.3.2. Le théorème des séries alternées montre que, si $n \in \mathbb{N}^\star$ et $x \geqslant \alpha > 0$, $\left|\sum_{k=n+1}^{\infty} \theta_k(x)\right| \leqslant |\theta_{n+1}(x)| \leqslant \dfrac{1}{(n+1)^\alpha}$ d'où la convergence uniforme de $\sum \theta_n$ sur $[\alpha,+\infty[$ et donc la continuité de sa somme sur $\mathbb{R}_+^\star$.

III.4.

III.4.1. φ_x est de classe $\mathcal{C}^1$ sur $[2,+\infty[$ et $\varphi_x'(t) = \dfrac{1 - x\ln(t)}{t^{x+1}}$.

III.4.1.1. Si $x \geqslant \dfrac{1}{\ln(2)}$ alors $1 - x\ln(t) \leqslant 0$ pour tout $t \geqslant 2$, donc φ_x décroît.

III.4.1.2. On a le tableau de variations :

t	2	$e^{\frac{1}{x}}$	$+\infty$
φ_x	$\nearrow$		$\searrow$

III.4.2. Chaque θ_n est de classe $\mathcal{C}^1$ et $\sum \theta_n$ converge simplement sur $\mathbb{R}_+^\star$.
De plus $\theta_n' : x \mapsto \dfrac{(-1)^n \ln(n)}{n^x}$ pour $n \geqslant 1$ et donc θ_1' est nulle.
Si $a > 0$ on pose $n_0 = E\left[e^{\frac{1}{a}}\right] + 1$ et on suppose $n \geqslant n_0$ et $x \geqslant a$, ainsi $\left(\varphi_x(n)\right)_{n \geqslant n_0}$ décroît.

Le théorème des séries alternées montre que $\left|\sum_{k=n+1}^{\infty} \theta_n'(x)\right| \leqslant |\theta_{n+1}'(x)|$, d'où $\left|\sum_{k=n+1}^{\infty} \theta_n'(x)\right| \leqslant \dfrac{\ln(n+1)}{(n+1)^a}$ et donc $\sum \theta_n'$ converge uniformément sur $[a,+\infty[$.
Le théorème de dérivation de la somme d'une série de fonctions montre que θ est de classe $\mathcal{C}^1$ sur $\mathbb{R}_+^\star$ avec $\theta' = \sum_{n=2}^{\infty} \theta_n'$.

III.4.3.1. Comme $\left(\dfrac{\ln(n)}{n^2}\right)_{n \geqslant 2}$ décroît, le théorème des séries alternées montre que $\theta'(2) = \sum_{n=2}^{\infty} \dfrac{(-1)^n \ln(n)}{n^2} > 0$.

III.4.3.2. $\left(\dfrac{\ln(n)}{n}\right)_{n \geqslant 3}$ décroît, donc, d'après le théorème des séries alternées, $\theta'(1) \geqslant \dfrac{\ln(2)}{2} - \dfrac{\ln(3)}{3} + \dfrac{\ln(4)}{4} - \dfrac{\ln(5)}{5} > 0$.

Fin

Notations :

On désigne par $\mathbb{R}$ l'ensemble des nombres réels, par $\mathbb{N}$ l'ensemble des nombres entiers naturels et par $\mathbb{N}^\star$ l'ensemble $\mathbb{N}$ privé de 0.

Pour n entier naturel non nul, on note $\mathfrak{M}_n(\mathbb{R})$ l'espace vectoriel réel des matrices carrées à n lignes et à coefficients dans $\mathbb{R}$.

Pour A dans $\mathfrak{M}_n(\mathbb{R})$, on note $\det(A)$ le déterminant de la matrice A.

Étant donné un espace vectoriel E, on note id l'endomorphisme identité défini par : pour tout x de E, $id(x) = x$.

On note $\mathrm{Im}(\ell)$ l'image d'un endomorphisme ℓ de E et $\ker(\ell)$ son noyau.

Pour $k \in \mathbb{N}$, on note ℓ^k l'endomorphisme de E défini par $\ell^0 = id$ si $k = 0$ et par $\ell^k = \ell \circ \ell^{k-1}$ sinon.

Étant donné une base $\mathcal{B}$ de E, on note $Mat_{\mathcal{B}}(\ell)$ la matrice de l'endomorphisme ℓ relativement à la base $\mathcal{B}$.

Étant donné un sous-espace vectoriel F d'un espace vectoriel de dimension finie, on note $\dim(F)$ la dimension de F.

On désigne par $\mathrm{Vect}(u, v)$ (respectivement $\mathrm{Vect}(u, F)$) le sous-espace vectoriel engendré par les vecteurs u et v (respectivement engendré par le vecteur u et les vecteurs de F).

Lorsque E sera un espace vectoriel normé, on notera $\|u\|$ la norme d'un vecteur u.

Lorsque E sera un espace euclidien, on notera $(u|v)$ le produit scalaire des vecteurs u et v ; on note $O(E)$ le groupe orthogonal de E (c'est-à-dire l'ensemble des automorphismes orthogonaux de E), $F^\perp$ désigne l'orthogonal du sous-espace vectoriel F et $\ell^\star$ désigne l'adjoint de l'endomorphisme ℓ.

Objectifs :

Étant donné un endomorphisme ℓ d'un espace vectoriel E, pour tout x de E et pour n de $\mathbb{N}^\star$, on définit $L_n(x) = \dfrac{1}{n}\displaystyle\sum_{k=0}^{n-1} \ell^k(x)$. En prenant différentes hypothèses pour E et pour ℓ, on étudie la limite de la suite $\big(L_n(x)\big)_{n\in\mathbb{N}^\star}$ de E lorsque n tend vers $+\infty$.

Dans la première partie, on étudie cette limite dans trois exemples. Dans la deuxième partie, on obtient la limite de la suite $\big(L_n(x)\big)_{n\in\mathbb{N}^\star}$ lorsque n tend vers $+\infty$ dans un cadre plus général ; cette limite est obtenue à l'aide d'une propriété d'algèbre linéaire que l'on fait établir dans trois contextes généraux différents.

Dans la troisième partie, cette propriété algébrique permet d'obtenir un résultat concernant une décomposition des automorphismes orthogonaux d'un espace euclidien.

PARTIE I : EXEMPLES

La partie I permet d'illustrer les résultats établis dans la partie II. Elle doit être traitée sans utiliser les résultats de la partie II. Les exemples I.A, I.B, I.C sont indépendants les uns des autres.
Dans cette partie, E est un espace euclidien de dimension 4, rapporté à une base orthonormale $\mathcal{B} = (e_1, e_2, e_3, e_4)$.

I.A. Soit s l'endomorphisme de E défini par sa matrice

$$Mat_{\mathcal{B}}(s) = S = \frac{1}{3}\begin{pmatrix} -1 & 0 & 2 & 2 \\ 0 & -1 & -2 & 2 \\ 2 & -2 & 1 & 0 \\ 2 & 2 & 0 & 1 \end{pmatrix}.$$

I.A.1. Réduction de l'endomorphisme s

I.A.1.1. Justifier l'affirmation : l'endomorphisme s est diagonalisable. Calculer la matrice S^2.

I.A.1.2. En déduire que s est un automorphisme orthogonal de E et que 1 et -1 sont ses valeurs propres.
On note E_1 et E_{-1} les sous-espaces propres de s respectivement associés aux valeurs propres 1 et -1. Il résulte des questions précédentes que E_1 et E_{-1} sont des sous-espaces supplémentaires de E.

I.A.1.3. Calculer la trace de s. En déduire les dimensions de E_1 et de E_{-1}.

I.A.2. On considère les trois vecteurs suivants de E :

$$u_1 = e_1 + e_3 + e_4,\ u_2 = e_1 + e_2 + 2e_4 \text{ et } u_3 = -e_1 + e_2 + e_3.$$

I.A.2.1. Déterminer les vecteurs $s(u_1)$ et $s(u_2)$. En déduire que (u_1, u_2) est une base de E_1. Déterminer une base orthonormale de E_1.

I.A.2.2. Déterminer un vecteur non nul $u_4 = ae_1 + be_2 + ce_3 + de_4$ orthogonal aux trois vecteurs u_1, u_2 et u_3. En déduire que (u_3, u_4) forme une base orthogonale de E_{-1}.

I.A.3. Pour tout x de E et tout n de $\mathbb{N}^\star$, on note $S_n(x) = \dfrac{1}{n}\displaystyle\sum_{k=0}^{n-1} s^k(x)$.

I.A.3.1. Pour $x \in E$ fixé, on note $x = y + z$ avec $y \in E_1$ et $z \in E_{-1}$. Soit $k \in \mathbb{N}$, déterminer un réel α_k tel que $s^k(x) = y + \alpha_k z$. En déduire, pour $n \in \mathbb{N}^\star$, un réel β_n tel que $S_n(x) = y + \beta_n z$.

I.A.3.2. Déduire de ce qui précède que la suite $\left(S_n(x)\right)_{n\in\mathbb{N}^\star}$ de E a une limite lorsque n tend vers $+\infty$. Exprimer cette limite en fonction de x et de $s(x)$.

I.B. Soit ℓ l'endomorphisme de E défini par sa matrice

$$Mat_{\mathcal{B}}(\ell) = L = \frac{1}{4}\begin{pmatrix} 3 & 0 & 1 & 0 \\ 0 & 3 & 0 & 1 \\ 1 & 0 & 3 & 0 \\ 0 & 1 & 0 & 3 \end{pmatrix}.$$

I.B.1. Une propriété concernant les normes

I.B.1.1. Pour tout vecteur $u = ae_1 + be_2 + ce_3 + de_4$ de E, calculer $\|u\|^2 - \|\ell(u)\|^2$. Prouver l'inégalité $\|\ell(u)\| \leqslant \|u\|$.

I.B.1.2. En déduire une condition nécessaire et suffisante pour qu'un vecteur u vérifie l'égalité $\|\ell(u)\| = \|u\|$. Montrer que 1 est une valeur propre de ℓ et que le sous-espace propre associé est de dimension 2.

I.B.2. Réduction de l'endomorphisme ℓ

I.B.2.1. Déterminer le polynôme caractéristique de ℓ.

I.B.2.2. Montrer que ℓ possède une autre valeur propre $\lambda \neq 1$ que l'on déterminera. Justifier que les deux sous-espaces propres G_1 et G_λ de ℓ associés aux valeurs propres 1 et λ sont supplémentaires dans E.

I.B.3. Pour tout x de E et tout n de $\mathbb{N}^\star$, on note $L_n(x) = \dfrac{1}{n}\displaystyle\sum_{k=0}^{n-1} \ell^k(x)$.

Soit $x \in E$. On note $x = y + z$ avec $y \in G_1$ et $z \in G_\lambda$.

I.B.3.1. Pour $k \in \mathbb{N}$, exprimer $\ell^k(x)$ en fonction de y, z et k.

I.B.3.2. Pour tout $n \in \mathbb{N}^\star$, exprimer $L_n(x)$ en fonction de y, z et n. En déduire que la suite $\left(L_n(x)\right)_{n\in\mathbb{N}^\star}$ de E a une limite lorsque n tend vers $+\infty$ et déterminer cette limite.

I.C. Soit t l'endomorphisme de E défini par sa matrice

$$Mat_{\mathcal{B}}(t) = T = \frac{1}{\sqrt{3}}\begin{pmatrix} 1 & 0 & 1 & 1 \\ 0 & 1 & -1 & 1 \\ -1 & 1 & 1 & 0 \\ -1 & -1 & 0 & 1 \end{pmatrix}.$$

I.C.1. Montrer que T est une matrice orthogonale.

I.C.2. On considère les deux vecteurs suivants de E : $\varepsilon_1 = \dfrac{1}{\sqrt{2}}(e_3 + e_4)$ et $\varepsilon_2 = \frac{1}{\sqrt{2}}(e_3 - e_4)$.

I.C.2.1. On note $F_1 = \mathrm{Vect}(e_1, \varepsilon_1)$. Déterminer les vecteurs $t(e_1)$ et $t(\varepsilon_1)$. En déduire que F_1 est un sous-espace vectoriel de E de dimension 2, stable par t.

I.C.2.2. Soit $F_2 = F_1^{\perp}$ l'orthogonal du sous-espace F_1. Montrer que F_2 est stable par t. Montrer que (e_2, ε_2) est une base de F_2. La famille de vecteurs $\mathcal{B}' = (e_1, \varepsilon_1, e_2, \varepsilon_2)$ est donc une base de E.

I.C.3. On note $T' = Mat_{\mathcal{B}'}(t)$.

I.C.3.1. Justifier que la matrice T' est orthogonale. Expliciter T'.

I.C.3.2. Soit $\theta = \arcsin\left(\sqrt{\dfrac{2}{3}}\right)\cdot$ Exprimer la matrice T' en fonction de θ. On oriente le plan F_1 par la base (e_1, ε_1), (respectivement on oriente le plan F_2 par la base (e_2, ε_2)). Préciser la nature géométrique de l'endomorphisme de F_1 (respectivement de F_2) induit par t.

I.C.3.3. Pour $k \in \mathbb{N}$, exprimer en fonction de θ et k la matrice de t^k relativement à la base $\mathcal{B}'$.

I.C.4. Soient $\omega \in \mathbb{R}$ et $\in \mathbb{N}^{\star}$. On note $\zeta_n(\omega) = \sum\limits_{k=0}^{n-1} e^{ik\omega}$. Expliciter $\zeta_n(\omega)$ selon les valeurs de ω. En déduire les réels ω pour lesquels la suite complexe $\big(\zeta_n(\omega)\big)_{n\in\mathbb{N}^\star}$ est bornée.

I.C.5. Pour tout x de E et tout $n \in \mathbb{N}^{\star}$, on note $T_n(x) = \dfrac{1}{n}\displaystyle\sum_{k=0}^{n-1} t^k(x)$.

I.C.5.1. Justifier que le sous-espace F_1 est stable par T_n.

I.C.5.2. Soit $y = \alpha e_1 + \beta \varepsilon_1 \in F_1$.
On note $t^k(y) = \gamma_k e_1 + \delta_k \varepsilon_1$, $T_n(y) = \lambda_n e_1 + \mu_n \varepsilon_1$.

I.C.5.2.1. Déterminer la matrice $V_k \in \mathfrak{M}_2(\mathbb{R})$ telle que $\begin{pmatrix}\gamma_k\\ \delta_k\end{pmatrix} = V_k\begin{pmatrix}\alpha\\ \beta\end{pmatrix}$.
En déduire la matrice $U_n \in \mathfrak{M}_2(\mathbb{R})$ telle que $\begin{pmatrix}\lambda_n\\ \mu_n\end{pmatrix} = U_n\begin{pmatrix}\alpha\\ \beta\end{pmatrix}$.
On exprimera V_k en fonction de θ et k et U_n en fonction de θ et n.

I.C.5.2.2. Montrer que la suite $\big(T_n(y)\big)_{n\in\mathbb{N}^\star}$ de E a une limite lorsque n tend vers $+\infty$ et déterminer cette limite.

I.C.5.3. Soit $x \in E$. En écrivant $x = y + z$ avec $y \in F_1$ et $z \in F_2$, montrer que la suite $\big(T_n(x)\big)_{n\in\mathbb{N}^\star}$ de E a une limite lorsque n tend vers $+\infty$ et déterminer cette limite.

PARTIE II

Dans cette partie, E est un espace vectoriel réel. Étant donné un endomorphisme ℓ de E, pour tout (x, n) de $E \times \mathbb{N}^{\star}$, $L_n(x) = \dfrac{1}{n}\displaystyle\sum_{k=0}^{n-1} \ell^k(x)$.

II.A. Dans cette partie II.A, on suppose que E est un espace euclidien et que $\ell \in O(E)$.

II.A.1. Montrer que les sous-espaces vectoriels $\ker(\ell - id)$ et $\operatorname{Im}(\ell - id)$ sont orthogonaux. En déduire qu'ils sont supplémentaires dans E.

Soit $x \in E$. D'après le résultat précédent, il existe $y \in \ker(\ell - id)$ et $z \in E$ tels que $x = y + \ell(z) - z$.

II.A.2. Pour $k \in \mathbb{N}$, exprimer $\ell^k(x)$ en fonction de y, z et k. En déduire l'expression de $L_n(x)$ en fonction de y, z et n.

II.A.3. Montrer que la suite $\big(L_n(x)\big)_{n\in\mathbb{N}^\star}$ de E a une limite que l'on déterminera lorsque n tend vers $+\infty$.

Dans la suite de la partie II, étant donné un espace vectoriel normé E, on notera $B(E)$ l'ensemble des endomorphismes h de E qui vérifient :

pour tout x de E, $\|h(x)\| \leqslant \|x\|$.

II.B. Dans cette partie II.B, on suppose que E est un espace euclidien. Soit $f \in B(E)$. On note $f^\star$ l'adjoint de f.

II.B.1. Montrer que $f^\star$ appartient à $B(E)$.

II.B.2. Montrer que si $x \in E$ vérifie $f(x) = x$, alors $\|f^\star(x) - x\|^2 \leqslant 0$. Montrer l'égalité $\ker(f - id) = \ker(f^\star - id)$.

II.B.3. En déduire que $\ker(f - id)$ et $\operatorname{Im}(f - id)$ sont des sous-espaces vectoriels de E supplémentaires dans E (on pourra utiliser l'égalité : pour φ endomorphisme de E, $\ker(\varphi^\star) = \big(\operatorname{Im}(\varphi)\big)^\perp$).

II.C Dans cette partie II.C, on suppose que E est un espace vectoriel normé de dimension finie. Soit $\ell \in B(E)$. Pour tout x de E et tout $n \in \mathbb{N}^\star$, on reprend la notation $L_n(x)$ définie au début de la partie II.

II.C.1. On suppose que x appartient à $\ker(\ell - id) \cap \operatorname{Im}(\ell - id)$. Soit $y \in E$ tel que $x = \ell(y) - y$. Pour $n \in \mathbb{N}^\star$, exprimer $\ell^n(y)$ en fonction de x, y et n. En déduire que $\ker(\ell - id)$ et $\operatorname{Im}(\ell - id)$ sont des sous-espaces vectoriels supplémentaires dans E.

II.C.2. Soit $x \in E$. Montrer que la suite $\big(L_n(x)\big)_{n\in\mathbb{N}^\star}$ de E a une limite lorsque n tend vers $+\infty$ et déterminer cette limite.

PARTIE III

Dans cette partie, E est un espace euclidien et $\ell \in O(E)$. Soit e un vecteur non nul de E. Pour tout $x \in E$, on note $\sigma_e(x) = x - 2\dfrac{(x|e)}{\|e\|^2}\,e$.

III.1. Calculer $\sigma_e(e)$. Pour x orthogonal à e, calculer $\sigma_e(x)$. Montrer que σ_e est un automorphisme orthogonal de E.

σ_e est donc la réflexion par rapport à l'hyperplan $\mathrm{Vect}(e)^{\perp}$.

III.2. On note $W = \ker(\ell - id)$ et on suppose que W est différent de E. Soit u un vecteur fixé de E tel que $u \notin W$. Dans la suite, on prend $e = \ell(u) - u$.

III.2.1. Montrer que e est orthogonal à W (on pourra utiliser le résultat de II.A.1).

III.2.2 Calculer $\sigma_e\big(\ell(u) - u\big)$ et $\sigma_e\big(\ell(u) + u\big)$. En déduire $\sigma_e\big(\ell(u)\big)$ et $\sigma_e(u)$.

III.2.3. Montrer l'égalité $\mathrm{Vect}(u, W) = \ker(\sigma_e \circ \ell - id)$.

III.2.4. En déduire que ℓ peut se décomposer en la composée de p réflexions et exprimer p en fonction de $k = \dim(W)$ et de $n = \dim(E)$.

Solution

Partie I

I.A.

I.A.1.

I.A.1.1. Le théorème spectral assure la diagonalisabilité de s car S est réelle et symétrique. $S^2 = I_4$.

I.A.1.2. et 3. La matrice S est à la fois symétrique et orthogonale, s est donc une symétrie orthogonale. Sa trace est 0 donc 1 et -1 sont des valeurs propres d'ordre 2, chaque sous-espace propre est de dimension 2 car s est diagonalisable.

I.A.2.

I.A.2.1. $(s - id)(u_1) = (s - id)(u_2) = 0$ et (u_1, u_2) est libre, donc base de E_1. Le procédé d'orthonormalisation fournit $\varepsilon_1 = \dfrac{u_1}{\|u_1\|} = \dfrac{u_1}{\sqrt{3}}$ et

$\varepsilon_2' = u_2 - \big(u_2|\varepsilon_1\big)\varepsilon_1 = e_2 - e_3 + e_4$ et enfin $\varepsilon_2 = \dfrac{\varepsilon_2}{\|\varepsilon_2\|} = \dfrac{e_1 - e_3 + e_4}{\sqrt{3}}$, ainsi $(\varepsilon_1, \varepsilon_2)$ est une base orthonormale de E_1.

I.A.2.2. $s(u_3) = -u_3$ et u_4 est orthogonal aux u_i si $1 \leqslant i \leqslant 3$ si, et seulement si, $\begin{cases} a + c + d = 0 \\ a + b + 2d = 0 \\ -a + b + c = 0 \end{cases}$ et on peut choisir, par exemple, $(a, b, c, d) = (1, 1, 0, -1)$.

Alors (u_3, u_4) est libre dans $E_1^{\perp}$ donc base orthogonale de E_1.

I.A.3.

I.A.3.1. Immédiatement $s^k(x) = y+(-1)^k z$ donc $S_n(x) = y+\dfrac{1}{n}\left(\sum_{k=0}^{n-1}(-1)^k\right) z$

d'où $\beta_n = \dfrac{1-(-1)^n}{2n} = \begin{cases} \dfrac{1}{n} & \text{si } n \equiv 1 \quad [2] \\ 0 & \text{sinon} \end{cases}$

I.A.3.2. On en déduit que $S_n(x) \xrightarrow[n\to\infty]{} y = \dfrac{x+s(x)}{2}$.

I.B.

I.B.1.

I.B.1.1. On a $\ell(u) = \dfrac{1}{4}\big[(3a+c)e_1 + (3b+d)e_2 + (a+3c)e_3 + (b+3d)e_4\big]$ d'où

$$\begin{aligned}16\|\ell(u)\|^2 =&(3a+c)^2 + (3b+d)^2 + (a+3c)^2 + (b+3d)^2 \\ =&2\big[5(a^2+b^2+c^2+d^2) + 6(ac+bd)\big]\end{aligned}$$

puis $\|u\|^2 - \|\ell(u)\|^2 = \dfrac{3}{8}\big[(a^2+b^2+c^2+d^2) - 2(ac+bd)\big] = \dfrac{3}{8}\big[(a-c)^2+(b-d)^2\big]$ et donc $\|\ell(u)\| \leqslant \|u\|$.

I.B.1.2. $\|\ell(u)\| = \|u\| \iff a=c \text{ et } b=d \iff u \in \mathrm{Vect}(e_1+e_3, e_2+e_4)$.
De plus $(\ell - id)(e_1+e_3) = (\ell - id)(e_2+e_4) = 0$ et $\mathrm{rg}(L-I_4) = 2$ immédiatement, donc 1 est valeur propre de ℓ avec $\dim\big[E_1(\ell)\big] = 2$, d'où

$$\|\ell(u)\| = \|u\| \iff u \in E_1(\ell).$$

I.B.2.

I.B.2.1. Le théorème spectral assure que ℓ est diagonalisable car L est symétrique réelle. Notons $1, 1, \lambda, \mu$ les racines de χ_ℓ comptées avec leur ordre de multiplicité.
On a $\mathrm{tr}(L) = 3 = 2 + \lambda + \mu$ et $\mathrm{tr}(L^2) = \dfrac{5}{2} = 2 + \lambda^2 + \mu^2$ d'où $\lambda + \mu = 1$ et $2\lambda\mu = (\lambda+\mu)^2 - \lambda^2 - \mu^2 = \dfrac{1}{2}$

d'où $\chi_\ell(X) = (1-X)^2\big[X^2 - (\lambda+\mu)X + \lambda\mu\big] = (1-X)^2\Big(\dfrac{1}{2} - X\Big)^2$.

I.B.2.2. $\lambda = \dfrac{1}{2}$ et, comme ℓ est diagonalisable, $E = G_1 \oplus G_\lambda$, cette somme est de plus orthogonale *i.e.* $G_\lambda = G_1^\perp$.

I.B.3.

I.B.3.1. et 2. Immédiatement $\ell^k(x) = y + \dfrac{z}{2^k}$ puis

$$L_n(x) = y + \frac{z}{n}\sum_{k=0}^{n-1} 2^{-k} = y + \frac{2z}{n}\big(1 - 2^{-n}\big) \xrightarrow[n\to\infty]{} y.$$

I.C.

I.C.1. Un calcul immédiat fournit $T{}^tT = I_4$.

I.C.2.

I.C.2.1. $t(e_1) = \dfrac{e_1 - e_3 - e_4}{\sqrt{3}} = \dfrac{e_1}{\sqrt{3}} - \sqrt{\dfrac{2}{3}}\,\varepsilon_1$ et

$t(\varepsilon_1) = \dfrac{2e_1 + e_3 + e_4}{\sqrt{6}} = \sqrt{\dfrac{2}{3}}\,e_1 + \dfrac{\varepsilon_1}{\sqrt{3}}$ donc $t(F_1) \subset F_1$ et, comme (e_1, ε_1) est libre, F_1 est un plan.

I.C.2.2. La stabilité de F_2 découle de l'appartenance de t à $O(E)$. e_2 est orthogonal à e_1 et ε_1 donc élément de F_2, il en va de même pour ε_2. De plus (e_2, ε_2) est orthomormale donc base orthonormale de F_2. $\mathcal{B}'$ est en fait une base orthonormale de E.

I.C.3.

I.C.3.1. Comme $t \in O(E)$ la remarque précédente montre que T' est une matrice orthogonale.

De plus $t(e_2) = \dfrac{e_2 + e_3 - e_4}{\sqrt{3}} = \dfrac{e_2}{\sqrt{3}} + \sqrt{\dfrac{2}{3}}\,\varepsilon_2$ et

$t(\varepsilon_2) = \dfrac{-2e_2 + e_3 - e_4}{\sqrt{6}} = -\sqrt{\dfrac{2}{3}}\,e_2 + \dfrac{\varepsilon_2}{\sqrt{3}}$ d'où $T' = \operatorname{Diag}\left(A, {}^t\!A\right)$ par blocs où $A = \dfrac{1}{\sqrt{3}}\begin{pmatrix} 1 & \sqrt{2} \\ -1 & 1 \end{pmatrix}$.

I.C.3.2. Comme $|\theta| \leqslant \dfrac{\pi}{2}$ on a $\cos(\theta) = \sqrt{1 - \sin^2(\theta)} = \dfrac{1}{\sqrt{3}}$.

Comme $A = \begin{pmatrix} \cos(\theta) & \sin(\theta) \\ -\sin(\theta) & \cos(\theta) \end{pmatrix}$, t induit la rotation d'angle $-\theta$ sur F_1 et la rotation d'angle θ sur F_2.

I.C.3.3. Si l'on note $A = R(-\theta)$ alors $T'^k = \operatorname{Diag}\big(R(-k\theta), R(k\theta)\big)$ par blocs.

I.C.4. $\zeta_n(\omega) = n$ si $e^{i\omega} = 1$ et $\dfrac{1 - e^{in\omega}}{1 - e^{i\omega}}$ sinon, avec, dans ce dernier cas, $\left|\zeta_n(\omega)\right| \leqslant \dfrac{2}{|1 - e^{i\omega}|}$, donc $\big(\zeta_n(\omega)\big)_{n \geqslant 1}$ est bornée si, et seulement si, $\omega \notin 2\pi\mathbb{Z}$.

I.C.5.

I.C.5.1. $t(F_1) \subset F_1 \Rightarrow \forall k \in \mathbb{N},\ t^k(F_1) \subset F_1 \Rightarrow \forall n \in \mathbb{N}^\star,\ T_n(F_1) \subset F_1$.

I.C.5.2.1. On va faire bien plus simple. Pour tout $k \in \mathbb{N}$ on pose $z_k = \gamma_k + i\delta_k$, ainsi $z_{k+1} = e^{-i\theta} z_k$ d'où $z_k = e^{-ik\theta}(\alpha + i\beta)$ et $\dfrac{1}{n}\displaystyle\sum_{k=0}^{n-1} z_k = \dfrac{1}{n} \times \dfrac{1 - e^{-in\theta}}{1 - e^{-i\theta}}$ car $e^{-i\theta} \neq 1$.

I.C.5.2.2. La question I.C.4 montre que $T_n(y) \xrightarrow[n \to \infty]{} 0$.

I.C.5.3. De même $T_n(z) \xrightarrow[n \to \infty]{} 0$ donc $T_n(x) \xrightarrow[n \to \infty]{} 0$.

Partie II

II.A.

II.A.1. Si $x \in \ker(\ell - id)$ et $y \in \mathrm{Im}(\ell - id)$, $y = \ell(z) - z$ où $z \in E$, alors $\big(x|y\big) = \big(x|\ell(z) - z\big) = \big((\ell - id)^\star(x)|z\big) = \big(\ell^\star(x) - x|z\big) = \big(0|z\big) = 0$ car $\ell(x) = x \Rightarrow \ell^{-1}(x) = x$ *i.e.* $\ell^\star(x) = x$, donc $\ker(\ell - id) \perp \mathrm{Im}(\ell - id)$ et, par le théorème de rang, ces deux sous-espaces vectoriels sont des supplémentaires orthogonaux.

II.A.2. $.l^k(x) = y + \ell^k\big(\ell(z) - z\big) = y + (\ell^{k+1} - \ell^k)(z)$ et donc, par la transformation suite/série, $L_n(x) = y + \dfrac{\ell^n(z) - z}{n}$.

II.A.3. $\big\|\ell^n(z) - z\big\| \leqslant 2\|z\|$ car $\ell^n \in O(E)$ et donc $L_n(x) \xrightarrow[n\to\infty]{} y$.

II.B.

II.B.1. Si $x \in E$, $\|f^\star(x)\|^2 = \big(f^\star(x)|f^\star(x)\big) = \big(x|f \circ f^\star(x)\big) \leqslant \|x\|\|f \circ f^\star(x)\|$ par l'inégalité de Cauchy-Schwarz et, comme $f \in B(E)$, il vient : $\|f^\star(x)\|^2 \leqslant \|x\|\|f^\star(x)\|$.'
Si $\|f^\star(x)\| = 0$ alors $\|f^\star(x)\| \leqslant \|x\|$ est clair, sinon on l'obtient en divisant par $\|f^\star(x)\|$. Donc $f^\star \in B(E)$.

II.B.2. $\|f^\star(x) - x\|^2 = \big(f^\star(x) - x|f^\star(x) - x\big) = \|f^\star(x)\|^2 + \|x\|^2 - 2\big(f^\star(x)|x\big)$ d'où $\|f^\star(x) - x\|^2 \leqslant 2\|x\|^2 - 2\big(x|f(x)\big) = 0$ car $f \in \ker(f - id)$.
On en déduit immédiatement $\ker(f - id) \subset \ker(f^\star - id)$ et, comme $f = (f^\star)^\star$, l'égalité en découle.

II.B.3. $\ker(f - id) = \ker(f^\star - id) = \ker\big((f - id)\big) = \mathrm{Im}(f)id)^\perp$ d'après la propriété admise. On en déduit que $\ker(f - id)$ et $\mathrm{Im}(f - id)$ sont des sous-espaces vectoriels supplémentaires orthogonaux.

II.C.

II.C.1. Montrons par récurrence que, pour tout $n \in \mathbb{N}^\star$:
$\ell^n(y) = n\ell(y) - (n-1)y$.
L'égalité est vraie si $n = 1$ et, si elle est vraie à un rang n, alors $\ell^{n+1}(y) = n\ell^2(y) - (n-1)\ell(y)$, or $\ell(x) = x$ d'où $\ell^2(y) = 2\ell(y) - y$, donc $\ell^{n+1}(y) = (n+1)\ell(y) - ny$ et la fin de la récurrence.
Cela s'écrit aussi $\ell^n(x) = nx + y$ d'où $\|nx + y\| \leqslant \|y\|$ car $\ell^n \in B(E)$, donc $n\|x\| \leqslant 2\|y\|$ par inégalité triangulaire, et donc $x = 0$, ce qui montre que $\ker(\ell - id)$ et $\mathrm{Im}(\ell - id)$ sont en somme directe et donc supplémentaires d'après le théorème de rang.

II.C.2. On écrit $x = y + z$ où $y \in \ker(\ell - id)$ et $z \in \mathrm{Im}(\ell - id)$, ainsi on a : $L_n(x) = y + L_n(z)$.

Si on écrit $z = \ell(t) - t$ où $t \in E$ alors la transformation suite/série donne $\sum_{k=0}^{n-1} \ell^k(z) = \ell^n(t) - t$ d'où $\|L_n(z)\| \leqslant \frac{\|\ell^n(t) - t\|}{n} \leqslant \frac{2\|t\|}{n} \xrightarrow[n\to\infty]{} 0$, donc $L_n(x) \xrightarrow[n\to\infty]{} y$.

Partie III

III.1. $\sigma_e(e) = -e$ et $x \perp e \Rightarrow \sigma_e(x) = x$ donc σ_e est la réflexion par rapport à l'hyperplan $e^\perp$, donc $\sigma_e \in O(E)$.

III.2.

III.2.1. $e \in \mathrm{Im}(\ell - id) = W^\perp$ d'après II.A.1.

III.2.2. $\sigma_e\big(\ell(u) - u\big) = u - \ell(u)$ par III.1 et, comme $\big(\ell(u) - u\big) \perp \big(\ell(u) + u\big)$, on a $\sigma_e\big(\ell(u) + u\big) = \ell(u) + u$.
Par sommation on en déduit $(\sigma_e \circ \ell)(u) = u$ et, par différence, $\sigma_e(u) = \ell(u)$.

III.2.3. On vient de voir que $u \in \ker(\sigma_e \circ \ell)$ et, comme $W \subset e^\perp$, on a clairement $W \subset \ker(\sigma_e \circ \ell - id)$, d'où $\mathrm{Vect}(u, W) \subset \ker(\sigma_e \circ \ell - id)$.
On choisit $x \notin \mathrm{Vect}(u, W)$ et on pose $V = \mathrm{Vect}(u, W)^\perp$.
On écrit $x = y + z$ où $y \in \mathrm{Vect}(u, W)$ et $z \in V$, donc $(\sigma_e \circ \ell)(x) = y + (\sigma_e \circ \ell)(z)$ et $z \neq 0$.
Comme $z \notin W$ on a $\ell(z) \neq z$.
De plus $\ell(W) \subset W$ donc $\ell(W^\perp) \subset W^\perp$ et $\ell(z) \in W^\perp$ car $z \in W^\perp$,
d'où $(\sigma_e \circ \ell)(z) = \ell(z) \neq z$, ainsi $\ker(\sigma_e \circ \ell) \subset \mathrm{Vect}(u, W)$ et on a égalité entre ces deux sous-espaces propres.

III.2.4. Si $\dim(W_1) = k < n$ on choisit u_1 hors de W_1 et on pose $e_1 = \ell(u_1) - u_1$, alors $\mathrm{Vect}(u_1, W_1) \subset \ker(\sigma_{e_1} \circ \ell - id)$. On pose $W_2 = \mathrm{Vect}(u_1, W_1)$.
Si $\dim(W_2) = k+1 < n$ on choisit u_2 hors de W_2, on pose $e_2 = \sigma_{e_1} \circ \ell(u_2) - u_2$, alors $W_3 = \mathrm{Vect}(u_2, W_2) = \ker(\sigma_{e_2} \circ \sigma_{e_1} \circ \ell - id)$.
Par récurrence facile on obtient $W_{n-k} = E$ et donc, avec $p = n - k$, $\sigma_{e_p} \circ \cdots \circ \sigma_{e_1} \circ \ell = id$ *i.e.* $\ell = \sigma_{e_1} \circ \cdots \circ \sigma_{e_p}$.

Fin

Questions de cours et exemples.

Soit E un $\mathbb{R}$-espace vectoriel de dimension finie et f un endomorphisme de E.

1. Donner la définition d'un polynôme annulateur de f.

2. Quelle est la structure de l'ensemble J_f des polynômes annulateurs de f ?

3. Donner la définition du polynôme minimal de f que l'on notera π_f.

4. Prouver l'existence de π_f.

5. Un premier exemple
Soit f l'endomorphisme de $\mathbb{R}^4$ de matrice canoniquement associée :
$M = (m_{i,j})$ où $\forall (i,j) \in \{1,\dots,4\} \times \{1,\dots,4\}, m_{i,j} = \dfrac{1}{4}\big(1 + (-1)^{i+j}\big)$.

5.1. Calculer M^k pour $k \in \mathbb{N}^\star$.

5.2. Déterminer π_f.

6. Un second exemple

6.1. Chercher les solutions à valeurs réelles des équations différentielles

$$y'' + y = \mathrm{ch}(x) \qquad \text{et} \qquad y'' + y = \mathrm{sh}(x)$$

où ch et sh sont respectivement les fonctions cosinus hyperbolique et sinus hyperbolique.

6.2. On considère (H_1) l'équation différentielle : $y^{(4)} = y$.

Soit f une fonction de classe $\mathcal{C}^4$ sur $\mathbb{R}$. Démontrer que f est solution de (H_1) si, et seulement si, la fonction $g = f'' + f$ est solution d'une équation différentielle du second ordre (H_2) que l'on déterminera.

6.3. Résoudre l'équation (H_2).

6.4. En déduire les solutions de (H_1).

6.5. On note alors E le sous-espace vectoriel du $\mathbb{R}$-espace vectoriel des applications de classe $\mathcal{C}^\infty$ sur $\mathbb{R}$ à valeurs réelles engendré par (cos, sin, ch, sh).

6.5.1. Quelle est la dimension de E ?

6.5.2. Justifier que la dérivation induit sur E un endomorphisme δ.

6.5.3. Déterminer le polynôme minimal π_δ de E.

Problème

Dans tout le problème, $E = \mathbb{R}[X]$ et $\mathcal{L}(E)$ désigne l'algèbre des endomorphismes de E muni de ses opérations usuelles. Soit $n \in \mathbb{N}^\star$. L'ensemble des polynômes à coefficients réels et de degré inférieur ou égal à n sera noté $E_n = \mathbb{R}_n[X]$.
L'endomorphisme identité de E est noté e, l'endomorphisme nul θ. Lorsque l'on est dans l'espace vectoriel normé E_n, on notera respectivement ces endomorphismes e_n et θ_n.

On rappelle que si f est un endomorphisme de E, $f^0 = e$ et pour tout $m \in \mathbb{N}^\star, f^m = f \circ f^{m-1}$.
Lorsque f est un endomorphisme de E_n, on note χ_f son polynôme caractéristique.
Soient $u : P \in E \mapsto u(P) = P'$ où P' désigne le polynôme dérivé de P, et $v : P \in E \mapsto v(P) = R$ où $R(X) = P(X+1)$.

Partie 1 : Quelques propriétés des endomorphismes u et v

1. Rappeler la dimension de E_n. En donner une base usuelle.
2. Montrer que u et v sont des endomorphismes de E qui laissent stable E_n.

On note alors u_n et v_n les endomorphismes induits par restriction de u et de v à E_n.
3. Ecrire les matrices U_n et V_n, de u_n et v_n dans la base canonique de E_n.
4. Préciser le noyau et l'image de chacun de ces endomorphismes.
5. Les endomorphismes u_n et v_n commutent-ils ?
6. Quel est le polynôme caractéristique de u_n? u_n est-il diagonalisable?
7. Quel est le polynôme caractéristique de v_n ? v_n est-il diagonalisable?
8. On note $w_n = v_n - e_n$ et on pose : $Q_0 = 1$,

$$\forall k \in [\![1, n]\!], Q_k = \frac{1}{k!}\prod_{j=0}^{k-1}(X - j).$$

8.1. Vérifier que la famille $\mathcal{B} = (Q_k)_{0 \leqslant k \leqslant n}$ est une base de E_n.
8.2. Déterminer $w_n(Q_0)$. Montrer que pour tout $k \geqslant 1$, ii existe un réel a_k non nul, tel que : $w_n(Q_k) = a_k Q_{k-1}$.
8.3. Ecrire la matrice W_n, de w_n dans la base $\mathcal{B}$.
8.4. Donner une base de $\mathrm{Ker}(w_n)$ ainsi que de $\mathrm{Im}(w_n)$.

8.5. Calculer, pour $j \in \mathbb{N}$ et $k \in \{0, \ldots, n\}$, $w_n^j(Q_k)$.
On rappelle que $w_n^j = w_n \circ w_n^{j-1}$ si $j \geqslant 1$.

9. Détermination des composantes d'un polynôme de E_n dans la base $\mathcal{B}$.

9.1. Soit $P \in E_n$. Justifier l'existence et l'unicité de scalaires $(\beta_k)_{0 \leqslant k \leqslant n}$ tels que : $P = \sum_{k=0}^{n} \beta_k Q_k$.

9.2. Calculer $w_n^j(P)(0)$ pour $j \in \mathbb{N}$.

9.3. Exprimer alors les composantes de P dans la base $\mathcal{B}$.

9.4. Déterminer la base duale de la base $\mathcal{B}$.

10. Calculer w_n^{n+1} et $w_n^n(Q_n)$.

Partie 2 : Recherche de quelques polynômes minimaux.

1. Soit $f \in \mathcal{L}(E_n)$. Justifier que π_f divise χ_f.

2. Recherche de π_{u_n}.

2.1. Déterminer u_n^{n+1}.

2.2. Calculer : $u_n^n(X^n)$.

2.3. Conclure.

2.4. De même, déterminer le polynôme minimal de w_n.

3. Recherche de π_{v_n}

3.1. Montrer qu'il existe $m \in \{1, \ldots, n+1\}$ tel que $\pi_{v_n} = (X-1)^m$.

3.2. Prouver que : $m = n+1$.

4. Polynômes annulateurs de u

Soit P un polynôme de degré $m \in \mathbb{N}$ écrit : $P = \sum_{j=0}^{m} a_j X^j$.

4.1. Que sait-on de a_m ?

4.2. On note r l'endomorphisme $P(u)$. Déterminer $r\left(\dfrac{X^m}{m!}\right)$.

4.3. Déterminer l'ensemble des polynômes annulateurs de u.

5. Polynômes annulateurs de v. Soit P un polynôme non nul annulateur de v.

5.1. Montrer que : $\forall n \in \mathbb{N}^\star, (X-1)^{n+1}$ divise P.

5.2. Déterminer l'ensemble des polynômes annulateurs de v.

6. Soit s l'endomorphisme de E qui à tout polynôme P associe le polynôme Q défini par $Q(X) = P(1-X)$.

6.1. Vérifier que s est une involution de E.

6.2. Déterminer l'ensemble des polynômes annulateurs de s.

Partie 3.

Soit f un endomorphisme de l'espace vectoriel normé E_n. On rappelle que : $\exp(f) = \sum_{m=0}^{\infty} \frac{f^m}{m!} = \lim_{N\to+\infty} \sum_{m=0}^{N} \frac{f^m}{m!}$.

1. Montrer que l'on a la relation : $v_n = \exp(u_n)$.

2. On va démontrer dans cette question que :

$$u_n = \sum_{m=1}^{\infty} \frac{(-1)^{m+1}}{m}(v_n - e_n)^m.$$

2.1. Prouver que : $\forall k \in \{0,\dots,n\}, u_n(Q_k) = \sum_{m=0}^{k} u_n(Q_m)(0)Q_{k-m}$.

On pourra utiliser la question 9.3. de la partie 1.

2.2. Calculer pour tout $m \in \{0,\dots,n\}, u_n(Q_m)(0)$.

2.3. Conclure.

Solution

Questions de cours et exemples.

1. On dit qu'un polynôme P de $\mathbb{R}[X]$ est annulateur de f si $P(f) = 0$.

2. L'ensemble J_f est, en tant que noyau du morphisme φ d'anneaux défini par $\varphi : \mathbb{R}[X] \to \mathcal{L}(E), P \mapsto P(f)$ un idéal de l'anneau $\mathbb{R}[X]$.

3. Comme, $\mathcal{I} \neq \{0\}$ est un idéal de l'anneau $\mathbb{R}[X]$ si, et seulement si, il existe un unique polynôme unitaire P_0 tel que $\mathcal{I} = (P_0) = P_0\mathbb{R}[X]$, on peut dire que si J_f est distinct de $\{0\}$ le polynôme P_0 est appelé π_f : le polynôme minimal de f.

4. Nous proposerons ici deux justifications. La première est une conséquence du théorème de Cayley-Hamilton qui nous dit que χ_f, le polynôme caractéristique de f est un polynôme annulateur de f *i.e.* $\chi_f \in J_f$ et comme $\deg(\chi_f) = n = \dim(E)$, on a $J_f \neq \{0\}$.

La seconde est plus élémentaire. Si E est de dimension $n \geqslant 1$, alors $\mathcal{L}(E)$ est de dimension n^2 et donc la famille $(f^k)_{0\leqslant k\leqslant n^2}$ de n^2+1 vecteurs est liée ; il existe donc une famille $(\alpha_k)_{0\leqslant k\leqslant n^2}$ de nombres réels non tous nuls telle que $\sum_{k=0}^{n^2} \alpha_k f^k = 0$. Il s'ensuit l'existence de $P = \sum_{k=0}^{n^2} \alpha_k X^k \in \mathbb{R}[X] \setminus \{0\}$ tel que $P(f) \neq 0$, d'où $J_f \neq \{0\}$.

5.1. Comme $M = \frac{1}{2}\begin{pmatrix} 1 & 0 & 1 & 0 \\ 0 & 1 & 0 & 1 \\ 1 & 0 & 1 & 0 \\ 0 & 1 & 0 & 1 \end{pmatrix}$, on a $M^2 = M$ et par récurrence, pour tout $k \in \mathbb{N}^\star$, $M^k = M$.

5.1. On en déduit que le polynôme $X^2 - X$ appartient à J_f. Donc π_f est un diviseur unitaire de $X(X-1)$. Comme $M \neq 0$ et $M \neq I$, on a $\pi_f \neq X$ et $\pi_f \neq X - 1$. Donc $\pi_f = X(X-1)$.

6.1. Les deux équations différentielles données sont linéaires du second ordre à second membre fonction continue sur $\mathbb{R}$. L'équation différentielle homogène associée est $y'' + y = 0$; son équation caractéristique est $r^2 + 1 = 0$. La solution générale de l'équation homogène est $x \mapsto a\cos(x) + b\sin(x)$ où a et b parcourent $\mathbb{R}$. Appliquons le théorème du cours concernant les équations différentielles linéaires du second ordre avec second membre de la forme $P(x)e^{\lambda x}$ où $P \in \mathbb{C}[X]$. On sait que l'équation linéaire à une unique solution de la forme $Q(x)x^m e^{\lambda x}$ où $Q \in \mathbb{C}[X]$ est de même degré que P et où m est la multiplicité de λ en tant que racine du polynôme caractéristique ici $X^2 + 1$. On cherche une solution de $y'' + y = e^x$ sous la forme $x \mapsto \alpha e^x, \alpha \in \mathbb{R}$ et l'on trouve $\alpha = \frac{1}{2}$; on cherche une solution de $y'' + y = e^{-x}$ sous la forme $x \mapsto \alpha e^{-x}, \alpha \in \mathbb{R}$ et l'on trouve $\alpha = \frac{1}{2}\cdot$ En utilisant le principe de superposition des solutions, une solution de $y'' + y = \text{ch}(x)$ est $x \mapsto \frac{1}{2}\text{ch}(x)$ et une solution de $y'' + y = \text{sh}(x)$ est $x \mapsto \frac{1}{2}\text{sh}(x)$. On conclut que la solution générale de $y'' + y = \text{ch}(x)$ est $x \mapsto a\cos(x) + b\sin(x) + \frac{1}{2}\text{ch}(x)$ où $(a,b) \in \mathbb{R}^2$ et la solution générale de $y'' + y = \text{sh}(x)$ est $x \mapsto a\cos(x) + b\sin(x) + \frac{1}{2}\text{sh}(x)$ où $(a,b) \in \mathbb{R}^2$.

6.2. Comme f est de classe $\mathcal{C}^4$, g est de classe $\mathcal{C}^2$ sur $\mathbb{R}$ et $g'' = f^{(4)} + f''$. Donc $f^{(4)} = f \iff g'' = g$ *i.e.* f est solution de (H_1) sur $\mathbb{R}$ si, et seulement si, g est solution sur $\mathbb{R}$ de : $y'' = y \qquad (H_2)$.

6.3. En procédant comme en 6.1. la solution générale de l'équation différentielle homogène du second ordre à coefficients constants (H_2) est la fonction $g : x \mapsto a\,\text{ch}(x) + b\,\text{sh}(x)$ où $(a,b) \in \mathbb{R}^2$.

6.4. En utilisant le principe de superposition des solutions et les résultats de 6.1. , la solution générale de $y'' + y = a\,\text{ch}(x) + b\,\text{sh}(x)$ est la fonction f définie par $f(x) = \alpha\cos(x) + \beta\sin(x) + \frac{a}{2}\text{ch}(x) + \frac{b}{2}\text{sh}(x)$, $(a,b,\alpha,\beta) \in \mathbb{R}^4$.

6.5.1. Comme $E = \text{Vect}(\cos, \sin, \text{sh}, \text{ch})$, c'est un sous-espace vectoriel de $\mathcal{C}^\infty(\mathbb{R}, \mathbb{R})$ de dimension $\leqslant 4$. Montrons que $(\cos, \sin, \text{sh}, \text{ch})$ est libre.
Soit $(a,b,c,d) \in \mathbb{R}^4$ tel que $a\cos + b\sin + c\,\text{sh} + d\,\text{ch} = 0$.

Alors $a\cos + d\,\mathrm{ch} = -b\sin - c\,\mathrm{sh}$ est une fonction à la fois paire et impaire. Donc $a\cos + d\,\mathrm{ch} = 0 = b\sin + c\,\mathrm{sh}$. Si $d \neq 0, \mathrm{ch} = -\dfrac{a}{d}\cos$ est une fonction bornée ce qui contredit $\lim\limits_{+\infty} \mathrm{ch} = +\infty$. Donc $d = 0$ et comme cos n'est pas la fonction nulle, $a = 0$. Un raisonnement analogue permet de prouver que $b = c = 0$. D'où la liberté de la famille de fonctions $(\cos, \sin, \mathrm{sh}, \mathrm{ch})$. Il s'ensuit que $(\cos, \sin, \mathrm{sh}, \mathrm{ch})$ est une base de E qui est donc un espace vectoriel de dimension 4.

6.5.2. La dérivation est un endomorphisme de $\mathcal{C}^\infty(\mathbb{R}, \mathbb{R})$. Il suffit de prouver que E est stable par la dérivation pour conclure. Comme $\cos' = -\sin$, $\sin' = \cos$, $\mathrm{sh}' = \mathrm{ch}$ et $\mathrm{ch}' = \mathrm{sh}$ et comme $(\cos, \sin, \mathrm{sh}, \mathrm{ch})$ est une base de E, E est stable par la dérivation et l'endomorphisme induit δ admet pour matrice dans la base $\mathcal{B} = (\cos, \sin, \mathrm{sh}, \mathrm{ch})$ la matrice $M = \begin{pmatrix} 0 & 1 & 0 & 0 \\ -1 & 0 & 0 & 0 \\ 0 & 0 & 0 & 1 \\ 0 & 0 & 1 & 0 \end{pmatrix} \in \mathfrak{M}_4(\mathbb{R})$.

6.5.3. Par blocs, M s'écrit $M = \begin{pmatrix} A & 0 \\ 0 & B \end{pmatrix}$ où $A = \begin{pmatrix} 0 & 1 \\ -1 & 0 \end{pmatrix}, B = \begin{pmatrix} 0 & 1 \\ 1 & 0 \end{pmatrix}$.
On a $A^2 = -I_2, B^2 = I_2$. Donc $A^3 = -A, A^4 = I_2 = B^3 = B^4$. Donc $M^4 = I_4$.
Il s'ensuit que le polynôme π_δ divise le polynôme $P = X^4 - 1$.
Or $P = (X-1)(X+1)(X^2+1)$. Des calculs de $M^k, 1 \leqslant k \leqslant 4$ précédents, on déduit que aucun des polynômes $(X-1), (X+1), (X^2-1), (X-1)(X^2+1)$ et $(X+1)(X^2+1)$ n'est annulateur de P. Donc $\pi_\delta = P = (X^4 - 1)$.

Autre solution : pour tout $y \in E, \delta^4(y) = y$. Donc $X^4 - 1 \in J_\delta$. Il suffit de prouver que le seul polynôme annulateur de δ de degré au plus égal à 3 est le polynôme nul pour conclure que $\pi_\delta = X^4 - 1$.

Problème

Partie I

1. E_n est de dimension $(n+1)$ et une base usuelle est $(1, X, \ldots X^n) = \mathcal{B}_n$.

2. Le lecteur vérifiera que u et v sont des applications linéaires de E dans E. Si Si $P \in \mathbb{R}_0[X]$, alors $P' = 0$. Si $\deg(P) \geqslant 1, \deg(P') = \deg(P) - 1$. Donc E_n est stable par u. Comme $\deg((X+1)^k) = \deg(X^k) = k$ pour tout $k \in \mathbb{N}$, E_n est stable par v.

3. $u_n(1) = 0$ et pour tout $k \in [\![1, n]\!], u_n(X^k) = kX^{k-1}$.
Donc $U_n = M_{\mathcal{B}}(u_n) = M_{1,2} + 2M_{2,3} + \cdots + nM_{n,n+1} \in \mathfrak{M}_{n+1}(\mathbb{R})$ où $(M_{i,j})_{1 \leqslant i,j \leqslant n+1}$ est la base canonique de $\mathfrak{M}_{n+1}(\mathbb{R})$.

Pour tout $k \in [\![0, n]\!], v_n(X^k) = \displaystyle\sum_{i=0}^{k} \binom{k}{i} X^i$. La matrice V_n est la matrice trigonale supérieure de $\mathfrak{M}_{n+1}(\mathbb{R})$ dont la transposée de la $(k+1)$-ième colonne est : $1 \begin{pmatrix} k \\ 1 \end{pmatrix} \begin{pmatrix} k \\ 2 \end{pmatrix} \cdots \begin{pmatrix} k \\ k-1 \end{pmatrix} \begin{pmatrix} k \\ k \end{pmatrix} 0 \cdots 0$.

4. $P \in \mathrm{Ker}(u_n) \iff P' = 0 \iff P \in \mathbb{R}_0[X]$. On déduit du théorème du rang que $\dim\left[\mathrm{Im}(u_n)\right] = \dim(E_n) - \dim\left[\mathrm{Ker}(u_n)\right] = (n+1) - 1 = n$.
Des considérations sur le degré de P' de la question 2, on déduit que $\mathrm{Im}(u_n)$ est inclus dans E_{n-1}. Comme $\dim(E_{n-1}) = \dim\left[\mathrm{Im}(u_n)\right]$, on a $\mathrm{Im}(u_n) = E_{n-1}$.
V_n étant une matrice trigonale supérieure avec des 1 dans la diagonale, elle est inversible de déterminant égal à 1. Donc $v_n \in \mathrm{GL}(E_n)$. Il s'ensuit que son noyau est $\{0\}$ et son image est E_n.

5. Pour tout $P \in E_n, u_n \circ v_n(P) = P'(X+1) = v_n \circ u_n(P)$ *i.e.* u_n et v_n commutent.

6. $\chi_{u_n}(X) = \chi_{U_n}(X) = \det(U_n - XI_{n+1}) = (-X)^{n+1}$ car U_n est trigonale. Donc u_n n'a qu'une seule valeur propre qui est 0. Si u_n était diagonalisable, u_n serait l'endomorphisme θ_n. Donc u_n n'est pas diagonalisable.

7. $\chi_{v_n}(X) = \chi_{V_n}(X) = \det(U_n - XI_{n+1}) = (1-X)^{n+1}$ car V_n est trigonale. Donc v_n n'a qu'une seule valeur propre qui est 1. Si v_n était diagonalisable, v_n serait l'endomorphisme e_n. Donc v_n n'est pas diagonalisable.

8.1. La famille $\mathcal{B}$ est de cardinal $(n+1) = \dim(E_n)$. Comme elle est echelonnée en degrés, elle est libre ; donc $\mathcal{B}$ est une base de E_n.

8.2. On vérifie que $w_n(Q_0) = 0$ et pour tout $k \geqslant 1, w_n(Q_k) = Q_{k-1}$.

8.3. La matrice de w_n dans la base $\mathcal{B}$ est donc la matrice trigonale supérieure $W_n = M_{1,2} + M_{2,3} + \cdots + M_{n,n+1}$.

8.4. On déduit de W_n que $\mathrm{rg}(w_n) = n$. Comme, pour tout $k \in [\![0, n-1]\!]$, $Q_k \in \mathrm{Im}(w_n)$ et $(Q_k)_{0 \leqslant k \leqslant n-1}$ est une base de E_{n-1}, $\mathrm{Im}(w_n) = E_{n-1}$ et d'après le théorème du rang $\mathrm{Ker}(w_n)$ est une droite de E_n. Comme $w_n(Q_0) = 0$, on a $\mathrm{Ker}(w_n) = \mathbb{R}_0[X]$.

8.5. Par récurrence sur j, on montre que $w_n^j(Q_k) = \begin{cases} Q_{k-j} & \text{si } j \leqslant k \\ 0 & \text{si } j > k \end{cases}$

9.1. L'existence et l'unicité des scalaires $(\beta_k)_{0 \leqslant k \leqslant n}$ découle de l'appartenance de P à E_n et de 8.1.

9.2. w_n^j étant linéaire, $w_n^j(P) = \sum_{k=0}^{n} \beta_k w_n^j(Q_k)$. Il découle de 8.5. que

$w_n^j(P) = \sum_{k=j}^{n} \beta_k Q_{k-j}$ si $j \leqslant n$ et $w_n^j(P) = 0$ si $j > n$. Comme 0 est une racine des P_k pour $k \geqslant 1$, on a $w_n^j(P)(0) = \beta_j$ si $j \leqslant n$ et $w_n^j(P)(0) = 0$ si $j > n$.

9.3. Les composantes de P dans la base $\mathcal{B}$ sont $\beta_k = w_n^k(P)(0), 0 \leqslant k \leqslant n$.

Notons que $w_n^k = (v_n - e_n)^k = \sum_{j=0}^{k} \begin{pmatrix} k \\ j \end{pmatrix} (-1)^{k-j} v_n^j$ par application du binôme de Newton dans l'anneau $(\mathcal{L}(E_n), +, \circ, \cdot)$ car $e_n \circ v_n = v_n \circ e_n$. Comme $v_n^j(P)(X) = P(X+j)$, il vient $w_n^k(P)(X) = \sum_{j=0}^{k} \binom{k}{j} (-1)^{k-j} P(X+j)$.

Donc, pour tout $k \in [\![0, n]\!], \beta_k = \sum_{j=0}^{k} \binom{k}{j} (-1)^{k-j} P(j)$.

9.4. D'après le cours, comme $P = \sum_{k=0}^{n} \beta_k Q_k$, la base duale de $\mathcal{B}$ est la base $\mathcal{B}^\star = (\varphi_k)_{0 \leqslant k \leqslant n}$ où $\varphi_k(P) = \beta_k$.

10. D'après 9.2. $w_n^{n+1} = \theta_n$. D'après 8.5. $w_n^n(Q_n) = Q_0$.

Partie II

1. C'est une conséquence du théorème de Cayley-Hamilton déja rappelé dans les questions de cours.

2.1. Comme $u^k(P) = P^{(k)}$, si $P \in E_n, u^{(n+1)}(P) = 0$. Donc $u^{(n+1)} = \theta_n$.

2.2. Pour $P = X^n$, on trouve $u_n^n(X^n) = n!$

2.3. De 2.1, on déduit que $X^{n+1} \in J_{u_n}$. Donc π_{u_n} divise X^{n+1} *i.e.* π_{u_n} est de la forme $X^k, 0 \leqslant k \leqslant n+1$. On déduit de 2.2. que X^n n'est pas un polynôme annulateur de u_n. Donc $\pi_{u_n} = X^{n+1}$.

2.4. D'après I.10. $w_n^{n+1} = \theta_n$ et $w_n^n \neq \theta_n$. Donc $\pi_{w_n} = X^{n+1}$.

3.1 D'après I.7. $\chi_{v_n}(X) = (1-X)^{n+1}$. D'après II.1. π_{v_n} divise χ_{v_n}. Comme π_{v_n} est unitaire, il existe donc $m \in [\![0, n+1]\!]$ tel que $\pi_{v_n} = (X-1)^m$.

3.2. On en déduit que $w_n^m = (v_n - e_n)^m = \theta_n$; donc π_{w_n} divise X^m. On déduit de II.2.4. que $m = n+1$.

4.1. $\deg(P) = m \Rightarrow a_m \neq 0$.

4.2. $r\left(\frac{X^m}{m!}\right) = \sum_{j=0}^{m} a_j u^j \left(\frac{X^m}{m!}\right) = \sum_{j=0}^{m} \frac{a_j}{m!} (X^m)^{(j)} = \sum_{j=0}^{m} \frac{a_j}{m!} \frac{m!}{(m-j)!} X^{m-j}$

Donc $r\left(\frac{X^m}{m!}\right) = \sum_{j=0}^{m} \frac{a_j}{(m-j)!} X^{m-j}$.

4.3. Donc $r\left(\frac{X^m}{m!}\right) \neq 0$ d'où $r \neq \theta$. Il s'ensuit que, quel que soit $P \in \mathbb{R}[X] \setminus \{0\}$ P n'est pas élément de J_u *i.e.* $J_u = \{0\}$.

5.1. Si $P \in J_v \setminus \{0\}$ alors $P(v) = 0$, par suite $P(v_n) = \theta_n$. D'où π_{v_n} divise P. On déduit de II.3.2. que, quel que soit $n \in \mathbb{N}^\star, (X-1)^{n+1}$ divise P.

5.2. Il s'ensuit que $\deg(P) \geqslant n+1$. Il suffit de prendre $n \geqslant \deg(P)$ pour avoir une impossibilité. Donc $J_v = \{0\}$.

6.1. $s \circ s(P) = s\big(P(1-X)\big) = P\big(1-(1-X)\big) = P(X)$ *i.e.* $s \circ s = e$.

6.2. Donc $X^2-1 \in J_s$. Donc $J_s \neq \{0\}$ et π_s divise (X^2-1). Comme $s \neq e$ et $s \neq -e$, $\pi_s = (X^2-1)$. Donc $J_s = (X^2-1).\mathbb{R}[X]$.

Partie III

1. On déduit de la formule de Taylor pour les polynômes que si $P \in E_n$
$$P(X+1) = \sum_{m=0}^{\infty} \frac{1}{m!} P^{(m)}(X) = \sum_{m=0}^{\infty} \frac{1}{m!} u_n^m(P) \ \ i.e.\ v_n = \exp(u_n).$$

2.1. D'après I.9.3. $u_n(Q_k) = \sum_{j=0}^{n} w_n^j\big(u_n(Q_k)\big)(0) Q_j$.

Comme, d'après I.5. les endomorphismes u_n et v_n commutent, il en est de même des endomorphismes u_n et w_n. Donc, compte tenu de I.8.5.
$$w_n^j\big(u_n(Q_k)\big) = u_n\big(w_n^j(Q_k)\big) = \begin{cases} u_n(Q_{k-j}) & \text{si } j \leqslant k \\ u_n(0) & \text{si } j > k \end{cases}$$

Donc $\forall k \in [\![0,n]\!], u_n(Q_k) = \sum_{j=0}^{k} u_n(Q_{k-j})(0) Q_j = \sum_{m=0}^{k} u_n(Q_m)(0) Q_{k-m}$.

2.2. $u_n(Q_m)(0) = Q'_m(0)$ est le coefficient de X dans le polynôme $Q_m, m \geqslant 1$.
Donc $u_n(Q_m)(0) = \dfrac{(-1)^{m-1}}{m}$ si $m \in [\![1,n]\!]$ et $u_n(Q_0)(0) = 0$.

2.3. On déduit de 2.1 et 2.2. que $\forall k \in [\![0,n]\!], u_n(Q_k) = \sum_{m=1}^{k} \frac{(-1)^{m-1}}{m} Q_{k-m}$.

Comme $\sum_{m=1}^{\infty} \frac{(-1)^{m-1}}{m} (v_n - e_n)^m (Q_k) = \sum_{m=1}^{\infty} \frac{(-1)^{m-1}}{m} w_n^m(Q_k)$,

on déduit de I.8.5. que $\sum_{m=1}^{\infty} \frac{(-1)^{m-1}}{m} (v_n - e_n)^m (Q_k) = \sum_{m=1}^{k} \frac{(-1)^{m-1}}{m} Q_{k-m}$.

Les deux endomorphismes de E_n : u_n et $\sum_{m=1}^{\infty} \frac{(-1)^{m-1}}{m} (v_n - e_n)^m$ sont égaux une base de E_n sont égaux. D'où le résultat souhaité démontré.

Fin

E3A
Filière MP 2008
Épreuve B

Trois exercices
Trois heures

Exercice I

1. On considère la fonction g de variable réelle définie par :

$$g(u) = \int_0^1 \frac{t}{\sqrt{1-t^2}} \sin(tu)dt.$$

(a) Montrer que la fonction g est définie sur $\mathbb{R}$.

(b) Déterminer, pour tout $u > 1$, un réel α_u dans $]0, 1[$ tel que :

$$\int_{\alpha_u}^1 \frac{t}{\sqrt{1-t^2}} dt = \frac{1}{\sqrt{u}}.$$

(c) Dériver $t \mapsto \dfrac{t}{\sqrt{1-t^2}}$ et intégrer par parties $\displaystyle\int_0^{\alpha_u} \frac{t}{\sqrt{1-t^2}} \sin(tu)dt$ pour en déduire que : $\forall u > 1, |g(u)| \leqslant \dfrac{3}{\sqrt{u}}$.

2. Soit f la fonction 2π-périodique sur $\mathbb{R}$ dont la restriction à $]-\pi, \pi]$ est représentée dans un repère orthonormal $(O, \overrightarrow{i}, \overrightarrow{j})$ par le demi-cercle de centre O, de rayon π et d'ordonnées positives.

(a) Pour tout $x \in]-\pi, \pi]$, donner l'expression de $f(x)$ en fonction de x.

(b) Énoncer le théorème de DIRICHLET. S'applique-t-il à la fonction f ?

3. (a) Exprimer, pour $n \in \mathbb{N}$, les coefficients de FOURIER trigonométriques de f notés a_n et b_n.

(b) Montrer que : $\forall n \in \mathbb{N}^\star, a_n = \dfrac{2}{n} g(n\pi)$.

4. (a) Établir la convergence normale de la série de FOURIER de f. Cela contredit-il le 2.b ?

(b) Montrer à l'aide du théorème de PARSEVAL que la série de FOURIER de f converge vers f.

Exercice II

Soient les fonctions $f : \mathbb{R}^2 \to \mathbb{R}$ de classe $\mathcal{C}^2$ telles que : $\forall (x, y) \in \mathbb{R}^2, f(x, y) \neq 0$, ainsi que l'équation :

$$\forall (x, y) \in \mathbb{R}^2, f(x, y) \cdot \frac{\partial^2 f}{\partial x \partial y}(x, y) = \frac{\partial f}{\partial x}(x, y) \cdot \frac{\partial f}{\partial y}(x, y). \qquad (\mathcal{E})$$

1. (a) Montrer qu'une telle fonction f vérifie l'équation $(\mathcal{E})$ si, et seulement si, il existe une fonction réelle a, de classe $\mathcal{C}^1$ sur $\mathbb{R}$, telle que

$$\forall (x,y) \in \mathbb{R}^2, \frac{\partial f}{\partial x}(x,y) = a(x) f(x,y).$$

(b) En déduire que les solutions de $(\mathcal{E})$ ne s'annulant pas sont exactement les fonctions de la forme $(x,y) \mapsto \varphi(x)\psi(y)$, où φ et ψ sont des fonctions de classe $\mathcal{C}^2$ sur $\mathbb{R}$ ne s'annulant pas. Pour une telle solution f de $(\mathcal{E})$, y-a-t-il unicité du couple (φ, ψ) ?

(c) Soient g et h deux fonctions de classe $\mathcal{C}^2$ de $\mathbb{R}$ dans $\mathbb{R}^\star$ et telles que $g(0) = h(0)$. Montrer qu'il existe une et une seule solution f de $(\mathcal{E})$ ne s'annulant pas et telle que :

$$\forall x \in \mathbb{R}, f(x,0) = g(x) \text{ et } \forall y \in \mathbb{R}, f(0,y) = h(y).$$

2. Dans cette question, f désigne une solution de $(\mathcal{E})$ sur $\mathbb{R}^2$, strictement positive.

(a) Montrer que f présente en (x_0, y_0) un maximum local si, et seulement si, les fonctions $x \mapsto f(x, y_0)$ et $y \mapsto f(x_0, y)$ présentent respectivement en x_0 et en y_0 un maximum local.

(b) En déduire que l'ensemble des points de $\mathbb{R}^2$ où f présente un maximum local est de la forme $A \times B$, où A et B sont deux parties de $\mathbb{R}$ à préciser.

3. Soit maintenant la fonction $F : \mathbb{R}^2 \to \mathbb{R}$ définie par :

$$\forall (z,y) \in \mathbb{R}^2, F(x,y) = (xy)^3 + |xy|^3.$$

(a) Montrer que F est de classe $\mathcal{C}^2$ sur $\mathbb{R}^2$. (On pourra écrire F comme une composée).

(b) Démontrer que F vérifie l'équation $(\mathcal{E})$.

(c) Montrer qu'il n'existe pas de fonctions φ, ψ de $\mathbb{R}$ dans $\mathbb{R}$ telles que : $\forall (x,y) \in \mathbb{R}^2, F(x,y) = \varphi(x)\psi(y)$.

Exercice III

Soit E un espace euclidien de dimension 3 muni d'un repère orthonormal $(O, \overrightarrow{i}, \overrightarrow{j}, \overrightarrow{k})$ dans lequel on note Π le plan affine d'équation $z = 0$ et la droite affine passant par O et dirigé par $\overrightarrow{k}$.

On désigne par p la projection affine orthogonale sur le plan Π ; il lui correspond la projection vectorielle orthogonale π sur le plan vectoriel de base $(\overrightarrow{i}, \overrightarrow{j})$, liée à p par : $\forall (A,B) \in E^2, \overrightarrow{p(A)p(B)} = \pi(\overrightarrow{AB})$.

1. (a) Montrer que, pour tous points A et B, on a la relation entre distances $p(A)p(B) \leqslant AB$. Préciser les cas où cette inégalité devient une égalité.

(b) Soit D une droite affine de E, passant par un point A et dirigée par un vecteur $\overrightarrow{u} \neq \overrightarrow{0}$. Déterminer avec précision la nature de l'ensemble $p(D)$.

2. Soit D une droite affine de E, non parallèle à Δ, et dont la projection orthogonale $p(D)$ sur le plan Π est notée d. On désigne alors par h le projeté orthogonal du point O sur $d = p(D)$.

(a) Montrer l'existence d'un unique point H de D tel que $p(H) = h$.

(b) H' désignant le projeté orthogonal de H sur Δ, montrer que

$$\forall (M, N) \in \Delta \times D, HH' = Oh \leqslant MN$$

On a donc $HH' = \min\{MN \mid (M, N) \in \Delta \times D\} = d(\Delta, D)$: c'est la distance de Δ à D. On rappelle d'autre part que si D est parallèle à Δ, la distance de Δ à D est l'une quelconque des distances NN', lorsque $N \in D$ et que N' désigne le projeté orthogonal de N sur Δ.

3. On note $\mathcal{C}$ le cylindre de révolution d'axe Δ et de rayon 1.

(a) Donner une équation cartésienne de $\mathcal{C}$ et en déduire que les plans tangents à ce cylindre sont les plans d'équations $x\cos(\omega) + y\sin(\omega) = 1$, pour $\omega \in]-\pi, \pi]$.

(b) Montrer que toute droite D telle que $d(\Delta, D) = 1$ est incluse dans un plan tangent à $\mathcal{C}$.

(c) Réciproquement, toute droite D incluse dans un plan tangent à $\mathcal{C}$ vérifie-t-elle $d(\Delta, D) = 1$?

4. Soit Δ' une droite parallèle à Δ et telle que $d(\Delta, \Delta') = 1$, coupant le plan Π en un point O'.

(a) Soient, dans le plan Π, les cercles Γ et Γ' de rayon 1 et de centres respectifs O et O'. Déterminer dans ce plan les tangentes communes à Γ et Γ'. (On pourra au besoin considérer le plan Π comme orienté par la base $(\overrightarrow{i}, \overrightarrow{j})$)

(b) Décrire précisément l'ensemble des droites affines D de E telles que $d(\Delta, D) = d(\Delta', D) = 1$.

Solution

Exercice I

1. (a) Notons G la fonction $[0,1[\to\mathbb{R}, t\mapsto \dfrac{t}{\sqrt{1-t^2}}\sin(tu)$. Elle est continue sur $[0,1[$ par théorèmes généraux et $G(t) \underset{t\to 1}{=} O\Big(\dfrac{1}{(1-t)^{1/2}}\Big)\cdot$ Comme $\dfrac{1}{2}<1$, par théorème de comparaison, G est intégrable sur $[0,1[$. D'où g est définie sur $\mathbb{R}$.

(b) $\forall x\in[0,1[, \displaystyle\int_x^1 \frac{t}{\sqrt{1-t^2}}dt = \Big[-\sqrt{1-t^2}\Big]_x^1 = \sqrt{1-x^2}.$

$\sqrt{1-x^2} = \dfrac{1}{\sqrt{u}} \iff x = \sqrt{1-\dfrac{1}{u}}$ car $x>0$. D'où $\alpha_u = \sqrt{1-\dfrac{1}{u}}\in]0,1[$.

(c) $\varphi : t\mapsto \dfrac{t}{\sqrt{1-t^2}}$ est de classe $\mathcal{C}^1$ sur $[0,1[$ et $\varphi'(t) = \dfrac{1}{(1-t^2)^{3/2}}\cdot$

Posons $\psi(t) = \dfrac{-\cos(tu)}{u}$ pour $u>1$. La fonction ψ est de classe $\mathcal{C}^1$ sur $[0,1]$ et $\psi'(t) = -\sin(tu)$. Intégrons par parties $\displaystyle\int_0^{\alpha_u}\varphi(t)\psi'(t)dt$. Comme $(\varphi\psi)(0)=0$,

$$\int_0^{\alpha_u}\varphi(t)\psi'(t)dt = \frac{-\alpha_u}{\sqrt{1-\alpha_u^2}}\frac{\cos(u\alpha_u)}{u} + \frac{1}{u}\int_0^{\alpha_u}\frac{\cos(tu)}{(1-t^2)^{3/2}}dt.$$

$$|g(u)| \leqslant \Big|\int_0^{\alpha_u}\frac{t}{\sqrt{1-t^2}}\sin(tu)dt\Big| + \Big|\int_{\alpha_u}^1\frac{t}{\sqrt{1-t^2}}\sin(tu)dt\Big|.$$

D'une part, on a $\displaystyle\Big|\int_{\alpha_u}^1\frac{t}{\sqrt{1-t^2}}\sin(tu)dt\Big| \leqslant \int_{\alpha_u}^1\frac{t}{\sqrt{1-t^2}}dt = \frac{1}{\sqrt{u}}\cdot$

D'autre part, compte tenu de l'intégration par parties et de la définition de α_u, $\displaystyle\Big|\int_0^{\alpha_u}\frac{t}{\sqrt{1-t^2}}\sin(tu)dt\Big| \leqslant \alpha_u\sqrt{u}\cdot\frac{1}{u} + \frac{1}{u}\int_0^{\alpha_u}\frac{dt}{(1-t^2)^{3/2}} \leqslant \frac{2}{\sqrt{u}}\cdot$

Donc, pour tout $u>1$, $|g(u)|\leqslant \dfrac{3}{\sqrt{u}}\cdot$

2. (a) Comme le cercle de centre O et de rayon π a pour équation cartésienne $x^2+y^2=\pi^2$, pour tout $x\in]-\pi,\pi]$, $f(x)=\sqrt{\pi^2-x^2}$.

(b) Théorème de DIRICHLET. Si une fonction f est définie sur $\mathbb{R}$ à valeurs dans $\mathbb{R}$ ou $\mathbb{C}$ est 2π-périodique et de classe $\mathcal{C}^1$ par morceaux sur $\mathbb{R}$, sa série de Fourier converge simplement sur $\mathbb{R}$ de somme $\widetilde{f} : x\mapsto \dfrac{1}{2}\Big[f(x+0)+f(x-0)\Big]$.

Ici, ce théorème ne s'applique pas puisque $\displaystyle\lim_{x\to\pi^-} f'(x) = +\infty$.

3. (a) Comme $f\in\mathcal{C}_2\pi$ et est paire, pour tout $n\geqslant 1, b_n = 0$.

$\forall n\in\mathbb{N}, a_n = \dfrac{2}{\pi}\displaystyle\int_0^{\pi} f(t)\cos(nt)dt.$

(b) Par une intégration par parties, $a_n = \dfrac{2}{\pi}\displaystyle\int_0^{\pi} \frac{t}{\sqrt{\pi^2 - t^2}}\frac{\sin(nt)}{n}dt.$

Le changement de variable linéaire $t = \pi u$ donne : $\forall n \in \mathbb{N}^\star, a_n = \dfrac{2}{n}g(n\pi).$

4. (a) Comme $\forall x \in \mathbb{R}, |a_n \cos(nx)| \leqslant \dfrac{2}{n}\dfrac{3}{\sqrt{n\pi}}$ et comme la série de Riemann $\sum n^{-3/2}$ converge, la série de Fourier de f converge normalement sur $\mathbb{R}$.
Ce résultat ne contredit évidemment pas le résultat de 2.b. puisque le théorème de DIRICHLET donne une condition suffisante de convergence simple sur $\mathbb{R}$.

(b) Notons $S_n(f)(x) = \dfrac{a_0}{2} + \displaystyle\sum_{k=0}^{n} a_k \cos(kx)$. Comme la série de Fourier de f converge normalement sur $\mathbb{R}$, elle converge uniformément sur $\mathbb{R}$ *i.e.* il existe $g \in \mathcal{C}_{2\pi}$ tel que $\lim\limits_{n\to\infty} N_\infty(g - S_n(f)) = 0$. Comme $f \in \mathcal{C}_{2\pi}(\mathbb{R},\mathbb{R})$ on déduit du théorème de Parseval que $\lim\limits_{n\to\infty} N_2(f - S_n(f)) = 0$. Comme $N_2 \leqslant N_\infty$ sur $\mathcal{C}_{2\pi}(\mathbb{R},\mathbb{R})$, on a $\lim\limits_{n\to\infty} N_\infty(g - S_n(f)) = 0 \Rightarrow \lim\limits_{n\to\infty} N_2(g - S_n(f)) = 0$.
Comme $N_2(f - g) \leqslant N_2(f - S_n(f)) + N_2(S_n(f) - g)$, on déduit du théorème d'encadrement que $N_2(f - g) = 0$. Comme N_2 est une norme sur $\mathcal{C}_{2\pi}(\mathbb{R},\mathbb{R})$, il s'ensuit que $f = g$ *i.e.* la série de Fourier de f converge uniformément vers f sur $\mathbb{R}$.

Exercice II

1. (a) S'il existe $a \in \mathcal{C}^1(\mathbb{R},\mathbb{R})$ tel que $\dfrac{\partial f}{\partial x}(x,y) = a(x)f(x,y)$, alors d'après le théorème de Schwarz, $\dfrac{\partial^2 f}{\partial y \partial x}(x,y) = \dfrac{\partial^2 f}{\partial x \partial y}(x,y) = a(x)\dfrac{\partial f}{\partial y}(x,y)$.
Donc $f(x,y)\dfrac{\partial^2 f}{\partial x \partial y}(x,y) = a(x)f(x,y)\dfrac{\partial f}{\partial y}(x,y) = \dfrac{\partial f}{\partial x}(x,y)\cdot\dfrac{\partial f}{\partial y}(x,y)$.
D'où f vérifie l'équation $(\mathcal{E})$.
Réciproquement, si f vérifie l'équation $(\mathcal{E})$ et ne s'annule pas sur $\mathbb{R}^2$, soit $F : \mathbb{R}^2 \to \mathbb{R}, (x,y) \mapsto \dfrac{\frac{\partial f}{\partial x}(x,y)}{f(x,y)}\cdot$ la fonction F est de classe $\mathcal{C}^1$ sur $\mathbb{R}^2$ par quotient et $\big(f(x,y)\big)^2\dfrac{\partial F}{\partial y}(x,y) = f(x,y)\dfrac{\partial^2 f}{\partial x \partial y}(x,y) - \dfrac{\partial f}{\partial x}(x,y)\cdot\dfrac{\partial f}{\partial y}(x,y) = 0$.
Comme $\mathbb{R}^2$ est un ouvert convexe, il existe $a \in \mathcal{C}^1(\mathbb{R},\mathbb{R})$ tel que pour tout $(x,y) \in \mathbb{R}^2, F(x,y) = a(x)$ *i.e.* le résultat.

(b) Rappelons que l'équation différentielle $z' = a(x)z$ où $a \in \mathcal{C}(\mathbb{R},\mathbb{R})$ a pour solution $z : x \mapsto z(0)e^{P(x)}$ où P est la primitive de la fonction a qui s'annule en 0. Donc $\dfrac{\partial f}{\partial x}(x,y) = a(x)f(x,y) \iff f(x,y) = f(0,y)e^{P(x)}$.

Comme f ne s'annule pas sur $\mathbb{R}^2$, on peut dire que f est solution de $(\mathcal{E})$ si, et seulement si, il existe donc deux fonctions $\varphi : x \mapsto e^{P(x)}$ et $\psi : y \mapsto f(0,y)$ qui ne s'annulent pas sur $\mathbb{R}$ telles que $f(x,y) = \varphi(x)\psi(y)$.
Comme f est de classe $\mathcal{C}^2$ sur $\mathbb{R}^2$, et φ ne s'annule pas sur $\mathbb{R}$, la fonction ψ est de classe $\mathcal{C}^2$ sur $\mathbb{R}$. En tant que primitive d'une fonction $a \in \mathcal{C}^1(\mathbb{R},\mathbb{R})$, la fonction P est classe $\mathcal{C}^2$ sur $\mathbb{R}$ et, par composition, la fonction φ aussi.

On n'a pas unicité du couple (φ,ψ) puisque si $\lambda \in \mathbb{R}^\star$ le couple $(\lambda\varphi, \lambda^{-1}\psi)$ convient.

(c) Avec les notations précédentes, $\forall (x,y) \in \mathbb{R}^2, f(x,y) = \varphi(x)\psi(y)$.
$f(x,0) = g(x) = \varphi(x)\psi(0)$ et $f(0,y) = \varphi(0)\psi(y)$.
Comme φ et ψ ne s'annulent pas sur $\mathbb{R}$, on a $\varphi(x) = \dfrac{g(x)}{\psi(0)}$ et $\psi(y) = \dfrac{h(y)}{\varphi(0)}\cdot$
Donc : $\forall (x,y) \in \mathbb{R}^2, f(x,y) = \dfrac{g(x)h(y)}{\varphi(0)\psi(0)} = \dfrac{g(x)h(y)}{g(0)}\cdot$
D'où l'existence et l'unicité de f.

2. (a) Si (x_0,y_0) est un maximum local de f, il existe $\alpha \in \mathbb{R}_+^\star$ tel que pour tout $(x,y) \in \mathbb{R}^2, |x-x_0| \leqslant \alpha$ et $|y-y_0| \leqslant \alpha$ impliquent $f(x,y) \leqslant f(x_0,y_0)$.
En particulier, pour tout $x \in \mathbb{R}, |x-x_0| \leqslant \alpha \Rightarrow f(x,y_0) \leqslant f(x_0,y_0)$ *i.e.* x_0 est un maximum local de $x \mapsto f(x,y_0)$.
Comme on a aussi, pour tout $y \in \mathbb{R}, |y-y_0| \leqslant \alpha \Rightarrow f(x_0,y) \leqslant f(x_0,y_0)$, on peut conclure que y_0 est un maximum local de $y \mapsto f(x_0,y)$.

Réciproquement si x_0 est un maximum local de $x \mapsto f(x,y_0)$ et y_0 est un maximum local de $y \mapsto f(x_0,y)$, on déduit de 1.b) l'existence de φ et ψ de classe $\mathcal{C}^2$ sur $\mathbb{R}$, ne s'annulant pas sur $\mathbb{R}$ telles que $f(x,y) = \varphi(x)\psi(y)$ pour tout $(x,y) \in \mathbb{R}^2$. D'après le théorème des valeurs intermédiaires appliqué à φ et à ψ, ces deux fonctions sont de signe constant sur $\mathbb{R}$. Comme leur produit $\varphi(x)\psi(y) = f(x,y) > 0$, on peut supposer que $\varphi(x) > 0$ quel que soit $x \in \mathbb{R}$ et $\psi(y) > 0$ quel que soit $y \in \mathbb{R}$ sinon ou prend le couple $(-\varphi,-\psi)$.
Comme, par hypothèse, $\varphi : x \mapsto \dfrac{f(x,y_0)}{\psi(y_0)}$ a un maximum local en x_0 et $\psi : x \mapsto \dfrac{f(x_0,y)}{\varphi(x_0)}$ a un maximum local en y_0, il existe $\alpha > 0$ tel que pour tout $x \in [x_0-\alpha, x_0+\alpha], \varphi(x) \leqslant \varphi(x_0)$ et pour tout $y \in [y_0-\alpha, y_0+\alpha], \psi(y) \leqslant \psi(y_0)$.
Les deux inégalités $0 \leqslant \varphi(x) \leqslant \varphi(x_0)$ et $0 \leqslant \psi(y) \leqslant \psi(y_0)$ impliquant $0 < f(x,y) = \varphi(x)\psi(y) \leqslant \varphi(x_0)\psi(y_0) = f(x_0,y_0)$ pour (x,y) appartenant à $[x_0-\alpha, x_0+\alpha] \times [y_0-\alpha, y_0+\alpha]$, on conclut que (x_0,y_0) est un maximum local de f. L'équivalence demandée est alors prouvée.

(b) Il s'ensuit que l'ensemble des points de $\mathbb{R}^2$ où f a un maximum local est $A \times B$ où $A = \{x_0 \in \mathbb{R} \mid\ x \mapsto f(x,y_0) \text{ a un maximum local en } x_0\}$ et $B = \{y_0 \in \mathbb{R} \mid\ y \mapsto f(x_0,y) \text{ a un maximum local en } y_0\}\cdot$

3. (a) Soit $\Phi : t \mapsto t^3 + |t|^3$, alors $F(x,y) = \Phi(xy)$. La fonction $(x,y) \mapsto xy$ étant polynomiale, elle est de classe $\mathcal{C}^\infty$ sur $\mathbb{R}^2$. Si nous montrons que Φ est

de classe $\mathcal{C}^2$ sur $\mathbb{R}$, par théorème de composition, F sera de classe $\mathcal{C}^2$ sur $\mathbb{R}^2$.
On a $\Phi(t) = 0$ si $t \in \mathbb{R}_-$. Si $t \in \mathbb{R}_+, \Phi(t) = 2t^3$. Donc Φ est de clsse $\mathcal{C}^\infty$ sur $\mathbb{R}^\star$.
Pour tout $x \in \mathbb{R}_-^\star, \Phi'(t) = 0 = \Phi''(t)$.
Pour tout $t \in \mathbb{R}_+^\star, \Phi'(t) = 6t^2$ et $\Phi''(t) = 12t$.
Comme Φ est continue sur $\mathbb{R}$ et $\lim\limits_{t \to 0} \Phi'(t) = 0 = \lim\limits_{t \to 0} \Phi''(t)$, on déduit du théorème de caractérisation des fonctions $\mathcal{C}^2$ que Φ est de classe $\mathcal{C}^2$ sur $\mathbb{R}$ et l'on peut conclure que $F \in \mathcal{C}^2(\mathbb{R}^2, \mathbb{R})$.

(b) $\forall (x,y) \in \mathbb{R}^2, \dfrac{\partial f}{\partial x}(x,y) = y\Phi'(xy)$ et $\dfrac{\partial f}{\partial y}(x,y) = x\Phi'(xy)$

Donc $\dfrac{\partial^2 f}{\partial x \partial y}(x,y) = \Phi'(xy) + xy\Phi''(xy)$.

Notons $f(x,y)\dfrac{\partial^2 f}{\partial x \partial y}(x,y) - \dfrac{\partial f}{\partial x}(x,y)\dfrac{\partial f}{\partial y}(x,y) = \lambda(x,y)$

Alors $\lambda(x,y) = \Phi(xy)\big(\Phi'(xy) + xy\Phi''(xy)\big) - xy\big(\Phi'(xy)\big)^2$.
En examinant les cas $xy < 0$ puis $xy > 0$, on vérifie que $\lambda(x,y) = 0$ *i.e.* f vérifie l'équation $(\mathcal{E})$.

(c) Supposons que $\exists \varphi$ et $\exists \psi, \forall (x,y) \in \mathbb{R}^2, f(x,y) = \varphi(x)\psi(y)$.
Alors $f(1,1) = \varphi(1)\psi(1) = 2$ et $f(-1,-1) = \varphi(-1)\psi(-1) = 2$. D'où $\varphi(1), \varphi(-1), \psi(1), \psi(-1)$ tous non nuls alors que $f(1,-1) = 0 = \varphi(1)\psi(-1)$.
D'où une contradiction et la conclusion.

Exercice III

1. (a) Un projecteur orthogonal étant une application et 1-lipschitzienne et linéaire, on a $p(A)p(B) = \|\pi(\overrightarrow{AB})\| \leqslant \|\overrightarrow{AB}\| = AB$ avec égalité si, et seulement si, $\overrightarrow{AB} \in \mathrm{Vect}(\overrightarrow{i}, \overrightarrow{j})$.

(b) Comme $D = A + \mathbb{R}.\overrightarrow{u}$, alors $p(D) = p(A) + \mathbb{R}.\pi(\overrightarrow{u})$.
Si $\overrightarrow{u}$ et $\overrightarrow{k}$ sont colinéaires, $p(D)$ est réduit au point A. Sinon, $p(D)$ est la droite passant par $p(A)$ et dont un vecteur directeur est $\pi(\overrightarrow{u})$.

2. (a) La droite D n'étant pas parallèle à Δ, d'après 1.b), p établit une bijection de D sur Δ. Pour $h \in \Delta$, il existe un unique $H \in D$ tel que $h = p(H)$.

(b) Comme $H' \in \Delta$, on a $p(H') = O$. On a $h = p(H)$ et $\overrightarrow{HH'} \in \mathrm{Vect}(\overrightarrow{i}, \overrightarrow{j})$.
On déduit de 1.a) que $p(H')p(H) = Oh = H'H$.

Pour $M \in \Delta, N \in D, \overrightarrow{MN} = \overrightarrow{MH'} + \overrightarrow{H'H} + \overrightarrow{HN}$.
$\overrightarrow{H'H}$ est orthogonal à Δ. Comme $(OhHH')$ est un parallélogramme car (Oh) est parallèle à (HH') et (OH') est parallèle à (hH), on a $\overrightarrow{H'H} = \overrightarrow{Oh}$ orthogonal à D. On déduit du théorème de Pythagore

$\|\overrightarrow{MN}\|^2 = \|\overrightarrow{H'H}\|^2 + \|\overrightarrow{MH'} + \overrightarrow{HN}\|^2$

Donc $\|\overrightarrow{MN}\|^2 \geqslant \|\overrightarrow{HH'}\|^2 = \|\overrightarrow{Oh}\|^2$. D'où le résultat demandé.

3. (a) Comme $\mathcal{C} \cap \Pi$ est le cercle d'équation $x^2 + y^2 = 1$, une équation du cylindre de révolution d'axe Δ est $x^2 + y^2 = 1$.

Une équation cartésienne de la tangente Δ_ω au cercle $\mathcal{C} \cap \Pi$ au point M_ω de coordonnées $\big(\cos(\omega), \sin(\omega)\big)$ s'obtient par dédoublement des termes et est

$$x\cos(\omega) + y\sin(\omega) = 1.$$

Comme Δ_ω est la trace du plan tangent au cylindre $\mathcal{C}$ le long de la génératrice passant par M_ω et parallèle à Oz sur le plan Π, une équation de ce plan tangent à $\mathcal{C}$ est $x\cos(\omega) + y\sin(\omega) = 1$.

(b) Si la droite D est parallèle à Δ, elle est dans un plan tangent à $\mathcal{C}$ puisqu'elle est une génératrice du cylindre. Si elle n'est pas parallèle à Δ, sa projection $p(D)$ est une droite dont la distance à O est à une distance égale à 1 de O *i.e.* c'est une tangente au cercle $\mathcal{C} \cap \Pi$. Elle est donc contenue dans le plan tangent à $\mathcal{C}$ contenant cette droite.

(c) La réciproque est fausse, en effet, il suffit de prendre une droite d'un plan tangent à $\mathcal{C}$ parallèle à une génératrice Δ' et distincte de cette génératrice. On a $d^2(\Delta, \Delta') = d^2(\Delta, D) + D^2(D, \Delta) = 1 + D^2(D, \Delta) > 1$.

4. (a) Soit un repère orthonormé de Π dans lequel O' a pour coordonnées $(0, 1)$. Dans ce repère, Γ a toujours pour équation $x^2+y^2 = 1$ et $\Gamma' : (x-1)^2+y^2 = 1$. La tangente en $M(a, b) \in \Gamma$ est $\mathcal{T} : ax + by = 1$. La tangente en $M(a', b') \in \Gamma'$ est $\mathcal{T}' : a'x + b'y - (x + a') = 0$. On cherche (a, b) et (a', b') tels que $\mathcal{T} = \mathcal{T}'$. On étudie les deux cas $a' = 0$ et $a' \neq 0$ et l'on trouve les tangentes d'équations respectives $y = 1$ et $y = -1$.

(b) Dans le premier cas, D est parallèle à Δ. Il y a 2 points A_1 et A_2 équidistants de O et O' dans le plan Π. Les 2 droites passant par A et A' et parallèles à Δ.

Dans l'autre cas, D n'est pas parallèle à Δ. Si h_1 est le projeté orthogonal de O' sur $d = p(D)$, on a $Oh = d(D, \Delta)$ et $O'h_1 = d(D, \Delta')$ et donc $\overrightarrow{hh_1}$ et $\overrightarrow{OO'}$ sont colinéaires, d'où la droite d est parallèle à la droite (OO'). Si d et d' sont les deux seules droites de Π distantes de (OO') de 1, les droites solutions sont les droites D dont la projection sur Π sont d et d'.

Fin

Le problème comporte quatre parties qui peuvent être traitées de façon largement indépendante.

Notations : n est un entier supérieur ou égal à 2.
$\mathbb{R}_n[X]$ est l'espace vectoriel des polynômes de degré inférieur ou égal à n à coefficients réels.
$\mathbb{R}_+^\star$ est l'ensemble des réels strictement positifs.
a est un paramètre réel.

Objectifs : Étude d'une famille d'applications linéaires et d'équations différentielles associées à ces applications linéaires.

Première partie : Étude de l'application :

$$\mathcal{A}_a : \begin{pmatrix} \mathbb{R}_3[X] & \to & \mathbb{R}_3[X] \\ P & \mapsto & X(X+1)P''(X) + (aX-1)P'(X) \end{pmatrix}.$$

1.1 Propriétés élémentaires de $\mathcal{A}_a$.

1.1.1) Montrer que $\mathcal{A}_a$ est un endomorphisme de $\mathbb{R}_3[X]$.

1.1.2) Écrire la matrice M_a de $\mathcal{A}_a$ dans la base canonique de $\mathbb{R}_3[X]$, $(X^k,\ 0 \leqslant k \leqslant 3)$.

1.1.3) Étude du cas particulier $a = -4$.

a) La matrice $M_{-4} = \begin{pmatrix} 0 & -1 & 0 & 0 \\ 0 & -4 & 0 & 0 \\ 0 & 0 & -6 & 3 \\ 0 & 0 & 0 & -6 \end{pmatrix}$ est-elle diagonalisable?

b) Déterminer les valeurs propres et les sous-espaces propres de $\mathcal{A}_{-4}$.

1.1.4) a) Déterminer en fonction du réel a les valeurs propres de $\mathcal{A}_a$.

b) Pour quelles valeurs de a l'endomorphisme $\mathcal{A}_a$ admet-il des valeurs propres doubles ?

c) Existe-t-il une valeur du réel a pour laquelle $\mathcal{A}_a$ admet une valeur propre triple ?

1.1.5) Pour quelles valeurs de a, $\mathcal{A}_a$ est-il diagonalisable ?

1.1.6) Pour quelles valeurs du réel a le degré du polynôme $\mathcal{A}_a(P)$ est-il égal au degré de P, pour tout polynôme P non constant de $\mathbb{R}_3[X]$?

1.2 Étude de cas particuliers.

On suppose dans tout ce paragraphe que $a \notin \{-2, -1, 0\}$.

1.2.1) Déterminer $\mathrm{Ker}(\mathcal{A}_a)$ par la donnée d'une de ses bases.

1.2.2) Montrer que $(-1 + aX, X^2, X^3)$ est une base de $\mathrm{Im}(\mathcal{A}_a)$.

1.2.3) Discuter selon $p \in \mathbb{N}$, $0 \leqslant p \leqslant 3$, l'ensemble des polynômes de $\mathbb{R}_3[X]$ solutions de l'équation : $X(X+1)P''(X) + (aX-1)P'(X) = X^p$.

Deuxième partie Quelques propriétés de l'application :

$$\mathcal{A}_{(a,n)} : \begin{pmatrix} \mathbb{R}_n[X] & \to & \mathbb{R}_n[X] \\ P & \mapsto & X(X+1)P''(X) + (aX-1)P'(X) \end{pmatrix}.$$

2.1) Justifier rapidement que $\mathcal{A}_{(a,n)}$ est un endomorphisme de $\mathbb{R}_n[X]$.

2.2) Écrire la matrice M_a de $\mathcal{A}_{(a,n)}$ dans la base canonique de $\mathbb{R}_n[X]$, $(X^k, 0 \leqslant k \leqslant n)$.

2.3) Soit $\lambda \in \mathbb{R}$. Montrer que λ est une valeur propre de $\mathcal{A}_{(a,n)}$ si et seulement si il existe $k \in \mathbb{N}$, $0 \leqslant k \leqslant n$ tel que $\lambda = k(a + k - 1)$.

2.4) Montrer que si $a \in \mathbb{R}_+^\star$, l'endomorphisme $\mathcal{A}_{(a,n)}$ est diagonalisable. Dans le cas particulier où $a = 0$, $\mathcal{A}_{(0,n)}$ est-il diagonalisable ?

Troisième partie : Recherche de solutions développables en série entière d'une équation différentielle.

Soit $\mathcal{E}$ l'espace vectoriel des fonctions à valeurs réelles définies dans l'intervalle ouvert $]-1,+1[$ et qui sont des sommes de séries entières dans cet intervalle : ainsi f appartient à $\mathcal{E}$ s'il existe une série entière $\sum a_n x^n$ telle que pour tout $x \in]-1,+1[$, $f(x) = \sum\limits_{n=0}^{\infty} a_n x^n$.

3.1) Montrer que si $f \in \mathcal{E}$ alors f est de classe $\mathcal{C}^\infty$ sur $]-1,+1[$.

On considère alors dans toute cette partie l'endomorphisme $\mathcal{D}_a$ de $\mathcal{E}$

$$\mathcal{D}_a : \mathcal{E} \to \mathcal{E},\ f \mapsto \mathcal{D}_a(f)$$

où $\mathcal{D}_a(f)(x) = x(x+1)f''(x) + (ax-1)f'(x)$ pour tout $x \in]-1,+1[$.

3.2) Soit $f \in \mathcal{E}$ telle que $\mathcal{D}_a(f) = af$.

On pose pour tout $x \in]-1,+1[$, $f(x) = \sum\limits_{n=0}^{\infty} a_n x^n$.

a) Montrer que : $\forall n \in \mathbb{N}$, $(n-1)\big[(n+a)a_n + (n+1)a_{n+1}\big] = 0$.

b) Montrer que pour tout $n \in \mathbb{N}$, $n \geqslant 3$: $a_n = \dfrac{2(-1)^n \prod\limits_{k=2}^{n-1}(k+a)}{n!} a_2$

et dans le cas particulier où $a_0 = a_1 = 0$ et $a_2 = 1$, donner les valeurs de a pour lesquelles la série entière est un polynôme ; on déterminera alors son degré et son coefficient dominant en fonction de a.

c) Déterminer, selon $a \in \mathbb{R}$, le rayon de convergence de la série entière $\sum a_n x^n$.

3.3) En déduire l'ensemble des solutions dans $\mathcal{E}$ de $\mathcal{D}_a(f) = af$.

3.4) Comparer, selon $a \in \mathbb{R}$, les dimensions des sous-espaces propres $\text{Ker}(\mathcal{A}_{(a,n)} - aId_{\mathbb{R}_n[X]})$ et $\text{Ker}(\mathcal{D}_a - aId_{\mathcal{E}})$.

Quatrième partie : Résolution d'une équation différentielle.

On note $\mathcal{C}^\infty$ l'espace vectoriel des fonctions de classe $\mathcal{C}^\infty$ sur $\mathbb{R}_+^\star$ et Δ_a l'endomorphisme de $\mathcal{C}^\infty$: $\Delta_a : \mathcal{C}^\infty \to \mathcal{C}^\infty$, $f \mapsto \Delta_a(f)$ où pour tout $x \in \mathbb{R}_+^\star$, $\Delta_a(f)(x) = x(x+1)f''(x) + (ax-1)f'(x)$.

4.1) On considère l'équation différentielle :

$$(E) \quad x(x+1)y'' + (ax-1)y' - 2(a+1)y = 0.$$

Montrer que toute solution sur $\mathbb{R}_+^\star$ est de classe $\mathcal{C}^\infty$ sur $\mathbb{R}_+^\star$.

4.2) Soit φ une solution sur $\mathbb{R}_+^\star$ de (E), on pose $\varphi(x) = x^2\psi(x)$ pour tout $x \in \mathbb{R}_+^\star$. Montrer que ψ est une fonction de $\mathcal{C}^\infty$, et que ψ' est solution sur $\mathbb{R}_+^\star$ d'une équation différentielle linéaire du premier ordre. Peut-on prévoir ce résultat ? Déterminer cette équation différentielle.

4.3) Résoudre sur $\mathbb{R}_+^\star$ l'équation différentielle linéaire du premier ordre :

$$(E_1) \quad x(x+1)u' + ((4+a)x+3)u = O.$$

En déduire ψ'.

4.4) On se place dans le cas particulier $a = -4$.

a) Résoudre (E).

b) Comparez les dimensions des sous-espaces propres

$$\text{Ker}(\mathcal{A}_{-4} + 6Id_{\mathbb{R}_3[X]}) \text{ et } \text{Ker}(\Delta_{-4} + 6Id_{\mathcal{C}^\infty}).$$

Solution

Première partie

1.1.1) $\mathcal{A}_a$ est linéaire car la multiplication par un polynôme et la dérivation le sont et, si $P \in \mathbb{R}_3[X]$ on a $\deg\big(\mathcal{A}_a(P)\big) \leqslant \deg(P)$ car, clairement :
$\max\big[\deg\big(X(X+1)P''(X)\big), \deg\big((aX-1)P'(X)\big] \leqslant \deg\big(P(X)\big)$.
En particulier $\mathcal{A}_a \in \mathcal{L}\big(\mathbb{R}_3[X]\big)$.

1.1.2) $\mathcal{A}_a(X^0) = 0$, $\mathcal{A}_a(X) = aX - 1$, $\mathcal{A}_a(X^2) = 2(1+a)X^2$ et $\mathcal{A}_a(X^3) = 3(2+a)X^3 + 3X^2$ d'où $M_a = \begin{pmatrix} 0 & -1 & 0 & 0 \\ 0 & a & 0 & 0 \\ 0 & 0 & 2(1+a) & 3 \\ 0 & 0 & 0 & 3(2+a) \end{pmatrix}$.

1.1.3) a) Comme M_a est triangulaire les racines de son polynôme caractéristique figurent sur sa diagonale avec leur ordre de multiplicité. Dans le cas où $a = -4$ la seule valeur propre multiple est -6 et $\mathrm{rg}(M_{-4} + 6I_4) = 3$ car les trois premières lignes sont linéairement indépendantes, donc on a $\dim(E_{-4}) = 1 < 2$, ce qui montre que M_{-4} n'est pas diagonalisable.

b) On a $\mathrm{Sp}(M_{-4}) = \{0, -4, -6\}$ et, immédiatement, $E_0(M_{-4}) = \mathbb{R}X^0$ et $E_{-6}(M_{-4}) = \mathbb{R}X^2$ car on a vu que ce sous-espace propre est de dimension 1.

Enfin $M_{-4} + 4I_4 = \begin{pmatrix} 4 & -1 & & \\ 0 & 0 & (\star) & \\ 0 & 0 & & (\star) \\ 0 & 0 & & \end{pmatrix}$ d'où $E_{-4}(M_{-4}) = \mathbb{R}(4X+1)$.

1.1.4) a) On a déjà justifié l'égalité $\mathrm{Sp}(\mathcal{A}_a) = \{0, a, 2(1+a), 3(2+a)\}$·

b) Posons $\lambda_1 = 0$, $\lambda_2 = a$, $\lambda_3 = 2(1+a)$ et $\lambda_4 = 3(2+a)$, alors :

- $\lambda_1 = \lambda_2 \iff a = 0$,
- $\lambda_1 = \lambda_3 \iff a = -1$,
- $\lambda_1 = \lambda_4 \iff a = -2$,
- $\lambda_2 = \lambda_3 \iff a = -2$,
- $\lambda_2 = \lambda_4 \iff a = -3$,
- $\lambda_3 = \lambda_4 \iff a = -4$,

en résumé si $a \in \{0, -1, -3, -4\}$ il y a une valeur propre double et, si $a = -2$, il y a deux valeurs propres doubles.

c) On n'a pas trouvé de cas où une valeur propre est triple.

1.1.5) Si $a \notin [\![-4, 0]\!]$ il y a 4 valeurs propres et donc $\mathcal{A}_a$ est diagonalisable.
Si $a = 0$ alors 0 est valeur propre double et $\mathrm{rg}(M_0) = 3$, donc $\mathcal{A}_0$ n'est pas diagonalisable.
Si $a = -1$ alors 0 est valeur propre double et M_{-1} a deux colonnes nulles donc son noyau est de dimension 2. Comme les sous-espaces propres associés à une valeur propre simple sont de dimension 1, $\mathcal{A}_{-1}$ est diagonalisable.

Si $a = -2$ les trois premières lignes de M_{-2} sont linéairement indépendantes d'où $\text{rg}(M_{-2}) = 3$ et donc $\mathcal{A}_{-2}$ n'est pas diagonalisable.
Si $a = -3$ la valeur propre double est -3 et $\text{rg}(M_{-3}) = 2$, donc $\mathcal{A}_{-3}$ est diagonalisable.
Enfin $\mathcal{A}_{-4}$ n'est pas diagonalisable, donc $\mathcal{A}_a$ est diagonalisable si, et seulement si, $a \notin \{0, -2, -4\}$.

1.1.6) Si $P(X) = a_n X^n + \cdots$ où $a_n \neq 0$ et $n \geqslant 1$ alors le coefficient de X^n dans $\mathcal{A}_a(P)$ est $\big[n(n-1) + na\big]a_n$ et donc il est non nul si, et seulement si, $n - 1 + a \neq 0$. a est donc solution si, et seulement si, pour tout $n \in [\![1, 3]\!]$, on a $a \neq 1 - n$ soit si, et seulement si, $a \notin \{-2, -1, 0\}$.

1.2.1) On a déjà vu que 0 est valeur propre simple et que l'on a :
$E_0(\mathcal{A}_a) = \text{Ker}(\mathcal{A}_a) = \mathbb{R}_0[X]$.

1.2.2) Le théorème du rang montre que $\mathcal{A}_a$ est de rang 3.
On a $\mathcal{A}_a(X) = aX - 1 \in \text{Im}(\mathcal{A}_a)$, $\mathcal{A}_a\Big(\dfrac{X^2}{2(1+a)}\Big) = X^2 \in \text{Im}(\mathcal{A}_a)$ et enfin $\mathcal{A}_a\Big(\dfrac{X^3}{3(2+a)} - \dfrac{(2+a)X^2}{2(1+a)}\Big) = X^3 \in \text{Im}(\mathcal{A}_a)$.
Comme $(aX - 1, X^2, X^3)$ est de rang 3 c'est une base de $\text{Im}(\mathcal{A}_a)$.

1.2.3) Si $X^p \notin \text{Im}(\mathcal{A}_a)$ l'équation n'a pas de solution et c'est le cas pour $p \in \{0, 1\}$. Sinon et si P_0 est une solution particulière alors l'ensemble des solutions est $P_0 + \text{Ker}(\mathcal{A}_a)$, soit encore $\big\{P_0 + \alpha \;\big|\; \alpha \in \mathbb{R}\big\}$, enfin on a donné une expression de P_0 à la question précédente.

Deuxième partie

2.1) Idem que pour 1.1.1)

2.2) $$M_a = \begin{pmatrix} 0 & -1 & 0 & \cdots & \cdots & 0 \\ \vdots & a & 0 & 0 & & \vdots \\ \vdots & 0 & 2(1+a) & 3 & \ddots & \vdots \\ \vdots & & 0 & 3(2+a) & \ddots & 0 \\ \vdots & & & \ddots & \ddots & n(n-2) \\ 0 & \cdots & \cdots & \cdots & 0 & n(n-1+a) \end{pmatrix}.$$

2.3) Comme M_a est triangulaire supérieure les racines du polynôme caractéristique se trouvent, comptées avec leur ordre de multiplicité, sur la diagonale. Et donc la liste des valeurs propres est constituée par les λ_k où $0 \leqslant k \leqslant n$ et $\lambda_k = k(a + k - 1)$.

2.4) $x \mapsto x(a + x - 1)$ est de classe $\mathcal{C}^1$ sur $\mathbb{R}_+$ de dérivée $x \mapsto a + 2x - 1$ donc strictement croissante sur $\Big[\dfrac{1}{2}, +\infty\Big[$ d'où $0 = \lambda_0 < \lambda_1 = a < \lambda_2 < \cdots < \lambda_n$

et, comme le polynôme caractéristique de $\mathcal{A}_{(a,n)}$ est scindé à racines simples, l'endomorphisme $\mathcal{A}_{(a,n)}$ est diagonalisable.
En revanche 0 est valeur propre double de $\mathcal{A}_{(0,n)}$ mais cet endomorphisme est de rang n au vu de M_a et donc $\mathcal{A}_{(0,n)}$ n'est pas diagonalisable.

Troisième partie

3.1) «Montrer» ne semble pas sérieux. Il s'agit certainement de dire que cela découle du cours relatif aux séries entières, précisément du théorème relatif à la dérivation de la somme d'une série entière.

3.2) a) Le même théorème montre que, sur $]-1,1[$, on a :

$$\mathcal{D}_a(f)(x)=\sum_{n=0}^{\infty} n(n-1)a_n\,x^n+\sum_{n=1}^{\infty} n(n-1)a_n\,x^{n-1}+\sum_{n=0}^{\infty} naa_n\,x^n-\sum_{n=1}^{\infty} na_n\,x^{n-1}$$

soit $\mathcal{D}_a(f)(x)=\sum\limits_{n=0}^{\infty}\big[n(n-1)-na\big]a_n\,x^n+\sum\limits_{n=0}^{\infty}\big[n(n+1)-(n+1)\big]a_{n+1}\,x^n$

et donc $\mathcal{D}_a(f)(x)-af(x)=\sum\limits_{n=0}^{\infty}\Big(n\big[(n-1)+a\big]-a\Big)a_n\,x^n+\sum\limits_{n=0}^{\infty}(n^2-1)a_{n+1}\,x^n.$

Par unicité des coefficients d'une série entière on en déduit :
$\forall n\in\mathbb{N},\ \big[n(n-1)+(n-1)a\big]a_n+(n-1)(n+1)a_{n+1}=0$ soit encore
$\forall n\in\mathbb{N},\ (n-1)\big[(n+a)a_n+(n+1)a_{n+1}\big]=0.$

b) Pour $n\geqslant 2$ il vient $a_{n+1}=-\dfrac{n+a}{n+1}\,a_n$ soit, pour $n\geqslant 3$,

$$a_n=(-1)^{n-2}\prod_{k=2}^{n-1}\Big(\frac{k+a}{k+1}\Big)a_2=\frac{2(-1)^n\prod\limits_{k=2}^{n-1}(k+a)}{n!}a_2.$$

Si $a_0=a_1=0$ et $a_2=1$ alors f est polynomiale si, et seulement si, à partir d'un certain rang a_n est nul *i.e.* si, et seulement si, $a\in\mathbb{Z}^-$ et $a\leqslant -2$.

Alors si $a=-n_0$ on a un polynôme de degré n_0 et $a_{n_0}=\dfrac{2(-1)^{n_0}\prod\limits_{k=2}^{n_0-1}(k-n_0)}{n_0!}$

soit $a_{n_0}=\dfrac{2(n_0-2)!}{n_0!}=\dfrac{2}{n_0(n_0-1)}\cdot$ On note P_{n_0} le polynôme obtenu.

c) Si l'on a affaire à un polynôme alors le rayon est infini, sinon la règle de d'Alembert donne un rayon égal à 1.
Le cas polynomial est obtenu pour $\big(a\in\mathbb{Z}^-$ et $a\leqslant -2\big)$ et aussi pour $a_2=0$ auquel cas $f:x\mapsto a_0(1-ax)$.

3.3) Si $a\in\mathbb{Z}^-$ et $a\leqslant -2$ on obtient $\mathbb{R}(1-aX)\oplus\mathbb{R}P_{n_0}(X)$.
Sinon on obtient $\mathbb{R}(1-aX)\oplus\mathbb{R}f_0$ où f_0 est la série entière obtenue avec $(a_0,a_1,a_2)=(0,0,1)$.

3.4) Plutôt que les dimensions on compare les espaces vectoriels : si $a\in\mathbb{Z}^-$ et $a\leqslant -2$ il y a égalité, sinon on a inclusion stricte de $\mathrm{Ker}(\mathcal{A}_{(a,n)}-aId_{\mathbb{R}_n[X]})$ dans $\mathrm{Ker}(\mathcal{D}_a-aId_{\mathcal{E}})$.

Quatrième partie

4.1) On procède par récurrence pour montrer qu'une solution f est de classe $\mathcal{C}^n$ sur $\mathbb{R}_+^\star$ pour tout $n \in \mathbb{N}$.

Si $x > 0$ alors $f''(x)$ existe et $f''(x) = \dfrac{2(a+1)f(x) + (1-ax)f'(x)}{x(x+1)}$ et donc f est de classe $\mathcal{C}^2$ sur $\mathbb{R}_+^\star$.

Si f est de classe $\mathcal{C}^n$ sur $\mathbb{R}_+^\star$ la même égalité montre que f'' est de classe $\mathcal{C}^{n-1}$ sur $\mathbb{R}_+^\star$ et donc f est de classe $\mathcal{C}^{n+1}$ sur le même intervalle.

On a donc montré que toute solution de (E) est de classe $\mathcal{C}^\infty$ sur $\mathbb{R}_+^\star$.

4.2) Si $x > 0$, $\psi(x) = \dfrac{\varphi(x)}{x^2}$ montre que ψ est de classe $\mathcal{C}^\infty$ sur $\mathbb{R}_+^\star$. Si $x > 0$:

$\varphi(x) = x^2\psi(x)$,

$\varphi'(x) = 2x\psi(x) + x^2\psi'(x)$,

$\varphi''(x) = 2\psi(x) + 4x\psi'(x) + x^2\psi''(x)$, d'où

$\Delta_a(\varphi)(x) - 2(a+1)\varphi(x) = x^3(x+1)\psi''(x) + x^2\big[4(x+1) + (ax-1)\big]\psi'(x)$ d'où

$\psi''(x) = -\dfrac{(4+a)x+3}{x(x+1)}\psi'(x)$ sur $\mathbb{R}_+^\star$.

Cela découle du fait que $\varphi_0 : x \mapsto x^2$ est solution de (E) comme on l'a vu dans la partie 1 et le changement d'inconnue $\psi = \dfrac{\varphi}{\varphi_0}$ a été traité en cours.

4.3) Comme $\dfrac{(4+a)x+3}{x(x+1)} = \dfrac{3}{x} + \dfrac{a+1}{x+1}$ on en déduit $\psi'(x) = \dfrac{A}{x^3(x+1)^{a+1}}$ où $A \in \mathbb{R}$.

4.4) a) On a, si $x > 0$, $\psi'(x) = A\Big(1 + \dfrac{3}{x} + \dfrac{3}{x^2} + \dfrac{1}{x^3}\Big)$

d'où $\psi(x) = A\Big(x + 3\ln(x) - \dfrac{3}{x} - \dfrac{1}{2x^2}\Big) + B$ où $B \in \mathbb{R}$ et donc

$$\varphi(x) = A\Big(x^3 - 3x - \frac{1}{2} + 3x^2\ln(x)\Big) + Bx^2.$$

b) Les dimensions sont respectivement 1 et 2 mais en fait il y a une inclusion stricte entre les deux espaces vectoriels.

Fin

E3A
Filière PC 2008
Épreuve B

Trois exercices,
trois heures

Premier exercice

Cet exercice a pour but d'étudier les extremums d'une fonction liée à une matrice symétrique. L'espace vectoriel $\mathbb{R}^3$ est muni de son produit scalaire canonique noté $(\cdot|\cdot)$ dont la norme associée est notée $\|.\|$.

1. Étude d'un exemple.

(a) Vérifier les inégalités $xy \leqslant \frac{1}{2}(x^2+y^2)$ et $-\frac{1}{2}(x^2+y^2) \leqslant xy$ pour tous réels x et y et préciser, dans chaque cas, les situations d'égalité.

(b) En déduire que $-\frac{1}{2}$ est un minorant de la fonction

$$r : (x,y,z) \mapsto \frac{xy+z^2}{x^2+y^2+z^2}$$

sur $\mathbb{R}^3 \setminus \{(0,0,0)\}$ et montrer que c'est son minimum.

(c) Trouver de même le maximum de r sur $\mathbb{R}^3 \setminus \{(0,0,0)\}$.

(d) Comparer ce minimum et ce maximum à la plus grande et à la plus petite valeur propre de la matrice $A = \begin{pmatrix} 0 & \frac{1}{2} & 0 \\ \frac{1}{2} & 0 & 0 \\ 0 & 0 & 1 \end{pmatrix}$.

2. Étude du cas général. Soit M une matrice symétrique réelle d'ordre 3 et f l'endomorphisme canoniquement associé à M. On rappelle qu'il existe une base orthonormée $\mathcal{B}_0 = (u_1, u_2, u_3)$ de vecteurs propres pour f, chacun des vecteurs u_k étant associé à la valeur propre λ_k. On suppose $\lambda_1 < \lambda_2 < \lambda_3$.

(a) Soit w un vecteur non nul de $\mathbb{R}^3$ que l'on écrit $w = a_1u_1 + a_2u_2 + a_3u_3$ dans la base $\mathcal{B}_0$. Vérifier que

$$\frac{(f(w)|w)}{\|w\|^2} = \lambda_3 + \frac{a_1^2(\lambda_1-\lambda_3)}{\|w\|^2} + \frac{a_2^2(\lambda_2-\lambda_3)}{\|w\|^2}.$$

(b) En déduire que λ_3 est le maximum de la fonction

$$r_f : w \mapsto \frac{(f(w)|w)}{\|w\|^2} \text{ sur } \mathbb{R}^3 \setminus \{0\}.$$

(c) Déterminer de même le minimum de r_f sur $\mathbb{R}^3 \setminus \{0\}$.

(d) Vérifier que l'on retrouve ainsi les résultats de la question 1.

3. Une application. On considère la matrice $M = \begin{pmatrix} -1 & 0 & 0 \\ 0 & 1 & 2 \\ 0 & 2 & 4 \end{pmatrix}$ et l'on note f son endomorphisme canoniquement associé.

(a) Déterminer les valeurs propres et une base de chaque sous-espace propre de f.

(b) En déduire le maximum et le minimum de la fonction r_f sur $\mathbb{R}^3 \setminus \{0\}$ et préciser les vecteurs en lesquels ils sont atteints.

(c) Soit g la fonction définie sur $\mathbb{R}^3 \setminus \{(0,0,0)\}$ par
$g(x,y,z) = \dfrac{-x+y+2z}{x^2+y^2+z^2}$ et P la partie de $\mathbb{R}^3 \setminus \{(0,0,0)\}$ constituée des triplets (x,y,z) tels que $x+y+2z=1$.
Soit $(x,y,z) \in P$ et $w=(x,y,z)$. Vérifier que $g(x,y,z) = r_f(w)$.

(d) En déduire que g possède un minimum et un maximum sur P, que l'on calculera et préciser les points en lesquels ils sont atteints.

Deuxième exercice

On note $A = [0,1] \times [0,+\infty[$. Cet exercice a pour objet l'étude de l'existence et de l'unicité, sous certaines conditions, de solutions à l'équation des ondes

$$\forall (x,t) \in A, \frac{\partial^2 F}{\partial t^2}(x,y) - \frac{\partial^2 F}{\partial x^2}(x,t) = 0 \qquad (1)$$

Toutes les fonctions intervenant dans cet exercice sont à valeurs réelles.

1. Soit $F : (x,t) \mapsto F(x,t)$ une fonction définie et de classe $\mathcal{C}^2$ sur $\mathbb{R}^2$ et vérifiant (1). On considère alors la fonction E_F définie sur $[0,+\infty[$ par

$$E_F(t) = \frac{1}{2}\int_0^1 \left[\left(\frac{\partial F}{\partial t}(x,t)\right)^2 + \left(\frac{\partial F}{\partial tx}(x,t)\right)^2\right] dx.$$

(a) Montrer que E_F est de classe $\mathcal{C}^1$ sur tout segment $[a,b]$ inclus dans $[0.+\infty[$. *On précisera avec soin le théorème utilisé.* La fonction E_F est-elle de classe $\mathcal{C}^1$ sur $[0,+\infty[$?

(b) Montrer que $\forall t \geqslant 0, E'_F(t) = \dfrac{\partial F}{\partial x}(1,t)\dfrac{\partial F}{\partial t}(1,t) - \dfrac{\partial F}{\partial x}(0,t)\dfrac{\partial F}{\partial t}(0,t)$.

2. On se donne deux fonctions g et h définies et continues sur $[0,1]$ ainsi que deux fonctions α et β définies et continues sur $[0,+\infty[$. On cherche à résoudre le problème suivant, d'inconnue f, fonction de classe $\mathcal{C}^2$ sur $\mathbb{R}^2$, vérifiant le système (S) :

$$(S)\begin{cases} \forall (x,t)\in A, \dfrac{\partial^2 f}{\partial t^2}(x,t) - \dfrac{\partial^2 f}{\partial x^2}(x,t) = 0 & (2)\\ \forall x \in [0,1], f(x,0) = g(x),\ \dfrac{\partial f}{\partial t}(x,0) = h(x) & (3)\\ \forall t \geqslant 0, f(0,t) = \alpha(t),\ f(1,t) = \beta(t). & (4)\end{cases}$$

Les fonctions g et h sont appelées *données initiales* et les fonctions α et β valeurs aux bords.

(a) On suppose que f_1 et f_2 sont deux solutions de (S) et l'on pose $F = f_1 - f_2$. Vérifier que F satisfait (1).

(b) Montrer que $E'_F(t) = 0$ pour tout $t \geqslant 0$.

(c) Montrer que $E_F(0) = 0$ et en déduire que (S) possède au plus une solution.

3. Le but de cette question est de construire quelques solutions de (S). On considère à cet effet une suite bornée $(a_n)_{n\geqslant 1}$ de nombres réels. On définit les fonctions h et f par

$$h(x) = \pi \sum_{n=1}^{\infty} \frac{a_n}{n^3} \sin(n\pi x),\ \ f(x,t) = \sum_{n=1}^{\infty} \frac{a_n}{n^4} \sin(n\pi x)\sin(n\pi t)$$

(a) Montrer que h est définie et continue sur $[0,1]$.

(b) Montrer que f est définie sur $\mathbb{R}^2$ et possède des dérivées partielles $\dfrac{\partial^2 f}{\partial t^2}, \dfrac{\partial^2 f}{\partial x^2}$ sur $\mathbb{R}^2$. On admettra que f est de classe $\mathcal{C}^2$ sur $\mathbb{R}^2$.

(c) Montrer que la fonction f satisfait

$$\begin{cases} \forall (x,t)\in A, \dfrac{\partial^2 f}{\partial t^2}(x,t) - \dfrac{\partial^2 f}{\partial x^2}(x,t) = 0 & (5)\\ \forall x \in [0,1], f(x,0) = 0,\ \dfrac{\partial f}{\partial t}(x,0) = h(x) & (6)\\ \forall t \geqslant 0, f(0,t) = 0,\ f(1,t) = 0. & (7)\end{cases}$$

Troisième exercice

Ce problème a pour objet l'étude des solutions ***maximales*** d'un système différentiel non linéaire.

1. *Question préliminaire.* Soit a et b deux réels avec $a < b, I = [a, b[$ et f une fonction définie et de classe $\mathcal{C}^1$ sur I, à valeurs réelles. On suppose que f et f' sont bornées sur $[a, b[$.

(a) Montrer qu'il existe une constante M telle que la fonction $g : t \mapsto f(t) + Mt$ soit croissante sur I.

(b) En déduire que f possède une limite finie en b.

On donne un réel t_0 et (x_0, y_0) un point de $\mathbb{R}^2$. On rappelle qu'une solution du problème de Cauchy

$$(S) : \begin{cases} \dfrac{dx}{dt} = -x + xy \\ \dfrac{dy}{dt} = -2y - x^2 \\ (x(t_0), y(t_0)) = (x_0, y_0) \end{cases}$$

est un triplet (I, X, Y) où $I =]\alpha, \beta[$ est un intervalle ouvert contenant t_0, X et Y deux fonctions définies et de classe $\mathcal{C}^1$ sur I vérifiant, pour tout $t \in I$:

$$\begin{cases} X'(t) = -X(t) + X(t)Y(t) \\ Y'(t) = -2Y(t) - X^2(t) \\ \quad (X(t_0), Y(t_0)) = (x_0, y_0) \end{cases}$$

et que ce problème possède une unique solution maximale (I, X, Y) c'est à dire que pour toute autre solution (J, X_1, Y_1) de (S), on a $J \subset I$, $X_1(t) = X(t)$ et $Y_1(t) = Y(t)$ pour tout $t \in J$.

Par la suite, le point (x_0, y_0) est donné, on prend $t_0 = 0$ et (I, X, Y) est la solution maximale du problème de Cauchy (S) correspondant. Que ses extrémités soient finies ou infinies, on notera $I =]\alpha, \beta[$. Les questions suivantes ont pour but de déterminer l'intervalle I. Soit u la fonction définie sur I par $u(t) = X^2(t) + Y^2(t)$.

2. On suppose dans cette question que β est un nombre réel.

(a) Vérifier que la fonction u est décroissante sur I.

(b) En déduire que les fonctions X, Y puis X' et Y' sont bornées sur $[0, \beta[$

(c) En déduire que X et Y possèdent des limites finies en β, que l'on notera respectivement x_1 et y_1.

(d) On considère la solution maximale (I_1, X_1, Y_1) du problème de Cauchy

$$(S_1) : \begin{cases} \dfrac{dx}{dt} = -x + xy \\ \dfrac{dy}{dt} = -2y - x^2 \\ (x(\alpha), y(\beta)) = (x_1, y_1) \end{cases}$$

On note $I_1 =]\alpha_1, \beta_1[$ et l'on définit les fonctions X_2 et Y_2 sur $]\alpha_1, \beta_1[$ par

$$X_2(t) = \begin{cases} X(t) & \text{si } t \in]\alpha, \beta[\\ X_1(t) & \text{si } t \in]\beta, \beta_1[\end{cases} \quad Y_2(t) = \begin{cases} Y(t) & \text{si } t \in]\alpha, \beta[\\ Y_1(t) & \text{si } t \in]\beta, \beta_1[\end{cases}$$

Montrer que $(]\alpha, \beta_1[, X_2, Y_2)$ est une solution de (S). En déduire une contradiction. Que peut-on en conclure ?

3. On considère la fonction v définie sur I par $v(t) = e^{2t}u(t)$.

(a) Vérifier que v est décroissante sur I.

(b) En déduire que $u(t) \leqslant (x_0^2 + y_0^2)e^{-2t}$ pour tout $t \geqslant 0$ puis que $(X(t), Y(t)) \to (0, 0)$ lorsque $t \to +\infty$.

4. Montrer que $\alpha = -\infty$ (dans le cas contraire, on pourra utiliser la fonction $w : t \mapsto e^{4t}u(t)$ et en déduire que les fonctions X, Y puis X' et Y' sont bornées sur $]\alpha, 0]$.)

Solution

Premier exercice

1. (a) $\forall (x, y) \in \mathbb{R}^2,\ \big(|x| - |y|\big)^2 \geqslant 0 \iff |xy| \leqslant \dfrac{1}{2}(x^2 + y^2).$
D'où les deux inégalités avec égalité si, et seulement si, $|x| = |y|$.

(b) Donc $xy + z^2 \geqslant -\dfrac{1}{2}(x^2 + y^2) + z^2 = -\dfrac{1}{2}(x^2 + y^2 + z^2) + \dfrac{3z^2}{2}\cdot$
Il s'ensuit que pour $(x, y, z) \in \mathbb{R}^3 \setminus \{0_{\mathbb{R}^3}\}$, $r(x, y, z) \geqslant -\dfrac{1}{2} + \dfrac{3z^2}{2(x^2 + y^2 + z^2)}\cdot$
Donc , pour tout $(x, y, z) \in \mathbb{R}^3 \setminus \{0_{\mathbb{R}^3}\}$, $r(x, y, z) \geqslant -\dfrac{1}{2}\cdot$ On peut donc dire que $-\dfrac{1}{2}$ est un minorant de la fonction r sur $\mathbb{R}^3 \setminus \{0_{\mathbb{R}^3}\}\cdot$ Comme $r(x, -x, 0) = -\dfrac{1}{2}$ on peut conclure que $-\dfrac{1}{2}$ est le minimum de la fonction r sur $\mathbb{R}^3 \setminus \{0_{\mathbb{R}^3}\}\cdot$

(c) $xy + z^2 \leqslant \dfrac{1}{2}(x^2 + y^2) + z^2 = (x^2 + y^2 + z^2) - \dfrac{1}{2}(x^2 + y^2)\cdot$
Donc, pour tout $(x, y, z) \in \mathbb{R}^3 \setminus \{0_{\mathbb{R}^3}\}$, $r(x, y, z) \leqslant 1$ et comme $r(0, 0, z) = 1$ pour tout $z \neq 0$, on peut conclure que le maximum de la fonction r sur $\mathbb{R}^3 \setminus \{0_{\mathbb{R}^3}\}$ est 1.

(d) $\chi_A(\lambda) = \det(A - \lambda I_3)$. En développant le déterminant par rapport à la dernière colonne, on obtient $\chi_A(\lambda) = (1 - \lambda)\Big(\lambda^2 - \dfrac{1}{4}\Big)\cdot$

Le minimum de la fonction r (*resp.* le maximum) de la fonction r sur $\mathbb{R}^3\backslash\{0_{\mathbb{R}^3}\}$ est la plus petite valeur propre de A (*resp.*la plus grande valeur propre de A.

2. (a) Si $w = a_1u_1 + a_2u_2 + a_3u_3$, comme f est linéaire et $f(u_k) = \lambda_k u_k$ pour tout $k \in [\![1,3]\!]$, on a $f(w) = a_1\lambda_1u_1 + a_2\lambda_2u_2 + a_3\lambda_3u_3$.
Comme $\mathcal{B}_0$ est une base orthonormale de $\mathbb{R}^3$, on a
$\|w\|^2 = a_1^2 + a_2^2 + a_3^2$ et $\big(f(w)|w\big) = \lambda_1a_1^2 + \lambda_2a_2^2 + \lambda_3a_3^2$.
On écrit que $a_3^2 = \|w\|^2 - (a_1^2 + a_2^2)$ et l'on obtient
$\big(f(w)|w\big) = (\lambda_1 - \lambda_3)a_1^2 + (\lambda_2 - \lambda_3)a_2^2 + \lambda_3\|w\|^2$.
Pour $w \neq 0$, on a $\|w\|^2 \neq 0$. D'où le résultat.

(b) Comme $\lambda_1 - \lambda_3 \leqslant 0, \lambda_2 - \lambda_3 \leqslant 0$ et $\dfrac{a_k^2}{\|w\|^2} \geqslant 0$ pour $k \in \{1,2\}$ on a donc $\dfrac{\big(f(w)|w\big)}{\|w\|^2} \leqslant \lambda_3$. Comme $\dfrac{\big(f(u_3)|u_3\big)}{\|u_3\|^2} = \lambda_3$ puisque $f(u_3) = \lambda_3u_3$ et $\|u_3\| = 1$, on peut conclure que $\max\limits_{w\neq 0} \dfrac{\big(f(w)|w\big)}{\|w\|^2} = \lambda_3$.

(c) De même, en écrivant $a_1^2 = \|w\|^2 - (a_2^2 + a_3^2)$ on obtient

$$\frac{\big(f(w)|w\big)}{\|w\|^2} = \lambda_1 + \frac{a_2^2(\lambda_2 - \lambda_1)}{\|w\|^2} + \frac{a_3^2(\lambda_3 - \lambda_1)}{\|w\|^2}.$$

Comme $\lambda_2 - \lambda_1 \geqslant 0, \lambda_3 - \lambda_1 \geqslant 0$ et $\dfrac{a_k^2}{\|w\|^2} \geqslant 0$ pour $k \in \{2,3\}$ on a donc $\dfrac{\big(f(w)|w\big)}{\|w\|^2} \geqslant \lambda_1$. Comme $\dfrac{\big(f(u_1)|u_1\big)}{\|u_1\|^2} = \lambda_1$ puisque $f(u_1) = \lambda_1u_1$ et $\|u_1\| = 1$, on peut conclure que $\min\limits_{w\neq 0} \dfrac{\big(f(w)|w\big)}{\|w\|^2} = \lambda_1$.

(d) On vérifie bien les résultats de la question 1.(d).

3. (a) Notons $\mathcal{B}$ la base canonique de $\mathbb{R}^3$ et C_1, C_2 et C_3 les vecteurs colonnes de la matrice M. Comme $C_3 = 2C_2$ et (C_1, C_2) libre, le rang de la matrice M est égal à 2. D'où 0 est une valeur propre de M. Comme $f(e_1) = -e_1$, on a e_1 vecteur propre de M associé à la valeur propre -1. Comme la trace de M est égale à 4 et qu'elle est la somme des valeurs propres de M, la troisième valeur propre de M est égale à 5. Notons $\lambda_1 = -1, \lambda_2 = 0$ et $\lambda_3 = 5$ les trois valeurs propres de la matrice symétrique réelle donc diagonalisable M. Cette matrice étant élément de $\mathfrak{M}_3(\mathbb{R})$ et ayant 3 valeurs propres distinctes, ses sous-espaces propres $E_{\lambda_k}(f)$ sont des droites vectorielles. On a déjà $E_{\lambda_1}(f) = \text{Vect}(e_1)$.

Pour déterminer $E_{\lambda_2}(f)$, on résout le système

$$(M - 0I_3)\begin{pmatrix} x \\ y \\ z \end{pmatrix} = \begin{pmatrix} 0 \\ 0 \\ 0 \end{pmatrix} \iff \begin{cases} x = 0 \\ y + 2z = 0 \\ 2y + 4z = 0 \end{cases} \iff \begin{cases} x = 0 \\ y = -2z \end{cases}$$

Donc $E_{\lambda_2}(f) = \text{Vect}(u_2')$ où $u_2' = 2e_2 - e_3$.

Pour déterminer $E_{\lambda_3}(f)$, on résout le système

$$(M-5I_3)\begin{pmatrix}x\\y\\z\end{pmatrix}=\begin{pmatrix}0\\0\\0\end{pmatrix}\iff\begin{cases}x=0\\-4y+2z=0\\2y-z=0\end{cases}\iff\begin{cases}x=0\\z=2y\end{cases}$$

Donc $E_{\lambda_3}(f)=\text{Vect}(u_3')$ où $u_3'=e_2+2e_3$.

(b) On déduit de la question 2. que le maximum (*resp.* le minimum) de la fonction r sur $\mathbb{R}^3\setminus\{0,0,0)\}$ est $\lambda_3=5$ atteint sur $\text{Vect}(u_3)\setminus\{0_{\mathbb{R}^3}\}$ (*resp.* est $\lambda_1=-1$ atteint sur $\text{Vect}(u_1)\setminus\{0_{\mathbb{R}^3}\}$)

(c) Si $w=(x,y,z)$ et $f(w)=(x',y',z')$, alors

$$\begin{pmatrix}x'\\y'\\z'\end{pmatrix}=M\begin{pmatrix}x\\y\\z\end{pmatrix}\iff\begin{cases}-x=x'\\y+2z=y'\\2y+4z=z'\end{cases}$$

$\big(f(w)|w\big)=xx'+yy'+zz'=-x^2+y^2+4z^2+4yz.$

Comme $w\in P\iff x+y+2z=1\Rightarrow(x+y+2z)^2=1.$

Donc $w\in P\Rightarrow x^2+y^2+4z^2+2xy+4xz+4yz=1.$

Si $w\in P$, $\big(f(w)|w\big)=1-2x^2-2xy-4xz=1-2x(x+y+2z)=1-2x$

i.e. si $w\in P$, $\big(f(w)|w\big)=-x+y+2z$ et alors $g(x,y,z)=r_f(w)$.

(d) Donc $\forall(x,x,z)\in P,\lambda_1=-1\leqslant g(x,y,z)\leqslant\lambda_3=5.$

Si $w\in P\cap\text{Vect}(u_3'),x=0,z=2y$ et $x+y+2z=1$ *i.e.* $x=0,y=\dfrac{1}{5}$ et $z=\dfrac{2}{5}\cdot$

On a $g\Big(0,\dfrac{1}{5},\dfrac{2}{5}\Big)=5$. Donc $\max\limits_{w\in P}g(x,y,z)=5.$

Si $w\in P\cap\text{Vect}(u_1'),x=1,z=y=0$. On a $g(1,0,0)=-1.$

Donc $\min\limits_{w\in P}g(x,y,z)=-1.$

Deuxième exercice

1. (a) Notons $g(x,t)=\Big(\dfrac{\partial F}{\partial t}(x,t)\Big)^2+\Big(\dfrac{\partial F}{\partial x}(x,t)\Big)^2$ Comme $F\in\mathcal{C}^2(\mathbb{R}^2,\mathbb{R})$, la fonction g est de classe $\mathcal{C}^1$ sur $\mathbb{R}^2$. Il s'ensuit que

- pour tout $t\in\mathbb{R},x\mapsto g(x,t)$ est continue donc intégrable sur le segment $[0,1]$,
- pour tout $x\in[0,1],t\mapsto g(x,t)$ est de classe $\mathcal{C}^1$ sur $\mathbb{R}$,
- $(x,t)\mapsto\dfrac{\partial g}{\partial t}(x,t)$ existe et est continue sur $[0,1]\times\mathbb{R}$,
- Soit $[a,b]$ un segment contenu dans $\mathbb{R}_+$. La fonction $(x,t)\mapsto\dfrac{\partial g}{\partial t}(x,t)$ étant continue sur le compact $[0,1]\times[a,b]$ de $\mathbb{R}^2$, elle y est bornée. Soit $M\in\mathbb{R}_+$ tel que pour tout $(x,t)\in[0,1]\times[a,b]$, $\Big|\dfrac{\partial g}{\partial t}(x,t)\Big|\leqslant M.$
- La fonction $x\mapsto M$ est continue donc intégrable sur le segment $[0,1]$.

On déduit du théorème de dérivation sous le signe somme et de son corollaire que E_F est de classe $\mathcal{C}^1$ sur $\mathbb{R}_+$ et que : $\forall t\in\mathbb{R}_+, E'_F(t) = \dfrac{1}{2}\displaystyle\int_0^1 \dfrac{\partial g}{\partial t}(x,t)dx$.

(b) $\dfrac{1}{2}\dfrac{\partial g}{\partial t}(x,t) = \dfrac{\partial^2 F}{\partial t^2}(x,t)\dfrac{\partial F}{\partial t}(x,t) + \dfrac{\partial^2 F}{\partial t\partial x}(x,t)\dfrac{\partial F}{\partial x}(x,t)$.

Comme F vérifie (1), on déduit du théorème de Schwarz que

$\dfrac{1}{2}\dfrac{\partial g}{\partial t}(x,t) = \dfrac{\partial^2 F}{\partial x^2}(x,t)\dfrac{\partial F}{\partial t}(x,t) + \dfrac{\partial^2 F}{\partial x\partial t}(x,t)\dfrac{\partial F}{\partial x}(x,t)$.

Donc $\dfrac{1}{2}\dfrac{\partial g}{\partial t}(x,t) = \dfrac{\partial}{\partial x}\Big(\dfrac{\partial F}{\partial x}(x,t)\cdot\dfrac{\partial F}{\partial t}(x,t)\Big)$. D'où, pour tout $t\in\mathbb{R}_+$,

$E'_F(t) = \Big[\dfrac{\partial F}{\partial x}(x,t)\cdot\dfrac{\partial F}{\partial t}(x,t)\Big]_{x=0}^{x=1} = \dfrac{\partial F}{\partial x}(1,t)\cdot\dfrac{\partial F}{\partial t}(1,t) - \dfrac{\partial F}{\partial x}(0,t)\cdot\dfrac{\partial F}{\partial t}(0,t)$.

2. (a) Par linéarité de la dérivation, si f_1 et f_2 vérifient (2), F satisfait (1).

(b) Comme f_1 et f_2 vérifient (4), pour tout $t\in\mathbb{R}_+, F(0,t) = 0 = F(1,t)$.

Donc, pour tout $t \geqslant 0$, $\dfrac{\partial F}{\partial t}(0,t) = \dfrac{\partial F}{\partial t}(1,t) = 0$.

On déduit de 1.(c) que $E'_F(t) = 0$ pour tout $t\in\mathbb{R}_+$.

(c) Donc $\forall t\in\mathbb{R}_+, E_F(t) = E_F(0) = \dfrac{1}{2}\displaystyle\int_0^1 \Big[\Big(\dfrac{\partial F}{\partial t}(x,0)\Big)^2 + \Big(\dfrac{\partial F}{\partial x}(x,0)\Big)^2\Big]dx$.

(3) implique que pour tout $x\in[0,1], F(x,0) = 0$ et $\dfrac{\partial F}{\partial t}(x,0) = 0$.

Donc $\dfrac{\partial F}{\partial x}(x,0) = 0$ et par suite E_F est nulle sur $\mathbb{R}_+$.

Pour tout $t\in\mathbb{R}_+$, la fonction $x \mapsto g(x,t)$ est continue et positive sur $[0,1]$.

Comme, our tout $t\in\mathbb{R}_+$, $\displaystyle\int_0^1 g(x,t)dx = 0$, on a :

$\forall(x,t)\in[0,1]\times\mathbb{R}_+, g(x,t) = \Big(\dfrac{\partial F}{\partial t}(x,t)\Big)^2 + \Big(\dfrac{\partial F}{\partial x}(x,t)\Big)^2 = 0$.

Donc $\forall(x,t)\in[0,1]\times\mathbb{R}_+$, $\dfrac{\partial F}{\partial t}(x,t) = 0 = \dfrac{\partial F}{\partial x}(x,t)$.

Comme l'intérieur de A est un ouvert convexe de $\mathbb{R}^2$, La fonction F y est nulle. La fonction F étant continue sur A, elle y est nulle *i.e.* $f_1 = f_2$. L'équation (1) a au plus une solution.

3. (a) Notons $h_n : x \mapsto \dfrac{a_n}{n^3}\sin(n\pi x)$ et $M\in\mathbb{R}_+$ tel que $\forall n\in\mathbb{N}^\star, |a_n| \leqslant M$.

$\forall x\in[0,1], \forall n \geqslant 1, |h_n(x)| \leqslant \dfrac{M}{n^3}$.

Comme $\dfrac{M}{n^3}$ est indépendant de x et comme la série de Riemann $\sum \dfrac{1}{n^3}$ converge, la série de fonctions $\sum h_n$ converge normalement sur $[0,1]$. Comme les fonctions h_n sont continues sur $[0,1]$, on conclut que $h\in\mathcal{C}([0,1],\mathbb{R})$.

(b) La fonction $f_n : (x,t) \mapsto a_n\dfrac{\sin(n\pi x)\sin(n\pi t)}{n^4}$ est de classe $\mathcal{C}^\infty$ sur $\mathbb{R}^2$.

Pour tout $n \in \mathbb{N}^\star$ et tout $(x,t) \in \mathbb{R}^2$, $|f_n(x,t)| \leqslant \dfrac{M}{n^4}$,

$\dfrac{\partial f_n}{\partial x}(x,t) = \pi a_n \dfrac{\cos(n\pi x)\sin(n\pi t)}{n^3}$, $\dfrac{\partial^2 f_n}{\partial x^2}(x,t) = -\pi^2 a_n \dfrac{\sin(n\pi x)\sin(n\pi t)}{n^2}$,

$\dfrac{\partial^2 f_n}{\partial t^2}(x,t) = -\pi^2 a_n \dfrac{\sin(n\pi x)\sin(n\pi t)}{n^2} = \dfrac{\partial^2 f_n}{\partial x^2}(x,t)\cdot$

$\left|\dfrac{\partial f_n}{\partial x}(x,t)\right| \leqslant \dfrac{M\pi}{n^3}$, $\left|\dfrac{\partial^2 f_n}{\partial t^2}(x,t)\right| = \left|\dfrac{\partial^2 f_n}{\partial x^2}(x,t)\right| \leqslant \dfrac{M\pi^2}{n^2}\cdot$

Comme les séries de Riemann $\sum \dfrac{1}{n^2}$ et $\sum \dfrac{1}{n^3}$ convergent, les séries de fonctions $\sum f_n$, $\sum \dfrac{\partial f_n}{\partial x}$, $\sum \dfrac{\partial^2 f_n}{\partial x^2}$, $\dfrac{\partial^2 f_n}{\partial t^2}$ convergent normalement sur $\mathbb{R}^2$. On déduit d'un corollaire du théorème de dérivation des séries de fonctions que $\dfrac{\partial^2 f}{\partial x^2}$ et $\dfrac{\partial^2 f}{\partial t^2}$ existent et sont continues sur $\mathbb{R}^2$.

Remarque : les correcteurs sont bien conscients qu'il n'y a pas de théorème de continuité de la somme d'une série vectorielle, mais leur affirmation est exacte et peut aider des étudiants d'une autre filière.

(c) D'après (b), (5) est vérifiée et (6) et (7) sont triviales.

Troisième exercice

1. (a) Notons $M = \sup_{t \in I} |f'(t)|$. Pour tout $t \in I, |f'(t)| \leqslant M \Rightarrow f'(t) \geqslant -M$.
La fonction $g : t \mapsto f(t) + Mt$ est de classe $\mathcal{C}^1$ sur $\mathbb{R}$ et $g'(t) = f'(t) + M \geqslant 0$. Elle est donc croissante sur I.

(b) D'après le théorème de la limite monotone, il existe $\ell \in \mathbb{R} \cup \{+\infty\}$ tel que $\lim_{t \to b^-} g(t) = \ell$. Si $\ell = +\infty$, comme $f(t) = g(t) - Mt$, la fonction f est non bornée ce qui n'est pas. Si $\ell \in \mathbb{R}$, alors $\lim_{t \to b} f(t) = \ell - Mb \in \mathbb{R}$.

2. (a) Comme X et Y sont de classe $\mathcal{C}^1$ sur I, u est de classe $\mathcal{C}^1$ sur I et pour tout $t \in I, u'(t) = 2X(t)X'(t) + 2Y(t)Y'(t)$. Comme X et Y sont solutions de (S), on obtient pour tout $t \in I, u'(t) = -2\big(X^2(t) + Y^2(t)\big) \leqslant 0$; d'où la décroissance de u sur I.

(b) La fonction u étant décroissante et positive, pour tout $t \in [0,\beta[$, on a $0 \leqslant u(t) \leqslant u(0)$; puis $0 \leqslant X^2(t) \leqslant u(t) \leqslant u(0)$ et $0 \leqslant Y^2(t) \leqslant u(t) \leqslant u(0)$. Donc X et Y sont bornées sur $[0,\beta[$.
$\forall t \in [0,\beta[, |X'(t)| \leqslant |X(t)| + |X(t)||Y(t)| \leqslant \sqrt{u(0)} + u(0)$.
$\forall t \in [0,\beta[, |Y'(t)| \leqslant 2|Y(t)| + |X(t)|^2 \leqslant 2\sqrt{u(0)} + u(0)$.
Les fonctions X' et Y' sont donc bornées sur $[0,\beta[$.

(c) On déduit alors de 1. que les fonctions X et Y ont une limite finie en β.

(d) X_2 et Y_2 sont continues en β puisque $\lim\limits_{\beta} X = x_1$ et $\lim\limits_{\beta} Y = y_1$.
$\forall t \in]\alpha, \beta[, X_2'(t) = X'(t) = -X(t) + X(t)Y(t)$,
$\forall t \in]\beta, \beta_1[, X_2'(t) = X_1'(t) = -X_1(t) + X_1(t)Y_1(t)$.
Donc $\lim\limits_{t \to \beta^-} X_2'(t) = -x_1 + x_1 y_1 = \lim\limits_{t \to \beta^+} X_2'(t)$. D'après le théorème de caractérisation des fonctions de classe $\mathcal{C}^1$, X_2 et de même Y_2 sont de classe $\mathcal{C}^1$ sur $]\alpha, \beta_1[$ et $X_2'(\beta) = -x_1 + x_1 y_1$ et $Y_2'(\beta) = -2y_1 - x_1^2$.
Il s'ensuit que $(]\alpha, \beta_1[, X_2, Y_2)$ est solution de (S) ce qui contredit le caractère maximal de la solution $(]\alpha, \beta[, X, Y)$ de (S). Donc $\beta = +\infty$.

3. (a) Tout comme u, la fonction v est de classe $\mathcal{C}^1$ sur I et pour tout $t \in I, v'(t) = -2e^{2t}Y^2(t) \leqslant 0$. Donc elle est décroissante sur I.

(b) Donc pour tout $t \in I, v(t) \leqslant v(0)$. Comme $v(0) = u(0) = x_0^2 + y_0^2$, on a pour tout $t \in I, 0 \leqslant u(t) \leqslant (x_0^2 + y_0^2)e^{-2t}$. Par encadrement, $\lim\limits_{t \to +\infty} u(t) = 0$.
Comme $0 \leqslant X^2(t) \leqslant u(t)$ et $0 \leqslant Y^2(t) \leqslant u(t)$, toujours par encadrement, $\lim\limits_{t \to +\infty} X(t) = 0 = \lim\limits_{t \to +\infty} Y(t)$.

4. La fonction $w : t \mapsto u(t)e^{4t}$ est de classe $\mathcal{C}^1$ sur I et $w'(t) = 2e^{4t}X^2(t) \geqslant 0$. Donc w est croissante sur $]\alpha, 0]$. Donc $\forall t \in]\alpha, 0], w(t) \leqslant w(0) = u(0)$. En raisonnant comme à la question 3. on a : $\forall t \in]\alpha, 0], 0 \leqslant u(t) \leqslant (x_0^2 + y_0^2)e^{-4\alpha}$. La fonction u est donc bornée. Par un raisonnement analogue à celui de la question 2. on en déduit que X, Y, X', Y' sont bornées et par suite ont une limite finie en α. On en déduit que cela contredit le caractère maximal de la solution $(]\alpha, +\infty[, X, Y)$ de (S). Donc $\alpha = -\infty$. Par suite $I = \mathbb{R}$.

Fin

Questions de cours

Question 1.
Les assertions suivantes, dans lesquelles $\sum u_n$ et $\sum v_n$ désignent deux séries numériques réelles sont-elles vraies, ou fausses ? En cas de réponse affirmative, vous démontrez le résultat, et en cas de réponse négative vous donnerez un contre-exemple.

1) (u_n) converge vers $0 \Rightarrow \sum u_n$ converge.

2) $\sum u_n$ converge $\Rightarrow (u_n)$ converge vers 0.

3) $u_n \underset{+\infty}{\sim} v_n \Rightarrow \sum u_n$ et $\sum v_n$ sont de même nature.

4) $\sum u_n$ converge $\Rightarrow \sum |u_n|$ converge.

Question 2. Étudier la convergence de $\displaystyle\sum (-1)^n \frac{\ln(n)}{n}$.

Préliminaires

Soit $(t_n)_{n\in\mathbb{N}}$ une suite réelle qui converge vers 0.
Soit $\varepsilon > 0$: il existe donc $N\in\mathbb{N}$ tel que : $\forall n\in\mathbb{N},\ n > N \Rightarrow |t_n| \leqslant \varepsilon$.

On pose, pour tout $n\in\mathbb{N}$, $\displaystyle T_n = \frac{1}{n+1}\sum_{k=0}^{n} t_k$.

1. On écrit alors, pour tout $n\in\mathbb{N}^\star$, $n > N$,

$$T_n = \frac{1}{n+1}\sum_{k=0}^{N} t_k + \frac{1}{n+1}\sum_{k=N+1}^{n} t_k.$$

1.1. Prouver que : $\displaystyle\left|\sum_{k=N+1}^{n} t_k\right| \leqslant n\varepsilon$.

1.2. En déduire que la suite (T_n) converge vers 0.

2. Prouver alors le cas général : « Si (t_n) converge vers T alors (T_n) converge aussi vers T » .
On pourra par exemple utiliser la suite (v_n) définie par :
$\forall n\in\mathbb{N},\ v_n = t_n - T$.

3. On prend dans cette question : $\forall n\in\mathbb{N},\ t_n = \cos(n\theta),\ \theta\in\,]0,2\pi[$, fixé.

3.1. Montrer que : $\displaystyle\forall n\in\mathbb{N},\ T_n = \frac{1}{n+1}\cos\left(\frac{n\theta}{2}\right)\frac{\sin\left((n+1)\frac{\theta}{2}\right)}{\sin\left(\frac{\theta}{2}\right)}$.

3.2. La suite (T_n) converge-t-elle ?

3.3. On prend ici $\theta = \dfrac{\pi}{3}\cdot$ La suite (t_n) converge-t-elle ?

3.4. Conclure.

Partie I

Soit $(a_n)_{n\in\mathbb{N}}$ une suite réelle telle que : i) $\lim\limits_{n\to\infty} na_n = 0$.

1. Montrer que la série $\sum a_n\, x^n$ converge absolument pour tout $x\in[0,1[$.
On note alors $f(x)$ sa somme : $\forall x\in[0,1[\,,\ f(x) = \sum\limits_{n=0}^{\infty} a_n\, x^n$.

Désormais, on suppose de plus que : ii) $\lim\limits_{\substack{x\to 1\\ x<1}} \left(\sum\limits_{n=0}^{\infty} a_n\, x^n\right) = L\in\mathbb{R}$.

2. Pour tout $n\in\mathbb{N}$, on note $u_n = L - \sum\limits_{k=0}^{n} a_k$.
Prouver que l'on peut écrire :

$$\forall n\in\mathbb{N},\ \forall x\in[0,1[\,,\ u_n = L - f(x) + \sum_{k=0}^{n} a_k(x^k-1) + \sum_{k=n+1}^{\infty} a_k\, x^k.$$

3.1. Justifier l'existence, pour tout entier naturel n, de $M_n = \sup\limits_{k\geqslant n}(|ka_k|)$.

3.2. Prouver que la suite (M_n) converge. Quelle est sa limite ?

4. Déduire de ce qui précède que :
$\forall n\in\mathbb{N},\ \forall x\in[0,1[\,,\ |u_n| \leqslant |L-f(x)| + \sum\limits_{k=0}^{n} |a_k|(1-x^k) + \dfrac{M_n}{n(1-x)}$ puis
que : $\forall n\in\mathbb{N},\ \forall x\in[0,1[\,,\ |u_n| \leqslant |L-f(x)| + (1-x)\sum\limits_{k=0}^{n} k|a_k| + \dfrac{M_n}{n(1-x)}\cdot$

5. On prend : $x = 1 - \dfrac{1}{n}$, $n\in\mathbb{N}^\star$.
En utilisant tout ce qui précède, y compris les préliminaires, prouver alors que $\lim\limits_{n\to\infty} u_n = 0$.

6. Conclure en énonçant clairement le résultat obtenu concernant la fonction f.

Partie II

Soit (E) l'équation différentielle : $4x^2y''(x) + 4xy'(x) - y = \dfrac{x}{1-x}\cdot$

1. Sur quels intervalles peut-on résoudre (E) ?

2. On note $I =]0,1[$. Quelle est la structure de l'ensemble des solutions de (E) sur I ?

3. Développer en série entière autour de l'origine les fonctions

$$x \mapsto \frac{1}{1-x} \text{ et } x \mapsto \frac{1}{1+x}\cdot$$

Donner les domaines de convergence des séries obtenues.

4. Trouver une solution développable en série entière autour de l'origine de (E).
Donner le rayon de convergence de la série entière obtenue.

5. Soit $\varphi : x \in I \mapsto \varphi(x) = \sum_{n=1}^{\infty} \frac{x^n}{4n^2-1}\cdot$

5.1. Déterminer les constantes α et β telles que :

$$\forall n \geqslant 1, \; \frac{1}{4n^2-1} = \frac{\alpha}{2n-1} + \frac{\beta}{2n+1}\cdot$$

5.2. Soient pour $x \in I$ et $u \in I$, $H(x) = \sum_{n=0}^{\infty} \frac{x^n}{2n+1}$ et $h(u) = \sum_{n=0}^{\infty} \frac{u^{2n+1}}{2n+1}\cdot$

Montrer que $h(u) = \ln\left(\sqrt{\frac{1+u}{1-u}}\right)\cdot$

5.3. En déduire une expression simple de $H(x)$.
On pourra poser $u = \sqrt{x}$.

5.4. En déduire une expression de $\varphi(x)$ à l'aide de fonctions usuelles.

5.5. Calculer la valeur de $L = \lim\limits_{\substack{x \to 1 \\ x<1}} \varphi(x)$.

6. Soit pour $n \in \mathbb{N}^\star$, $a_n = \frac{1}{4n^2-1}\cdot$

6.1. Vérifier que la suite (a_n) satisfait tes hypothèses i) et ii) de la Partie I.

6.2. Calculer, à l'aide des résultats précédents, la valeur de

$$S = \sum_{n=0}^{\infty} \frac{1}{4n^2-1}\cdot$$

7. On se propose dans cette question de retrouver la valeur de S directement.
Soit $S_n = \sum_{k=1}^{n} \frac{1}{4k^2-1}\cdot$ Prouver que $S_n = \frac{1}{2}\left(1 - \frac{1}{2n+1}\right)\cdot$ Conclure.

Partie III

Soit $(c_n)_{n\in\mathbb{N}}$ une suite de nombres réels telle que la série entière $\sum c_n\, x^n$ a pour rayon de convergence 1.

On note alors, pour $x \in]-1, 1[$, $h(x) = \sum\limits_{n=0}^{\infty} c_n\, x^n$ et on suppose que :

$$\lim_{\substack{x\to 1\\ x<1}} h(x) = H \in \mathbb{R}.$$

1. La série $\sum c_n$ est-elle toujours convergente ?
On pourra utiliser des résultats établis dans la partie précédente.

2. On suppose de plus, et dans cette question uniquement, que :

$$\forall n \in \mathbb{N},\ c_n \geqslant 0.$$

Montrer que la série $\sum c_n$ converge et que l'on a : $H = \sum\limits_{n=0}^{\infty} c_n$.

3. On revient au cas général.
En utilisant un résultat établi dans l'une des parties précédentes, quelle condition suffit-il de rajouter concernant la suite pour que la série $\sum c_n$ converge ?

Solution

Question 1.

1) Avec $u_n = \ln\left(1+\dfrac{1}{n}\right)$ on a $u_n \xrightarrow[n\to\infty]{} 0$ mais $\sum\limits_{k=1}^{n} u_k = \ln(n+1) \xrightarrow[n\to\infty]{} +\infty$, l'implication est fausse.

2) $\sum\limits_{k=0}^{n} u_k - \sum\limits_{k=0}^{n-1} u_k = u_n$ et donc l'implication est vraie.

3) $\dfrac{(-1)^n}{\sqrt{n}} + \dfrac{1}{n} \underset{n\to\infty}{\sim} \dfrac{(-1)^n}{\sqrt{n}}$ et $\sum \dfrac{(-1)^n}{\sqrt{n}}$ converge d'après le théorème des séries alternées.
Comme $\sum \dfrac{1}{n}$ diverge l'autre série diverge et, donc, l'implication est fausse.

4) $\sum \dfrac{(-1)^n}{\sqrt{n}}$ est un contre-exemple.

Question 2.
$f : x \mapsto \dfrac{\ln(x)}{x}$ est de classe $\mathcal{C}^1$ sur $[1,+\infty[$ et $f'(x) \underset{x\to+\infty}{\sim} -\dfrac{\ln(x)}{x^2} < 0$ donc le théorème des séries alternées s'applique et montre que $\sum \dfrac{(-1)^n \ln(n)}{n}$ converge.

Préliminaires

1.1. $\left|\sum\limits_{k=N+1}^{n} t_k\right| \leqslant \sum\limits_{k=N+1}^{n} |t_k| \leqslant \sum\limits_{k=N+1}^{n} \varepsilon \leqslant \sum\limits_{k=1}^{n} \varepsilon = n\varepsilon.$

1.2. $|T_n| \leqslant \dfrac{1}{n+1}\left|\sum\limits_{k=0}^{N} t_k\right| + \dfrac{n\varepsilon}{n+1} \leqslant \dfrac{C}{n+1} + \varepsilon = \alpha_n$ où C est une constante et donc $\alpha_n \xrightarrow[n\to\infty]{} 0$.
Par suite il existe un rang $N' \geqslant N$ tel que $n \geqslant N' \Rightarrow \alpha_n < 2\varepsilon$ et donc $|T_n| \leqslant 2\varepsilon$, ce qui montre que $(T_n)_n$ converge vers 0.

2. On a $T_n = \dfrac{1}{n+1}\sum\limits_{k=0}^{n}(v_k + T) = T + \dfrac{1}{n+1}\sum\limits_{k=0}^{n} v_k \xrightarrow[n\to\infty]{} T$ d'après la question précédente et donc : $t_n \xrightarrow[n\to\infty]{} T \Rightarrow T_n \xrightarrow[n\to\infty]{} T$.

3.1. $z_n = (n+1)T_n = \Re e\left(\sum\limits_{k=0}^{n} e^{ik\theta}\right) = \Re e\left(\dfrac{e^{i(n+1)\theta} - 1}{e^{i\theta} - 1}\right)$ car, comme $0 < \theta < 2\pi$, on a $e^{i\theta} \neq 1$.

Par suite $z_n = \dfrac{e^{i\frac{(n+1)\theta}{2}}}{e^{i\frac{\theta}{2}}} \times \dfrac{\sin\left((n+1)\frac{\theta}{2}\right)}{\sin\left(\frac{\theta}{2}\right)} = e^{i\frac{n\theta}{2}} \times \dfrac{\sin\left((n+1)\frac{\theta}{2}\right)}{\sin\left(\frac{\theta}{2}\right)}$ et, en prenant la partie réelle, on obtient : $T_n = \dfrac{1}{n+1}\cos\left(\dfrac{n\theta}{2}\right)\dfrac{\sin\left((n+1)\frac{\theta}{2}\right)}{\sin\left(\frac{\theta}{2}\right)}$.

3.2. On vient de montrer que $T_n \underset{n\to\infty}{=} O\left(\dfrac{1}{n}\right)$ et donc $T_n \xrightarrow[n\to\infty]{} 0$.

3.3. $(t_n)_n$ est 6-périodique avec $t_0 \neq t_1$ et, donc, $(t_n)_n$ diverge.

3.4. $(T_n)_n$ converge vers T dès que $(t_n)_n$ converge vers T mais la réciproque est fausse.

Partie I

1. Comme $a_n \underset{n\to\infty}{=} o\left(\dfrac{1}{n}\right)$ la série entière $\sum a_n\, x^n$ admet au moins 1 pour rayon de convergence et donc, si $0 \leqslant x < 1$, $\sum a_n\, x^n$ converge absolument.

2. $u_n - L + f(x) = \sum\limits_{k=0}^{\infty} a_k\, x^k - \sum\limits_{k=0}^{n} a_k = \sum\limits_{k=0}^{n} a_k(x^k-1) + \sum\limits_{k=n+1}^{\infty} a_k x^k$.

3.1. Toute suite convergente est bornée et, en particulier, $(ka_k)_k$ l'est d'où l'existence, pour tout $n \in \mathbb{N}$, de M_n.

3.2. Si $\varepsilon > 0$ il existe un entier n_ε tel que $k \geqslant n_\varepsilon \Rightarrow |ka_k| \leqslant \varepsilon$
d'où $n \geqslant n_\varepsilon \Rightarrow M_n \leqslant \varepsilon$ car ε majore $\left(|ka_k|\right)_{k\geqslant n}$ et, donc, $(M_n)_n$ converge vers 0.

4. $\left|\sum\limits_{k=n+1}^{\infty} a_k\, x^k\right| \leqslant \sum\limits_{k=n+1}^{\infty} |ka_k|\dfrac{x^k}{k} \leqslant \dfrac{1}{n}\sum\limits_{k=n+1}^{\infty} |ka_k| x^k \leqslant \dfrac{M_n}{n}\sum\limits_{k=n+1}^{\infty} x^k$ que l'on majore par $\dfrac{M_n}{n}\sum\limits_{k=0}^{\infty} x^k = \dfrac{M_n}{n(1-x)}$.

$1 - x^k = (1-x)\sum\limits_{p=0}^{k-1} x^p \leqslant (1-x)\sum\limits_{p=0}^{k-1} 1 = k(1-x)$

d'où $\sum\limits_{k=0}^{n} |a_k|(1-x)^k \leqslant (1-x)\sum\limits_{k=0}^{n} k|a_k|$.

Par inégalité triangulaire on en déduit :

$$|u_n| \leqslant |L - f(x)| + \sum_{k=0}^{n} |a_k|(1-x)^k + \left|\sum_{k=n+1}^{\infty} a_k\, x^k\right|$$

$$\leqslant |L - f(x)| + \sum_{k=0}^{n} |a_k|(1-x^k) + \frac{M_n}{n(1-x)}$$

puis $|u_n| \leqslant |L - f(x)| + (1-x)\sum\limits_{k=0}^{n} k|a_k| + \dfrac{M_n}{n(1-x)}$.

5. Avec $x = 1 - \dfrac{1}{n}$ on a $(1-x) = \dfrac{1}{n}$

puis $(1-x)\displaystyle\sum_{k=0}^{n} k|a_k| \underset{n\to\infty}{\sim} \frac{1}{n+1}\sum_{k=0}^{n} k|a_k| \xrightarrow[n\to\infty]{} 0$ d'après les préliminaires.

De plus $\dfrac{M_n}{n(1-x)} = M_n \xrightarrow[n\to\infty]{} 0$ et, aussi $L - f(x) \xrightarrow[n\to\infty]{} 0$ par hypothèse.

Donc, par domination, $u_n \xrightarrow[n\to\infty]{} 0$.

6. Si $a_n \underset{n\to\infty}{=} o\left(\dfrac{1}{n}\right)$ et si f admet L pour limite en 1, alors $\sum a_n$ converge et a L pour somme.

Partie II

1. La réponse attendue est : sur $]-\infty, 0[$ ou sur $]0, 1[$ ou sur $]1, +\infty[$ mais que c'est mal posé !

2. Il s'agit d'un plan affine d'après le théorème de Cauchy.

3. Pour $|x| < 1$ on a $\dfrac{1}{1-x} = \displaystyle\sum_{n=0}^{\infty} x^n$ et $\dfrac{1}{1+x} = \displaystyle\sum_{n=0}^{\infty} (-x)^n$ avec grossière divergence dès que $|x| \geqslant 1$.

4. Soit y une solution développable en série entière sur $]-R, R[$ où $R > 0$.
D'après le théorème de dérivation des séries entières on a :
si $|x| < R$, $\sum\limits_{n=0}^{\infty} 4n(n-1)a_n\, x^n + \sum\limits_{n=0}^{\infty} 4na_n\, x^n - \sum\limits_{n=0}^{\infty} a_n\, x^n = \sum\limits_{n=1}^{\infty} x^n$ et donc,
par unicité des coefficients $a_0 = 0$ et, si $n \geqslant 1$, $(4n^2-1)a_n = 1$
i.e. $y(x) = \displaystyle\sum_{n=1}^{\infty} \frac{x^n}{4n^2-1}$ pour $|x| < R$.
Comme le rayon de convergence de cette série entière est 1 par la règle de d'Alembert par exemple on en déduit l'existence et l'unicité d'une solution développable en série entière sur $]-1, 1[$, à savoir $x \mapsto \displaystyle\sum_{n=1}^{\infty} \frac{x^n}{4n^2-1}$.

5.1. $\dfrac{1}{4n^2-1} = \dfrac{(2n+1)-(2n-1)}{2(4n^2-1)} = \dfrac{1}{2(2n-1)} - \dfrac{1}{2(2n+1)}$
et donc $(\alpha, \beta) = \left(\dfrac{1}{2}, -\dfrac{1}{2}\right)$.

5.2. C'est du cours non ? Et même $h = \operatorname{argth}$.

5.3. Qu'est-ce que x ? On admettra que $x \in I$.
On pose alors $u = \sqrt{x}$ et alors $H(x) = \dfrac{h(u)}{u} = \dfrac{\operatorname{argth}\left(\sqrt{x}\right)}{\sqrt{x}}$.

5.4. Encore une fois on suppose x dans I et alors on a :
$\varphi(x) = \dfrac{1}{2}\left(\sum\limits_{n=1}^{\infty}\dfrac{x^n}{2n-1} - \sum\limits_{n=1}^{\infty}\dfrac{x^n}{2n+1}\right)$ car les deux séries convergent.
D'où $\varphi(x) = \dfrac{1}{2}\left(x\sum\limits_{n=0}^{\infty}\dfrac{x^n}{2n+1} - \sum\limits_{n=0}^{\infty}\dfrac{x^n}{2n+1} + 1\right) = \dfrac{(x-1)h(x)+1}{2}$ *i.e.*

$$\varphi(x) = \frac{1}{2}\left(\frac{(x-1)\operatorname{argth}\left(\sqrt{x}\right)}{\sqrt{x}} + 1\right).$$

5.5. Immédiatement : $L = \dfrac{1}{2}\cdot$

6.1. On a $na_n \xrightarrow[n\to\infty]{} 0$ et $L = \dfrac{1}{2}\cdot$

6.2. Par I.6 on en déduit que $\sum\limits_{n=1}^{\infty}\dfrac{1}{4n^2-1} = \dfrac{1}{2}$ et donc $\sum\limits_{n=0}^{\infty}\dfrac{1}{4n^2-1} = -\dfrac{1}{2}\cdot$

7. $S_n = \sum\limits_{k=1}^{n}\dfrac{1}{4k^2-1} = \dfrac{1}{2}\sum\limits_{k=1}^{n}\left(\dfrac{1}{2k-1} - \dfrac{1}{2k+1}\right) = \dfrac{1}{2}\left(1 - \dfrac{1}{2n+1}\right) \xrightarrow[n\to\infty]{} \dfrac{1}{2}$
par transformation suite/série. On en déduit que $S = \lim\limits_{n\to\infty} S_n - 1 = -\dfrac{1}{2}\cdot$

Partie III

1. Si $0 \leqslant x < 1$ on a $\dfrac{1}{1+x} = \sum\limits_{n=0}^{\infty}(-x)^n \xrightarrow[x\to 1]{} \dfrac{1}{2}$ alors que $\sum(-1)^n$ diverge.

2. Pour tout $N \in \mathbb{N}$ et tout x dans $[0,1[$ on a $\sum\limits_{n=0}^{N} c_n\, x^n \leqslant h(x)$ et donc, quand $x \to 1$, on obtient $\sum\limits_{n=0}^{N} c_n \leqslant H$, ce qui montre la convergence de $\sum c_n$.
Donc $\sum c_n\, x^n$ converge normalement sur $[-1,1]$ et, par continuité de la somme, $H = \sum\limits_{n=0}^{\infty} c_n$.

3. Il suffit de rajouter la condition $c_n \underset{n\to\infty}{=} o\left(\dfrac{1}{n}\right)$, en fait $c_n \underset{n\to\infty}{=} O\left(\dfrac{1}{n}\right)$ suffit mais la démonstration en est plus délicate.

Fin

E3A Filière PSI 2008 Épreuve B

Trois exercices en quatre heures

Exercice 1

$\mathbb{R}$ désigne l'ensemble des nombres réels et I est un intervalle de $\mathbb{R}$ non vide et non réduit à un point.

1° Énoncer le Théorème de Rolle.

2° Soit h une application de I vers $\mathbb{R}$, dérivable sur I, et p un entier naturel, $p \geqslant 2$. On suppose que h s'annule p fois sur I, démontrer que h' s'annule au moins $p-1$ fois sur I.

3° On considère les applications a et b de $]0,+\infty[$ vers $\mathbb{R}$ définies par :
$a(x) = 3x^{-20} + x^{-10} + 4x^{10} + 2x^{20} + 11x^{30}$
et $b(x) = -150x^{-51} - 40x^{-41} - 80x^{-21} - 20x^{-11}$.
On suppose que b s'annule au plus 3 fois dans $]0,+\infty[$. Montrer que a s'annule au plus 4 fois dans $]0,+\infty[$.

4° Soit n un entier naturel, $n \geqslant 1$, $(\alpha_1,\dots,\alpha_n)$ un élément de $\mathbb{R}^n$ avec $\alpha_1 < \alpha_2 < \cdots < \alpha_n$, $(\lambda_1,\dots,\lambda_n)$ un élément de $(\mathbb{R}^\star)^n$ et f_n l'application de $]0,+\infty[$ vers $\mathbb{R}$ définie par : $f_n(x) = \sum\limits_{k=1}^{n} \lambda_k x^{\alpha_k}$.
Démontrer que f_n s'annule au plus $n-1$ fois dans $]0,+\infty[$.

5° On considère le polynôme P de $\mathbb{R}[X]$ suivant :
$$P = X^{400} - 7X^{201} - 4X^{101} + 1.$$
Prouver que P admet au plus 6 racines réelles.

Exercice 2

$\mathbb{R}$ désigne l'ensemble des nombres réels et n est un entier naturel, $n \geqslant 2$.
On introduit les notations suivantes :
$\mathfrak{M}_n(\mathbb{R})$ est l'ensemble des matrices carrées d'ordre n à coefficients réels,
$\mathfrak{M}_{n,1}(\mathbb{R})$ est l'ensemble des matrices à n lignes, une colonne et à coefficients réels,
$\mathrm{GL}_n(\mathbb{R})$ est l'ensemble des matrices inversibles de $\mathfrak{M}_n(\mathbb{R})$,
$O_n(\mathbb{R})$ est l'ensemble des matrices orthogonales de $\mathfrak{M}_n(\mathbb{R})$,
$S_n(\mathbb{R})$ est l'ensemble des matrices symétriques de $\mathfrak{M}_n(\mathbb{R})$, $S_n^+(\mathbb{R})$ est l'ensemble des matrices de $S_n(\mathbb{R})$ dont toute valeur propre est positive ou nulle, $S_n^{++}(\mathbb{R})$ est l'ensemble des matrices de $S_n(\mathbb{R})$ dont toute valeur propre est strictement positive.

Pour toute matrice M on note : ${}^tM$ la transposée de M, $m_{i,j}$ le coefficient de M situé dans la i-ème ligne et la j-ème colonne de M, $\det(M)$ le déterminant de M lorsque M est une matrice carrée.

Partie A

Soit S une matrice de $S_n^+(\mathbb{R})$. Le but de cette partie est d'établir l'inégalité (1) : $\det(S) \leqslant \prod_{i=1}^{n} s_{i,i}$.

Soit S une matrice de $S_n(\mathbb{R})$. On rappelle qu'il existe une matrice P de $O_n(\mathbb{R})$ et un élément $(\lambda_1, \dots, \lambda_n)$ de $\mathbb{R}^n$ tels que : ${}^tPSP = D$ où D est la matrice diagonale de $\mathfrak{M}_n(\mathbb{R})$ telle que $\forall i \in [\![1, n]\!]$, $d_{i,i} = \lambda_i$.

1° Soit S une matrice de $S_n^+(\mathbb{R})$. Déduire du rappel précédent :

a) qu'il existe M élément de $\mathfrak{M}_n(\mathbb{R})$ tel que : $S = {}^tMM$.

b) que pour tout X élément de $\mathfrak{M}_{n,1}(\mathbb{R})$: ${}^tXSX \geqslant 0$.

c) que : $\forall i \in [\![1, n]\!]$, $s_{i,i} \geqslant 0$.

2° Soit S une matrice de $S_n^{++}(\mathbb{R})$ démontrer :

a) qu'il existe M élément de $\mathrm{GL}_n(\mathbb{R})$ tel que : $S = {}^tMM$.

b) que pour tout X élément non nul de $M_{n,1}(\mathbb{R})$: ${}^tXSX > 0$.

c) que : $\forall i \in [\![1, n]\!]$, $s_{i,i} > 0$.

3° Soit S une matrice de $S_n^+(\mathbb{R})$ n'appartenant pas à $S_n^{++}(\mathbb{R})$. Établir l'inégalité (1) pour S.

4° Soit S une matrice de $S_n^{++}(\mathbb{R})$ telle que : $\forall i \in [1, n]\!]$, $s_{i,i} = 1$.

a) Prouver que la fonction exponentielle est convexe sur $\mathbb{R}$.

En déduire que : $\sqrt[n]{\lambda_1 \lambda_2 \cdots \lambda_n} \leqslant \dfrac{1}{n} \sum_{k=1}^{n} \lambda_k$.

b) Démontrer que l'inégalité (1) est vérifiée par S.

5° Soit S une matrice quelconque de $S_n^{++}(\mathbb{R})$. Soit T la matrice diagonale de $\mathfrak{M}_n(\mathbb{R})$ telle que : $\forall i \in [\![1, n]\!]$, $t_{i,i} = \dfrac{1}{\sqrt{s_{i,i}}}$ et B la matrice de $\mathfrak{M}_n(\mathbb{R})$ définie par $B = TST$.

a) Montrer que pour tout X élément non nul de $\mathfrak{M}_{n,1}(\mathbb{R})$: ${}^tXBX > 0$.

b) En déduire que B appartient à $S_n^{++}(\mathbb{R})$.

c) Démontrer que l'inégalité (1) est vérifiée par S.

Partie B

Dans cette partie on utilise l'inégalité (1) de la Partie A pour établir l'inégalité d'Hadamard.
Soit A une matrice de $\mathfrak{M}_n(\mathbb{R})$.

1° Vérifier que l'on peut appliquer l'inégalité (1) à ${}^tAA$.

2° En déduire l'inégalité d'Hadamard : $\left|\det(A)\right| \leqslant \prod\limits_{i=1}^{n} \sqrt{\sum\limits_{k=1}^{n} (a_{k,i})^2}$.

Partie C

Dans cette partie on utilise l'inégalité d'Hadamard pour établir un résultat concernant les fonctions développables en série entière en 0.
Soit $(a_n)_{n\geqslant 0}$ une suite réelle telle que $a_0 \neq 0$. Soit $(b_n)_{n\geqslant 0}$ l'unique suite réelle vérifiant : $a_0 b_0 = 1$ et $\forall n \geqslant 1,\ \sum\limits_{k=0}^{n} a_k b_{n-k} = 0$.

1° Pour $n \geqslant 1$, on considère la matrice A de $\mathfrak{M}_{n+1}(\mathbb{R})$ suivante :

$$A = \begin{pmatrix} a_0 & 0 & \cdots & \cdots & 0 \\ a_1 & a_0 & \ddots & & 0 \\ a_2 & \ddots & \ddots & \ddots & \vdots \\ \vdots & \ddots & \ddots & \ddots & 0 \\ a_n & \cdots & a_2 & a_1 & a_0 \end{pmatrix}. \text{ Calculer } A \begin{pmatrix} b_0 \\ b_1 \\ \vdots \\ b_n \end{pmatrix}.$$

Vérifier que A appartient à $\mathrm{GL}_{n+1}(\mathbb{R})$. Appliquer les formules de Cramer pour en déduire que $b_n = \dfrac{\det(A')}{\det(A)}$ où A' est une matrice de $\mathfrak{M}_{n+1}(\mathbb{R})$ à préciser.

2° On suppose qu'il existe un réel r strictement positif tel que la série de terme général $|a_n|r^n$ converge. On pose : $\sum\limits_{n=0}^{\infty} |a_n|r^n = C$. Montrer que la série de terme général $a_n^2 r^{2n}$ converge et que $\sum\limits_{n=0}^{\infty} a_n^2 r^{2n} \leqslant C^2$.

3° Utiliser alors l'expression de b_n établie à la question 1° de la Partie C et l'inégalité d'Hadamard pour démontrer que : $\forall n \geqslant 1,\ |b_n| \leqslant \dfrac{\alpha^n}{|a_0|}$ où α est un réel positif indépendant de n à préciser (on pourra considérer la matrice A'' de $\mathfrak{M}_{n+1}(\mathbb{R})$ obtenue à partir de A' en multipliant la i-ème ligne de A' par r^{i-1}, pour tout i élément de $[\![1, n+1]\!]$).

4° Soit f une fonction de $\mathbb{R}$ vers $\mathbb{R}$ développable en série entière en 0 telle que $f(0) \neq 0$.
Montrer que la fonction $\dfrac{1}{f}$ définie au voisinage de 0 est développable en série entière en 0.

Exercice 3

Le but de cet exercice est d'étudier la fonction numérique F de la variable réelle x telle que : $F(x) = \displaystyle\int_0^{+\infty} e^{-x\,\mathrm{ch}(t)}\,dt$.

1° Question préliminaire
Soit a une application de $\mathbb{R}$ vers $\mathbb{R}$ telle que $\lim\limits_{t\to+\infty} a(t) = +\infty$. Soit p un entier naturel non nul, pourquoi l'égalité $e^{-a(t)} \underset{+\infty}{=} o\left(\dfrac{1}{\big(a(t)\big)^p}\right)$ est-elle vérifiée ?

2° Montrer que l'ensemble de définition de F est $]0,+\infty[$.

3° Prouver que F est de classe $\mathcal{C}^2$ sur $]0,+\infty[$.

4° Montrer que F est solution sur $]0,+\infty[$ de l'équation différentielle :

$$y'' + \frac{y'}{x} - y = 0 \quad (E).$$

5° Étude de $F(x)$ quand x tend vers 0^+.
Dans cette question, x est un réel vérifiant : $0 < x < 1$.

a) On pose $H(x) = \displaystyle\int_1^{+\infty} e^{-xu}\left(\frac{1}{\sqrt{u^2-1}} - \frac{1}{u}\right) du$.
Montrer que H est définie et bornée sur $]0,1[$.

b) On pose $K(x) = \displaystyle\int_x^1 \frac{e^{-v}}{v}\,dv$.
Prouver que pour v élément de $[x,1]$ on a : $0 \leqslant 1 - e^{-v} \leqslant v$. En déduire que $K(x)$ est équivalent à $-\ln(x)$ quand x tend vers 0^+.

c) Montrer que $F(x) = \displaystyle\int_1^{+\infty} \frac{e^{-xu}}{\sqrt{u^2-1}}\,du$.

d) Déterminer un équivalent de $F(x)$ quand x tend vers 0^+.

6° Établir que : $\lim_{x \to +\infty} xF(x) = 0$ et que $\lim_{x \to +\infty} xF'(x) = 0$
Indication : on pourra considérer une suite quelconque $(x_n)_n$ d'éléments de $[1, +\infty[$ qui tend vers $+\infty$ et utiliser le théorème de la convergence dominée.

7° Soit G une solution non nulle de (E) sur $]0, +\infty[$ vérifiant

$$\lim_{x \to +\infty} G(x) = \lim_{x \to +\infty} G'(x) = 0.$$

On rappelle que le wronskien de F et G est l'application notée W de $]0, +\infty[$ sur $\mathbb{R}$ définie par : $W = FG' - F'G$.

a) Vérifier que W est solution sur $]0, +\infty[$ de l'équation differentielle : $y' + \dfrac{y}{x} = 0$ et, pour $x > 0$, calculer $W(x)$.

b) En déduire qu'il existe un réel λ tel que pour tout x de $]0, +\infty[$,

$$G(x) = \lambda F(x).$$

Solution

Exercice 1

1° Si $a < b$, si f est une application continue de $[a, b]$ dans $\mathbb{R}$, dérivable sur $]a, b[$ et si $f(a) = f(b)$ alors f' s'annule au moins une fois dans $]a, b[$.

2° On range les annulations de h : $x_1 < x_2 < \cdots < x_p$ dans I et on applique le théorème de Rolle à chacun des segments $[x_i, x_{i+1}]$ où $1 \leqslant i < p$ pour obtenir $p-1$ zéros $y_1, \ldots, y_{p-1}$ de h' séparés strictement par les x_i, à savoir $x_1 < y_1 < x_2 < y_2 < \cdots < x_{p-1} < y_{p-1} < x_p$.

3° On pose, pour tout $x > 0$, $y = x^{-10}$.
Alors $x^{-30}a(x) = 3y^5 + y^4 + 4y^2 + 2y + 11 = P(y)$ où P est polynomiale et $P'(y) = 15y^4 + 4y^3 + 8y + 2$ d'où $-10x^{-1}P'(y) = b(x)$.
Si a s'annule au moins 5 fois dans $\mathbb{R}_+^\star$ alors P aussi et, d'après la question précédente, P' s'annule au moins 4 fois dans $\mathbb{R}_+^\star$ et b aussi, ce qui est exclu. Donc a s'annule au plus 4 fois dans $\mathbb{R}_+^\star$.

4° On procède par récurrence sur n.
Pour $n = 1$ la fonction f_1 est $x \mapsto \lambda x^\alpha$ qui ne s'annule pas dans $\mathbb{R}_+^\star$.
Si la propriété est établie à un rang n et si $\alpha_1 < \cdots < \alpha_{n+1}$ ainsi que $\lambda_1, \ldots, \lambda_{n+1}$ tous non nuls et $f : x \mapsto \sum_{k=1}^{n+1} \lambda_k x^{\alpha_k}$, on considère l'application $h : x \mapsto x^{-\alpha_{n+1}} f_{n+1}(x)$ qui est dérivable sur $\mathbb{R}_+^\star$ avec, si $x > 0$,
$h'(x) = \sum_{k=1}^{n} \lambda_k(\alpha_k - \alpha_{n+1}) x^{\alpha_k - \alpha_{n+1}}$ que l'on note f_n.
On a $\alpha_1 - \alpha_{n+1} < \cdots < \alpha_n - \alpha_{n+1}$ et les $\lambda_k(\alpha_k - \alpha_{n+1})$ sont tous non nuls, donc l'hypothèse de récurrence s'applique à f_n et montre que celle-ci s'annule au plus $n-1$ fois dans $\mathbb{R}_+^\star$. Alors la question 2° montre que g_{n+1}, et donc f_{n+1}, s'annule au plus n fois dans $\mathbb{R}_+^\star$, ce qui termine la récurrence.

5° La question 4° s'applique immédiatement et montre que, dans $\mathbb{R}_+^\star$, le polynôme P a au plus 3 zéros. En remplaçant X par $-X$ il en a aussi au plus 3 dans $\mathbb{R}_+^\star$ et, comme $P(0) = 1 \neq 0$, il a au plus 6 racines réelles.

Exercice 2

Partie A

1° a) $M = \text{Diag}\left(\sqrt{\lambda_1}, \ldots, \sqrt{\lambda_n}\right) {}^tP$ convient car ${}^tMM = {}^tPDP = S$.

b) $\forall X \in \mathfrak{M}_{n,1}(\mathbb{R})$, ${}^tXSX = {}^t(MX)(MX) = \|MX\|^2 \geqslant 0$.

c) Avec $X = E_i$ on en déduit ${}^tXSX = s_{i,i} \geqslant 0$.

2° a) La matrice M fournie dans 1° a est produit de matrices inversibles donc elle-même inversible.
b) De même ${}^tXMX = \|MX\|^2 > 0$ car, comme $M \in \mathrm{GL}_n(\mathbb{R})$, on a $MX \neq 0$.
c) De même $E_i \neq 0$ donc $s_{i,i} > 0$.

3° Comme les $s_{i,i}$ sont positifs on a $\prod_{i=1}^{n} s_{i,i} \geqslant 0 = \det(S)$.

4° a) exp est dérivable sur $\mathbb{R}$ à dérivée croissante, donc exp est convexe sur $\mathbb{R}$. Pour la suite on va admettre que les λ_i sont les racines, comptées avec ordre de multiplicité, du polynôme caractéristique de S, et donc des réels strictement positifs, mais l'énoncé a oublié de les définir.
Si l'on pose, pour tout $i \in [\![1, n]\!]$, $\mu_i = \ln(\lambda_i)$, alors, par convexité de exp, on a : $\exp\left(\dfrac{1}{n}\displaystyle\sum_{i=1}^{n} \mu_i\right) \leqslant \dfrac{1}{n}\displaystyle\sum_{i=1}^{n} e^{\mu_i}$ *i.e.* $\sqrt[n]{\lambda_1 \cdots \lambda_n} \leqslant \dfrac{1}{n}\displaystyle\sum_{i=1}^{n} \lambda_i$.
b) Comme, pour tout $i \in [\![1, n]\!]$, $s_{i,i} = 1$, on a :
$\det(S) = \lambda_1 \cdots \lambda_n \leqslant \left(\dfrac{1}{n}\displaystyle\sum_{i=1}^{n} \lambda_i\right)^n = \left(\dfrac{\mathrm{tr}(S)}{n}\right)^n = 1$ d'où (1).

5° a) Si $X \in \mathfrak{M}_{n,1}(\mathbb{R}) \setminus \{0\}$, ${}^tXBX = {}^t(TX)S(TX) = {}^tYSY$ où $Y = TX \neq 0$ car $T \in \mathrm{GL}_n(\mathbb{R})$ et donc, par 2° b, ${}^tXBX > 0$.
b) On a déjà $B \in S_n(\mathbb{R})$ et, si μ en est valeur propre, avec X vecteur propre unitaire associé, on a ${}^tXBX = \mu\, {}^tXX = \mu > 0$, donc $\mathrm{Sp}(B) \subset \mathbb{R}_+^\star$ et $B \in S_n^{++}(\mathbb{R})$.
c) Pour tout $i \in [\![1, n]\!]$, $b_{i,i} = \sum_{k=1}^{n} t_{i,k}(ST)_{k,i} = t_{i,i}(ST)_{i,i}$ car T est diagonale, puis $b_{i,i} = t_{i,i} \sum_{k=1}^{n} s_{i,k}t_{k,i} = s_{i,i}t_{i,i}^2 = 1$ pour la même raison.
La question 4° b fournit : $\det(B) \leqslant 1$ *i.e.* $\det^2(T)\det(S) \leqslant 1$ ou encore $\det(S) \leqslant \det^{-2}(T) = \prod_{i=1}^{n} s_{i,i}$ d'où (1).

Partie B

1° Tout d'abord ${}^tAA \in S_n(\mathbb{R})$ et, si λ en est valeur propre pour X vecteur propre unitaire associé on a $\|AX\|^2 = {}^tX{}^tAAX = \lambda\, {}^tXX = \lambda \geqslant 0$ et donc ${}^tAA \in S_n^+(\mathbb{R})$, ce qui montre que l'on peut lui appliquer (1).

2° $\det({}^tAA) = \det^2(A) \leqslant \prod_{i=1}^{n} ({}^tAA)_{i,i}$ or $({}^tAA)_{i,i} = \sum_{k=1}^{n} ({}^tA)_{i,k}a_{k,i} = \sum_{k=1}^{n} a_{k,i}^2$ d'où $\det^2(A) \leqslant \prod_{i=1}^{n} \left(\sum_{k=1}^{n} a_{k,i}^2\right)^2$ et l'inégalité d'Hadamard.

Partie C

1° $A\begin{pmatrix} b_0 \\ \vdots \\ b_n \end{pmatrix} = \begin{pmatrix} c_0 \\ \vdots \\ c_n \end{pmatrix} = C$ où, pour tout $i \in [\![0,n]\!]$, $c_i = \sum\limits_{p+q=n} a_p b_q = \delta_{n,0}$ par hypothèse, et donc $C = {}^t(1 \quad 0 \quad \cdots \quad 0)$.
$\det(A) = a_0^{n+1} \neq 0$ donc $A \in \mathrm{GL}_{n+1}(\mathbb{R})$.
Pour A' on remplace, dans A, la dernière colonne par C.

2° Par convergence de $\sum |a_n| r^n$ on a $|a_n| r^n \xrightarrow[n\to\infty]{} 0$ et donc $a_n^2 r^{2n} \underset{n\to\infty}{=} o(|a_n| r^n)$, ce qui montre la convergence de $\sum a_n^2 r^{2n}$.
Par produit de Cauchy si l'on pose, pour tout $n \in \mathbb{N}$, $c_n = \sum\limits_{p+q=n} |a_p| \times |b_q| \times r^n$, alors $\sum c_n$ converge et $\sum\limits_{n=0}^{\infty} c_n = C^2$ d'où $\sum\limits_{n=0}^{\infty} a_n^2 r^{2n} \leqslant \sum\limits_{n=0}^{\infty} c_{2n} r^{2n} \leqslant C^2$.

3° $A'' = \begin{pmatrix} a_0 & 0 & \cdots & 0 & 1 \\ a_1 r & a_0 r & \ddots & & 0 \\ \vdots & & \ddots & \ddots & \vdots \\ a_{n-1} r^{n-1} & & & a_0 r^{n-1} & 0 \\ a_n r^n & \cdots & \cdots & a_1 r^n & 0 \end{pmatrix}$ et, par multilinéarité du déterminant par rapport à ses lignes, $\det(A'') = r^{1+2+\cdots+n} \det(A')$.
L'inégalité d'Hadamard fournit également :

$$\begin{aligned} \left[\det(A'')\right]^2 &\leqslant \left(\sum_{k=0}^{n} a_k^2 r^{2k}\right) \times \left(r^2 \sum_{k=0}^{n-1} a_k^2 r^{2k}\right) \cdots \left(r^{2(n-1)} \sum_{k=0}^{1} a_k^2 r^{2k}\right) \\ &\leqslant \left(\sum_{n=0}^{\infty} a_n^2 r^{2n}\right) \times \left(r^2 \sum_{n=0}^{\infty} a_n^2 r^{2n}\right) \cdots \left(r^{2(n-1)} \sum_{n=0}^{\infty} a_n^2 r^{2n}\right) \\ &\leqslant r^{2\left[1+2+\cdots+(n-1)\right]} C^{2n} \end{aligned}$$

d'où $r^{2n} \det^2(A') \leqslant C^{2n}$ puis $|b_n| \leqslant \dfrac{1}{|a_0|} \times \left(\dfrac{C}{|a_0| r}\right)^n$ et donc $\alpha = \dfrac{C}{|a_0| r}$ convient.

4° On suppose que $f(x) = \sum\limits_{n=0}^{\infty} a_n x^n$ sur $]-R, R[$ et on reprend la suite $(b_n)_n$ précédente. Alors la suite de terme général $\dfrac{b_n}{\alpha}$ est bornée et donc le rayon de convergence de $\sum b_n x^n$ est au moins égal à $\dfrac{1}{\alpha}\cdot$
Par produit de Cauchy, sur $\left]-\dfrac{1}{\alpha}, \dfrac{1}{\alpha}\right[\cap]-R, R[$ on a $f(x) \sum\limits_{n=0}^{\infty} b_n x^n = 1$ et donc $\dfrac{1}{f(x)} = \sum\limits_{n=0}^{\infty} b_n x^n$ au voisinage de 0.

Exercice 3

1° Le résultat découle de $e^{-x} \underset{x\to+\infty}{=} o(x^{-p})$.

2° Si $x<0$, $e^{-x\,\mathrm{ch}(t)} \xrightarrow[x\to+\infty]{} +\infty$ et, pour $x=0$, $e^{-x\,\mathrm{ch}(t)}=1$ ce qui montre que, dans chacun de ces deux cas, $\displaystyle\int_0^{+\infty} e^{-x\,\mathrm{ch}(t)}dt$ diverge.
Si $x>0$ alors $t\mapsto e^{-x\,\mathrm{ch}(t)}$ est continue sur $\mathbb{R}_+$ dominée par $t\mapsto e^{-t}$ au voisinage de $+\infty$ d'après la question précédente donc intégrable sur $\mathbb{R}_+$.
Cela montre que l'ensemble de définition de F est $\mathbb{R}_+^\star$.

3° Soit $f:(x,t)\mapsto e^{-x\,\mathrm{ch}(t)}$.
Pour tout $t\geqslant 0$, $x\mapsto f(x,t)$ est de classe $\mathcal{C}^2$ sur $\mathbb{R}_+^\star$,
pour tout $x>0$, pour tout $k\in[\![0,2]\!]$, $t\mapsto \dfrac{\partial^k f}{\partial x^k}(x,t)$ est continue sur $\mathbb{R}_+$,
et, pour $x\geqslant a>0$ et $t\geqslant 0$, $\left|\dfrac{\partial^k f}{\partial x^k}(x,t)\right| \leqslant \mathrm{ch}^k(t)e^{-a\,\mathrm{ch}(t)} = \varphi_k(t)$ avec φ_k continue sur $\mathbb{R}_+$ et dominée par $t\mapsto e^{-t}$ au voisinage de $+\infty$ par 1° et donc intégrable sur $\mathbb{R}_+$.
Cela montre que, en tant qu'intégrale paramétrée, F est de classe $\mathcal{C}^2$ sur $\mathbb{R}_+^\star$.

4° Pour tout $x>0$, $F''(x)+F(x)=\displaystyle\int_0^{+\infty}\left[\mathrm{ch}^2(t)-1\right]e^{-x\,\mathrm{ch}(t)}\,dt$ ou encore
$F''(x)+F(x)=\displaystyle\int_0^{+\infty}\mathrm{sh}(t)\,\mathrm{sh}(t)e^{-x\,\mathrm{ch}(t)}\,dt$ et, comme $\mathrm{sh}(t)e^{-x\,\mathrm{ch}(t)} \xrightarrow[x\to+\infty]{} 0$ par 1° en intégrant par parties $F''(x)+F(x)=\dfrac{1}{x}\displaystyle\int_0^{+\infty}\mathrm{ch}(t)e^{-x\,\mathrm{ch}(t)}\,dt$ soit
$F''(x)+F(x)=-\dfrac{F'(x)}{x}\cdot$

5° a) Posons $\psi: u\mapsto \dfrac{1}{\sqrt{u^2-1}}-\dfrac{1}{u}$, alors ψ est continue sur $]1,+\infty[$ avec $\psi(u)\underset{u\to1}{\sim}\dfrac{1}{\sqrt{2}\sqrt{u-1}}$ et $\psi(u)\underset{u\to+\infty}{\sim}\dfrac{1}{2u^3}$ car $\psi(u)=\dfrac{1}{u}\left[\left(1-\dfrac{1}{u^2}\right)^{-\frac{1}{2}}-1\right]$, donc ψ est intégrable sur $]1,+\infty[\cdot$
Si $0\leqslant x$ alors $u\mapsto e^{-xu}\psi(u)$ est continue sur le même intervalle et $\left|e^{-xu}\psi(u)\right|\leqslant\psi(u)$ donc elle aussi intégrable sur $]1,+\infty[$ avec, pour tout $x\geqslant 0$, $\left|H(x)\right|\leqslant H(0)=\displaystyle\int_1^{+\infty}\psi(u)\,du$.

b) $v\mapsto 1-e^{-v}$ est positive et concave sur $\mathbb{R}_+$ donc $v\mapsto\dfrac{1-e^{-v}}{v}$ est décroissante et positive sur ce même intervalle de limite 1 en 0 donc, *a fortiori*, on a $0\leqslant 1-e^{-v}\leqslant v$ si $x\leqslant v\leqslant 1$.

Par suite $0 \leqslant \displaystyle\int_x^1 \frac{dv}{v} - K(x) = \int_x^1 \frac{1-e^{-v}}{v}\,dv \leqslant \int_x^1 dv = 1 - x$ *i.e.* $0 \leqslant -\ln(x) - K(x) \leqslant 1 - x$ et donc, comme $1 - x \underset{x\to 0}{=} o\big(-\ln(x)\big)$, on a $K(x) \underset{x\to 1}{\sim} -\ln(x)$.

c) $u = \mathrm{ch}(t)$ réalise un $\mathcal{C}^1$-difféomorphisme de $\mathbb{R}_+^\star$ sur $]1,+\infty[$ de réciproque $t = \mathrm{argch}(u)$, d'où $F(x) = \displaystyle\int_1^{+\infty} \frac{e^{-xu}}{\sqrt{u^2-1}}\,du$ car $dt = \dfrac{du}{\sqrt{u^2-1}}\cdot$

d) $H(x) = F(x) - \displaystyle\int_1^{+\infty} \frac{e^{-xu}}{xu}\,x du = F(x) - \int_x^{+\infty} \frac{e^{-v}}{v}\,dv \underset{x\to 0}{=} O(1)$ d'où $F(x) \underset{x\to 0}{\sim} H(x) \underset{x\to 0}{\sim} -\ln(x)$.

6° Soit $(x_n)_n$ une suite à valeurs dans $]1,+\infty[$ telle que $x_n \xrightarrow[n\to\infty]{} +\infty$ et soit $k \in \{0,1\}\cdot$ La fonction $u \mapsto u^2 e^{-u}$ est continue sur $\mathbb{R}_+$ de limite nulle en $+\infty$ donc bornée sur $\mathbb{R}_+$, $u^2 e^{-u} \leqslant M$ pour tout $u \geqslant 0$.
On pose, pour tout $n \in \mathbb{N}$, $f_n : t \mapsto x_n \,\mathrm{ch}^k(t) e^{-x_n \mathrm{ch}(t)}$, alors f_n est continue sur $\mathbb{R}_+$ et, pour $t \geqslant 0$, $f_n(t) \xrightarrow[n\to\infty]{} 0$ avec $\big|f_n(t)\big| \leqslant \dfrac{M x_n \,\mathrm{ch}^k(t)}{x_n^2 \,\mathrm{ch}^2(t)} \leqslant \dfrac{M}{\mathrm{ch}(t)}$ et $t \mapsto \dfrac{M}{\mathrm{ch}(t)}$ est intégrable sur $\mathbb{R}_+$ d'après 1°

Par convergence dominée il vient $\displaystyle\int_0^{+\infty} f_n \xrightarrow[n\to\infty]{} 0$ et donc $xF(x)$ et $xF'(x)$ ont une limite nulle quand $x \to +\infty$.

7° a) W est de classe $\mathcal{C}^1$ sur $\mathbb{R}_+^\star$ et $W' = FG'' - F''G$ d'où, pour $x > 0$, $W'(x) = F(x)\left(G(x) - \dfrac{G'(x)}{x}\right) - G(x)\left(F(x) - \dfrac{F'(x)}{x}\right)$, soit $W'(x) = -\dfrac{W(x)}{x}\cdot$

Par suite il existe un réel C tel que, pour tout $x > 0$, $W(x) = \dfrac{C}{x}$ et, comme $W(x) \underset{x\to+\infty}{=} o\Big(\dfrac{1}{x}\Big)$ par hypothèse et d'après 6°, il vient $C = 0$ *i.e.* W est la fonction nulle.

b) On en déduit, comme (E) est une équation différentielle linéaire homogène d'ordre 2, que (F,G) est liée. La question 5° d) prouve que F n'est pas nulle et donc G est colinéaire à F.

Fin

2007

EXERCICE

On considère la fonction $f:\mathbb{R}^2 \to \mathbb{R}$ définie par $f(x,y)=\dfrac{x+y}{(1+x^2)(1+y^2)}$

a. On pose $F=[0,1]\times[0,1]$, justifier que la fonction f est bornée sur F et y atteint sa borne supérieure. On pose alors $M=\sup\limits_{(x,y)\,\in\,F} f(x,y)$.

b. Montrer que si la borne supérieure est atteinte en un point de l'ouvert $\Omega=]0,1[\times]0,1[$ alors nécessairement $M=\dfrac{3\sqrt{3}}{8}$.

c. Déterminer le maximum de la fonction f sur la frontière de F et le comparer à $\dfrac{3\sqrt{3}}{8}$ (on pourra utiliser la calculatrice). Déterminer M.

PROBLÈME

Toutes les fonctions de ce problème sont à valeurs réelles.

PARTIE PRÉLIMINAIRE

Ces résultats seront utilisés plusieurs fois dans le problème.

1. Fonction Gamma d'Euler

1.a. Soit $x\in]0,+\infty[$, montrer que la fonction $t\mapsto e^{-t}t^{x-1}$ est intégrable sur $]0,+\infty[$. On pose, pour $x\in]0,+\infty[, \Gamma(x)=\displaystyle\int_0^{+\infty} e^{-t}t^{x-1}dt$.

1.b. Déterminer, pour $x\in]0,+\infty[$, une relation entre $\Gamma(x+1)$ et $\Gamma(x)$ et en déduire $\Gamma(n)$ tout entier naturel non nul n.

2. Fonction zêta de Riemann

On rappelle que la fonction zêta est définie sur $]1,+\infty[$ par $\zeta(x)=\displaystyle\sum_{n=1}^{\infty}\frac{1}{n^x}$. On connaît $\zeta(2)=\dfrac{\pi^2}{6}, \zeta(4)=\dfrac{\pi^4}{90}$, on sait que pour p entier pair, $\zeta(p)$ est de la forme $q\pi^p$ où q est un rationnel ; il a été démontré que certains $\zeta(p)$ pour p entiers impairs sont irrationnels mais on ne sait pas s'ils le sont tous. On se propose de rechercher des valeurs approchées de ces réels $\zeta(p)$.

2.a. On note, pour n entier naturel non nul et x réel $x>1$,

$$R_n(x)=\sum_{k=n+1}^{\infty}\frac{1}{k^x}=\zeta(x)-\sum_{k=1}^{n}\frac{1}{k^x}.$$

Prouver que, pour n entier naturel non nul et x réel $x > 1$,
$R_n(x) \leqslant \dfrac{1}{(x-1)n^{x-1}}$.

2.b. On fixe l'entier $p \geqslant 2$ et un réel $\varepsilon > 0$. Indiquer une valeur de n pour laquelle on a $\left|\displaystyle\sum_{k=1}^{n} \frac{1}{k^p} - \zeta(p)\right| \leqslant \varepsilon$.

2.c. Donner, en utilisant la calculatrice, une valeur approchée de $\zeta(7)$ à 10^{-6} près.

PREMIÈRE PARTIE : SUITES DE FONCTIONS

Préliminaire Dans les questions 3 à 5 suivantes, on n'utilisera pas pour les démonstrations théorème de convergence dominée, énoncé à la question 6.

3. Théorème de convergence uniforme pour les suites de fonctions

Démontrer le théorème suivant que l'on notera **TH 1** : si $(f_n)_{n\geqslant 0}$ est une suite de fonctions continues sur le segment $[a,b]$ qui converge uniformément vers une fonction f sur $[a,b]$, alors, la suite de réels $\left(\displaystyle\int_a^b f_n(x)dx\right)_{n\geqslant 0}$ converge vers le réel $\displaystyle\int_a^b f(x)dx$.

On commencera par donner un sens à l'intégrale $\displaystyle\int_a^b f(x)dx$ juste en énonçant un théorème.

4. Exemples et contre-exemples

4.a. Déterminer une suite $(f_n)_{n\geqslant 0}$ de fonctions continues et affines par morceaux sur le segment $[0,1]$ qui converge simplement mais non uniformement vers une fonction f sur $[0,1]$ et telle que la suite $\left(\displaystyle\int_0^1 f_n(x)dx\right)_{n\geqslant 0}$ ne converge pas vers le réel $\displaystyle\int_0^1 f(x)dx$.

Remarque : on peut se contenter d'une vision graphique et, dans ce cas, il est inutile d'exprimer $f_n(x)$, mais on attend une justification des deux propriétés demandées.

4.b. Si $(f_n)_{n\geqslant 0}$ est une suite de fonctions continues sur le segment $[0,1]$, démontrer qu'il est possible que la suite de réels $\left(\displaystyle\int_0^1 f_n(x)dx\right)_{n\geqslant 0}$ converge vers le réel $\displaystyle\int_0^1 f(x)dx$ sans que la convergence de la suite de fonctions $(f_n)_{n\geqslant 0}$ ne soit uniforme sur $[0,1]$.

5. Cas d'un intervalle quelconque

5.a. Montrer à l'aide de la suite de fonctions $(f_n)_{n\geqslant 0}$ définies sur $I =]0,+\infty[$ par $f_n(x) = \dfrac{x^n e^{-x}}{n!}$ que le **TH 1** n'est pas vrai si on remplace l'intervalle $[a, b]$ par un intervalle non borné.

Remarque : on pourra utiliser la formule de Stirling sans la démontrer.

5.b. Nous allons prouver que le **TH 1** est vrai sur un intervalle borné I. On considère $(f_n)_{n\geqslant 0}$ une suite de fonctions continues et intégrables sur I intervalle borné, qui converge uniformément vers une fonction f sur I.

5.b.i. Justifier l'existence d'un entier naturel p tel que, pour tout réel $x \in I$, $|f(x)| \leqslant 1 + |f_p(x)|$ et en déduire que f est intégrable sur I.

5.b.ii. Montrer que la suite de réels $\left(\displaystyle\int_I f_n(x)dx\right)_{n\geqslant 0}$ converge vers le réel $\displaystyle\int_I f(x)dx$. On notera $\ell(I)$ la longueur de l'intervalle I.

6. Théorème de convergence dominée pour les suites de fonctions

On rappelle le théorème suivant que l'on notera **TH 2** : si $(f_n)_{n\geqslant 0}$ est une suite de fonctions continues par morceaux sur un intervalle I qui converge simplement sur I vers une fonction f continue par morceaux sur I et s'il existe une fonction φ continue par morceaux et intégrable sur I telle que, pour tout entier naturel n et tout réel $x \in I, |f_n(x)| \leqslant \varphi(x)$ alors, la fonction f est intégrable sur I et la suite de réels $\left(\displaystyle\int_I f_n(x)dx\right)_{n\geqslant 0}$ converge vers le réel $\displaystyle\int_I f(x)dx$.

6.a. Rappeler pourquoi il est inutile de vérifier, lorsqu'on utilise ce **TH 2** que les fonctions f_n sont intégrables sur I et justifier que f est intégrable sur I.

6.b. Exemples

6.b.i. Montrer à l'aide d'un exemple simple que ce théorème peut être pratique sur un segment I sur lequel la suite de fonctions $(f_n)_{n\geqslant 0}$ ne converge pas uniformément vers la fonction f.

6.b.ii. Calculer $\displaystyle\lim_{n\to\infty}\int_0^{+\infty} \frac{e^{\sin(\frac{x}{n})}}{1+x^2}dx$.

DEUXIÈME PARTIE : SÉRIES DE FONCTIONS

7. Théorème de convergence uniforme pour les séries de fonctions

Justifier, simplement, à l'aide du **TH 1** le théorème suivant que l'on notera **TH 3** : si $\sum f_n$ est une série de fonctions continues sur le segment $[a, b]$ qui converge uniformément sur $[a, b]$, alors, la série de réels $\sum \int_a^b f_n(x)dx$ converge et : $\sum_{n=0}^{\infty} \int_a^b f_n(x)dx = \int_a^b \Big(\sum_{n=0}^{\infty} f_n(x)\Big)dx.$

8. Application : séries trigonométriques et séries de Fourier

On appellera série trigonométrique une série de fonctions du type $\frac{a_0}{2} + \sum_{n\geqslant 1} \big[a_n \cos(nx) + b_n \sin(nx)\big]$ où (a_n) et (b_n) sont des suites réelles.

La série de Fourier d'une fonction 2π-périodique et continue par morceaux sur $\mathbb{R}$ est donc une série trigonométrique.

8.a. Montrer qu'une série trigonométrique n'est pas toujours la série de Fourier d'une fonction 2π-périodique et continue par morceaux sur $\mathbb{R}$. Pour cela, utiliser la série de fonctions $\sum_{n\geqslant 1} \frac{1}{\sqrt{n}} \sin(nx)$ avec le théorème de Parseval que l'on commencera par énoncer.

8.b. Montrer qu'une série trigonométrique qui converge uniformément sur $\mathbb{R}$ est la série de Fourier d'une fonction 2π -périodique et continue sur $\mathbb{R}$. On utilisera sans démonstration les résultats classiques pour n et p entiers naturels

$$\int_0^{2\pi} \cos(px)\cos(nx)dx = \int_0^{2\pi} \sin(px)\sin(nx)dx = \begin{cases} 0 & \text{si } n \neq p \\ \pi & \text{si } n = p \neq 0 \end{cases}$$

et $\int_0^{2\pi} \sin(px)\cos(nx)dx = 0.$

9. Intégration terme à terme d'une série de fonctions

On rappelle le théorème suivant que l'on notera **TH 4** si f est une série de fonctions continues par morceaux et intégrables sur un intervalle I qui converge simplement vers une fonction f continue par morceaux sur I telle que la série $\sum \int_I |f_n(x)|dx$ converge, alors f est intégrable sur I, la série $\sum \int_I f_n(x)dx$ converge et $\sum_{n=0}^{\infty} \int_I f_n(x)dx = \int_I \Big(\sum_{n=0}^{\infty} f_n(x)\Big)dx.$

Application : théorème de Hardy

On suppose que $\sum a_n$ est une série de réels absolument convergente.

9.a. Montrer que la série de fonctions $\sum_{n\geqslant 0} \frac{a_n x^n}{n!}$ converge simplement

vers une fonction f continue sur $\mathbb{R}$.
9.b. Montrer que la fonction $x \mapsto f(x)e^{-x}$ est intégrable sur $[0, +\infty[$ et exprimer $\displaystyle\int_0^{+\infty} f(x)e^{-x}dx$ comme la somme d'une série numérique.

10. Cas où les théorèmes TH 3 et TH 4 ne s'appliquent pas

10.a. Montrer que, la série de fonctions $\sum(-1)^n x^n$ ne converge pas uniformément sur l'intervalle borné $I = [0, 1[$ (donc les hypothèses du théorème **TH 3** ne sont pas toutes vérifiées).
10.b. Montrer que, pour la série de fonctions $\sum(-1)^n x^n$ sur $I = [0, 1[$, les hypothèses du théorème **TH 4** ne sont pas toutes vérifiées.

10.c. Montrer que, néanmoins, $\displaystyle\sum_{n\geqslant 0} \int_0^1 (-1)^n x^n dx$ converge et :

$$\sum_{n=0}^{\infty} \int_0^1 (-1)^n x^n dx = \int_0^1 \Big(\sum_{n=0}^{\infty} (-1)^n x^n\Big) dx.$$

11. Théorème de convergence monotone

Soit $\sum f_n$ une série de fonctions continues par morceaux et intégrables sur un intervalle I qui converge simplement vers une fonction f continue par morceaux sur I. On suppose que toutes les fonctions f_n sont positives sur I et que la fonction f est intégrable sur I. On pose, pour tout entier naturel n non nul et tout $x \in I$, $S_n(x) = \displaystyle\sum_{k=0}^{n} f_k(x)$. Montrer que la suite de fonctions (S_n) vérifie les hypothèses du théorème de convergence dominée **TH 2**, et en déduire que :
la série $\displaystyle\sum \int_I f_n(x)dx$ converge et $\displaystyle\sum_{n=0}^{\infty} \int_I f_n(x)dx = \int_I \Big(\sum_{n=0}^{\infty} f_n(x)\Big) dx$.

12. Application à la physique

12.a. Calculer, après avoir justifié son existence, $\displaystyle\int_0^{+\infty} \frac{t^3}{e^t - 1} dt$.
On détaillera toutes les étapes et on pourra remarquer que, pour $t \in]0, +\infty[$, on a $\dfrac{1}{e^t - 1} = \dfrac{e^{-t}}{1 - e^{-t}}$.
Cette intégrale intervient notamment dans la théorie du rayonnement du corps noir. La loi de Planck donne l'expression de la densité spectrale d'énergie électromagnétique u_λ rayonnée par le corps noir, en fonction de la longueur d'onde par la formule : $u_\lambda = \dfrac{8\pi hc}{\lambda^5} \dfrac{1}{\exp\left(\dfrac{hc}{k_B \lambda T}\right) - 1}$

où h et k_B sont les constantes de Planck et de Boltzmann, c la célérité de la lumière dans le vide, λ la longueur d'onde et T la température. Ainsi, la densité volumique totale d'énergie électromagnétique u (rayonnée sur

tout le spectre des longueurs d'onde) s'écrit : $u = \displaystyle\int_0^{+\infty} u_\lambda d\lambda$.
Si on note M l'exitance totale d'un corps noir on sait que M et u sont liés par la relation $M = \dfrac{c}{4}u$.

12.b. Démontrer la loi de Stefan : $M = \sigma T^4$ où $\sigma = \dfrac{2\pi^5 (k_B)^4}{15h^3c^2}$.

13. Généralisation

13.a. Exprimer de même pour x réel $x > 1$, l'intégrale $\displaystyle\int_0^{+\infty} \frac{t^{x-1}}{e^t - 1} dt$ en fonction de $\Gamma(x)$ et $\zeta(x)$.

13.b. En déduire la valeur de $\displaystyle\int_0^{+\infty} \frac{t}{e^t - 1} dt$ et une valeur approchée de $\displaystyle\int_0^{+\infty} \frac{t^6}{e^t - 1} dt$.

Solution

EXERCICE

a. La fonction rationnelle f étant définie et continue sur le compact F de $\mathbb{R}^2$ y est bornée et atteint ses bornes. Il existe donc $M \in \mathbb{R}_+$ tel que
$M = \sup\limits_{(x,y) \in F} f(x,y) = f(x_0, y_0)$ où $(x_0, y_0) \in F$.

b. La fonction f étant de classe $\mathcal{C}^1$ sur l'ouvert Ω de $\mathbb{R}^2$, si $(x_0, y_0) \in \Omega$, alors (x_0, y_0) est un point critique de f *i.e.* grad $f(x_0, y_0) = 0$.

$D_1 f(x,y) = \dfrac{1 - x^2 - 2xy}{(1+x^2)^2(1+y^2)}$ et $D_2 f(x,y) = \dfrac{1 - y^2 - 2xy}{(1+y^2)^2(1+x^2)}$.

$\text{grad} f(x,y) = 0 \iff \begin{cases} 1 - x^2 - 2xy = 0 \\ 1 - y^2 - 2xy = 0 \end{cases} \iff \begin{cases} 1 - x^2 - 2xy = 0 \\ x^2 = y^2 \end{cases}$ Donc

$\big((x,y) \in F) \text{ et } \text{grad} f(x,y) = 0\big) \iff \begin{cases} 1 - x^2 - 2xy = 0 \\ x = y \in [0,1] \end{cases} \iff x = y = \dfrac{1}{\sqrt{3}}$.

$f\Big(\dfrac{1}{\sqrt{3}}, \dfrac{1}{\sqrt{3}}\Big) = \dfrac{3\sqrt{3}}{8}$. Donc si $(x_0, y_0) \in \Omega$ alors $M = \dfrac{3\sqrt{3}}{8}$.

c. $f(0,y) = \dfrac{y}{1+y^2} = f(y,0)$. Comme $0 \leqslant \dfrac{y}{1+y^2} \leqslant \dfrac{1}{2} \iff (y-1)^2 \geqslant 0$, on peut écrire que $\sup\limits_{y \in [0,1]} f(0,y) = \sup\limits_{x \in [0,1]} f(x,0) = \dfrac{1}{2} < \dfrac{3\sqrt{3}}{8}$.

D'autre part, notons $g(x) = f(x,1) = \dfrac{x+1}{2(x^2+1)}$.

La fonction rationnelle g est définie et dérivable sur $[0,1]$ et l' on a

$$g'(x) = \frac{-x^2-2x+1}{2(x+1)^2} = \frac{2-(x+1)^2}{2(x+1)^2} = \frac{(\sqrt{2}-1-x)(\sqrt{2}+1+x)}{2(x+1)^2}.$$

Il s'ensuit que la fonction g est croissante sur $[0, \sqrt{2}-1]$ et décroissante sur $[\sqrt{2}-1, 1]$. Comme $g(0) = g(1) = \dfrac{1}{2}$ et $g(\sqrt{2}-1) = \dfrac{\sqrt{2}+1}{4} < \dfrac{3\sqrt{3}}{8}\cdot$

On conclut que la borne supérieure de f sur la frontière de F est strictement inférieure à $\dfrac{3\sqrt{3}}{8}\cdot$ Donc $M = \dfrac{3\sqrt{3}}{8} = f(x_0, y_0)$ où $(x_0, y_0) \in \Omega$.

PROBLÈME

Partie préliminaire

1.a. Si $x \in \mathbb{R}$ et $f_x : t \mapsto t^{x-1}e^{-t}$ alors f_x est intégrable sur $]0, +\infty[$ si, et seulement si, $x > 0$, en effet f_x est continue positive sur $]0, +\infty[$ et on a les comparaisons :

- $f_x(t) \underset{t\to 0}{\sim} \dfrac{1}{t^{1-x}}$ donc f_x est intégrable sur $]0, 1]$ si, et seulement si, $x > 0$;
- $f_x(t) \underset{+\infty}{=} o\Big(\dfrac{1}{t^2}\Big)$ et donc, pour tout $x \in \mathbb{R}$, f_x est intégrable sur $[1, +\infty[$.

On conclut en rappelant que f_x est intégrable sur $]0, +\infty[$ si, et seulement si, elle l'est sur $]0, 1]$ et $[1, +\infty[$.

1.b. Si $x > 0$ et $n \in \mathbb{N}^\star$ on a, par parties : $\displaystyle\int_{1/n}^{n} f_{x+1} = \Big[t^x e^{-t}\Big]_n^{1/n} + x\int_{1/n}^{n} f_x$

d'où, quand $n \to \infty$, $\Gamma(x+1) = x\Gamma(x)$.

Par récurrence, si $n \in \mathbb{N}^\star$, $\Gamma(n) = (n-1)!$

2.a. Pour $x > 1$ la fonction $t \mapsto t^{-x}$ est continue, positive et décroissante sur l'intervalle $]1, +\infty[$. D'après l'inégalité de la moyenne, pour tout $k \in \mathbb{N}$,

$$0 < \frac{1}{(k+1)^x} \leqslant \int_k^{k+1} \frac{dt}{t^x}.$$

La série $\displaystyle\sum_{n\geqslant 1} \frac{1}{n^x}$ étant convergente et la fonction $t \mapsto \dfrac{1}{t^x}$ intégrable sur $[1, +\infty[$,

on déduit de cette inégalité : $\displaystyle\sum_{k=n}^{\infty} \frac{1}{(k+1)^x} \leqslant \sum_{k=n}^{\infty} \int_k^{k+1} \frac{dt}{t^x}.$

i.e. $\forall x \in]1, +\infty[\,, 0 < R_n(x) \leqslant \displaystyle\int_n^{+\infty} \frac{dt}{t^x} = \frac{1}{(x-1)n^{x-1}}.$

2.b. $\Big|\displaystyle\sum_{k=1}^{n} \frac{1}{k^p} - \zeta(p)\Big| = |R_n(p)| \leqslant \varepsilon$ si $\dfrac{1}{(p-1)n^{p-1}} \leqslant \varepsilon$. Comme

$\dfrac{1}{(p-1)n^{p-1}} \leqslant \varepsilon \iff n \geqslant \big((p-1)\varepsilon\big)^{\frac{1}{1-p}}$, $n_0 = E\big[\big((p-1)\varepsilon\big)^{\frac{1}{1-p}}\big] + 1$ convient.

2.c. $p = 7$ et $\varepsilon = 10^{-6}$ donnent $n_0 = 8$. Une valeur approchée de $\zeta(7)$ à 10^{-6} près est $1,008355$.

Partie I

3. Rappelons le théorème : Si une suite $(f_n)_{n\geqslant 0}$ de fonctions continues sur un intervalle I de $\mathbb{R}$ converge uniformément vers une fonction f sur I (ou sur tout segment inclus dans I), celle-ci est continue sur I.

Ici, $I = [a, b]$. Donc f est continue sur $[a, b]$ et par suite $\displaystyle\int_a^b f$ existe.

D'après l'inégalité de la moyenne, $\displaystyle\left|\int_a^b f_n - \int_a^b f\right| \leqslant |b-a| N_\infty^{[a,b]}(f_n - f)$.

Comme $(f_n)_{n\geqslant 0}$ converge uniformément vers f sur $[a,b]$, $N_\infty^{[a,b]}(f_n - f) \xrightarrow[n\to\infty]{} 0$

et par encadrement $\displaystyle\int_a^b f_n - \int_a^b f \xrightarrow[n\to\infty]{} 0$ *i.e.* $\displaystyle\int_a^b f_n \xrightarrow[n\to\infty]{} \int_a^b f$.

4.a. Soit f_n définie sur $[0,1]$ par $f_n(x) = n^2 x$ si $x \in \left[0, \frac{1}{n}\right]$; $f_n(x) = -n^2 x + 2n$ si $x \in \left[\frac{1}{n}, \frac{2}{n}\right]$ et $f_n(x) = 0$ si $x \in \left[\frac{2}{n}, 1\right]$ pour $n \geqslant 1$. Les fonctions f_n sont continues affines par morceaux. (*Un dessin est conseillé au lecteur.*)
Si $x \in]0, 1]$ est fixé. il existe $n_x \in \mathbb{N}$ tel que $\frac{2}{n_x} < x$.
Pour tout $n \geqslant n_x$, $f_n(x) = 0$. Comme $f_n(0) = 0$, la suite de fonctions $(f_n)_{n\geqslant 1}$ converge simplement vers $f : x \mapsto 0$ sur $[0, 1]$. $\displaystyle\int_0^1 f_n = 1$ (aire d'un triangle) et $\displaystyle\int_0^1 f = 0$. Donc la suite $\displaystyle\left(\int_0^1 f_n\right)_{n\geqslant 1}$ converge et sa limite diffère de $\displaystyle\int_0^1 f$.

4.b. Soit $f_n(x) = x^n$ pour $x \in [0, 1]$ et $n \in \mathbb{N}$. Les fonctions f_n sont continues sur $[0, 1]$; la suite de fonctions $(f_n)_{n\geqslant 0}$ converge simplement vers f définie par $f(x) = 0$ si $x \in [0, 1[$ et $f(1) = 1$. La fonction f n'étant pas continue sur $[0, 1]$, on déduit du théorème rappelé en I.3. que la convergence n'est pas uniforme sur $[0, 1]$. Mais on a cependant $\displaystyle\int_0^1 f_n = \frac{1}{n+1} \xrightarrow[n\to\infty]{} 0 = \int_0^1 f$.

5.a. Comme la série $\displaystyle\sum \frac{x^n}{n!}$ converge et a pour somme e^x pour tout $x \in \mathbb{R}$, pour $x \in I$ fixé, $f_n(x) = \dfrac{x^n}{n!} e^{-x} \xrightarrow[n\to\infty]{} 0$. La suite de fonctions $(f_n)_{n\geqslant 0}$ simplement vers f définie par $f(x) = 0$ si $x \in I$. D'où $\displaystyle\int_I f = 0$.

D'après I.1. $\displaystyle\int_I f_n = \frac{\Gamma(n+1)}{n!} = 1$.

Pour tout $x \in I, |f_n(x) - f(x)| = f_n(x)$.

Les fonction f_n sont dérivables sur I et $f_n'(x) = \dfrac{e^{-x}}{n!} x^{n-1}(n-x)$.

Pour $n \geqslant 1, f_n$ est croissante sur $[0, n]$ et décroissante sur $[n, +\infty[$. Donc $\sup\limits_{x \in I} |f_n(x) - f(x)| = \sup\limits_{x \in I} f_n(x) = f_n(n) = \dfrac{n^n e^{-n}}{n!} \underset{n \to \infty}{\sim} \dfrac{1}{\sqrt{2\pi n}}$ d'après la formule de Stirling. Donc $N_\infty^I(f_n - f) \xrightarrow[n \to \infty]{} 0$. On a bien convergence uniforme de $(f_n)_{n \geqslant 0}$ vers f sur I mais pas la conclusion de **TH 1**.

5.b.i. Si $(f_n)_{n \geqslant 0}$ converge uniformément vers f sur I, on a
$\forall \varepsilon \in \mathbb{R}_+^\star, \exists n_0(\varepsilon) \in \mathbb{N}, \forall n \in \mathbb{N}, n \geqslant n_0(\varepsilon) \Rightarrow \forall x \in I, |f_n(x) - f(x)| \leqslant \varepsilon$.

Prenons $\varepsilon = 1$. Pour $p = n_0(\varepsilon) + 1$, on a : $\forall x \in I, |f_p(x) - f(x)| \leqslant \varepsilon$.
Comme $|f(x)| \leqslant |f_p(x) - f(x)| + |f_p(x)|$, on a : $\forall x \in I, |f(x)| \leqslant 1 + |f_p(x)|$.

f_p est intégrable sur I ainsi que la fonction $I \to \mathbb{R}, x \mapsto 1$ car I est borné ; donc f est intégrable sur I.

5.b.ii. D'après l'inégalité de la moyenne, $\left| \displaystyle\int_I f_n - \int_I f \right| \leqslant \ell(I) N_\infty^I(f_n - f)$.
Comme $(f_n)_{n \geqslant 0}$ converge uniformément vers f sur I, $N_\infty^I(f_n - f) \xrightarrow[n \to \infty]{} 0$ et par encadrement $\displaystyle\int_I f_n - \int_I f \xrightarrow[n \to \infty]{} 0$ *i.e.* $\displaystyle\int_I f_n \xrightarrow[n \to \infty]{} \int_I f$.

6.a. Comme pour tout $n \in \mathbb{N}, f_n \in \mathcal{CM}(I, \mathbb{R}), |f_n| \leqslant \varphi$ et $\varphi \in \mathcal{L}^1(I, \mathbb{R}_+)$, les fonctions f_n sont intégrables sur I.

Par passage à la limite simple, $|f_n| \leqslant \varphi$ implique $|f| \leqslant \varphi$. Comme pour f_n, on peut alors conclure que f est intégrable sur I.

6.b.i. Si $I = [0, 1]$ et $f_n(x) = \cos^n(x)$ pour $n \in \mathbb{N}$, la suite $(f_n)_{n \geqslant 0}$ converge simplement vers f sur I avec $f(x) = 0$ si $x \in]0, 1]$ et $f(0) = 1$. La convergence n'est pas uniforme sur I d'après le théorème rappelé en I.3. puisque les f_n sont continues et pas f sur I.
Pour tout $x \in I, |f_n(x)| \leqslant 1$. En prenant $\varphi : I \to \mathbb{R}, x \mapsto 1$ les hypothèses de **TH 2** sont vérifiées ; donc $\displaystyle\int_I f_n \xrightarrow[n \to \infty]{} \int_I f = 0$.

6.b.ii. Posons $f_n(x) = \dfrac{e^{\sin\left(\frac{x}{n}\right)}}{1 + x^2}$ et $I = [0, +\infty[$ pour tout $n \in \mathbb{N}^\star$.
Les fonctions f_n sont continues sur I, la suite $(f_n)_{n \geqslant 0}$ converge simplement vers f sur I avec $f(x) = \dfrac{1}{1 + x^2}$. La fonction f est continue sur I.
Pour tout $x \in I, \sin\left(\dfrac{x}{n}\right) \leqslant \left|\sin\left(\dfrac{x}{n}\right)\right| \leqslant 1$. Comme la fonction exp est croissante, on a : $\forall x \in I, |f_n(x)| \leqslant e f(x)$.
La fonction f étant intégrable sur I, les hypothèses de **TH 2** sont vérifiées.
Donc $\displaystyle\int_I f_n \xrightarrow[n \to \infty]{} \int_I f = \Big[\arctan(x)\Big]_0^{+\infty} = \dfrac{\pi}{2}$.

Partie II

7. Notons $S_n(x) = \sum_{k=0}^{n} f_k(x)$. Nous avons alors la suite $(S_n)_{n\geqslant 0}$ de fonctions continues qui converge uniformément vers $S : x \mapsto \sum_{k=0}^{\infty} f_k(x)$ sur $[a,b]$. On déduit de **TH 1** que $\int_a^b S_n \xrightarrow[n\to\infty]{} \int_a^b S$. Comme $\int_a^b S_n = \sum_{k=0}^{n} \int_a^b f_k$, on a bien prouvé que $\sum_{k=0}^{\infty} \int_a^b f_k(x)dx = \int_a^b \Big(\sum_{k=0}^{\infty} f_k(x)\Big)dx$.

8.a. Rappelons le théorème de Parseval : si $f \in \mathcal{CM}_{2\pi}(\mathbb{R},\mathbb{R})$ alors les séries $\sum (a_n(f))^2$ et $\sum (b_n(f))^2$ convergent et

$$\frac{1}{2\pi}\int_0^{2\pi} |f|^2 = \Big(\frac{a_0(f)}{2}\Big)^2 + \frac{1}{2}\sum_{n=1}^{\infty}\big((a_n(f))^2 + (b_n(f))^2\big).$$

Supposons que $\sum_{n\geqslant 1} \frac{1}{\sqrt{n}} \sin(nx)$ est la série de Fourier d'une fonction f de $\mathcal{C}_{2\pi}(\mathbb{R},\mathbb{R})$, alors pour tout $n \in \mathbb{N}, a_n(f) = 0$ et pour tout $n \geqslant 1, b_n(f) = \frac{1}{\sqrt{n}}$. L'application du théorème de Parseval implique $\sum_{n\geqslant 1} \frac{1}{n}$ converge ce qui est absurde.

8.b. Supposons que la série trigonométrique converge uniformément sur $\mathbb{R}$ de somme f. Posons $u_n(x) = a_n \cos(nx) + b_n \sin(nx)$ si $n \geqslant 1$ et $u_0(x) = \frac{a_0}{2}$. Comme $\sum u_n$ converge uniformément sur $\mathbb{R}$ et les u_n sont éléments de $\mathcal{C}_{2\pi}$, on a f élément de $\mathcal{C}_{2\pi}$ d'après un corollaire du théorème rappelé en I.3. et parce que la périodicité se conserve par passage à la limite simple.

Montrons que $a_n(f) = a_n$ pour $n \geqslant 0$ et $b_n(f) = b_n$ pour tout $n \geqslant 1$.

$a_p(f) = \frac{1}{\pi}\int_0^{2\pi} f(x)\cos(px)dx$ et $b_p(f) = \frac{1}{\pi}\int_0^{2\pi} f(x)\sin(px)dx$.

$f(x)\cos(px) = \sum_{n=0}^{\infty} v_n(x)$ où $v_n(x) = u_n(x)\cos(px)$.

$f(x)\sin(px) = \sum_{n=0}^{\infty} w_n(x)$ où $w_n(x) = u_n(x)\sin(px)$.

$\forall x \in \mathbb{R}, \forall n \in \mathbb{N}, \Big|\sum_{k=n}^{\infty} v_k(x)\Big| = \Big|\cos(px)\sum_{k=n}^{\infty} u_k(x)\Big| \leqslant \Big|\sum_{k=n}^{\infty} u_k(x)\Big| = |R_n(x)|,$

$\forall x \in \mathbb{R}, \forall n \in \mathbb{N}, \left|\sum_{k=n}^{\infty} w_k(x)\right| = \left|\sin(px)\sum_{k=n}^{\infty} u_k(x)\right| \leqslant \left|\sum_{k=n}^{\infty} u_k(x)\right| = |R_n(x)|.$
Comme $\sum u_n$ converge uniformément sur $\mathbb{R}$, la suite de fonctions $(R_n)_{n\geqslant 0}$ converge uniformément sur $\mathbb{R}$ vers la fonction nulle. On déduit de **TH 3** que
$a_p(f) = \frac{1}{\pi}\sum_{n=0}^{\infty}\int_0^{2\pi} v_n(x)dx$ et $b_p(f) = \frac{1}{\pi}\sum_{n=0}^{\infty}\int_0^{2\pi} w_n(x)dx.$
$\frac{1}{\pi}\int_0^{2\pi} v_n(x)dx = a_n\frac{1}{\pi}\int_0^{2\pi}\cos(nx)\cos(px)dx + b_n\frac{1}{\pi}\int_0^{2\pi}\sin(nx)\cos(px)dx.$
D'après les résultats admis, $\frac{1}{\pi}\int_0^{2\pi} v_n(x)dx = \begin{cases} 0 & \text{si } n \neq p \\ a_p & \text{si } n = p \end{cases}$
De même, $\frac{1}{\pi}\int_0^{2\pi} w_n(x)dx = \begin{cases} 0 & \text{si } n \neq p \\ b_p & \text{si } n = p \end{cases}$
Donc pour tout $p \in \mathbb{N}, a_p(f) = a_p$ et pour tout $p \geqslant 1, b_p(f) = b_p$ ce qui prouve le résultat.

9.a. Puisque $\sum a_n$ converge, la suite (a_n) converge vers 0 ; donc, pour tout $x \in \mathbb{R}, \frac{a_n x^n}{n!} \underset{n\to\infty}{=} o\left(\frac{x^n}{n!}\right)\cdot$ Comme la série $\sum \frac{x^n}{n!}$ converge (de somme e^x) pour tout $x \in \mathbb{R}$, la série entière $\sum \frac{a_n x^n}{n!}$ est de rayon de convergence $+\infty$. Il en découle que sa somme f est une fonction de classe $\mathcal{C}^\infty$ sur $\mathbb{R}$.

9.b. Soit $g_n : x \mapsto \frac{a_n x^n}{n!}e^{-x}$. La fonction g_n est continue sur $\mathbb{R}$. La série $\sum g_n$ converge simplement sur $\mathbb{R}_+$ de somme $g : x \mapsto f(x)e^{-x}$ continue sur $\mathbb{R}_+$.
$\sum \int_0^{+\infty} |g_n|$ converge car $\int_0^{+\infty} |g_n| = |a_n|$ d'après la question 1. et par hypothèse, $\sum |a_n|$ converge. Il découle de **TH 4** que $g \in \mathcal{L}^1(\mathbb{R}_+, \mathbb{R})$ et que
$\int_0^{+\infty} g = \sum_{n=0}^{\infty}\int_0^{+\infty} g_n = \sum_{n=0}^{\infty} a_n$ d'après le calcul précédent.

10.a. En tant que somme d'une série géométrique, $\sum_{n=0}^{\infty}(-1)^n x^n = \frac{1}{1+x}$ pour $x \in I = [0,1[$. De même, $\forall x \in I, \left|\sum_{k=n}^{\infty}(-1)^k x^k\right| = \left|\frac{(-x)^n}{1+x}\right| = \frac{x^n}{1+x} = r_n(x).$
$r_n\left(1-\frac{1}{n}\right) = (1-\frac{1}{n}\Big)^n \frac{1}{2-\frac{1}{n}} \xrightarrow[n\to\infty]{} \frac{e^{-1}}{2} \neq 0$. Donc la suite de fonctions (r_n) ne converge pas uniformément vers la fonction nulle sur I. D'où la série de fonctions $\sum(-1)^n x^n$ ne converge pas uniformément sur I.

10.b. La fonction $f_n : x \mapsto (-1)^n x^n$ est continue sur $[0,1]$ et à valeurs réelles.
$\int_0^1 |f_n| = \frac{1}{n+1}\cdot$ Donc la série $\sum \int_0^1 |f_n|$ diverge. Une hypothèse de **TH 4** n'est pas vérifiée.

10.c. On va appliquer **TH 2** à (S_n) où, pour tout $x \in I, S_n(x) = \sum_{k=0}^{n} f_k(x)$ et $f_n : x \mapsto (-1)^n x^n$. On a $S_n(x) = \dfrac{1-(-x)^{n+1}}{1+x}$ et $S(x) = \dfrac{1}{1+x}\cdot$
$\forall x \in I = [0,1[, |S_n(x)| \leqslant \dfrac{1+x^{n+1}}{1+x} \leqslant 1$.
La fonction $\varphi : x \mapsto 1$ est continue et intégrable sur $[0,1]$. Les hypothèses de **TH 2** sont vérifiées. Donc $\displaystyle\int_0^1 S_n \xrightarrow[n\to\infty]{} \int_0^1 S$.
Comme $\displaystyle\int_0^1 S_n = \sum_{k=0}^{n} \int_0^1 (-1)^k x^k dx$ par linéarité de l'intégration, on a
$$\sum_{n=0}^{\infty} \int_0^1 (-1)^n x^n dx = \int_0^1 \Big(\sum_{n=0}^{\infty} (-1)^n x^n\Big) dx = \int_0^1 \frac{dx}{1+x} = \ln(2).$$
11. Pour tout $n \in \mathbb{N}, S_n$ est continue par morceaux sur I, la suite de fonctions (S_n) converge simplement vers f sur I et comme $f_n \geqslant 0$, on a, pour tout $x \in I$ et tout $n \in \mathbb{N}, 0 \leqslant S_n(x) \leqslant f(x)$. Comme f est intégrable sur I, l'application de **TH 2** avec $\varphi = f$ donne $\displaystyle\int_I S_n \xrightarrow[n\to\infty]{} \int_I S$.
Comme $\displaystyle\int_I S_n = \sum_{k=0}^{n} \int_I f_k$ par linéarité de l'intégration, le théorème est prouvé.

12.a. Pour tout $t \in \mathbb{R}_+^{\star}, 0 < e^{-t} < 1$, donc $\dfrac{1}{e^t - 1} = \dfrac{e^{-t}}{1-e^{-t}} = \displaystyle\sum_{n=1}^{\infty} e^{-nt}$.

Notons, pour tout $t \in \mathbb{R}_+, f_n(t) = t^3 e^{-nt}$ si $n \geqslant 1$ et $f_0(t) = 0$.
Les fonctions f_n sont continues et positives, $\sum f_n$ converge simplement sur $\mathbb{R}_+$ de somme $f : t \mapsto \dfrac{t^3}{e^t - 1}$ si $t > 0$ et telle que $f(0) = 0$.
Comme $e^t - 1 \underset{t\to 0}{\sim} t$, on a $f(t) \underset{t\to 0}{\sim} t^2$, d'où la continuité de f en 0 et sur $\mathbb{R}_+$.
$f(t) \underset{t\to+\infty}{=} o(t^{-2})$. Donc f est intégrable sur $\mathbb{R}_+$.

Les hypothèses du théorème de convergence monotone sont vérifiées, donc $\displaystyle\int_0^{+\infty} f = \sum_{n=0}^{\infty} \int_0^{+\infty} f_n(t)dt$. Par le changement de variable linéaire $nt = x$,
$\displaystyle\int_0^{+\infty} f_n(t)dt = \int_0^{+\infty} e^{-nt} t^3 dt = \frac{\Gamma(4)}{n^4} = \frac{6}{n^4}\cdot$ Donc $\displaystyle\int_0^{+\infty} f = 6\frac{\pi^4}{90} = \frac{\pi^4}{15}\cdot$
Le changement de variable $\lambda \mapsto t = \dfrac{hc}{k_B T \lambda}$ étant un $\mathcal{C}^1$ difféomorphisme entre $]0,+\infty[$ et $]0,+\infty[$, l'intégrale $u = \displaystyle\int_0^{+\infty} u_\lambda d\lambda$ s'écrit
$$u = \frac{8\pi(k_B T)^4}{(hc)^3} \int_0^{+\infty} \frac{t^3}{e^t - 1} dt = \frac{8\pi^5 (k_B T)^4}{15(hc)^3}, \text{ d'où } M = \frac{c}{4} u = \frac{2\pi^5 (k_B T)^4}{15 h^3 c^2}\cdot$$

12.b. On a donc la loi de Stefan : $M = \sigma T^4$ où $\sigma = \dfrac{2\pi^5 (k_B)^4}{15h^3c^2}$.

13.a. $\forall x > 1, \forall t \in]0, +\infty[, h(t) = \dfrac{t^{x-1}}{e^t - 1} = \displaystyle\sum_{n=0}^{\infty} h_n(t)$

où $h_n(t) = t^{x-1}e^{-t}$ si $n \geqslant 1$ et $h_0(t) = 0$ en procédant comme au 12.a.

Le changement de variable linéaire $nt = u$ donne

$\Gamma(x) = \displaystyle\int_0^{+\infty} t^{x-1}e^{-t}dt = n^x \int_0^{+\infty} u^{x-1}e^{-nu}du = n^x \int_0^{+\infty} h_n$.

D'où l'intégrabilité des h_n Les fonctions h_n sont continues et positives, $\sum h_n$ converge simplement sur $\mathbb{R}_+^\star$ de somme h continue sur $\mathbb{R}_+^\star$.

Comme $e^t - 1 \underset{t\to 0}{\sim} t$, on a $h(t) \underset{t\to 0}{\sim} t^{x-2}$. Donc h est intégrable sur $]0,1]$ puisque $x > 1$. d'autre part, $h(t) \underset{t\to+\infty}{=} o(t^{-2})$. Donc h est intégrable sur $[1, +\infty[$.

On peut conclure que h est intégrable sur $]0, +\infty[$.

Les hypothèses du théorème de convergence monotone sont vérifiées, donc

$\displaystyle\int_0^{+\infty} h = \sum_{n=0}^{\infty} \int_0^{+\infty} h_n(t)dt = \sum_{n=1}^{\infty} \frac{\Gamma(x)}{n^x} = \Gamma(x)\zeta(x).$

13.b. Il s'ensuit que $\displaystyle\int_0^{+\infty} \frac{t}{e^t - 1}dt = \Gamma(2)\zeta(2) = \frac{\pi^2}{6}$ et que

$$\int_0^{+\infty} \frac{t^6}{e^t - 1}dt = \Gamma(7)\zeta(7) = 720\zeta(7).$$

Une valeur approchée est obtenue à partir de 2.c.

Fin

Notations

Dans ce sujet, n est un entier naturel supérieur ou égal à 2 et on note :
- E l'espace vectoriel $\mathbb{R}^n$ et $\mathcal{B}=(e_1,\dots,e_n)$ sa base canonique.
- $(\cdot|\cdot)$ le produit scalaire canonique sur E : si $x=(x_1,\dots,x_n)$ et $y=(y_1,\dots,y_n)$ sont deux vecteurs de E, on a $(x|y)={}^tXY=\sum_{i=1}^{n}x_iy_i$, où X et Y sont les matrices colonnes des vecteurs x et y dans la base $\mathcal{B}$ ($\mathcal{B}$ est donc une base orthonormale pour $(\cdot|\cdot)$)
- $\mathcal{L}(E)$ la $\mathbb{R}$-algèbre des endomorphismes de E
- $(\mathrm{GL}(E),\circ)$ le groupe des automorphismes de E
- $\mathfrak{M}_{n,1}(\mathbb{R})$ le $\mathbb{R}$-espace vectoriel des matrices à n lignes et une colonne
- $\mathfrak{M}_n(\mathbb{R})$ la $\mathbb{R}$-algèbre des matrices carrées réelles de taille n
- $\mathrm{GL}_n(\mathbb{R})$ le groupe des matrices inversibles de $\mathfrak{M}_n(\mathbb{R})$
- pour une matrice A de $\mathfrak{M}_n(\mathbb{R})$, ${}^tA$ est sa matrice transposée
- $\mathcal{O}(n)$ le groupe des matrices orthogonales, c'est-à-dire des matrices A de $\mathfrak{M}_n(\mathbb{R})$ vérifiant ${}^tAA=I_n$ où I_n est la matrice unité de $\mathfrak{M}_n(\mathbb{R})$
- S_n^{++} l'ensemble des matrices symétriques définies positives de $\mathfrak{M}_n(\mathbb{R})$, c'est-à-dire des matrices A de $S_n(\mathbb{R})$ vérifiant : pour toute matrice $X\in\mathfrak{M}_{n,1}(\mathbb{R})$ non nulle, ${}^tXAX>0$.

Si $x_1,x_2,\dots,x_n$ sont des réels, on note $\mathrm{Diag}(x_1,x_2,...,x_n)$ la matrice diagonale de $\mathfrak{M}_n(\mathbb{R})$ qui admet pour coefficients diagonaux les réels $x_1,x_2,\dots,x_n$ dans cet ordre.

Si p est un réel supérieur ou égal à 1, on note $\|\cdot\|_p$ la **norme *p*** sur E :

si $x=(x_1,\dots,x_n)\in E$, $\|x\|_p=\left(\sum_{i=1}^{n}|x_i|^p\right)^{\frac{1}{p}}$

On note $\|\cdot\|_\infty$ la **norme infinie** sur E :
si $x=(x_1,\dots,x_n)\in E$, $\|x\|_\infty=\max_{1\leqslant i\leqslant n}|x_i|$.

Une norme N sur E est dite **euclidienne** s'il existe un produit scalaire φ sur E tel que pour tout $x\in E$, $N(x)=\sqrt{\varphi(x,x)}$.

Objectifs

Si N est une norme sur E, on dit qu'un endomorphisme $u\in\mathcal{L}(E)$ est une ***N*-isométrie** si pour tout $x\in E$, $N(u(x))=N(x)$.
On note $\mathrm{Isom}(N)$ l'ensemble des N-isométries.

L'objectif du problème est de déterminer le nombre d'éléments de Isom(N) dans le cas des normes euclidiennes puis des normes p.

I. Description des normes euclidiennes

1. Identité du parallélogramme

a. Montrer que si N est une norme euclidienne alors elle vérifie l'identité du parallélogramme, c'est-à-dire pour tous vecteurs x et y de E, on a

$$\big(N(x+y)\big)^2+\big(N(x-y)\big)^2=2\Big[\big(N(x)\big)^2+\big(N(y)\big)^2\Big].$$

En déduire que la norme $\|\cdot\|_\infty$ n'est pas euclidienne.

b. Justifier que la norme $\|\cdot\|_2$ est euclidienne puis montrer que pour $p\neq 2$, la norme $\|\cdot\|_p$ n'est pas euclidienne.

2. Soit $S\in S_n^{++}$.
Si $x=(x_1,\dots,x_n)$ et $y=(y_1,\dots,y_n)$ sont deux vecteurs de E, on note ${}^tX=(x_1\,x_2\dots x_n)$ et ${}^tY=(y_1\,y_2\dots y_n)$ les transposées des matrices colonnes associées. Montrer que si l'on pose $\big(x|y\big)_S={}^tXSY$, alors $\big(x|y\big)_S$ définit un produit scalaire sur E.

3. Soit φ un produit scalaire sur E et S la matrice de coefficients $(\varphi(e_i,e_j))$. Justifier que pour tous vecteurs x et y de E $\varphi(x,y)={}^tXSY$ et que $S\in S_n^{++}$. On a donc montré que $\varphi=\big(\cdot|\cdot\big)_S$

Toute norme euclidienne peut donc s'écrire sous la forme
$N_S\,:\,x\mapsto\sqrt{{}^tXSX}$ avec $S\in S_n^{++}$ où X désigne la matrice colonne associée à x.

II. Quelques généralités et exemples

Soit N une norme sur E.

4. Montrer que (Isom(N),o) est un sous-groupe de GL(E).

5. Une caractérisation géométrique des N-isométries
On note $\Sigma(N)=\{x\in E, N(x)=1\}$, la sphère unité pour N.
Soit $u\in\mathcal{L}(E)$. Montrer que u est une N-isométrie si, et seulement si, $u\big(\Sigma(N)\big)=\Sigma(N)$
Le groupe des N-isométries est donc l'ensemble des endomorphismes laissant stable la N- sphère unité.

6. Dans cette question uniquement $n=2$ et donc $E=\mathbb{R}^2$.
On note s la symétrie orthogonale par rapport à la droite $D=\text{Vect}(e_1-e_2)$ où (e_1,e_2) est la base canonique de $\mathbb{R}^2$ et r la rotation vectorielle d'angle $\dfrac{\pi}{3}$. Les endomorphismes s et r sont-ils des $\|\cdot\|_1$-isométries ?

7. Dans cette question uniquement $n = 3$ et donc $E = \mathbb{R}^3$.
Si $(x, y, z) \in \mathbb{R}^3$, on pose $q(x, y, z) = 3x^2 + 2y^2 + 3z^2 - 2xz$, ce qui définit une forme quadratique q.

a. On note ${}^tX = (x\,y\,z)$, déterminer une matrice symétrique S de $\mathfrak{M}_3(\mathbb{R})$, telle que $q(x, y, z) = {}^tXSX$.

b. Déterminer une matrice $P \in \mathcal{O}(3)$ et une matrice diagonale D de $\mathfrak{M}_3(\mathbb{R})$ telles que $S = PD{}^tP$.

c. Justifier alors que l'application $N_q : (x, y, z) \mapsto \sqrt{q(x, y, z)}$ est une norme euclidienne sur $\mathbb{R}^3$.

d. Déterminer la nature géométrique de la quadrique $\Sigma(N_q)$, la sphère unité pour la norme N_q et en donner une équation simple dans la nouvelle base.

e. Justifier que $\Sigma(N_q)$ est une surface de révolution, préciser un vecteur qui dirige son axe.

f. Déduire de la question **5**, par une considération géométrique, que $\operatorname{Isom}(N_q)$ a une infinité d'éléments.

III. Étude de Isom(N) lorsque N est une norme euclidienne

Si $u \in \mathcal{L}(E)$ on note $[u]_{\mathcal{B}}$ la matrice de u dans la base $\mathcal{B}$.
Si N est une norme, on note $\operatorname{ISOM}(N) = \{[u]_{\mathcal{B}}, u \in \operatorname{Isom}(N)\}$. L'ensemble $\operatorname{Isom}(N)$ est par construction un groupe isomorphe à $\operatorname{Isom}(N)$, c'est « sa version matricielle ».

8. Caractérisation matricielle des isométries euclidiennes

a. Soit $S \in S_n^{++}$, N_S la norme euclidienne associée et $(\cdot|\cdot)_S$ le produit scalaire associé. Soit $u \in \mathcal{L}(E)$. Montrer que u est une N_S-isométrie si, et seulement si, pour tous vecteurs x et y de E, on a

$$\big(u(x)|u(y)\big)_S = (x|y)_S.$$

b. En déduire que u est une N_S-isométrie si et seulement si sa matrice A dans $\mathcal{B}$ vérifie ${}^tASA = S$.

9. Reconnaître alors $\operatorname{ISOM}(\|\cdot\|_2)$. Que peut-on dire du nombre d'éléments de $\operatorname{ISOM}(\|\cdot\|_2)$? Justifier votre réponse.

10. Une application des polynômes interpolateurs

$\mathbb{R}_r[X]$ désigne le $\mathbb{R}$-espace vectoriel des polynômes à coefficients réels de degré inférieur ou égal à r. On se donne $r + 1$ réels $x_0 < x_1 < \cdots < x_r$. On considère l'application linéaire u de $\mathbb{R}_r[X]$ vers $\mathbb{R}^{r+1}$ définie par $P \mapsto \big(P(x_0), P(x_1), \ldots, , P(x_r)\big)$.

a. Déterminer le noyau de u. En déduire que pour tous réels $y_0, y_1, \ldots,$ y_r, il existe un unique polynôme L de $\mathbb{R}_r[X]$ tel que pour tout $j \in [\![0, r]\!]$,

$L(x_j) = y_j$ (un tel polynôme est appelé polynôme interpolateur).

b. Application : soit n un entier naturel non nul et $u_1, u_2, \ldots, u_n$ des réels strictement positifs, on pose $U = \text{Diag}(u_1, \ldots, u_n)$ et $V = \text{Diag}\left(\sqrt{u_1}, \ldots, \sqrt{u_n}\right)$. Montrer qu'il existe un polynôme L, à coefficients réels, tel que $V = L(U)$.

11. Racine carrée dans S_n^{++}

a. Soit $S \in S_n^{++}$. Déterminer une matrice $A \in S_n^{++}$ telle que $A^2 = S$. On dit que A est une racine carrée de S.

b. Soit $B \in S_n^{++}$ une autre racine carrée de S. Montrer qu'il existe un polynôme Q, à coefficients réels, tel que $A = Q(B)$. En déduire que A et B commutent.

c. Montrer que la somme de deux matrices symétriques définies positives est une matrice inversible.

d. Déduire des questions précédentes que $A = B$ (on pourra calculer $(A+B)(A-B)$).

Désormais, on note $\sqrt{S}$ **l'unique** racine carrée dans S_n^{++} de S.

12. Étude du groupe d'isométrie pour une norme euclidienne

Soit N une norme euclidienne. Il existe donc une matrice $S \in S_n^{++}$ telle que pour tout $x \in E, N_S(x) = \sqrt{{}^t XSX}$ où X est le vecteur colonne associée à x.

a. Montrer que si $M \in \mathcal{O}(n)$, la matrice $\left(\sqrt{S}\right)^{-1} M \sqrt{S}$ appartient à ISOM(N_S).

b. Montrer que l'application ψ de $\mathcal{O}(n)$ dans ISOM(N_S) définie par $M \mapsto \left(\sqrt{S}\right)^{-1} M \sqrt{S}$ est une bijection. Le groupe d'isométrie d'une norme euclidienne est-il fini ?

IV. Étude du cardinal de Isom(p)

Dans cette partie p est un réel **strictement supérieur** à 1, on appelle **exposant conjugué** de p l'unique réel q tel que $\dfrac{1}{p} + \dfrac{1}{q} = 1$.

Pour alléger l'écriture, une ***p*-isométrie** désigne une isométrie pour la norme $\|\cdot\|_p$ et on note Isom(p) le groupe des p-isométries.

Si $u \in \mathcal{L}(E)$, $u^\star$ désigne l'adjoint de u pour $(\cdot|\cdot)$. On rappelle que $u^\star \in \mathcal{L}(E)$, est caractérisé par l'égalité suivante :
pour tout $(x, y) \in E^2 \big(u(x)|y\big) = \big(x|u^\star(y)\big)$.

13. Endomorphismes de permutation signée

$\mathcal{P}_n$ désigne le groupe des permutations de l'ensemble $\{1, 2 \ldots, n\}$.
Soit $\sigma \in \mathcal{P}_n$ et $\varepsilon = (\varepsilon_1, \ldots, \varepsilon_n) \in \{-1, 1\}^n$. On note $u_{\sigma,\varepsilon}$ l'endomorphisme de E qui vérifie pour tout $i \in \{1, 2 \ldots, n\}$, $u_{\sigma,\varepsilon}(e_i) = \varepsilon_i e_{\sigma(i)}$.

a. Montrer que $u_{\sigma,\varepsilon}$ est une p-isométrie.

b. Écrire la matrice de $u_{\sigma,\varepsilon}$ dans la base canonique dans le cas où $n = 4, \sigma = \begin{pmatrix} 1 & 2 & 3 & 4 \\ 3 & 4 & 1 & 2 \end{pmatrix}$ et $\varepsilon = (1, -1, 1, 1)$.

14. Inégalité de Holdër

a. Montrer que pour tous réels a et b positifs ou nuls, on a $ab \leqslant \dfrac{1}{p}a^p + \dfrac{1}{q}b^q$. On pourra utiliser la fonction logarithme népérien.

b. En déduire que pour tous vecteurs x et y de E, on a $|(x|y)| \leqslant \|x\|_p \|y\|_q$. Ce résultat s'appelle **l'inégalité de Holdër** (on pourra d'abord démontrer l'inégalité lorsque $\|x\|_p = \|y\|_q = 1$).

c. Que devient l'inégalité si $p = 2$?

Dans toute la suite, u désigne une p-isométrie. On note $(a_{i,j})$ les coefficients de la matrice $A = [u]_{\mathcal{B}}$.

15. Montrer que pour tout $j \in \{1, 2, \ldots, n\}$, $\displaystyle\sum_{i=1}^{n} |a_{i,j}|^p = 1$. En déduire la valeur $\displaystyle\sum_{j=1}^{n}\sum_{i=1}^{n} |a_{i,j}|^p$.

16. Une formule clé de dualité

Soit $x \in E$. On note $\Sigma_q = \{z \in E, \|z\|_q = 1\}$.

a. Justifier l'existence du réel $\displaystyle\max_{y \in \Sigma_q} |(x|y)|$

b. Justifier que $\displaystyle\max_{y \in \Sigma_q} |(x|y)| \leqslant \|x\|_p$.

Soit $i \in \{1, 2, \ldots, n\}$; si $x_i \neq 0$, on pose $y_i = \varepsilon_i |x_i|^{p-1} \|x\|_p^{1-p}$, où ε_i désigne le signe de x_i et si $x_i = 0$, on pose $y_i = 0$. On définit ainsi un vecteur $y = (y_1, \ldots, y_n)$. Montrer que $|(x|y)| = \|x\|_p$ puis montrer l'égalité suivante : $\displaystyle\max_{y \in \Sigma_q} |(x|y)| = \|x\|_p$.

17. En déduire que si u est une p-isométrie, $u^\star$ est une q-isométrie. Donner alors, en justifiant, la valeur de $\displaystyle\sum_{j=1}^{n}\sum_{i=1}^{n} |a_{j,i}|^q$

18. On suppose de plus que $p \neq 2$.

a. Soient $\alpha_1, \alpha_2, \ldots, \alpha_r$ des réels dans $[0, 1]$ vérifiant $\displaystyle\sum_{k=1}^{r} \alpha_k^p = \sum_{k=1}^{r} \alpha_k^q$. Montrer avec soin que pour tout $k \in [\![1, r]\!]$, α_k ne prend qu'un nombre fini de valeurs à déterminer.

b. En déduire que pour tout i et j dans $\{1, 2, \ldots, n\}$, $|a_{i,j}|$ ne peut prendre que 2 valeurs différentes que l'on précisera (on rappelle que les $a_{i,j}$ sont les coefficients de la matrice d'une p-isométrie).

19. Conclusion
Montrer alors que lorsque $p \neq 2$, Isom(p) est un groupe fini dont on déterminera le cardinal. On remarquera en particulier que ce cardinal est indépendant de p.

Commentaire : Les p-isométries pour $p \neq 2$ sont seulement en nombre fini, contrairement aux isométries euclidiennes qui forment un groupe infini mais compact (pas très difficile à montrer). Sur $\mathbb{R}^n$, la géométrie euclidienne est donc plus riche que celle des normes p pour $p \neq 2$.

Solution

Partie I

1.a. N étant associée au produit scalaire φ, on peut écrire successivement
$\big(N(x+y)\big)^2 = \varphi(x+y, x+y) = \big(N(x)\big)^2 + \big(N(y)\big)^2 + 2\varphi(x,y)$,
$\big(N(x-y)\big)^2 = \varphi(x-y, x-y) = \big(N(x)\big)^2 + \big(N(y)\big)^2 - 2\varphi(x,y)$.
L'addition membre à membre de ces deux égalités donne le résultat.

Soient $x = (1, 1, 0, \ldots 0)$ et $y = (1, -1, 0, \ldots 0)$; alors $\|x\|_\infty = \|y\|_\infty = 1$. Comme $\|x+y\|_\infty = \|x-y\|_\infty = 2$, l'identité du parallélogramme n'est pas vérifiée par $\|\cdot\|_\infty$. Cette norme n'est pas euclidienne.

b. $\|\cdot\|_2$ est une norme euclidienne car elle est associée au produit scalaire canonique sur $\mathbb{R}^n$.

Reprenant l'exemple précédent. On a $\|x\|_p = \|y\|_p = 2^{\frac{1}{p}}$ alors que $\|x+y\|_p = 2$ et $\|x-y\|_p = 2$. Si la norme $\|\cdot\|_p$ est euclidienne, elle vérifie l'identité du parallélogramme et $8 = 2^{\frac{2}{p}+2}$ *i.e.* $2^2 = 2^p$ *i.e.* $p = 2$. Par contraposition, si $p \neq 2$ la norme $\|\cdot\|_p$ n'est pas une norme euclidienne.

2. L'application $(x,y) \mapsto {}^tXSY$ est clairement une forme bilinéaire symétrique. Comme, pour tout $X \in \mathfrak{M}_{n,1}(\mathbb{R}) \setminus \{0\}$, ${}^tXSX > 0$, cette forme bilinéaire est définie positive. Donc si l'on pose $(x|y)_S = {}^tXSY$ on définit un produit scalaire sur E.

3. φ étant une forme bilinéaire symétrique, si $x = \sum_{i=1}^n x_i e_i$ et $y = \sum_{j=1}^n y_j e_j$

$$\varphi(x,y) = \sum_{i=1}^n \sum_{j=1}^n x_i y_j \varphi(e_i, e_j).$$

Notons $Z = SY \in \mathfrak{M}_{n,1}(\mathbb{R})$ telle que ${}^tZ = (z_1\ z_2\ \ldots\ z_n)$ où $z_i = \sum_{j=1}^n \varphi(e_i, e_j) y_j$

$$ {}^tXSY = {}^tXZ = \sum_{i=1}^{n} x_i z_i = \sum_{i=1}^{n}\sum_{j=1}^{n} x_i y_j \varphi(e_i, e_j) = \varphi(x, y). $$

Donc $\varphi = \left(\cdot|\cdot\right)_S$.

Partie II

4. Par définition, $\mathrm{Isom}(N) \subset \mathcal{L}(E)$ et est non vide car $I_E \in \mathrm{Isom}(N)$.
Soit $u \in \mathrm{Isom}(N)$. Si $x \in \mathrm{Ker}(u)$, $N(x) = N(u(x)) = 0$. Donc $x = 0_E$.

L'endomorphisme u de l'espace vectoriel de dimension finie E étant injectif, c'est un élément de $\mathrm{GL}(E)$ *i.e.* $\mathrm{Isom}(N) \subset \mathrm{GL}(E)$.
Soit $(u, v) \in \big(\mathrm{Isom}(N)\big)^2$; alors $u \circ v^{-1} \in \mathrm{GL}(E)$. Pour tout $x \in E$,
$N\big(u \circ v^{-1}(x)\big) = N(v^{-1}(x))$ car $u \in \mathrm{Isom}(N)$;
$N(v^{-1}(x)) = N\big(v \circ v^{-1}(x)\big)$ car $v \in \mathrm{Isom}(N)$.
Comme $N\big(v \circ v^{-1}(x)\big) = N(I_E(x)) = N(x)$, on a $u \circ v^{-1} \in \mathrm{Isom}(N)$.
$\mathrm{Isom}(N)$ est bien un sous-groupe de $\mathrm{GL}(E)$.

5. Si u est une N-isométrie, $x \in \Sigma(N) \iff N(x) = 1$, donc $N(u(x)) = 1$ *i.e.* $u(x) \in \Sigma(N)$. D'où $u\big(\Sigma(N)\big) \subset \Sigma(N)$. On a $u\big(\Sigma(N)\big) = \Sigma(N)$ puisque u est bijectif.

Réciproquement, si $u\big(\Sigma(N)\big) = \Sigma(N)$, pour $x \in E \setminus \{0\}$, le vecteur $y = \dfrac{x}{N(x)}$ est élément de $\Sigma(N)$, donc $u(y) \in \Sigma(N)$ *i.e.* $1 = N\big(u(y)\big) = \dfrac{N\big(u(x)\big)}{N(x)}$ car u est linéaire, N une norme et $N(x) > 0$. D'où $N\big(u(x)\big) = N(x)$. Cette égalité étant vraie pour 0_E puisque u est linéaire et N une norme, u est une N-isométrie.

6. $s : x = (x_1, x_2) \mapsto x' = (x_1', x_2')$ où $x_1' = -x_2$ et $x_2' = -x_1$.
Comme $|x_1| + |x_2| = |x_1'| + |x_2'|$, on a $\|s(x)\|_1 = \|x\|_1$ et s est une $\|\cdot\|_1$-isométrie.

$r(e_1) = \dfrac{1}{2}(e_1 + \sqrt{3}e_2) \Rightarrow \|r(e_1)\|_1 = \dfrac{1}{2}(1 + \sqrt{3}) \neq 1 = \|e_1\|_1$. Donc r n'est pas une $\|\cdot\|_1$-isométrie.

7.

a. $q(x, y, z) = {}^tXSX$ où $S = \begin{pmatrix} 3 & 0 & -1 \\ 0 & 2 & 0 \\ -1 & 0 & 3 \end{pmatrix} \in S_3(\mathbb{R})$.

b. La deuxième colonne de S montre que 2 est valeur propre de S et que e_2 est un vecteur propre associé. La matrice $S - 2I_3 = \begin{pmatrix} 1 & 0 & -1 \\ 0 & 0 & 0 \\ -1 & 0 & 1 \end{pmatrix}$ étant de rang 1, la dimension du sous-espace propre $E_2(S)$ associé à la valeur propre 2 est, d'après le théorème du rang, égal à 2. La matrice S étant symétrique réelle, est diagonalisable et la multiplicité de la valeur propre 2 et 2. Comme $\mathrm{tr}(S) = 8$, S a une autre valeur propre égale à 4 avec $\dim\big[E_4(S)\big] = 1$.

La matrice $S-2I_3$ nous donne e_1+e_3 vecteur propre de S associé à la valeur propre 2. D'où $e_1'=\dfrac{1}{\sqrt{2}}(e_1+e_3)$ et $e_2'=e_2$ une base orthonormale du plan $E_2(S)$. Comme $E_4(S)$ est une droite vectorielle de $\mathbb{R}^3$, il suffit d'en trouver une base e_1-e_3 est un candidat. Posons $e_3'=\dfrac{1}{\sqrt{2}}(e_1-e_3)$. Nous avons une base de $E_4(S)$ et $\mathcal{B}'=(e_1',e_2',e_3')$ une base orthonormale de $\mathbb{R}^3$. La matrice de passage de $\mathcal{B}$ à $\mathcal{B}'$ est élément de $\mathcal{O}(3)$ et $S=PD\,{}^tP$ où $D=\mathrm{Diag}(2,2,4)$ et $P=\dfrac{1}{\sqrt{2}}\begin{pmatrix}1&0&1\\0&\sqrt{2}&0\\1&0&-1\end{pmatrix}$

c. $S\in S_3^{++}$ car $S\in S_3(\mathbb{R})$ et $\mathrm{Sp}(S)=\{2,4\}\subset\mathbb{R}_+^\star$. Il découle de I.2. que N_q est une norme euclidienne.

d. e. $\Sigma(N_q)$ est d'équation réduite $2(x'^2+y'^2)+4z'^2=1$. C'est donc un ellipsoïde de révolution d'axe dirigé par e_3'. En effet, l'équation réduite d'un ellipsoïde est $\dfrac{x^2}{a^2}+\dfrac{y^2}{b^2}+\dfrac{z^2}{c^2}=1$ et une quadrique est de révolution si, et seulement si, sa matrice a une valeur propre au moins double.

On peut aussi montrer que $\Sigma(N_q)$ est invariant par toute rotation d'axe $\mathbb{R}e_3'$.

f. D'après 5. $\mathrm{Isom}(N_q)$ est l'ensemble des endomorphismes de E laissant stable la N-sphère unité. Il y a une infinité de rotations laissant stable la N_q-sphère unité. Donc $\mathrm{Isom}(N_q)$ a une infinité d'éléments.

Partie III

8.a. $\forall(a,b)\in E^2, 2(a|b)_S=\big(N_S(a+b)\big)^2-\big(N_S(a)\big)^2-\big(N_S(b)\big)^2 \qquad (\star).$
En particulier,
$\forall(x,y)\in E^2, 2\big(u(x)|u(y)\big)_S=\big(N_S(u(x)+u(y))\big)^2-\big(N_S(u(x))\big)^2-\big(N_S(u(y))\big)^2$
u étant linéaire, $N_S(u(x)+u(y))=N_S(u(x+y))$.
Comme $u\in\mathrm{Isom}(N_S)$, n peut écrire
$2\big(u(x)|u(y)\big)_S=\big(N_S(x+y)\big)^2-\big(N_S(x)\big)^2-\big(N_S(y)\big)^2$.
On déduit de $(\star)$: $\forall(x,y)\in E^2, \big(u(x)|u(y)\big)_S=(x|y)_S$.

b. Si $A=[u]_{\mathcal{B}}$, alors $\big(u(x)|u(y)\big)_S={}^t(AX)S(AY)={}^tX({}^tASA)Y$.
D'après 8.a. u est une N_s-isométrie si, et seulement si,
$\forall(X,Y)\in\big(\mathfrak{M}_{n,1}(\mathbb{R})\big)^2, {}^tX({}^tASA)Y={}^tXSY \qquad (\star\star)$.
On déduit de l'unicité de la matrice d'une forme bilinéaire symétrique dans une base que : $(\star\star)\iff {}^tASA=S$ *i.e.* le résultat demandé.

9. $A\in\mathrm{ISOM}(\|\cdot\|_2)\iff {}^tAA=I_n$ d'après 8. et $S=I_2$.
Donc $\mathrm{ISOM}(\|\cdot\|_2)=\mathcal{O}(2)$.
$\mathcal{O}(2)$ a une infinité d'éléments car on sait qu'il contient les R_θ et les S_φ où
$R_\theta=\begin{pmatrix}\cos(\theta)&-\sin(\theta)\\\sin(\theta)&\cos(\theta)\end{pmatrix}, S_\varphi=\begin{pmatrix}\cos(\varphi)&\sin(\varphi)\\\sin(\varphi)&-\cos(\varphi)\end{pmatrix}$ avec $(\theta,\varphi)\in\mathbb{R}^2$

10.a. D'après l'énoncé, $u \in \mathcal{L}(\mathbb{R}_r[X], \mathbb{R}^{r+1})$.
Soit $P \in \mathrm{Ker}(u)$ alors pour tout $k \in [\![0, r]\!], P(x_k) = 0$. Il s'ensuit que P un polynôme de degré au plus égal à r, a $(r+1)$ racines distinctes. Donc $P = 0$. D'où $\mathrm{Ker}(u) = \{0\}$ *i.e.* u est injective. Comme $\dim(\mathbb{R}_r[X]) = \dim(\mathbb{R}^{r+1})$, u est un isomorphisme d'espaces vectoriels. Donc

$$\forall (y_0, y_1, \ldots, y_r) \in \mathbb{R}^{r+1}, \exists! L \in \mathbb{R}_r[X], \forall i \in [\![0, r]\!], L(x_i) = y_i.$$

b. On peut supposer que les r premiers u_i sont distincts et même que l'on a $u_1 < u_2 < \cdots < u_r$ avec $1 \leqslant r \leqslant n$ (sinon on les réindexe).

D'après 10.a. on peut écrire : $\exists L \in \mathbb{R}_{r-1}[X], \forall i \in [\![1, r]\!], L(u_i) = \sqrt{u_i}$.
Si $j \in [\![r+1, n]\!]$ il existe $i \in [\![1, r]\!]$ tel que $u_j = u_i$.
Donc $\sqrt{u_i} = \sqrt{u_j}$ et $L(u_i) = L(u_j) = \sqrt{u_j}$.
Finalement, $\forall i \in [\![1, n]\!], L(u_i) = \sqrt{u_i}$.
D'après le cours sur les polynômes de matrice,
$L(U) = \mathrm{Diag}\big(L(u_1), \ldots, L(u_n)\big)$. D'où $L(U) = V$.

11.a La matrice S est diagonalisable car $S \in S_n^{++}$. Plus précisément, il existe $P \in \mathcal{O}(n)$ et $D = \mathrm{Diag}(\lambda_1, \ldots, \lambda_n)$ avec $\lambda_i > 0$ pour tout $i \in [\![1, n]\!]$ tels que $S = PD\,{}^tP$. Soit $D' = \mathrm{Diag}\left(\sqrt{\lambda_1}, \sqrt{\lambda_2}, \ldots, \sqrt{\lambda_n}\right)$ et $A = PD'\,{}^tP$.
Alors $A^2 = S$, $A \in S_n(\mathbb{R})$; comme $\mathrm{Sp}(A) \subset \mathbb{R}_+^\star$, on a $A \in S_n^{++}$.

b. Soit $B \in S_n^{++}$ telle que $B^2 = S = A^2$.
D'après 10.b. il existe $L \in \mathbb{R}[X]$ tel que $L(D) = D'$. Donc :
$A = PD'\,{}^tP = PL(D)\,{}^tP = L(S)$ d'après le cours sur les polynômes de matrice.
On a : $A = L(B^2) = Q(B)$ où $Q(X) = L(X^2) \in \mathbb{R}[X]$.
$\mathbb{R}[B]$ étant une $\mathbb{R}$ algèbre commutative, $A = Q(B)$ commute avec B.

c. Soient $(M, N) \in \left(S_n^{++}\right)^2$ et $X \in \mathfrak{M}_{n,1}(\mathbb{R})$.
$(M+N)X = 0 \Rightarrow {}^tX(M+N)X = 0 \Rightarrow {}^tXMX + {}^tXNX = 0$.
Comme ${}^tXMX \geqslant 0$ et ${}^tXNX \geqslant 0$, on en déduit ${}^tXMX = 0$ et par suite $X = 0$ puisque $M \in S_n^{++}$. Donc $0 \notin \mathrm{Sp}(M+N)$ *i.e.* $M + N \in \mathrm{GL}_n(\mathbb{R})$.

d. $(A+B)(A-B) = A^2 - AB + BA + B^2 = A^2 - B^2 = 0$ d'après 11.b.
D'après 11.c. la matrice $(A+B)$ est inversible. Donc $A - B = 0$ *i.e.* $A = B$.

12.a. Notons $M' = \left(\sqrt{S}\right)^{-1} M \sqrt{S}$
${}^tM'SM' = \sqrt{S}\,{}^tM\left(\sqrt{S}\right)^{-1} S \left(\sqrt{S}\right)^{-1} M\sqrt{S}$ car le produit matriciel est associatif, ${}^t(AB) = {}^tB\,{}^tA$ et ${}^t\left(\sqrt{S}\right) = \sqrt{S}$.
Comme $\sqrt{S}\sqrt{S} = S$, on a $\left(\sqrt{S}\right)^{-1} S \left(\sqrt{S}\right)^{-1} = I_n$. Il s'ensuit que :
${}^tM'SM' = \sqrt{S}\,{}^tMM\sqrt{S}$. Comme $M \in \mathcal{O}(n)$, on a ${}^tM'SM' = \sqrt{S}\sqrt{S} = S$.
Donc $M' \in \mathrm{ISOM}(N_S)$ d'après III.8.b.

b. $M' = \psi(M) \iff M' = \left(\sqrt{S}\right)^{-1} M\sqrt{S} \iff M = \sqrt{S}\, M' \left(\sqrt{S}\right)^{-1}$, puisque $\sqrt{S} \in \mathrm{GL}_n(\mathbb{R})$.
Donc $\forall M' \in \mathrm{ISOM}(N_S), \exists! M \in \mathfrak{M}_n(\mathbb{R}), M' = \psi(M)$.
Il suffit de prouver que $M \in \mathcal{O}(n)$ pour établir la bijection demandée.

$${}^t\!MM = \left(\sqrt{S}\right)^{-1\,t}\!M'\sqrt{S}\sqrt{S}\,M'\left(\sqrt{S}\right)^{-1} = \left(\sqrt{S}\right)^{-1\,t}\!M'SM'\left(\sqrt{S}\right)^{-1}.$$

Comme ${}^t\!M'SM' = S$, on a : ${}^t\!MM = \left(\sqrt{S}\right)^{-1}S\left(\sqrt{S}\right)^{-1} = I_n$.

$\mathcal{O}(n)$ est infini car il contient les matrices écrites par blocs $\mathrm{Diag}(R_\theta, I_{n-2})$ où R_θ a été définie à la question 9. Donc $\mathrm{ISOM}(N_S)$ est infini et le groupe d'isométries d'une norme euclidienne est infini.

Partie IV

13.a. On a facilement $[u]_{\mathcal{B}} = \begin{pmatrix} 0 & 0 & -1 & 0 \\ 0 & 0 & 0 & 1 \\ 1 & 0 & 0 & 0 \\ 0 & 1 & 0 & 0 \end{pmatrix}$.

b. Si $x = \displaystyle\sum_{i=1}^{n} x_i e_i$, alors $u_{\sigma,\varepsilon}(x) = \displaystyle\sum_{i=1}^{n} \varepsilon_i x_i e_{\sigma(i)}$.

$\|x\|_p = \Big(\displaystyle\sum_{i=1}^{n} |x_i|^p\Big)^{\frac{1}{p}} = \|u_{\sigma,\varepsilon}(x)\|_p$ car σ est une bijection de $[\![1,n]\!]$ sur $[\![1,n]\!]$.

14.a. Si a ou b est nul, l'inégalité est triviale puisque $0 \leqslant a$ et $0 \leqslant b$. Si a et b sont strictement positifs, la fonction ln étant concave, comme $\dfrac{1}{p} + \dfrac{1}{q} = 1$,

$-\ln\Big(\dfrac{1}{p}a^p + \dfrac{1}{q}b^q\Big) \leqslant \dfrac{1}{p}\big(-\ln(a^p)\big) + \dfrac{1}{q}\big(-\ln(b^q)\big)$.

Or $\dfrac{1}{p}\big(-\ln(a^p)\big) + \dfrac{1}{q}\big(-\ln(b^q)\big) = -\ln(ab)$, la fonction exp étant croissante, on obtient $ab \leqslant \dfrac{1}{p}a^p + \dfrac{1}{q}b^q$. D'où l'inégalité prouvée pour tout $(a,b) \in (\mathbb{R}_+)^2$.

b. Si $x = 0$ ou $y = 0$, l'inégalité est une égalité.

Si x et y sont non nuls, posons $a = \dfrac{|x_i|}{\|x\|_p}$ et $b = \dfrac{|y_i|}{\|y\|_q}$. On a alors

$\forall i \in [\![1,n]\!]$, $\dfrac{|x_i|}{\|x\|_p}\dfrac{|y_i|}{\|y\|_q} \leqslant \dfrac{1}{p}\dfrac{|x_i|^p}{\|x\|_p^p} + \dfrac{1}{q}\dfrac{|y_i|^q}{\|y\|_q^q}$.

Par sommation, on obtient : $\displaystyle\sum_{i=1}^{n}\Big(\dfrac{|x_i|}{\|x\|_p}\dfrac{|y_i|}{\|y\|_q}\Big) \leqslant \dfrac{1}{p} + \dfrac{1}{q} = 1$

D'où $\displaystyle\sum_{i=1}^{n} |x_i||y_i| \leqslant \|x\|_p\|y\|_q$. Comme $|(x|y)| = \Big|\displaystyle\sum_{i=1}^{n} x_i y_i\Big| \leqslant \displaystyle\sum_{i=1}^{n} |x_i||y_i|$, l'inégalité est prouvée.

c. Si $p = 2$, on retrouve l'inégalité de Cauchy-Schwarz.

15. Comme u est une p-isométrie, pour tout $j \in [\![1,n]\!]$, $\|u(e_j)\|_p = \|e_j\|_p$.

Or $u(e_j) = \displaystyle\sum_{i=1}^{n} a_{i,j} e_i$. Donc $\big(\|u(e_j)\|_p\big)^p = \displaystyle\sum_{i=1}^{n} |a_{i,j}|^p$.

Comme $\|e_j\|_p = 1$, pour tout $j \in [\![1, n]\!]$, $\displaystyle\sum_{i=1}^{n} |a_{i,j}|^p = 1$.

Il en découle que $\displaystyle\sum_{j=1}^{n}\sum_{i=1}^{n} |a_{i,j}|^p = n$.

16.a. Σ_q est un fermé borné de l'espace vectoriel de dimension finie E et l'application $y \mapsto (x|y)$ étant continue car linéaire sur E espace vectoriel de dimension finie, elle y atteint ses bornes. D'où l'existence de $\max\limits_{y \in \Sigma_q} |(x|y)|$.

b. D'après 14.b. pour tout $y \in E$, $|(x|y)| \leqslant \|x\|_p \|y\|_q$.
En particulier, $\max\limits_{y \in \Sigma_q} |(x|y)| \leqslant \|x\|_p$.

Si $x_i = 0, x_i y_i = 0$. Si $x_i \neq 0, x_i y_i = x_i \varepsilon_i |x_i|^{p-1} \|x\|_p^{1-p} = |x_i|^p \|x\|_p^{1-p}$.

Donc $\displaystyle\sum_{i=1}^{n} x_i y_i = \|x\|_p^{1-p} \sum_{i=1}^{n} |x_i|^p = \|x\|_p$. D'où $|(x|y)| = \|x\|_p$.
a fortiori, $\max\limits_{y \in \Sigma_q} |(x|y)| \geqslant \|x\|_p$. Comme on a prouvé que $\max\limits_{y \in \Sigma_q} |(x|y)| \leqslant \|x\|_p$, on peut conclure que $\max\limits_{y \in \Sigma_q} |(x|y)| = \|x\|_p$.

17. On en déduit que : $\forall x \in E$, $\max\limits_{y \in \Sigma_q} |(u(x)|y)| = \|u(x)\|_p$.
Comme u est une p-isométrie, $\forall x \in E$, $\max\limits_{y \in \Sigma_q} |(u(x)|y)| = \|x\|_p$.
De même, $\max\limits_{x \in \Sigma_p} |(u^\star(y)|x)| = \|u^\star(y)\|_q = \max\limits_{x \in \Sigma_p} |(u(x)|y)|$ par définition de $u^\star$. D'où $\|u^\star(y)\|_q = \|y\|_q$ car $u(\Sigma_p) = \Sigma_p$ d'après II.5.
La matrice de $u^\star$ dans la base orthonormale $\mathcal{B}$ est la transposée de A. Comme $u^\star$ est q-isométrique, on déduit de 15. que $\displaystyle\sum_{j=1}^{n}\sum_{i=1}^{n} |a_{j,i}|^q = n$.

18.a. $\displaystyle\sum_{k=1}^{r} (\alpha_k^p - \alpha_k^q) = 0$. On peut supposer $1 < p < q$ car $p \neq 2$. Comme $\alpha_k \in [0, 1]$ on a $\alpha_k^p - \alpha_k^q \geqslant 0$ pour tout $k \in [\![1, r]\!]$.
Donc, pour tout $k \in [\![1, r]\!]$, $\alpha_k^p - \alpha_k^q = 0$. Comme les α_k sont des réel positifs, ils sont éléments de $\{0, 1\}$.

b. D'après 15. et 17. on a : $\displaystyle\sum_{j=1}^{n}\sum_{i=1}^{n} |a_{i,j}|^q = \sum_{j=1}^{n}\sum_{i=1}^{n} |a_{i,j}|^p$.
On déduit de 18.a. que $|a_{i,j}| \in \{0, 1\}$.

19. On en déduit de 18. que si $p \neq 2$, Isom(p) est de cardinal 2^{n^2}. C'est un ensemble fini de cardinal indépendant de p.

Fin

Notations et objectifs

Soit n un entier supérieur ou égal à 1. On note :

- $\mathfrak{M}_{n,1}(\mathbb{R})$ le $\mathbb{R}$-espace vectoriel des matrices réelles à n lignes et 1 colonne.
- $\mathfrak{M}_n(\mathbb{R})$ le $\mathbb{R}$-espace vectoriel des matrices carrées réelles à n lignes et n colonnes.
- ${}^tM$ la matrice transposée d'une matrice M.
- I_n la matrice unité de $\mathfrak{M}_n(\mathbb{R})$.
- $S_n(\mathbb{R})$ l'ensemble des matrices symétriques de $\mathfrak{M}_n(\mathbb{R})$.
- $S_n^+(\mathbb{R})$ l'ensemble des matrices symétriques positives de $\mathfrak{M}_n(\mathbb{R})$, c'est-à-dire l'ensemble des matrices S de $S_n(\mathbb{R})$ vérifiant :

$$\forall X \in \mathfrak{M}_{n,1}(\mathbb{R}),\ {}^tXSX \geqslant 0$$

- $S_n^{++}(\mathbb{R})$ l'ensemble des matrices symétriques définies positives de $\mathfrak{M}_n(\mathbb{R})$, c'est-à-dire l'ensemble des matrices S de $S_n(\mathbb{R})$ vérifiant :

$$\forall X \in \mathfrak{M}_{n,1}(\mathbb{R}) \setminus \{0\},\ {}^tXSX > 0$$

Le but du problème est d'introduire et d'étudier la notion de racine carrée d'une matrice de $\mathfrak{M}_n(\mathbb{R})$: si A est une matrice de $\mathfrak{M}_n(\mathbb{R})$, on dit que R est une racine carrée de A si $R^2 = A$.

La première partie propose de montrer qu'une matrice donnée peut admettre une infinité de racines carrées ou n'en n'avoir aucune. La seconde partie montre l'existence et l'unicité d'une racine carrée symétrique positive de A lorsque A est symétrique positive et introduit la notion de valeur absolue d'une matrice symétrique réelle. Enfin la dernière partie est consacrée à l'étude d'un algorithme de calcul de la racine carrée d'une matrice symétrique définie positive.

Partie I

Pour a réel, soit $M_a = \begin{pmatrix} 1 & 1-4a & -1+4a \\ -3a & -1+2a & 2+a \\ -3a & -2-a & 3+4a \end{pmatrix}$ et f_a l'endomorphisme de $\mathbb{R}^3$ dont la matrice dans la base canonique de $\mathbb{R}^3$ est M_a.

1. Déterminer suivant les valeurs de a, le rang de $M_a - (1+3a)I_3$. Quelle valeur propre de M_a a-t-on ainsi mise en évidence ? Préciser la dimension du sous-espace propre associé.

2. Montrer que $V = \begin{pmatrix} 1 \\ 1 \\ 1 \end{pmatrix}$ est vecteur propre de M_a, puis déterminer les valeurs propres de M_a.

3.a) Montrer que pour tout a réel, M_a est trigonalisable.

b) Déterminer l'ensemble des valeurs de a pour lesquelles M_a est diagonalisable.

4. Dans cette question, on suppose $a = 1$.

a) Déterminer P inversible et D diagonale dans $\mathfrak{M}_3(\mathbb{R})$ telles que $P^{-1}M_1P = D$, puis déterminer une racine carrée de M_1.

b) Montrer que la matrice $M = \begin{pmatrix} 4 & 0 \\ 0 & 4 \end{pmatrix}$ admet une infinité de racines carrées dans $\mathfrak{M}_2(\mathbb{R})$.

En déduire que M_1 admet une infinité de racines carrées dans $\mathfrak{M}_3(\mathbb{R})$.

5. Dans cette question, on suppose $a = 0$ et on pose $N = M_0 - I_3$. Calculer N^2 et en déduire l'existence de α et β réels tels que $\alpha I_3 + \beta N$ soit une racine carrée de M_0 dans $\mathfrak{M}_3(\mathbb{R})$.

6. Dans cette question, on suppose $a = -\dfrac{1}{3}$ et on note $u = f_{-\frac{1}{3}}$.

a) Déterminer tous les éléments $X = \begin{pmatrix} x \\ y \\ z \end{pmatrix}$ de $\mathfrak{M}_{3,1}(\mathbb{R})$ tels que

$$M_{-\frac{1}{3}} \begin{pmatrix} x \\ y \\ z \end{pmatrix} = \begin{pmatrix} 0 \\ 1 \\ 1 \end{pmatrix}.$$

b) Déterminer une base $\mathcal{B}$ de $\mathbb{R}^3$ telle que la matrice de u dans cette base soit $U = \begin{pmatrix} 0 & 1 & 0 \\ 0 & 0 & 0 \\ 0 & 0 & 1 \end{pmatrix}$.

c) Déterminer les matrices commutant avec U. En déduire que U ne possède pas de racine carrée dans $\mathfrak{M}_3(\mathbb{R})$.

d) La matrice $M_{-\frac{1}{3}}$ possède-t-elle une racine carrée dans $M_3(\mathbb{R})$?

Partie II

1. Soit $a_1, a_2, \ldots, a_n$ n réels distincts deux deux et φ l'application de $\mathbb{R}_{n-1}[X]$ dans $\mathbb{R}^n$ définie par : $\varphi : Q \mapsto \big(Q(a_1), Q(a_2), \ldots, Q(a_n)\big)$.

a) Montrer que φ est une application linéaire injective.

b) En déduire que quels que soient les réels $b_1, b_2, \dots, b_n$, il existe un unique polynôme Q de $\mathbb{R}_{n-1}[X]$ vérifiant :

$$Q(a_1) = b_1, Q(a_2) = b_2, \dots, Q(a_n) = b_n.$$

2. Soit f et g deux endomorphismes de $\mathbb{R}^n$ diagonalisables et vérifiant $f \circ g = g \circ f$.

a) Démontrer sans se contenter d'énoncer le résultat du cours, que tout sous-espace propre de f est stable par g.

b) Soit $\lambda_1, \lambda_2, \dots, \lambda_p$ les valeurs propres distinctes de f et $E_{\lambda_1}, E_{\lambda_2}, \dots, E_{\lambda_p}$ les sous-espaces propres de f respectivement associés. Pour tout $i \in [\![1, p]\!]$, on note g_i l'endomorphisme de E_{λ_i} induit par g. Montrer que pour tout $i \in [\![1, p]\!]$ il existe une base $\mathcal{B}_i$ de E_{λ_i}, formée de vecteurs propres de g. En déduire qu'il existe une base $\mathcal{B}$ de $\mathbb{R}^n$ telle que les matrices de f et g dans cette base soient toutes deux diagonales.

3. Soit A et B deux matrices de $\mathfrak{M}_n(\mathbb{R})$ diagonalisables et vérifiant $AB = BA$. Montrer qu'il existe $P \in \mathrm{GL}_n(\mathbb{R})$ telle que $P^{-1}AP$ et $P^{-1}BP$ soient toutes deux diagonales.

4. Soit $S \in S_n(\mathbb{R})$.

a) Montrer que S est positive si et seulement si toutes ses valeurs propres sont positives.

b) Montrer de même que S est définie positive si et seulement si toutes ses valeurs propres sont strictement positives.

5. Soit $S \in S_n^+(\mathbb{R})$. On note $\lambda_1, \lambda_2, \dots, \lambda_p$, $p \in [\![1, n]\!]$, les valeurs propres deux à deux distinctes de S.

a) Montrer qu'il existe un unique polynôme Q de degré inférieur ou égal à $p-1$ vérifiant : $\forall k \in [\![1, p]\!]$, $Q(\lambda_k) = \sqrt{\lambda_k}$.

b) Montrer que $Q(S)$ est symétrique positive.

c) Montrer que $\big(Q(S)\big)^2 = S$.

d) On souhaite montrer l'unicité d'une matrice symétrique positive qui soit une racine carrée de S. Soit donc $T \in S_n^+(\mathbb{R})$ telle que $T^2 = S$. Montrer que T commute avec S puis avec $Q(S)$ et conclure.
L'unique matrice symétrique positive racine carrée de S est alors notée $\sqrt{S}$.

e) Dans cette question, on suppose que S admet seulement deux valeurs propres distinctes λ_1 et λ_2. Montrer que :

$$\sqrt{S} = \frac{1}{\sqrt{\lambda_1} + \sqrt{\lambda_2}}\big(S + \sqrt{\lambda_1 \lambda_2} I_n\big).$$

6. Soit $S \in S_n(\mathbb{R})$.

a) Montrer que $S^2 \in S_n^+(\mathbb{R})$. On note alors $|S| = \sqrt{S^2}$ et cette matrice est appelée valeur absolue de la matrice S.

b) Montrer que les matrices $|S| + S$ et $|S| - S$ sont dans $S_n^+(\mathbb{R})$.

c) Soit $S_1 = \begin{pmatrix} 1 & 3 \\ 3 & 1 \end{pmatrix}$ et $S_2 = \begin{pmatrix} 1 & -3 \\ -3 & 1 \end{pmatrix}$. Calculer $|S_1|$ et $|S_2|$.

Partie III

Soit a un réel strictement positif. On considère les deux suites réelles $(a_k)_{k\in\mathbb{N}}$ et $(b_k)_{k\in\mathbb{N}}$ définies par leurs premiers termes $a_0 = a$, $b_0 = 1$ et les relations de récurrence :

$$\forall k \in \mathbb{N},\ a_{k+1} = \frac{1}{2}\Big(a_k + \frac{1}{b_k}\Big),\ b_{k+1} = \frac{1}{2}\Big(b_k + \frac{1}{a_k}\Big).$$

1. Montrer que pour tout $k \in \mathbb{N}$, $a_k > 0$ et $b_k > 0$.

2. On définit les suites $(u_k)_{k\in\mathbb{N}}$ et $(v_k)_{k\in\mathbb{N}}$ en posant pour tout $k \in \mathbb{N}$, $u_k = a_k b_k$ et $v_k = \dfrac{a_k}{b_k}$.

a) Étudier la suite $(v_k)_{k\in\mathbb{N}}$.

b) Établir une relation de récurrence vérifiée par les termes de la suite $(u_k)_{k\in\mathbb{N}}$.

c) Montrer que pour tout entier k supérieur ou égal à 1, $u_k \geqslant 1$.

d) Étudier la convergence de la suite $(u_k)_{k\in\mathbb{N}}$.

3. Déduire des questions précédents que les suites $(a_k)_{k\in\mathbb{N}}$ et $(b_k)_{k\in\mathbb{N}}$ convergent et préciser leurs limites respectives.

4. a) Montrer que toute matrice symétrique définie positive est inversible.

b) Montrer que l'inverse d'une matrice symétrique définie positive est symétrique et définie positive.

c) Montrer que la somme de deux matrices symétriques définies positives est symétrique définie positive.

5. Soit A une matrice symétrique définie positive d'ordre n. On considère les deux suites de matrices $(A_k)_{k\in\mathbb{N}}$ et $(B_k)_{k\in\mathbb{N}}$ définies par leurs premiers termes $A_0 = A$, $B_0 = I_n$ et les relations de récurrence :

$$\forall k \in \mathbb{N},\ A_{k+1} = \frac{1}{2}\big(A_k + B_k^{-1}\big),\ B_{k+1} = \frac{1}{2}\big(B_k + A_k^{-1}\big).$$

Montrer que pour tout $k \in \mathbb{N}$, A_k et B_k sont symétriques définies positives.

6. Soit D diagonale et P orthogonale telle que $A = PDP^{-1}$.

a) Montrer que D est symétrique définie positive.

b) On pose pour tout $k \in \mathbb{N}$, $D_k = P^{-1}A_kP$ et $\Delta_k = P^{-1}B_kP$. Montrer que les matrices D_k et Δ_k sont des matrices diagonales inversibles vérifiant :

$$D_0 = D,\ \Delta_0 = I_n,\ D_{k+1} = \frac{1}{2}\big(D_k + \Delta_k^{-1}\big),\ \Delta_{k+1} = \frac{1}{2}\big(\Delta_k + D_k^{-1}\big).$$

c) Montrer que les suites $(D_k)_{k\in\mathbb{N}}$ et $(\Delta_k)_{k\in\mathbb{N}}$ sont toutes deux convergentes dans $\mathfrak{M}_n(\mathbb{R})$ vers une même limite L que l'on précisera.

7. a) Montrer que l'application de $\mathfrak{M}_n(\mathbb{R})$ dans lui-même qui à M associe PMP^{-1} est continue.

b) En déduire que les suites $(A_k)_{k\in\mathbb{N}}$ et $(B_k)_{k\in\mathbb{N}}$ sont aussi convergentes dans $\mathfrak{M}_n(\mathbb{R})$ et préciser leur limite.

Solution

Partie I

1. $M_a - (1+3a)I_3 = \begin{pmatrix} -3a & 1-4a & -1+4a \\ -3a & -2-a & 2+a \\ -3a & -2-a & 2+a \end{pmatrix}$; on note r son rang.

$C_2 + C_3 = 0$ donc $r \leqslant 2$.
Alors $r < 2$ si, et seulement si, (C_1, C_2) est liée *i.e.* si, et seulement si, on a $1-4a = -2-2a$ ou encore si, et seulement si, $a = 1$.
En résumé : $r = 1$ si $a = 1$, sinon $r = 2$.

On en déduit que $1+3a$ est valeur propre de M_a et le théorème de rang montre que la dimension du sous-espace propre associé est 2 si $a = 1$ et 1 sinon.

2. $M_aV = V$ donc V est un vecteur propre de M_a associé à la valeur propre 1.

• Si $a \neq 0$ alors $1+3a \neq 1$ et $\mathrm{tr}(M_a) = 3+6a = 1+2(1+3a)$ donc 1 est valeur propre simple et $1+3a$ est valeur propre double.

• Si $a = 0$ alors $M_0 = \begin{pmatrix} 1 & 1 & -1 \\ 0 & -1 & 2 \\ 0 & -2 & 3 \end{pmatrix}$ dont le polynôme caractéristique est $(1-X)^3$, donc 1 est valeur propre triple.

3. a) Cette question ressemble fortement à une question hors programme : le polynôme caractéristique de M_a est scindé sur $\mathbb{R}$ comme on vient de le voir, donc M_a est trigonalisable sur $\mathbb{R}$.

b) Si $a = 1$ alors le sous-espace propre associé à 4 est de dimension 2 d'après 1. et la valeur propre 1 est simple, donc le sous-espace propre associé est de dimension 1, donc M_1 est diagonalisable.

Sinon $1+3a$ est une valeur propre au moins double et le sous-espace propre associé n'est que de dimension 1, donc M_a n'est pas diagonalisable.

4. a) $M_1 - 4I_3 = 3\begin{pmatrix} -1 & -1 & 1 \\ -1 & -1 & 1 \\ -1 & -1 & 1 \end{pmatrix}$ et donc E_4 est engendré par $\begin{pmatrix} 1 \\ -1 \\ 0 \end{pmatrix}$ et $\begin{pmatrix} 1 \\ 0 \\ 1 \end{pmatrix}$. On a de plus vu que E_1 est engendré par $\begin{pmatrix} 1 \\ 1 \\ 1 \end{pmatrix}$.

Donc, avec $P = \begin{pmatrix} 1 & 1 & 1 \\ -1 & 0 & 1 \\ 0 & 1 & 1 \end{pmatrix}$ et $D = \mathrm{Diag}(4,4,1)$, on a $P^{-1}M_1P = D$.

b) Il existe une infinité de matrices de symétrie de $\mathbb{R}^2$, donc une infinité d'éléments S de $\mathfrak{M}_2(\mathbb{R})$ tels que $S^2 = I_2$ et donc une infinité d'éléments $2S$ de $\mathfrak{M}_2(\mathbb{R})$ tels que $(2S)^2 = 4I_2$.

Avec cette notation on a $\begin{pmatrix} 2S & 0 \\ 0 & 1 \end{pmatrix}^2 = D$ par blocs et donc les matrices de la forme $P\begin{pmatrix} 2S & 0 \\ 0 & 1 \end{pmatrix}P^{-1}$ constituent une infinité de solutions de l'équation $A^2 = M_1$ dans $\mathfrak{M}_3(\mathbb{R})$ car $B \mapsto PBP^{-1}$ est injective.

5. $N = \begin{pmatrix} 0 & 1 & -1 \\ 0 & -2 & 2 \\ 0 & -2 & 2 \end{pmatrix} \Rightarrow N^2 = 0_3$ donc $M_0^2 - 2M_0 + I_3 = 0_3$.

$(\alpha I_3 + \beta N)^2 = M_0 \iff \alpha^2 I_3 + 2\alpha\beta N = I_3 + N$, il suffit donc d'avoir $\alpha^2 = 1$ et $2\alpha\beta = 1$ et donc $\alpha = 1$, $\beta = \dfrac{1}{2}$ suffit.

6. a) On résout le système $M_{-\frac{1}{3}}X = \begin{pmatrix} 0 \\ 1 \\ 1 \end{pmatrix}$ à l'aide des opérations élémentaires $L_2 \leftarrow L_2 - L_1$ et $L_3 \leftarrow L_3 - L_2$ qui le transforment en

$\begin{pmatrix} 3 & 7 & -7 \\ 0 & -12 & 12 \\ 0 & 0 & 0 \end{pmatrix}\begin{pmatrix} x \\ y \\ z \end{pmatrix} = \begin{pmatrix} 0 \\ 3 \\ 0 \end{pmatrix}$ d'où $z = y + \dfrac{1}{4}$ et $x = \dfrac{7}{3}(z-y) = \dfrac{7}{12}$.

b) On a $M_{-\frac{1}{3}}\begin{pmatrix} 0 \\ 1 \\ 1 \end{pmatrix} = 0$, $M_{-\frac{1}{3}}\begin{pmatrix} \frac{7}{12} \\ 0 \\ \frac{1}{4} \end{pmatrix} = \begin{pmatrix} 0 \\ 1 \\ 1 \end{pmatrix}$ et $M_{-\frac{1}{3}}\begin{pmatrix} 1 \\ 1 \\ 1 \end{pmatrix} = \begin{pmatrix} 1 \\ 1 \\ 1 \end{pmatrix}$ avec

$\begin{vmatrix} 0 & \frac{7}{12} & 1 \\ 1 & 0 & 1 \\ 1 & \frac{1}{4} & 1 \end{vmatrix} = \dfrac{1}{4} \neq 0$ donc $\mathcal{B} = \Big((0,1,1), \big(\frac{7}{12}, 0, \frac{1}{4}\big), (1,1,1)\Big)$ convient.

c) Si $AU = UA$ alors $E_0(U)$ et $E_1(U)$ sont stables par A, donc A est de la forme $\begin{pmatrix} a & b & 0 \\ 0 & c & 0 \\ 0 & d & e \end{pmatrix}$ où $(a,b,c,d,e) \in \mathbb{R}^5$.

Alors $AU - UA = \begin{pmatrix} 0 & a-c & 0 \\ 0 & 0 & 0 \\ 0 & -d & 0 \end{pmatrix}$ et donc :

$AU = UA \iff A = \begin{pmatrix} a & b & 0 \\ 0 & a & 0 \\ 0 & 0 & e \end{pmatrix}$ où $(a,b,e) \in \mathbb{R}^3$.

Si $A^2 = U$ alors $U \in \mathbb{R}[A]$ et donc $AU = UA$ d'où $A = \begin{pmatrix} a & b & 0 \\ 0 & a & 0 \\ 0 & 0 & e \end{pmatrix}$ puis

$A^2 = \begin{pmatrix} a^2 & 2ab & 0 \\ 0 & a^2 & 0 \\ 0 & 0 & e^2 \end{pmatrix}$ d'où $a = 0$ puis $2ab = 0 = 1$: absurde.

Donc l'équation $A^2 = U$ n'admet aucune solution dans $\mathfrak{M}_3(\mathbb{R})$.

d) Si l'on avait $S^2 = M_{-\frac{1}{3}}$, comme il existe P dans $\mathrm{GL}_3(\mathbb{R})$ telle que $P^{-1}M_{-\frac{1}{3}}P = U$, on aurait $(P^{-1}SP)^2 = U$, ce qui est absurde.
Donc l'équation $S^2 = M_{-\frac{1}{3}}$ n'admet aucune solution dans $\mathfrak{M}_3(\mathbb{R})$.

Partie II

1. a) Pour tout $i \in [\![1,n]\!]$, $Q \mapsto Q(a_i)$ est linéaire et donc φ est linéaire.
Si $Q \in \mathrm{Ker}(\varphi)$ alors Q s'annule en n points (deux à deux distincts) et donc $Q = 0$, par suite φ est injective.

b) Comme $\mathbb{R}_{n-1}[X]$ et $\mathbb{R}^n$ sont deux $\mathbb{R}$-espaces vectoriels de même dimension finie n et comme φ est linéaire injective, il s'agit d'un isomorphisme entre ces deux espaces vectoriels.
Par suite si $(b_1, \ldots, b_n) \in \mathbb{R}^n$, il existe un unique élément Q de $\mathbb{R}_{n-1}[X]$ tel que $\varphi(Q) = (b_1, \ldots, b_n)$, ce qui répond à la question.

2. a) Si $\lambda \in \mathrm{Sp}(f)$ et $x \in E_\lambda(f)$ alors $f\big(g(x)\big) = g\big(f(x)\big) = g(\lambda x) = \lambda g(x)$, ce qui montre que $g(x) \in E_\lambda(f)$ et donc que $E_\lambda(f)$ est stable par g.

b) Si P est un polynôme annulateur scindé à racines simples de g alors c'est aussi un polynôme annulateur scindé à racines simples de chacun des g_i et donc g_i est diagonalisable, ce qui montre l'existence de $\mathcal{B}_i$. En concaténant les $\mathcal{B}_i$ on obtient une base de $\mathbb{R}^n$ car f est diagonalisable et cette base est formée, par construction, de valeurs propres communs à f et g.

3. Découle immédiatement de la question précédente.

4. a) Si $S \in S_n^+(\mathbb{R})$ et $\lambda \in \mathrm{Sp}(S)$ on choisit X un vecteur propre unitaire associé. Alors ${}^tXSX = \lambda\,{}^tXX = \lambda \geqslant 0$ donc $\mathrm{Sp}(S) \subset \mathbb{R}_+$.
réciproquement si $\mathrm{Sp}(S) \subset \mathbb{R}_+$ on choisit une base orthonormale $(X_1, \dots, X_n)$ de $\mathfrak{M}_{n,1}(\mathbb{R})$ formée de vecteurs propres de S et on note $(\lambda_1, \dots, \lambda_n)$ la famille de valeurs propres associée.
Si $X \in \mathfrak{M}_{n,1}(\mathbb{R})$ on a $X = \sum\limits_{i=1}^{n} (X|X_i)X_i$ d'où $SX = \sum\limits_{i=1}^{n} \lambda_i (X|X_i)X_i$ d'où, comme $(X_1, \dots, X_n)$ est une base orthonormale , ${}^tXSX = \sum\limits_{i=1}^{n} \lambda_i (X|X_i)^2 \geqslant 0$ et donc $S \in S_n^+(\mathbb{R})$.
b) On reprend la démonstration précédente.
Le sens direct donne immédiatement $\mathrm{Sp}(S) \subset \mathbb{R}_+^\star$.
Réciproquement, si $X \neq 0$ on a ${}^tXSX > 0$ car tous les λ_i sont strictement positifs et car l'un, au moins, des $(X|X_i)^2$ l'est.

5. a) Découle de II.1.b)
b) $S \in S_n(\mathbb{R}) \Rightarrow Q(S) \in S_n(\mathbb{R})$.
Comme $\mathrm{Sp}\big(Q(S)\big) = \{Q(\lambda_1), \dots, Q(\lambda_p)\} = \{\sqrt{\lambda_1}, \dots, \sqrt{\lambda_p}\}$, la question II.4.a montre que $Q(S) \in S_n^+(\mathbb{R})$.
c) Si $S = PD\,{}^tP$ où $P \in O_n(\mathbb{R})$ et D diagonale, alors $Q(S) = PQ(D)\,{}^tP$ d'où $\big(Q(S)\big)^2 = P\big(Q(D)\big)^2\,{}^tP = PD\,{}^tP = S$ par définition de Q.
d) $S \in \mathbb{R}[T] \Rightarrow ST = TS$.
$Q(S) \in \mathbb{R}[S] \subset \mathbb{R}[T] \Rightarrow Q(S)T = TQ(S)$ (inutile pour la suite).
II.3 montre qu'il existe un élément P de $\mathrm{GL}_n(\mathbb{R})$ tel que $P^{-1}TP$ et $P^{-1}SP$ soient diagonales, notées respectivement Δ et D. Si $\Delta = \mathrm{Diag}(\mu_1, \dots, \mu_n)$ et $D = \mathrm{Diag}(\nu_1, \dots, \nu_n)$ alors, pour tout $i \in [\![1, n]\!]$, $\mu_i^2 = \nu_i$ *i.e.* $\mu_i = \sqrt{\nu_i}$ par II.4.a d'où $\mu_i = Q(\nu_i)$ et donc $\Delta = Q(D)$ ou encore $T = Q(S)$.
Donc l'unique solution de $T^2 = S$ dans $S_n^+(\mathbb{R})$ est $Q(S)$.
e) Si $Q(X) = \dfrac{X + \sqrt{\lambda_1\lambda_2}}{\sqrt{\lambda_1} + \sqrt{\lambda_2}}$, alors, si $1 \leqslant i \leqslant 2$, $Q(\lambda_i) = \dfrac{\lambda_i + \sqrt{\lambda_1\lambda_2}}{\sqrt{\lambda_1} + \sqrt{\lambda_2}} = \sqrt{\lambda_i}$ et donc Q est la solution de II.5.a puis $\sqrt{S} = Q(S)$ d'après la question précédente.

6. a) $S^2 \in S_n(\mathbb{R})$ et, $\forall X \in \mathfrak{M}_{n,1}(\mathbb{R})$, ${}^tXS^2X = {}^t(SX)(SX) = \|SX\|^2 \geqslant 0$ car $S = {}^tS$, donc $S^2 \in S_n^+(\mathbb{R})$.
b) Si $\varepsilon \in \{-1, +1\}$, $|S| + \varepsilon S \in S_n(\mathbb{R})$ et il existe P dans $\mathrm{GL}_n(\mathbb{R})$ diagonalisant simultanément $|S|$ et S car $|S| \in \mathbb{R}[S^2] \subset \mathbb{R}[S]$.
Alors $\mathrm{Sp}\,\big(|S| + \varepsilon S\big) = \big\{|\lambda_i| + \varepsilon\lambda_i \bigm| i \in [\![1, p]\!]\big\} \subset \mathbb{R}_+$ avec les notations de II.5, et donc $|S| + \varepsilon S \in S_n^+(\mathbb{R})$.
c) $S_1^2 = \begin{pmatrix} 10 & 6 \\ 6 & 10 \end{pmatrix} = 6\begin{pmatrix} 1 & 1 \\ 1 & 1 \end{pmatrix} + 4I_2$ et $\begin{pmatrix} 1 & 1 \\ 1 & 1 \end{pmatrix}$ est semblable à $\mathrm{Diag}(0, 2)$ donc $\mathrm{Sp}(S_1^2) = \{4, 16\}$. La question II.5.e montre alors que $|S_1| = \dfrac{S_1^2 + 8I_2}{6}$,

soit $|S_1| = \begin{pmatrix} 3 & 1 \\ 1 & 3 \end{pmatrix}$. La même démarche conduit à $|S_2| = \begin{pmatrix} 3 & -1 \\ -1 & 3 \end{pmatrix}$.

Partie III

1. Récurrence immédiate.

2. a) $\forall k \in \mathbb{N},\ v_{k+1} = \dfrac{a_k + \frac{1}{b_k}}{b_k + \frac{1}{a_k}} = \dfrac{a_k}{b_k} = v_k$, donc $(v_k)_k$ est constante égale à a.

b) $\forall k \in \mathbb{N},\ u_{k+1} = \dfrac{1}{4}\Big(a_k + \dfrac{1}{b_k}\Big)\Big(b_k + \dfrac{1}{a_k}\Big) = \dfrac{(u_k+1)^2}{4u_k}$.

c) Si $k \in \mathbb{N}$, $u_{k+1} - 1 = \dfrac{(u_k+1)^2}{4u_k} - 1 = \dfrac{(u_k-1)^2}{4u_k} \geqslant 0$ donc, si $k \geqslant 1$, $u_k \geqslant 1$.

d) De même si $k \geqslant 0$, $u_{k+1} - u_k = -\dfrac{P(u_k)}{4u_k}$ où $P(X) = 3X^2 - 2X - 1)$.
Comme $P(X) = (3X+1)(X-1)$ on a $P(u_k) \geqslant 0$ si $k \geqslant 1$ d'après la question précédente et donc $(u_k)_{k\geqslant 1}$ est décroissante. Comme elle est minorée par 1 elle converge. Sur $[1, +\infty[$ la fonction $x \mapsto \dfrac{(x+1)^2}{4x}$ est continue et admet 1 pour seul point fixe d'après le calcul précédent, donc $(u_k)_k$ converge vers 1.

3. $\forall k \in \mathbb{N},\ a_k^2 = u_k v_k \xrightarrow[k\to\infty]{} a$ donc, d'après III.1, $(a_k)_k$ converge vers $\sqrt{a}$.
Comme $(v_k)_k$ converge vers 1 on en déduit que $(b_k)_k$ converge aussi vers $\sqrt{a}$.

4. a) Découle de II.4.b)

b) Si $S \in S_n^{++}(\mathbb{R})$ alors S^{-1} est symétrique et chacune de ses valeurs propres est l'inverse d'une valeur propre de S, donc strictement positive. On en déduit que $S^{-1} \in S_n^{++}(\mathbb{R})$.

c) Si A et B sont éléments de $S_n^{++}(\mathbb{R})$ alors $A+B \in S_n(\mathbb{R})$ et pour tout X dans $\mathfrak{M}_{n,1}(\mathbb{R}) \setminus \{0\}$ on a ${}^t X(A+B)X = {}^t XAX + {}^t XBX > 0$, d'où l'appartenance de $A + B$ à $S_n^{++}(\mathbb{R})$.

5. Récurrence immédiate utilisant la question précédente.

6. a) D est immédiatement symétrique et II.4.b montre qu'elle est définie positive.

b) Calcul immédiat.

c) La question III.3 montre que $(D_k)_k$ et $(\Delta_k)_k$ convergent vers $\sqrt{D}$.

7. a) Sa linéarité le prouve.

b) On en déduit, à l'aide de III.6.c, que $(A_k)_k$ et $(B_k)_k$ convergent vers $\sqrt{A}$.

Fin

Dans tout l'énoncé de ce problème, I désigne un intervalle ouvert de $\mathbb{R}$ symétrique par rapport à l'origine, et φ une fonction paire, de classe $\mathcal{C}^\infty$ sur I. Toutes les fonctions considérées dans ce problème prennent leurs valeurs dans $\mathbb{R}$. On note (E) l'équation différentielle linéaire homogène du second ordre en la fonction inconnue y de la variable réelle x suivante

$$(E) \qquad y''(x) + \varphi(x)y(x) = 0.$$

On note f_0 l'unique solution de (E) sur I vérifiant, les conditions initiales $f_0(0) = 1$ et $f_0'(0) = 0$, et f_1 l'unique solution de (E) sur I vérifiant les conditions initiales $f_1(0) = 0$ et $f_1'(0) = 1$.

PARTIE I

1. Montrer que si y est une solution de (E) sur I, alors y est de classe $\mathcal{C}^\infty$ sur I.

2. Montrer que si y est une solution de (E) sur I, alors la fonction $x \mapsto y(-x)$ est aussi solution de (E) sur I.

3. Montrer que f_0 est une fonction paire et f_1 une fonction impaire.

Exprimer la solution générale de (E) sur I à l'aide de f_0 et f_1.

Déterminer parmi les solutions de (E) sur I celles qui sont paires et celles qui sont impaires.

4. On suppose que f_0 ne s'annule pas sur I, et l'on pose $u = \dfrac{f_1}{f_0}\cdot$

4.1. Montrer que u' ne s'annule pas sur I, et exprimer $\dfrac{u''}{u'}$ en fonction de $\dfrac{f_0'}{f_0}\cdot$

4.2. En déduire qu'il existe une constante réelle B, que l'on calculera, telle que $u' = \dfrac{B}{f_0^2}\cdot$

4.3. On note u_0 la primitive de $\dfrac{1}{f_0^2}$ qui s'annule en $x = 0$. Exprimer f_1 à l'aide de f_0 et u_0.

5. Dans cette question, on suppose que $I = \left]-\dfrac{\pi}{2}, +\dfrac{\pi}{2}\right[$ et que la fonction $x \mapsto \cos^2(x)$ est solution de (E) sur I.

5.1. Déterminer $\varphi(x)$ et $f_0(x)$ pour tout $x \in I$.

5.2. Déterminer $u_0(x)$ pour tout $x \in I$. On pourra utiliser l'identité

$$\frac{1}{\cos^4(x)} = \frac{1+\tan^2(x)}{\cos^2(x)}$$

et exprimer $u_0(x)$ comme fonction de $\tan(x)$.

5.3. En déduire la valeur de $f_1(x)$ pour tout $x \in I$ et expliciter la solution générale de (E) sur I.

PARTIE II

Dans cette partie on suppose que $I = \mathbb{R}$ et qu'en plus des conditions imposées au début de l'énoncé, est 2π-périodique. On s'intéresse aux éventuelles solutions 2π-périodiques de l'équation (E).

1. Soit y une solution de (E) sur $\mathbb{R}$.
Montrer que la fonction $x \mapsto y(x+2\pi)$ est solution de (E) sur $\mathbb{R}$.

2. En déduire qu'il existe des constantes réelles $w_{0,0}, w_{0,1}, w_{1,0}, w_{1,1}$, que l'on déterminera en fonction des valeurs prises par f_0, f_0', f_1, f_1' en 2π, telles que pour tout $x \in \mathbb{R}$ on ait :

$$f_0(x+2\pi) = w_{0,0} f_0(x) + w_{1,0} f_1(x)$$
$$f_1(x+2\pi) = w_{0,1} f_0(x) + w_{1,1} f_1(x)$$

3. Soit W la matrice carrée d'ordre 2 définie par $W = \begin{pmatrix} w_{0,0} & w_{0,1} \\ w_{1,0} & w_{1,1} \end{pmatrix}$.
Montrer que pour que (E) admette sur $\mathbb{R}$ des solutions non identiquement nulles 2π-périodiques, il faut et il suffit que W admette 1 pour valeur propre. On pourra exprimer une telle solution g en fonction de f_0 et f_1 puis utiliser la périodicité de g.

4. Montrer que si (E) admet sur $\mathbb{R}$ des solutions non identiquement nulles 2π-périodiques, alors l'une au moins des deux fonctions f_0 et f_1 est 2π-périodique. On pourra, g étant une telle solution, considérer les fonctions $x \mapsto g(x) + g(-x)$ et $x \mapsto g(x) - g(-x)$.

5. On suppose dans cette question que la fonction φ est définie par :

$$\forall x \in \mathbb{R}, \varphi(x) = a - k^2 \sin^2(x),$$

où a et k sont des constantes réelles choisies de telle sorte que la solution f_0 sur $\mathbb{R}$ de l'équation (E) soit 2π-périodique (on ne cherchera pas à démontrer l'existence de telles constantes a et k).

Soit F la fonction définie sur $\mathbb{R}$ par $F(x) = \displaystyle\int_{-\pi}^{+\pi} K(x,t) f_0(t)\,dt$ où K est la fonction définie pour tout $(x,t) \in \mathbb{R}^2$ par $K(x,t) = e^{k\cos(t)\cos(x)}$.

5.1. Montrer que F est de classe $\mathcal{C}^2$ sur $\mathbb{R}$ et paire.

5.2. Vérifier que pour tout couple $(x,t) \in \mathbb{R}^2$ on a :

$$\frac{\partial^2 K}{\partial x^2}(x,t) + (a - k^2 \sin^2(x))K(x,t) = \frac{\partial^2 K}{\partial t^2}(x,t) + (a - k^2 \sin^2(t))K(x,t).$$

En déduire que pour tout $x \in \mathbb{R}$ on a :

$$F''(x) + \varphi(x)F(x) = \int_{-\pi}^{+\pi} \frac{\partial^2 K}{\partial t^2}(x,t)f_0(t)dt + \int_{-\pi}^{+\pi} \varphi(x)K(x,t)f_0(t)dt,$$

puis, au moyen d'une double intégration par parties, que F est solution de (E) sur $\mathbb{R}$.

5.3. Déduire de ce qui précède qu'il existe une constante réelle λ telle que pour tout $x \in \mathbb{R}$ on ait : $\displaystyle\int_{-\pi}^{+\pi} e^{k\cos(t)\cos(x)} f_0(t)dt = \lambda f_0(x)$.

PARTIE III

Dans cette partie, on suppose que $I = \left]-\frac{\pi}{2}, +\frac{\pi}{2}\right[$ et que φ est une fonction constante sur I, égale à ω^2, avec $\omega > 0$.

1. Déterminer dans ce cas la solution générale de l'équation (E) sur I, ainsi que ses solutions f_0 et f_1.

2. Soit z une fonction de classe $\mathcal{C}^\infty$ sur $]-1,1[$. Montrer que la fonction y définie pour tout $x \in I$ par $y(x) = z(\sin(x))$ est solution de (E) sur I si, et seulement si, z est solution sur $]-1,1[$ de l'équation différentielle

$$(E') \qquad (1 - X^2)z''(X) - Xz'(X) + \omega^2 z(X) = 0.$$

3. Soit z une solution de (E') sur $]-1,1[$, admettant sur $]-1,1[$ un développement en série entière $z(X) = \sum_{n=0}^{\infty} a_n X^n$.

3.1. Déterminer une relation de récurrence reliant a_{n+2} à a_n, pour tout $n \in \mathbb{N}$. En déduire pour tout $p \in \mathbb{N}^\star$ les expressions de a_{2p} en fonction de p, ω et a_0, et de a_{2p+1} en fonction de p, ω et a_1.
Pour quelles valeurs de ω l'équation (E') admet-elle des solutions polynomiales non identiquement nulles ?
Montrer que quelles que soient les valeurs de a_0, a_1 et ω, le rayon de convergence de la série entière $\sum a_n X^n$ est supérieur ou égal à 1.

3.2. On note z_0 la solution de (E') développable en série entière sur $]-1,+1[$ correspondant au choix $a_0 = 1, a_1 = 0$, et z_1 la solution de (E') développable en série entière sur $]-1,+1[$ correspondant au choix $a_0 = 0, a_1 = 1$. Donner une expression, sur I, des fonctions $x \mapsto \cos(\omega x)$ et $x \mapsto \sin(\omega x)$ à l'aide des fonctions z_0, z_1 et sin.

3.3. Soit m un nombre entier strictement positif.
Exprimer $\cos(2mx)$ et $\sin\big((2m+1)x\big)$, pour tout $x \in \left]-\frac{\pi}{2}, +\frac{\pi}{2}\right[$, sous la forme : $\cos(2mx) = P_m\big(\sin(x)\big), \sin\big((2m+1)x\big) = Q_m\big(\sin(x)\big)$,

où P_m est une fonction polynomiale de degré $2m$ et Q_m une fonction polynomiale de degré $2m+1$.
Ces expressions sont-elles valides sur $\mathbb{R}$ tout entier ?

Solution

Nous noterons $S_I(E)$ l'espace vectoriel des solutions de (E) sur I.

Partie I

1. Si y est solution de (E) sur I, alors $y'' = -\varphi y$, donc $y \in \mathcal{C}^2(I)$.
Soit $n \in \mathbb{N}^\star$. Supposons y de classe $\mathcal{C}^n$ sur I. Alors y'' est de classe $\mathcal{C}^n$ sur I *i.e.* y de classe $\mathcal{C}^{n+2}$ sur I. On peut conclure, par théorème de récurrence, que toute solution y de (E) sur I est de classe $\mathcal{C}^\infty$ sur I.

2. Notons $z(x) = y(-x)$. Par composition, z est de classe $\mathcal{C}^\infty$ sur I et $z''(x) = y''(-x) = -\varphi(-x)y(-x) = -\varphi(x)z(x)$ car φ est paire.
Donc $z \in S_I(E)$.

3. La fonction $g_0 : x \mapsto f_0(-x)$ est solution de (E) sur I d'après I.2.
$g_0(0) = f_0(0) = 1$, $g_0'(0) = -f_0'(0) = 0$. Comme f_0 est la seule solution y de (E) sur I telle que $y(0) = 1$ et $y'(0) = 0$, on a $f_0 = g_0$ *i.e.* f_0 est paire.

En procédant de même avec $g_1 : x \mapsto -f_1(-x)$, on montre que f_1 est impaire.

$S_I(E)$ étant un $\mathbb{R}$-espace vectoriel de dimension 2, comme $(f_0, f_1) \in \big(S_I(E)\big)^2$, puisque f_0 est paire et f_1 est impaire, (f_0, f_1) est une famille libre, on peut conclure que (f_0, f_1) est une base de $S_I(E)$. D'où :
$f \in S_I(E) \iff \exists(\lambda_0, \lambda_1) \in \mathbb{R}^2, f = \lambda_0 f_0 + \lambda_1 f_1$.
$f \in S_I(E)$ et est paire si, et seulement si,
$\forall x \in \mathbb{R}, \lambda_0 f_0(x) + \lambda_1 f_1(x) = \lambda_0 f_0(x) - \lambda_1 f_1(x) \qquad (\star)$
$(\star) \iff \forall x \in \mathbb{R}, 2\lambda_1 f_1(x) = 0 \iff \lambda_1 = 0$ car f_1 n'est pas la fonction nulle.

Donc les fonctions paires de $S_I(E)$ sont les éléments de la droite $\mathbb{R}f_0$ et les fonctions impaires de $S_I(E)$ sont les éléments de la droite $\mathbb{R}f_1$.

4.1. $u' = \dfrac{w}{f_0^2}$ où $w = f_1' f_0 - f_1 f_0'$ est le wronskien du système fondamental (f_0, f_1) de solutions de (E) sur I. Donc w' et u' ne s'annulent pas sur I.

$\ln|u'| = \ln|w| - 2\ln|f_0|$ donne par dérivation, $\dfrac{u''}{u'} = \dfrac{w'}{w} - 2\dfrac{f_0'}{f_0}$.

Or $w' = f_1'' f_0 - f_1 f_0'' = -\varphi f_0 f_1 + \varphi f_0 f_1 = 0$. Donc $\dfrac{u''}{u'} = -2\dfrac{f_0'}{f_0}$.

4.2. Comme $w' = 0$, la fonction w est constante sur I *i.e.* il existe un réel B tel que $u' = \frac{B}{f_0^2}$.

4.3. $u_0(x) = \int_0^x \frac{dt}{f_0^2(t)}$. Donc $\exists C \in \mathbb{R}, \forall x \in I, u(x) = Bu_0(x) + C$.
Donc $f_1 = Bu_0 f_0 + C f_0$.
Comme $f_1(0) = 0 = u_0(0)$ et $f_0(0) = 1$, on a $C = 0$.
D'autre part, $w(0) = (f_1' f_0 - f_1 f_0')(0) = 1$, Donc $f_1 = u_0 f_0$.

5.1. $y(x) = \cos^2(x) \Rightarrow y'(x) = -\sin(2x) \Rightarrow y''(x) = -2\cos(2x)$.
Comme y ne s'annule pas sur I, on a $\varphi(x) = -\frac{y''(x)}{y(x)} = 2\frac{\cos(2x)}{\cos^2(x)}$.
Comme f_0 est la seule solution Y de (E) sur I telle que $Y(0) = 1$ et $Y'(0) = 0$, on a $f_0 : x \mapsto \cos^2(x)$.

5.2. $u_0(x) = \int_0^x \frac{dt}{f_0^2(t)} = \int_0^x \frac{dt}{\cos^4(t)} = \int_0^x \frac{1 + \tan^2(t)}{\cos^2(t)} dt = \tan(x) + \frac{\tan^3(x)}{3}$.

5.3. $f_1(x) = u_0(x) f_0(x) = \sin(x)\cos(x)\left(1 + \frac{1}{3}\tan^2(x)\right)$.
D'où la solution générale : $\lambda_0 f_0 + \lambda_1 f_1$.

Partie II

1. Si $y \in S_{\mathbb{R}}(E)$, la fonction $z : t \mapsto y(t + 2\pi)$ est de classe $\mathcal{C}^\infty$ sur $\mathbb{R}$ par composition compte tenu de I.1.
$z''(t) = y''(t + 2\pi) = -\varphi(t + 2\pi) y(t + 2\pi) = -\varphi(t) z(t)$ car $\varphi \in \mathcal{C}_{2\pi}^\infty$.
Donc $z \in S_{\mathbb{R}}(E)$.

2. On en déduit que les fonctions $x \mapsto f_0(x + 2\pi)$ et $x \mapsto f_1(x + 2\pi)$ sont éléments de $S_{\mathbb{R}}(E)$. On déduit de I.3. qu'il existe des réels $w_{0,0}, w_{0,1}, w_{1,0}, w_{1,1}$, tels que pour tout $x \in \mathbb{R}$,
$f_0(x + 2\pi) = w_{0,0} f_0(x) + w_{1,0} f_1(x)$ et $f_1(x + 2\pi) = w_{0,1} f_0(x) + w_{1,1} f_1(x)$.
On en déduit : $w_{0,0} = f_0(2\pi), w_{0,1} = f_1(2\pi), w_{1,0} = f_0'(2\pi), w_{1,1} = f_1'(2\pi)$.

3. Si $g \in S_{\mathbb{R}}(E)$, il existe $(\alpha_0, \alpha_1) \in \mathbb{R}^2$ tel que $g = \alpha_0 f_0 + \alpha_1 f_1$.
g est 2π-périodique si, et seulement si, pour tout $x \in \mathbb{R}$,
$\alpha_0 f_0(x) + \alpha_1 f_1(x) = (\alpha_0 w_{0,0} + \alpha_1 w_{0,1}) f_0(x) + (\alpha_0 w_{1,0} + \alpha_1 w_{1,1}) f_1(x)$
(f_0, f_1) étant une famille libre de fonctions de $S_{\mathbb{R}}(E)$, ceci équivaut à
$\begin{cases} \alpha_0 w_{0,0} + \alpha_1 w_{0,1} = \alpha_0 \\ \alpha_0 w_{1,0} + \alpha_1 w_{1,1} = \alpha_1 \end{cases}$ ce qui peut s'écrire encore $W \begin{pmatrix} \alpha_0 \\ \alpha_1 \end{pmatrix} = \begin{pmatrix} \alpha_0 \\ \alpha_1 \end{pmatrix}$ (1)
g n'est pas la fonction nulle si, et seulement si, $(\alpha_0, \alpha_1) \neq (0, 0)$
Le système (1) équivaut alors à 1 est valeur propre de la matrice W.

4. Si (E) admet une solution sur $\mathbb{R}$ non identiquement nulle et 2π-périodique g, les fonctions $h_1 : x \mapsto g(x) + g(-x)$ et $h_2 : x \mapsto g(x) - g(-x)$ sont solutions sur $\mathbb{R}$, 2π-périodiques d'après I.2, II.1 et car $S_{\mathbb{R}}(E)$ est un $\mathbb{R}$-espace vectoriel.
Notons $g = \alpha_0 f_0 + \alpha_1 f_1$. Alors $h_1 = 2\alpha_0 f_0$ et $h_2 = 2\alpha_1 f_1$.

Si $\alpha_0 \neq 0$ la fonction f_0 est 2π-périodique et si $\alpha_1 \neq 0$, la fonction f_1 est 2π-périodique. D'où le résultat demandé.

5.1. La fonction $(x,t) \mapsto K(x,t)f_0(t)$ est de classe $\mathcal{C}^2$ sur $\mathbb{R} \times [-\pi,\pi]$ par opérations. D'après un corollaire du théorème de dérivation des intégrales paramétrées (cas d'un segment), $F \in \mathcal{C}^2(\mathbb{R})$ et $F''(x) = \displaystyle\int_{-\pi}^{\pi} \frac{\partial^2 K}{\partial x^2}(x,t)f_0(t)dt$.
Comme $K(-x,t)f_0(t) = K(x,t)f_0(t)$, la fonction F est paire.

5.2. Par dérivations successives, on obtient

$$\frac{\partial K}{\partial x}(x,t) = -k\cos(t)\sin(x)K(x,t)\ ;\ \frac{\partial K}{\partial t}(x,t) = -k\sin(t)\cos(x)K(x,t)$$

$$\frac{\partial^2 K}{\partial x^2}(x,t) = -k\cos(t)\cos(x)K(x,t) + k^2\cos^2(t)\sin^2(x)K(x,t)$$

$$\frac{\partial^2 K}{\partial t^2}(x,t) = -k\cos(t)\cos(x)K(x,t) + k^2\cos^2(x)\sin^2(t)K(x,t)$$

Donc $\dfrac{\partial K}{\partial x}(x,t) - \dfrac{\partial^2 K}{\partial t^2}(x,t) = k^2\big(\cos^2(t)\sin^2(x) - \cos^2(x)\sin^2(t)\big)K(x,t)$.
Or $\cos^2(t)\sin^2(x) - \cos^2(x)\sin^2(t) = (1-\sin^2(t))\sin^2(x) - (1-\sin^2(x))\sin^2(t)$, donc $\cos^2(t)\sin^2(x) - \cos^2(x)\sin^2(t) = \sin^2(x) - \sin^2(t)$.
D'où $\dfrac{\partial K}{\partial x}(x,t) - \dfrac{\partial^2 K}{\partial t^2}(x,t) = k^2\big(\sin^2(x) - \sin^2(t)\big)$ puis le résultat.
Après multiplication des deux membres par $f_0(t)$ et intégration sur $[-\pi,\pi]$,

$$\forall x \in \mathbb{R}, F''(x) + \varphi(x)F(x) = \int_{-\pi}^{+\pi} \frac{\partial^2 K}{\partial t^2}(x,t)f_0(t)dt + \int_{-\pi}^{+\pi} \varphi(x)K(x,t)f_0(t)dt.$$

Une première intégration par parties, donne

$$\int_{-\pi}^{+\pi} \frac{\partial^2 K}{\partial t^2}(x,t)f_0(t)dt = \left[\frac{\partial K}{\partial t}(x,t)f_0(t)\right]_{t=-\pi}^{t=\pi} - \int_{-\pi}^{+\pi} \frac{\partial K}{\partial t}(x,t)f_0'(t)dt$$

$$= -\int_{-\pi}^{+\pi} \frac{\partial K}{\partial t}(x,t)f_0'(t)dt \text{ car } \frac{\partial K}{\partial t}(x,\pm\pi) = 0.$$

Une nouvelle intégration par parties, donne

$$\int_{-\pi}^{+\pi} \frac{\partial K}{\partial t}(x,t)f_0'(t)dt = \Big[K(x,t)f_0'(t)\Big]_{t=-\pi}^{t=\pi} - \int_{-\pi}^{+\pi} K(x,t)f_0''(t)dt$$

Comme $K(x,\pi) = K(x,-\pi)$ et $f_0'(\pi) = f_0'(-\pi)$ car f_0' est 2π-périodique, on obtient $\Big[K(x,t)f_0'(t)\Big]_{t=-\pi}^{t=\pi} = 0$. D'où, puisque $f_0'' = -\varphi f_0$

$$\int_{-\pi}^{+\pi} \frac{\partial^2 K}{\partial t^2}(x,t)f_0(t)dt = \int_{-\pi}^{+\pi} K(x,t)f_0''(t)dt = -\int_{-\pi}^{+\pi} K(x,t)\varphi(t)f_0(t)dt.$$

Donc, pour tout $x \in \mathbb{R}$, $F''(x) + \varphi(x)F(x) = 0$ *i.e.* $F \in S_{\mathbb{R}}(E)$.

5.3. $F \in S_{\mathbb{R}}(E)$ et F est paire. Il découle de I.3. que : $\exists \lambda \in \mathbb{R}, F = \lambda f_0$.

Partie III

1. $y \in S_I(E) \iff \exists(\lambda_0,\lambda_1) \in \mathbb{R}^2, \forall x \in I, y(x) = \lambda_0\cos(\omega x) + \lambda_1\sin(\lambda x)$.

On en déduit que $f_0 : x \mapsto \cos(\omega x)$ et $f_1 : x \mapsto \dfrac{\sin(\omega x)}{\omega}$.

2. Si $y(x) = z(X)$ où $X = \sin(x)$, alors $y'(x) = \cos(x)z'(X)$,
$y''(x) = \cos^2(x)z''(X) - \sin(x)z'(X) = (1 - X^2)z''(X) - Xz'(X)$.
$y''(x) + \omega^2 y(x) = (1 - X^2)z''(X) - Xz'(X) + \omega^2 z(X)$.
Comme sin établit un $\mathcal{C}^1$-difféomorphisme entre I et $]-1,1[$, on a bien

$$y \in S_I(E) \iff z \in S_{]-1,1[}(E').$$

3.1. Soit z une solution de (E') sur $]-1,1[$, admettant sur $]-1,1[$ un développement en série entière $z(X) = \sum_{n=0}^{\infty} a_n X^n$. D'après un théorème de dérivation des séries entières, on a, pour tout $X \in]-1,1[$,

$$(1 - X^2)\sum_{n=2}^{\infty} n(n-1)a_n X^{n-2} - X\sum_{n=1}^{\infty} na_n X^{n-1} + \omega^2 \sum_{n=0}^{\infty} a_n X^n = 0.$$

On déduit de l'unicité des coefficients du développement en série entière de la fonction nulle : $\forall n \in \mathbb{N}, (n+1)(n+2)a_{n+2} = (n^2 - \omega^2)a_n$.

D'où, pour tout $p \in \mathbb{N}^\star, a_{2p} = \dfrac{\big((2p-2)^2 - \omega^2\big)\cdots(2^2 - \omega^2)(-\omega^2)}{(2p)!}a_0$.

Pour tout $p \in \mathbb{N}^\star, a_{2p+1} = \dfrac{\big((2p-1)^2 - \omega^2\big)\cdots(1^2 - \omega^2)}{(2p+1)!}a_1$.

Si $\omega = 2m, m \in \mathbb{N}^\star, a_{2p} = 0$ si $p \geqslant m+1$ et si $\omega = 2m+1, m \in \mathbb{N}^\star, a_{2p+1} = 0$ pour tout $p \geqslant m+1$. Si $\omega \notin \mathbb{N}^\star$ et $(a_0, a_1) \neq (0,0)$ alors $(a_{2p}, a_{2p+1}) \neq (0,0)$, (E') n'a pas de solution polynomiale non identiquement nulle. Donc (E') a des solutions polynomiales non identiquement nulle si, et seulement si, $\omega \in \mathbb{N}^\star$.

Si $a_0 = 0$, la série entière $\sum a_{2n}x^{2n}$ a pour rayon de convergence $R_1 = +\infty$.
Si $a_1 = 0$, $\sum a_{2n+1}x^{2n+1}$ a pour rayon de convergence $R_2 = +\infty$.
Sinon, pour $x \neq 0$, $\left|\dfrac{a_{n+2}x^{n+2}}{a_n x^n}\right| = x^2 \dfrac{|n^2 - \omega^2|}{(n+1)(n+2)} \xrightarrow[n\to\infty]{} x^2$.
L'application de la règle de d'Alembert pour les séries numériques implique que $R_1 = R_2 = 1$. Dans tous les cas, le rayon de convergence de la série entière somme, noté $R \geqslant \max(R_1, R_2) \geqslant 1$.

3.2. On déduit de III.1. que

$$f_0(x) = \cos(\omega x) = z_0(\sin(x)) \text{ et } f_1(x) = \frac{\sin(\omega x)}{\omega} = z_1(\sin(x)).$$

3.3. On a vu à la question précédente que si $\omega = 2m, m \in \mathbb{N}^\star, a_{2p} = 0$ si $p \geqslant m+1$ et si $\omega = 2m+1, m \in \mathbb{N}^\star, a_{2p+1} = 0$ pour tout $p \geqslant m+1$. Il suffit de remarquer que dans le premier cas $a_{2m} \neq 0$ et dans le second $a_{2m+1} \neq 0$.
$\cos(2mx) = z_0(\sin(x) = P_m(\sin(x))$ où $P_m \in \mathbb{R}[X]$ et $\deg(P_m) = 2m$.
De même, $\sin((2m+1)x) = (2m+1)z_1(\sin(x) = Q_m(\sin(x))$ où Q_m est un polynôme de degré $2m+1$.
$x \mapsto \cos(2mx), x \mapsto P_m(\sin(x))$ étant paires et π-périodiques, l'égalité est vraie sur $\mathbb{R}$. De même, l'autre égalité est vraie sur $\mathbb{R}$.

Fin

Notations

On note :
$\mathbb{N}$: l'ensemble des entiers naturels,
$\mathbb{R}$: l'ensemble des nombres réels,
e : le nombre réel dont le logarithme népérien est égal à 1.

Pour x appartenant à $\mathbb{R}$, on note $|x|$ la valeur absolue de x.
Pour tout entier naturel n, on note $n!$ la factorielle de n avec la convention $0! = 1$.
Si j et n sont deux entiers naturels fixes tels que $0 \leqslant j \leqslant n$, on note :
$[\![j, n]\!]$ l'ensemble des entiers naturels k vérifiant $j \leqslant k \leqslant n$,
$\binom{n}{j}$ le nombre de parties ayant j éléments d'un ensemble de n éléments.

On rappelle que pour tout j élément de $[\![0, n]\!]$, on a : $\displaystyle\binom{n}{j} = \frac{n!}{j!(n-j)!}$.

Si f est une fonction k fois dérivable sur un intervalle I (avec $k \geqslant 1$) on note f' (resp. $f^{(k)}$) sa fonction dérivée (resp. sa fonction dérivée k-ième).
Si u est une application de $\mathbb{N}$ dans $\mathbb{R}$, donc une suite réelle, on utilise la notation usuelle : $u(n) = u_n$ pour tout n appartenant à $\mathbb{N}$.
Soit x un nombre réel, on rappelle que s'il existe un nombre entier p qui vérifie $|p - x| < \frac{1}{2}$ alors p est l'entier le plus proche de x.

Objectifs

L'objet du problème est d'une part d'établir, pour tout entier naturel non nul, un lien entre l'entier naturel β_n le plus proche de $e^{-1}n!$ et le nombre γ_n d'éléments sans point fixe du groupe symétrique $\mathfrak{S}_n$ et d'autre part, d'étudier l'écart $\delta_n = e^{-1}n! - \beta_n$.

Dans la partie I on étudie β_n et on le caractérise grâce à une récurrence, dans la partie II on étudie γ_n et on établit un lien avec β_n. La partie III est consacrée à une estimation de δ_n, puis à une étude des deux séries $\sum \delta_n$ et $\sum \frac{|\delta_n|}{n}$.

Partie I - Les suites α et β

On définit la suite α par $\alpha_0 = 1$ et la relation de récurrence :
pour tout n de $\mathbb{N}$: $\alpha_{n+1} = (n+1)\alpha_n + (-1)^{n+1}$.

On rappelle que pour tout x réel, la série $\sum \frac{x^n}{n!}$ est convergente, et que $\sum_{n=0}^{\infty} \frac{x^n}{n!} = e^x$; en particulier pour $x = -1$: $\sum_{n=0}^{\infty} \frac{(-1)^n}{n!} = e^{-1}$.

Pour $n \in \mathbb{N}$, on note : $\beta_n = n! \sum_{k=0}^{n} \frac{(-1)^k}{k!}$ et $\rho_n = \sum_{k=n+1}^{\infty} \frac{(-1)^k}{k!}$.

1. Étude de la suite α

1.1. Expliciter α_k pour k dans $[\![0, 4]\!]$.

1.2. Montrer que α_n est un entier naturel pour tout n de $\mathbb{N}$.

2. Étude de la suite β

2.1. Expliciter β_k pour k dans $[\![0, 4]\!]$.

2.2. Montrer que β_n est un entier relatif pour tout n de $\mathbb{N}$.

2.3. Expliciter $\beta_{n+1} - (n+1)\beta_n$ en fonction de n, pour tout n de $\mathbb{N}$.

2.4. Comparer les deux suites α et β.

3. Étude de ρ_n

3.1. Préciser le signe de ρ_n en fonction de l'entier naturel n.

3.2. Établir, pour tout entier naturel n , l'inégalité : $n!|\rho_n| \leqslant \frac{1}{n+1}$. L'inégalité est-elle stricte ?

3.3. Déduire de ce qui précède que pour tout entier naturel $n \geqslant 1$, β_n est l'entier naturel le plus proche de $e^{-1}n!$

4. Étude d'une fonction

On désigne par f la fonction définie et de classe $\mathcal{C}^1$ (au moins) sur l'intervalle $]-1, 1[$ à valeurs réelles, vérifiant les deux conditions :

$$f(0) = 1 \text{ et pour tout } x \text{ de }]-1, 1[: (1-x)f'(x) - xf(x) = 0.$$

4.1. Justifier l'existence et l'unicité de la fonction f. Expliciter $f(x)$ pour tout x de $]-1, 1[$.

4.2. Justifier l'affirmation : « f est de classe $\mathcal{C}^\infty$ sur $]-1, 1[$ ».

4.3. Expliciter $(1-x)f(x)$, puis exprimer pour tout entier naturel n :

$$(1-x)f^{(n+1)}(x) - (n+1)f^{(n)}(x) \text{ en fonction de } n \text{ et de } x.$$

4.4. En déduire une relation, valable pour tout entier naturel n , entre β_n et $f^{(n)}(0)$.

PARTIE II - La suite γ

Dans cette partie, on désigne par n un entier naturel.
Pour $n \geqslant 1$ on note :
$\mathfrak{S}_n$ l'ensemble des permutations de $[\![1, n]\!]$,
γ_n le nombre d'éléments de $\mathfrak{S}_n$ sans point fixe (τ appartenant à $\mathfrak{S}_n$ est sans point fixe si pour tout k de $[\![1, n]\!]$, on a $\tau(k) \neq k$).
Pour $n = 0$ on adopte la convention : $\gamma_0 = 1$.

1. Calculer γ_1 et γ_2.

2. Classer les éléments de $\mathfrak{S}_3$ selon leur nombre de points fixes et calculer γ_3.

3. On suppose dans cette question que $n = 4$.

3.1. Quel est le nombre d'éléments τ appartenant à $\mathfrak{S}_4$ ayant deux points fixes ?

3.2. Quel est le nombre d'éléments τ appartenant à $\mathfrak{S}_4$ ayant un point fixe ?

3.3. Calculer γ_4.

4. Relation entre les γ_k

4.1. Rappeler sans justification le nombre d'éléments de $\mathfrak{S}_n$.

4.2. Si $0 \leqslant k \leqslant n$ combien d'éléments de $\mathfrak{S}_n$ ont exactement k points fixes ?

4.3. Établir pour tout entier naturel n la relation : $\displaystyle\sum_{k=0}^{n} \binom{n}{k} \gamma_k = n!$.

5. On considère la série entière $\displaystyle\sum \frac{\gamma_n}{n!} x^n$ et l'on pose $g(x) = \displaystyle\sum_{n=0}^{\infty} \frac{\gamma_n}{n!} x^n$ lorsque la série converge.

5.1. Montrer que le rayon de convergence de cette série entière est supérieur ou égal à 1.

5.2. Pour tout x de $]-1, 1[$, on pose $h(x) = g(x)e^x$.
Justifier l'existence du développement en série entière de la fonction h sur $]-1, 1[$ et expliciter ce développement.

5.3. Expliciter $g(x)$ pour tout nombre réel x de $]-1, 1[$. En déduire la valeur du rayon de convergence de la série $\displaystyle\sum \frac{\gamma_n}{n!} x^n$.

5.4. Comparer les deux suites β et γ.

5.5. La fonction g est-elle définie en 1 ?

5.6. La fonction g est-elle définie en -1 ?

5.7. Calculer γ_5.

PARTIE III - Sur $\delta_n = e^{-1}n! - \beta_n$

Pour tout entier naturel n on note :

$$\delta_n = e^{-1}n! - \beta_n, \qquad J_n = \int_0^1 x^n e^x \, dx, \qquad \nu_n = (-1)^{n+1} J_n.$$

1. La série $\sum \nu_n$

1.1. Quelle est la limite de J_n lorsque n tend vers ∞ ?

1.2. Établir la convergence de la série $\sum \nu_n$.

2. Estimation intégrale de δ_n

2.1. Justifier, pour tout nombre réel x et pour tout entier naturel n, l'égalité : $e^x = \displaystyle\sum_{k=0}^{n} \frac{x^k}{k!} + \int_0^x \frac{(x-t)^n}{n!} e^t \, dt \qquad (1).$

2.2. Déduire de (1) l'expression de δ_n en fonction de ν_n.

3. Sur la série $\sum \delta_n$

Justifier la convergence de $\sum \delta_n$; la convergence est-elle absolue ?

4. Sur la série $\sum \dfrac{|\delta_n|}{n}$

4.1. Justifier la convergence de $\displaystyle\sum \frac{|\delta_n|}{n}$.

4.2. On pose $A = -\displaystyle\int_0^1 e^x \ln(1-x) \, dx$.

4.2.1. Justifier la convergence de l'intégrale impropre A.

4.2.2. Exprimer la somme $\displaystyle\sum_{n=1}^{\infty} \frac{|\delta_n|}{n}$ en fonction de l'intégrale A.

4.3. Justifier la convergence de la série $\displaystyle\sum \frac{(-1)^n}{n!(n+1)^2}$ et expliciter sa somme $\displaystyle\sum_{n=0}^{\infty} \frac{(-1)^n}{n!(n+1)^2}$ en fonction de $\displaystyle\sum_{n=1}^{\infty} \frac{|\delta_n|}{n}$.

4.4. Expliciter un nombre rationnel $\dfrac{p}{q}$ vérifiant $\left|\displaystyle\sum_{n=1}^{\infty} \frac{|\delta_n|}{n} - \frac{p}{q}\right| \leqslant \frac{1}{600}$.

Solution

Partie I

1.1. $\alpha_0 = 1$, $\alpha_1 = \alpha_0 - 1 = 0$, $\alpha_2 = 2\alpha_1 + 1 = 1$, $\alpha_3 = 3\alpha_2 - 1 = 2$ et $\alpha_4 = 4\alpha_3 + 1 = 9$.

1.2. On a montré que, si $0 \leqslant n \leqslant 4$, alors $\alpha_n \in \mathbb{N}$ avec, si $2 \leqslant n \leqslant 4$, $\alpha_n \in \mathbb{N}^\star$. Supposons $\alpha_n \in \mathbb{N}^\star$ et $n \geqslant 2$, alors $\alpha_{n+1} = (n+1)\alpha_n + (-1)^{n+1} \in \mathbb{Z}$ et, de plus, $\alpha_{n+1} \geqslant (n+1) - 1 \geqslant 1$, donc $\alpha_{n+1} \in \mathbb{N}^\star$.
Cela prouve, par récurrence, que, pour tout $n \in \mathbb{N}$, $\alpha_n \in \mathbb{N}$.

2.1. Un calcul direct fournit $\beta_n = \alpha_n$ si $n \in [\![0,4]\!]$.

2.2. Si $n \in \mathbb{N}$, $\beta_n = \displaystyle\sum_{k=0}^{n} (-1)^k \frac{n!}{k!} = \sum_{k=0}^{n} (-1)^k n(n-1)\cdots(k+1) \in \mathbb{Z}$.

2.3. $\beta_{n+1} - (n+1)\beta_n = (n+1)! \displaystyle\sum_{k=0}^{n+1} \frac{(-1)^k}{k!} - (n+1)n! \sum_{k=0}^{n} \frac{(-1)^k}{k!} = (-1)^{n+1}$.

2.4 On a $\beta_0 = \alpha_0$ et, pour tout $n \geqslant 0$, $\beta_{n+1} = (n+1)\beta_n + (-1)^{n+1}$ d'où $\beta = \alpha$.

3.1. La série de terme général $\dfrac{(-1)^k}{k!}$ est alternée et la valeur absolue de son terme général tend vers 0 en décroissant strictement. Le théorème des séries alternées montre donc que $(-1)^{n+1}\rho_n > 0$.

3.2. Le même théorème montre que $|\rho_n| < \dfrac{1}{(n+1)!}$ *i.e.* $n!|\rho_n| < \dfrac{1}{n+1}\cdot$

3.3. On a $e^{-1}n! = \beta_n + n!\rho_n$ d'où $\left|e^{-1}n! - \beta_n\right| = n!|\rho_n| < \dfrac{1}{n+1}\cdot$
On en déduit, pour $n \geqslant 1$, que $\left|e^{-1}n! - \beta_n\right| < \dfrac{1}{2}$ et donc β_n est, d'après 2.2, l'entier le plus proche de $e^{-1}n!$

4.1. $(1-x)y' - xy = 0$ est une équation différentielle linéaire d'ordre 1 sans point singulier dans $]-1,1[$ et admet donc une unique solution f vérifiant en outre $f(0) = 1$.
Si $|x| < 1$ on a $\dfrac{x}{1-x} = -1 + \dfrac{1}{1-x}$ d'où $f(x) = f(0)\exp(-x - \ln(1-x))$, soit $f(x) = \dfrac{e^{-x}}{1-x}\cdot$

4.2. f est le produit des fonctions $x \mapsto e^{-x}$ et $x \mapsto \dfrac{1}{1-x}$ donc de classe $\mathcal{C}^\infty$ sur $]-1,1[$.

4.3. Immédiatement $(1-x)f(x) = e^{-x}$ et donc la formule de Leibniz donne
$$\frac{d^{n+1}}{dx^{n+1}}\left[(1-x)f(x)\right] = (1-x)f^{(n+1)}(x) - (n+1)f^{(n)}(x) = (-1)^{n+1}e^{-x}.$$

4.4. Pour $x = 0$ cela donne $f^{(n+1)}(0) = (n+1)f^{(n)}(0) + (-1)^{n+1}$ et, comme $f^{(0)}(0) = f(0) = 1 = \beta_0$ on en déduit : $\forall n \in \mathbb{N},\ f^{(n)}(0) = \beta_n$.

Partie II

1. On a immédiatement $\gamma_1 = 0$ et $\gamma_2 = 1$.

2. Seule e a trois points fixes. Aucune permutation ne peut avoir exactement deux points fixes. Les transpositions ont un point fixe, ce sont $(1,2)$, $(2,3)$ et $(3,1)$.
Enfin les cycles $(1,2,3)$ et $(1,3,2)$ n'ont aucun point fixe, donc $\gamma_3 = 2$.

3.1. τ a deux points fixes si, et seulement si, τ est une transposition ; le nombre de telles permutations est $\binom{4}{2}$, soit 6.

3.2. τ a i pour point fixe seulement si τ induit une permutation sans point fixe de $[\![1,4]\!] \setminus \{i\}$ et on a vu dans la question 2 qu'il y a deux telles permutations. Comme il y a quatre choix possibles de i cela fait 8 éléments de $\mathfrak{S}_4$ ayant exactement un point fixe.

3.3. Aucun élément de $\mathfrak{S}_4$ n'a exactement trois points fixes, seule e a quatre points fixes, donc $\gamma_4 = 4! - 1 - 0 - 8 - 6 = 9$.

4.1. $\mathfrak{S}_n$ a $n!$ éléments.

4.2. Soit X une partie fixée à k éléments de $[\![1,n]\!]$. Un élément τ de $\mathfrak{S}_n$ a X comme ensemble de points fixes si, et seulement si, il induit une permutation de $[\![1,n]\!] \setminus X$ sans point fixe, il existe donc γ_{n-k} tels τ. De plus il y a $\binom{n}{k}$ choix de X.
$\mathfrak{S}_n$ possède donc $\binom{n}{k}\gamma_{n-k}$ éléments ayant k points fixes.

4.3. Si l'on note $\mathcal{A}_k$ l'ensemble des éléments de $\mathfrak{S}_n$ ayant k points fixes alors $(\mathcal{A}_k)_{0\leqslant k\leqslant n}$ est une partition de $\mathfrak{S}_n$ et donc $\mathrm{Card}(\mathfrak{S}_n) = \sum\limits_{k=0}^{n} \mathrm{Card}(\mathcal{A}_k)$, soit encore $n! = \sum\limits_{k=0}^{n} \binom{n}{k}\gamma_{n-k} = \sum\limits_{p=0}^{n} \binom{n}{p}\gamma_p$ car $\binom{n}{p} = \binom{n}{n-p}$.

5.1. $0 \leqslant \dfrac{\gamma_n}{n!} \leqslant 1$ et $\sum x^n$ admet 1 pour rayon, de convergence.
Donc le rayon de convergence R de $\sum \dfrac{\gamma_n}{n!}x^n$ vérifie : $R \geqslant 1$.

5.2. exp est développable en série entière sur $\mathbb{R}$ donc, par produit de Cauchy, h est développable en série entière sur $]-1,1[$ avec, sur cet intervalle

$$h(x) = \left(\sum_{p=0}^{\infty} \frac{\gamma_p}{p!}x^p\right)\left(\sum_{q=0}^{\infty} \frac{x^q}{q!}\right) = \sum_{n=0}^{\infty}\left(\sum_{p=0}^{n} \frac{\gamma_p}{p!(n-p)!}\right)x^n$$

$$= \sum_{n=0}^{\infty}\left(\sum_{p=0}^{n}\binom{n}{p}\gamma_p\right)\frac{x^n}{n!} = \sum_{n=0}^{\infty} x^n = \frac{1}{1-x}.$$

5.3. On en déduit que, sur $]-1,1[$, $g(x) = \dfrac{e^{-x}}{1-x} = f(x)\cdot$
Si l'on avait $R > 1$ alors g aurait une limite finie en 1, ce qui est faux. Donc $R = 1$.

5.4. On a montré que $g = f$ et, par unicité des coefficients d'un développement en série entière la question I.4 montre : $\gamma = \beta$.

5.5. On a vu dans I.3 que $\left|e^{-1} - \dfrac{\gamma_n}{n!}\right| < \dfrac{1}{(n+1)!}$, on en déduit immédiatement que $\dfrac{\gamma_n}{n!} \xrightarrow[n\to\infty]{} e^{-1}$ et donc $\sum \dfrac{\gamma_n}{n!}$ diverge grossièrement, autrement dit $g(1)$ n'a pas de sens.

5.6. De même $\sum \dfrac{(-1)^n \gamma_n}{n!}$ diverge grossièrement et donc $g(-1)$ n'a aucun sens.

5.7. L'énoncé semble suggérer d'utiliser le développement en série entière de g. Le calcul de α_5 est bien plus rapide car on connaît α_4.
$\gamma_5 = \beta_5 = \alpha_5 = 5\alpha_4 - 1 = 44$.

Partie III

1.1. $0 \leqslant J_n \leqslant e \displaystyle\int_0^1 x^n\,dx \leqslant \dfrac{e}{n+1}$ et donc $(J_n)_n$ converge vers 0.

1.2. La décroissance de $(J_n)_n$ est immédiate et, donc, le théorème des séries alternées montre la convergence de $\sum \nu_n$.

2.1. C'est la formule de Taylor avec reste intégrale appliquée à exp sur $[0,x]$ ou $[x,0]$ selon le signe de x car, pour tout $n \in \mathbb{N}$, $\exp^{(n)} = \exp$.

2.2. On en déduit $e^{-1}n! = n!\displaystyle\sum_{k=0}^{n} \dfrac{(-1)^k}{k!} + \int_0^{-1} (-1-t)^n e^t\,dt = \beta_n + e^{-1}\nu_n$ à l'aide du changement de variable $x = 1+t$, et donc $\delta_n = e^{-1}\nu_n$.

3. La convergence découle de ce qui précède et de 1.2.
En revanche $|\delta_n| = e^{-1}J_n \geqslant e^{-1}\displaystyle\int_0^1 x^n\,dx$ d'où $|\delta_n| \geqslant \dfrac{e^{-1}}{n+1}$ et donc $\sum |\delta_n|$ diverge.

4.1. On a $0 \leqslant \dfrac{|\delta_n|}{n} \leqslant \dfrac{e^{-1}J_n}{n} \leqslant \dfrac{1}{n(n+1)}$ d'où la convergence de $\sum \dfrac{|\delta_n|}{n}$.

4.2.1. $\varphi : x \mapsto -e^x \ln(1-x)$ est continue sur $[0,1[$ et $\sqrt{1-x} \times \varphi(x) \xrightarrow[x\to 1]{} 0$ par croissances comparées, et donc φ est intégrable sur $[0,1[$.

4.2.2. $\varphi_n : x \mapsto \dfrac{x^n e^x}{n}$ est continue et donc intégrable sur $[0,1]$,
$\sum \varphi_n$ converge simplement sur $[0,1[$ et sa somme, $\varphi : x \mapsto -e^x \ln(1-x)$, est continue.

La question 4.1 montre que $\sum \int_0^1 |\varphi_n|$ converge car chaque φ_n est positive.
Le théorème d'intégration terme à terme assure alors que λ est intégrable sur $[0,1[$ et que $\displaystyle\int_0^1 \varphi = \sum_{n=1}^{\infty} \int_0^1 \varphi_n$ ou encore $\displaystyle\sum_{n=1}^{\infty} \frac{|\delta_n|}{n} = e^{-1}A$.

4.3. $\displaystyle\frac{(-1)^n}{n!(n+1)^2} \underset{n\to\infty}{=} o\Big(\frac{1}{n^2}\Big)$ d'où la convergence (absolue) de $\displaystyle\sum \frac{(-1)^n}{n!(n+1)^2}\cdot$

Le changement de variable affine $u = 1 - x$ fournit $\displaystyle A = -\int_0^1 e^{1-u}\ln(u)\,du$.

$\displaystyle\psi_n : u \mapsto \frac{(-1)^{n+1}u^n\ln(u)}{n!}$ est continue et intégrable sur $]0,1]$ comme dans 4.2.1.
$\sum \psi_n$ converge simplement sur $]0,1[$ et sa somme, $u \mapsto -e^{-u}\ln(u)$, est continue.
Si $0 < a < 1$, en intégrant par parties,
$\displaystyle\int_a^1 u^n \ln(u)\,du = \frac{1}{n+1}\Big[u^{n+1}\ln(u)\Big]_a^1 - \frac{1}{n+1}\int_0^1 u^n\,du$ et donc, quand $a \to 1$,
$\displaystyle\int_0^1 u^n\ln(u)\,du = -\frac{1}{(n+1)^2}$ ainsi que $\displaystyle\int_0^1 |\psi_n| = \frac{1}{n!(n+1)^2}$, terme général d'une série convergente.
Le théorème d'intégration terme à terme montre que :

$$e^{-1}A = \sum_{n=1}^{\infty}\frac{|\delta_n|}{n} = \sum_{n=0}^{\infty}\frac{(-1)^n}{n!(n+1)^2}.$$

4.4. Le théorème des séries alternées montre que $\displaystyle\left|\sum_{k=4}^{\infty}\frac{(-1)^k}{k!(k+1)^2}\right| \leqslant \frac{1}{4!\times 5^2}$ qui est $\displaystyle\frac{1}{600}\cdot$ Par suite $\displaystyle\left|\sum_{n=1}^{\infty}\frac{|\delta_n|}{n} - \sum_{k=0}^{3}\frac{(-1)^k}{k!(k+1)^2}\right| \leqslant \frac{1}{600}$ et l'on peut donc choisir $\displaystyle\frac{p}{q} = \sum_{k=0}^{3}\frac{(-1)^k}{k!(k+1)^2} = \frac{229}{288}\cdot$

Fin

Notations

On désigne par $\mathbb{R}$ l'ensemble des nombres réels, par $\mathbb{N}$ l'ensemble des nombres entiers naturels et par $\mathbb{N}^\star$ l'ensemble $\mathbb{N}$ privé de 0.
Pour n entier naturel non nul, on note $\mathfrak{M}_n(\mathbb{R})$ (respectivement $\mathfrak{M}_{n,1}(\mathbb{R})$) l'espace vectoriel réel des matrices carrées à n lignes (respectivement l'espace vectoriel des matrices colonnes à n lignes) à coefficients réels.
On note $\det(A)$ le déterminant d'une matrice carrée A et ${}^tB$ la transposée d'une matrice B quelconque.
Étant donnée une matrice A, la notation $A = (a_{i,j})$ signifie que $a_{i,j}$ est le coefficient de la ligne i et de la colonne j de la matrice A.
Lorsque $A = (a)$ est une matrice de $\mathfrak{M}_1(\mathbb{R})$, on identifie la matrice A avec le réel a.
Pour tout entier naturel n, on note $n!$ la factorielle de n, avec la convention $0! = 1$.
Soient p et n deux entiers naturels tels que $0 < p < n$:

- on note $[\![p, n]\!]$ l'ensemble des entiers k tels que $p \leqslant k \leqslant n$,
- on rappelle la notation $\binom{n}{p} = \dfrac{n!}{p!(n-p)!}$.

Le produit scalaire de deux vecteurs u et v d'un espace préhilbertien sera noté $(u|v)$.

Objectifs

Dans ce problème, on définit la matrice de Gram d'une famille finie de vecteurs d'un espace préhilbertien réel.
La première partie porte sur des calculs de déterminants, la valeur d'un des déterminants calculés servant à illustrer la quatrième partie.
Dans la deuxième partie, on définit les matrices de Gram et on en étudie quelques propriétés. Les troisième et quatrième parties sont des applications de la deuxième partie.

Partie I

Les résultats de cette partie ne serviront que dans la partie IV

1. Déterminant d_p
Soit $n \in \mathbb{N}$. Pour $p \in [\![0, n]\!]$, on note $A_p = (a_{i,j})$ la matrice carrée de $\mathfrak{M}_{n-p+1}(\mathbb{R})$ dont le coefficient $a_{i,j}$ est égal à $\binom{p+i+j-2}{p+i-1}$.
On note $d_p = \det(A_p)$.

1.1. Expliciter les entiers r et s tels que $a_{i,j} = \binom{r}{s}$ pour les quatre coefficients $a_{1,1}$, $a_{1,n-p+1}$, $a_{n-p+1,1}$ et $a_{n-p+1,n-p+1}$.

1.2. Pour tout entier naturel $n \geqslant 2$ calculer les déterminants d_n, d_{n-1} et d_{n-2}.

1.3. On suppose que la matrice A_p possède au moins deux lignes. On note L_i la ligne d'indice i.

1.3.1. Dans le calcul de d_p on effectue les opérations suivantes : pour i variant de $n-p+1$ à 2, on retranche la ligne L_{i-1} à la ligne L_i (opération codée $L_i \leftarrow L_i - L_{i-1}$). Déterminer le coefficient d'indice (i,j) de la nouvelle ligne L_i.

1.3.2 En déduire une relation entre d_p et d_{p+1} puis en déduire d_p.

2. Déterminants $\boldsymbol{D_n}$ et $\boldsymbol{\Delta_n}$

Pour $n \in \mathbb{N}$, on note D_n le déterminant de la matrice carrée de $\mathfrak{M}_{n+1}(\mathbb{R})$ dont le coefficient de la ligne i et de la colonne j est $(i+j)!$, **les lignes et les colonnes étant indexées de 0 à $\boldsymbol{n}$.**

On note $D_n = \det\big((i+j)!\big)$. Avec les mêmes notations, on note $\Delta_n = \det\left(\binom{i+j}{i}\right)$ pour $(i,j) \in [\![0,n]\!] \times [\![0,n]\!]$.

2.1. Calculer les déterminants D_0, D_1, D_2, Δ_0, Δ_1 et Δ_2.

2.2. Donner une relation entre D_n et Δ_n.

2.3. En déduire Δ_n puis D_n.

Partie II

A) Soit $n \in \mathbb{N}^\star$.

A.1. Soit $C = (c_{i,j})$ une matrice carrée de $\mathfrak{M}_n(\mathbb{R})$. Pour tout entier $i \in [\![1,n]\!]$, on note X_i la matrice colonne de $\mathfrak{M}_{n,1}(\mathbb{R})$ dont tous les coefficients sont nuls, sauf le coefficient de la ligne i qui vaut 1.

A.1.1. Pour $(i,j) \in [\![1,n]\!] \times [\![1,n]\!]$, déterminer le produit ${}^tX_iCX_j$.

A.1.2. En déduire que $C = 0$ si, et seulement si, pour tout couple (X,Y) de $\mathfrak{M}_{n,1}(\mathbb{R}) \times \mathfrak{M}_{n,1}(\mathbb{R})$, on a ${}^tXCY = 0$.

Soit E un espace euclidien de dimension n et soit $\mathcal{B} = (e_1, \dots, e_n)$ une base de E. Soit $A = (a_{i,j})$ la matrice carrée de $\mathfrak{M}_n(\mathbb{R})$ telle que $a_{i,j} = (e_i|e_j)$ le produit scalaire de e_i et e_j. Pour tout vecteur u de E, on note avec la même lettre majuscule U la matrice colonne des composantes du vecteur u relativement à la base $\mathcal{B}$.

A.2. Pour tout couple (x,y) de vecteurs de E, justifier : $(x|y) = {}^tXAY$.

Soit $\mathcal{B}' = (e'_1, \dots, e'_n)$ une autre base de E et soit $A' = (a'_{i,j})$ la matrice carrée de $\mathfrak{M}_n(\mathbb{R})$ avec $a'_{i,j} = (e'_i|e'_j)$. On note P la matrice de passage de la base $\mathcal{B}$ à la base $\mathcal{B}'$.

A.3. Pour tout vecteur u de E, on note U' la matrice colonne des composantes du vecteur u relativement à la base $\mathcal{B}'$.

A.3.1. Soit x un vecteur de E. Donner une relation entre les matrices X, X' et P.

A.3.2. Justifier l'égalité $A' = {}^tPAP$.

A.3.3. Que devient l'égalité précédente lorsque $\mathcal{B}'$ est une base orthonormale ?

A.3.4. Montrer que la matrice A est inversible et que $\det(A) > 0$.

A.3.5. Déduire des résultats précédents que si $(\varepsilon_1, \ldots, \varepsilon_n)$ est une famille libre de vecteurs d'un espace préhilbertien réel, la matrice $B = \big((\varepsilon_i|\varepsilon_j)\big)$ de $\mathfrak{M}_p(\mathbb{R})$ de coefficients les produits scalaires $(\varepsilon_i|\varepsilon_j)$, vérifie $\det(B) > 0$.

B) Soit $n \in \mathbb{N}^\star$.
Dans un espace préhilbertien réel $\mathcal{H}$, on considère n vecteurs **quelconques** $(u_1, \ldots, u_n)$.
Soit $M = \big((u_i|u_j)\big)$ la matrice de $\mathfrak{M}_n(\mathbb{R})$ de coefficients les produits scalaires $(u_i|u_j)$. À toute matrice colonne $X = \begin{pmatrix} x_1 \\ \vdots \\ x_n \end{pmatrix}$ de $\mathfrak{M}_{n,1}(\mathbb{R})$, on associe le vecteur $v = \sum\limits_{i=1}^{n} x_i u_i$.

B.1. Dans cette question on suppose $n = 2$.

B.1.1. Montrer que $\det(M) \geqslant 0$.

B.1.2. À quelle condition sur $\det(M)$ la famille (u_1, u_2) est-elle libre ?

On revient au cas général où n est quelconque dans $\mathbb{N}^\star$.

B.2. Exprimer les coefficients de la matrice MX en fonction des produits scalaires $(u_i|v)$.

B.3. En déduire ${}^tXMX = \|v\|^2$ où $\|v\|$ est la norme du vecteur v.

B.4. Soit λ une valeur propre (complexe) de la matrice M. Justifier que λ appartient à $\mathbb{R}$. Montrer que $\lambda \geqslant 0$.

B.5. Montrer que $MX = 0$ si, et seulement si, v est le vecteur nul.

B.6. On suppose que la matrice M est inversible, déduire de la question précédente que la famille $(u_1, \ldots, u_n)$ est libre.

Définition : Étant donné n vecteurs $v_1, \ldots, v_n$ d'un espace préhilbertien réel $\mathcal{H}$, on appelle matrice de Gram des vecteurs $v_1, \ldots, v_n$, la matrice $G(v_1, \ldots, v_n) = \big((v_i|v_j)\big)$ de $\mathfrak{M}_n(\mathbb{R})$ de coefficients les produits scalaires $(v_i|v_j)$.
Il résulte de la partie II que $(v_1, \ldots, v_n)$ est libre si, et seulement si, $\det\big(G(v_1, \ldots, v_n)\big) \neq 0$; dans ce cas, on a $\det\big(G(v_1, \ldots, v_n)\big) > 0$.

Partie III

Dans cette partie, E est l'espace euclidien $\mathbb{R}^3$ supposé orienté, u_1, u_2, u_3 sont trois vecteurs unitaires de E. On note α, β, γ les réels de $[0, \pi]$ tels que $(u_1|u_1) = \cos(\alpha)$, $(u_2|u_3) = \cos(\beta)$ et $(u_3|u_1) = \cos(\gamma)$ et on suppose que $0 \leqslant \gamma \leqslant \beta \leqslant \alpha \leqslant \pi$.

1. Déterminer les racines du polynôme

$$P(X) = X^2 - 2X\cos(\beta)\cos(\gamma) + \cos^2(\beta) + \cos^2(\gamma) - 1.$$

2. En déduire une factorisation de $\det\big(G(u_1, u_2, u_3)\big)$ en produit de deux facteurs.

3. Montrer que $\cos(\alpha)$ est compris entre $\cos(\beta - \gamma)$ et $\cos(\beta + \gamma)$.

4. Montrer que $\det\big(G(u_1, u_2, u_3)\big) = 0$ si, et seulement si, $\alpha+\beta+\gamma = 2\pi$ ou $\alpha = \beta + \gamma$.

5. On suppose que $\alpha = \beta = \gamma$ et on note $c = \cos(\alpha)$.
5.1. Déterminer le polynôme caractéristique de $G(u_1, u_2, u_3)$.
En déduire ses valeurs propres.

5.2. Déterminer la plus petite valeur possible de c.

5.3. On prend $c = -\dfrac{1}{2}$.

5.3.1. Quelle est la valeur de $u_1 + u_2 + u_3$?

5.3.2. Déterminer le noyau de l'endomorphisme canoniquement associé à la matrice $G(u_1, u_2, u_3)$. En utilisant II.B.5, retrouver la valeur de $u_1 + u_2 + u_3$.

Partie IV

Soit n un entier naturel avec $n \geqslant 2$.
On considère n vecteurs $v_1, \ldots, v_n$ d'un espace préhilbertien réel $\mathcal{H}$.

1. Opérations sur les vecteurs d'une matrice de Gram. Soit $\lambda \in \mathbb{R}$.
1.1. Exprimer $\det\big(G(v_1, \ldots, v_{n-1}, \lambda v_n)\big)$ en fonction de λ et de $\det\big(G(v_1, \ldots, v_n)\big)$.

1.2. Exprimer $\det\big(G(v_1, \ldots, v_{n-1}, v_n + \lambda v_1)\big)$ en fonction de $\det\big(G(v_1, \ldots, v_n)\big)$.

2. Soit $F = \operatorname{Vect}(v_1, \ldots, v_n)$ le sous-espace vectoriel de $\mathcal{H}$ engendré par les vecteurs $v_1, \ldots, v_n$.
2.1. Soit w un vecteur de $\mathcal{H}$ orthogonal à F. Exprimer $\det\big(G(v_1, \ldots, v_n, w)\big)$ en fonction de w et de $\det\big(G(v_1, \ldots, v_n)\big)$.

2.2. Soit $v \in \mathcal{H}$, on note $d(v, F)$ la distance du vecteur v au sous-espace vectoriel F.
Montrer l'égalité $\det\big(G(v_1, \ldots, v_n, v)\big) = \big[d(v, F)\big]^2 \det\big(G(v_1, \ldots, v_n)\big)$.

3. Calcul de la distance d'un vecteur à un sous-espace vectoriel.

3.1. Pour $k \in \mathbb{N}$, justifier la convergence des intégrales $J_k = \displaystyle\int_0^{+\infty} t^k e^{-t} dt$ et calculer leur valeur.
On rappelle (et on admettra) que $\mathbb{R}[X]$, l'espace vectoriel réel des polynômes à coefficients dans $\mathbb{R}$, est un espace préhilbertien réel pour le produit scalaire $(P|Q) = \displaystyle\int_0^{+\infty} P(t)Q(t)e^{-t} dt$.
On considère la base de $\mathbb{R}[X]$ formée des vecteurs e_k où $e_k = X^k$, $k \in \mathbb{N}$.

3.2. Calculer les produits scalaires $(e_i|e_j)$.

3.3. Soit $n \in \mathbb{N}^\star$. Déduire des questions précédentes et de la partie I, la distance du vecteur e_n au sous-espace vectoriel $\mathbb{R}_{n-1}[X]$ des polynômes de degré $\leqslant n-1$ de l'espace $\mathbb{R}[X]$.

Solution

Partie I

1.1. Plus généralement $a_{i,1} = \binom{p+i-1}{p+i-1} = 1$, $a_{i,2} = \binom{p+i}{p+i-1} = p+i$, $a_{1,n-p+1} = \binom{n}{p}$ et $a_{n-p+1,n-p+1} = \binom{2n-p}{n}$.

1.2. $A_n = (1)$ d'où $d_n = 1$, $A_{n-1} = \begin{pmatrix} 1 & n \\ n & n+1 \end{pmatrix}$ d'après la question précédente, d'où $d_{n-1} = 1$. Enfin $A_{n-2} = \begin{pmatrix} 1 & n-1 & \dfrac{(n-1)n}{2} \\ 1 & n & \dfrac{n(n+1)}{2} \\ 1 & n+1 & \dfrac{(n+1)(n+2)}{2} \end{pmatrix}$ et donc, en effectuant $L_2 \leftarrow L_2 - L_1$ et $L_3 \leftarrow L_3 - L_2$, on obtient $d_{n-2} = \begin{vmatrix} 1 & (\star) \\ (0) & A_{n-1} \end{vmatrix} = d_{n-1} = 1$.

1.3.1. Avec des notations adaptées :
$a_{i,j}^{(p)} \leftarrow a_{i,j}^{(p)} - a_{i-1,j}^{(p)} = \binom{p+i+j-2}{p+i-1} - \binom{p+i+j-3}{p+i-2} = \binom{p+i+j-3}{p+i-1} = a_{i-1,j-1}^{(p+1)}$.

1.3.2. Ainsi $d_p = \begin{vmatrix} 1 & (\star) \\ (0) & A_{p+1} \end{vmatrix} = d_{p+1}$ et donc $(d_p)_{0\leqslant p\leqslant n}$ est constante. Comme $d_n = 1$ on en déduit, pour tout $p \in [\![0,n]\!]$, $d_p = 1$.

2.1. $D_0 = |1| = 1$, $D_1 = \begin{vmatrix} 1 & 1 \\ 1 & 2 \end{vmatrix} = 1$ et $D_2 = \begin{vmatrix} 1 & 1 & 2 \\ 1 & 2 & 6 \\ 2 & 6 & 24 \end{vmatrix} = 72 - 68 = 4$.

$\Delta_0 = |1| = 1$, $\Delta_1 = \begin{vmatrix} 1 & 1 \\ 1 & 2 \end{vmatrix} = 1$ et $\Delta_2 = \begin{vmatrix} 1 & 1 & 1 \\ 1 & 2 & 3 \\ 1 & 3 & 6 \end{vmatrix} = 18 - 17 = 1$.

2.2. Comme $\begin{pmatrix} i+j \\ i \end{pmatrix} = \dfrac{(i+j)!}{i!j!}$ et comme le déterminant est n-linéaire par rapport aux colonnes on a $\Delta_n = \dfrac{1}{0!1!\cdots n!} \det\left(\dfrac{(i+j)!}{i!}\right)$ et, de même, par rapport aux lignes, $\Delta_n = \dfrac{1}{(0!1!\cdots n!)^2} D_n$.

2.3. On effectue, dans Δ_n, les opérations $L_i \leftarrow L_i - L_{i-1}$ pour $1 \leqslant i \leqslant n$ et, comme $\binom{i+j}{i} - \binom{i-1+j}{i-1} = \binom{i-1+j}{i}$, il vient $\Delta_n = \begin{vmatrix} 1 & (\star) \\ (0) & A_1 \end{vmatrix} = d_1 = 1$.
Par suite $D_n = (0!1!\cdots n!)^2$.

Partie II

A.1.1. Immédiatement ${}^tX_iCX_j = c_{i,j}$.

A.1.2. Le sens direct est immédiat.
Réciproquement si, pour tout couple (X,Y) de colonnes on a ${}^tXCY = 0$ alors la question précédente montre que tous les $c_{i,j}$ sont nuls *i.e.* $C = 0$.

A.2. Par bilinéarité du produit scalaire on a $(x|y) = \sum_{1\leqslant i,j\leqslant n} x_ix_j(e_i|e_j)$, soit $(x|y) = \sum_{1\leqslant i,j\leqslant n} x_ix_j{}^tX_iAX_j$. De même comme $X = \sum_{i=1}^n x_iX_i$, par bilinéarité, ${}^tXAY = \sum_{1\leqslant i,j\leqslant n} x_ix_j{}^tX_iAX_j = (x|y)$.

A.3.1. $X = PX'$.

A.3.2. $\forall(x,y)\in E^2$, $(x|y) = {}^t(PX')A(PY') = {}^tX'({}^tPAP)Y' = {}^tX'A'Y'$ et donc ${}^tX'(A' - {}^tPAP)Y' = 0$.
Pour $X' = X_i$ et $Y' = Y_j$ on obtient, d'après A.1.1, $a'_{i,j} = ({}^tPAP)_{i,j}$ et donc $A' = {}^tPAP$.

A.3.3 L'égalité se précise en ${}^tPAP = I_n$ bien sûr.

A.3.4. En passant au déterminant on en déduit $1 = \det^2(P)\det(A)$ et donc $\det(A) > 0$ puis $A\in \mathrm{GL}_n(\mathbb{R})$.

A.3.5. Il suffit de considérer $E = \mathrm{Vect}(\varepsilon_1,\ldots,\varepsilon_n)$ et de remarquer que $(\varepsilon_1,\ldots,\varepsilon_n)$ en est une base.

B.1.1. $\det(M) = \|u_1\|^2\|u_2\|^2 - (u_1|u_2)^2 \geqslant 0$ d'après l'inégalité de Cauchy-Schwarz.

B.1.2. Le cas d'égalité dans l'inégalité de Cauchy-Schwarz montre que (u_1,u_2) est liée si, et seulement si, $\det(M) = 0$ ou encore :

$$(u_1,u_2) \text{ est libre si, et seulement si, } \det(M) > 0.$$

B.2. Si $1 \leqslant i \leqslant n$, $(MX)_i = \sum_{k=1}^n m_{i,k}x_k = \sum_{k=1}^n x_k(u_i|u_k) = (u_i|v)$ par linéarité à droite du produit scalaire.

B.3. ${}^tXMX = \sum_{i=1}^n x_i(MX)_i = \sum_{i=1}^n x_i(u_i|v) = \|v\|^2$ par linéarité à gauche du produit scalaire.

B.4. $M\in S_n(\mathbb{R})$ donc $\mathrm{Sp}_{\mathbb{C}}(M) = \mathrm{Sp}_{\mathbb{R}}(M)$.
Si X est un vecteur propre unitaire associé à λ on a :
$\|v\|^2 = {}^tXMX = \lambda{}^tXX = \lambda\|X\|^2 = \lambda$ d'où $\lambda \geqslant 0$.

B.5. $MX = 0 \Rightarrow {}^tXMX = 0 \Rightarrow \|v\|^2 = 0 \Rightarrow v = 0$.
Si $v = 0$ alors B.2 montre que $MX = 0$. Donc $MX = 0 \iff v = 0$.

B.6. Si $\sum_{i=1}^{n} x_i u_i = 0$ alors $v = 0$ puis $MX = 0$ et, comme M est inversible, $X = 0$, ce qui montre que $(u_1, \dots, u_n)$ est libre.

Partie III

1. Le discriminant réduit est $\left[1 - \cos^2(\beta)\right]\left[1 - \cos^2(\gamma)\right]$ ou $\sin^2(\beta)\sin^2(\gamma)$. Les racines sont $\cos(\beta)\cos(\gamma) \pm \sin(\beta)\sin(\gamma)$ ou $\cos(\beta \pm \gamma)$.

2. $\det\big(G(u_1, u_2, u_3)\big) = \begin{vmatrix} 1 & \cos(\alpha) & \cos(\gamma) \\ \cos(\alpha) & 1 & \cos(\beta) \\ \cos(\gamma) & \cos(\beta) & 1 \end{vmatrix} = -P\big(\cos(\alpha)\big)$.
D'où $\det\big(G(u_1, u_2, u_3)\big) = -\big[\cos(\alpha) - \cos(\beta + \gamma)\big]\big[\cos(\alpha) - \cos(\beta - \gamma)\big]$.

3. Ce déterminant est positif, $\cos(\alpha)$ est donc entre les racines de P.

4. On envisage quatre cas :
- $\alpha - (\beta + \gamma) \in 2\pi\mathbb{Z}$, or $-\pi \leqslant -\gamma \leqslant \alpha - \beta - \gamma \leqslant \alpha \leqslant \pi$ donc $\alpha = \beta + \gamma$.
- $\alpha + (\beta + \gamma) \in 2\pi\mathbb{Z}$ or $0 \leqslant \alpha + \beta + \gamma \leqslant 3\pi$ d'où $\alpha + \beta + \gamma = 2\pi$.
- $\alpha - (\beta - \gamma) \in 2\pi\mathbb{Z}$ or $0 \leqslant \gamma \leqslant \alpha - \beta + \gamma \leqslant \alpha \leqslant \pi$ d'où $\alpha - \beta + \gamma = 0$ et alors $\gamma = 0$, $\alpha = \beta$ d'où $\alpha = \beta + \gamma$.
- $\alpha + (\beta - \gamma) \in 2\pi\mathbb{Z}$ or $0 \leqslant \beta \leqslant \alpha + \beta - \gamma \leqslant \alpha \leqslant \pi$ et, de même, $\beta = 0$ et $\alpha = \beta + \gamma$.

En résumé le déterminant est nul si, et seulement si, l'on a $\alpha = \beta + \gamma$ ou $\alpha + \beta + \gamma = 2\pi$.

5.1. $G(u_1, u_2, u_3) = \begin{pmatrix} 1 & c & c \\ c & 1 & c \\ c & c & 1 \end{pmatrix} = c \begin{pmatrix} 1 & 1 & 1 \\ 1 & 1 & 1 \\ 1 & 1 & 1 \end{pmatrix} + (1 - c)I_3$ semblable à $c\,\mathrm{Diag}(3, 0, 0) + (1 - c)I_3$ ou encore $\mathrm{Diag}(1 + 2c, 1 - c, 1 - c)$, ce qui permet de répondre sans calcul à la question.

5.2. Les valeurs propres sont positives, soit $c \leqslant 1$, ce que l'on savait déjà, et $c \geqslant -\frac{1}{2}$. Pour $\alpha = \beta = \gamma = \frac{2\pi}{3}$ on a $c = -\frac{1}{2}$, il s'agit de la plus petite valeur possible de c.

5.3.1. et 2. Avec $X = \begin{pmatrix} 1 \\ 1 \\ 1 \end{pmatrix}$ on a $MX = 0$ d'où $\|v\|^2 = {}^t XMX = 0$ et donc $u_1 + u_2 + u_3 = 0$.
Comme 0 est valeur propre simple le noyau est de dimension 1 et donc $\mathrm{Ker}(M) = \mathbb{R} \begin{pmatrix} 1 \\ 1 \\ 1 \end{pmatrix}$.

Partie IV

1. Préliminaire

Soit $(e_1, \ldots, e_n)$ une base orthonormale d'un sous-espace vectoriel E de $\mathcal{H}$ contenant $v_1, \ldots, v_n$ et soit M la matrice de $(v_1, \ldots, v_n)$ dans $(e_1, \ldots, e_n)$.

Si $(i,j) \in [\![1,n]\!]^2$, $({}^t MM)_{i,j} = \sum\limits_{k=1}^{n} m_{k,i} m_{k,j} = \sum\limits_{k=1}^{n} (v_i|e_k)(v_j|e_k) = (v_i|v_j)$ car $(e_1, \ldots, e_n)$ est une base orthonormale de E. Donc $G(v_1, \ldots, v_n) = {}^t MM$ et $\det\big(G(v_1, \ldots, v_n)\big) = \det^2(M) = \det^2_{(e_1,\ldots,e_n)}(v_1, \ldots, v_n)$.

1.1. On en déduit $\det\big(G(v_1, \ldots, v_{n-1}, \lambda v_n)\big) = \lambda^2 \det\big(G(v_1, \ldots, v_n)\big)$.

1.2. De même, plus généralement que ce qui est demandé, on a :
$\det\big(G(v_1, \ldots, v_{n-1}, v_n + z)\big) = \det\big(G(v_1, \ldots, v_n)\big)$ si $z \in \mathrm{Vect}(v_1, \ldots, v_{n-1})$.

2.1. $G(v_1, \ldots, v_n, w) = \begin{pmatrix} G(v_1, \ldots, v_n) & (0) \\ (0) & \|w\|^2 \end{pmatrix}$ d'où :
$\det\big(G(v_1, \ldots, v_n, w)\big) = \|w\|^2 \times \det\big(G(v_1, \ldots, v_n)\big)$.

2.2. Soit z la projection orthogonale de v sur F, alors $v = z + w$ où $w \in F^\perp$ et donc $\det\big(G(v_1, \ldots, v_n, v)\big) = \det\big(G(v_1, \ldots, v_n, w)\big)$ d'après 1.2 puis $\det\big(G(v_1, \ldots, v_n, v)\big) = \|w\|^2 \times \det\big(G(v_1, \ldots, v_n)\big)$ d'après 2.1 d'où, en définitive, $\det\big(G(v_1, \ldots, v_n, v)\big) = d^2(v, F) \times \det\big(G(v_1, \ldots, v_n)\big)$.

3.1. J_0 converge et vaut 1.
Supposons que J_k soit convergente et égale à $k!$ et soit $x > 0$.
$\displaystyle\int_0^x t^{k+1} e^{-t} dt = \Big[-t^{k+1} e^{-t}\Big]_0^x + (k+1) \int_0^x t^k e^{-t} dt$ et donc, quand x tend vers $+\infty$, par croissances comparées, cela montre la convergence de J_{k+1} ainsi que $J_{k+1} = (k+1) J_k = (k+1)!$
Le théorème de récurrence montre que, pour tout $k \in \mathbb{N}$, J_k converge et est égale à $k!$

3.2. Si $(i,j) \in \mathbb{N}^2$ la question précédente montre que $(e_i|e_j) = J_{i+j} = (i+j)!$

3.3. Par suite $\det\big(G(e_0, \ldots, e_n)\big) = d^2\big(e_n, \mathbb{R}_{n-1}[X]\big) \det\big(G(e_0, \ldots, e_{n-1})\big)$ ou encore $D_n = d^2 \times D_{n-1}$ en posant $d = d\big(e_n, \mathbb{R}_{n-1}[X]\big)$ et donc $d = n!$ d'après I.2.3.

Fin

Objectifs.

Le but du problème est d'étudier, dans un $\mathbb{R}$-espace vectoriel normé, la distance d'un vecteur à un hyperplan.

Dans la partie I, on étudie un exemple dans l'ensemble $\mathfrak{M}_n(\mathbb{R})$ des matrices carrées d'ordre n à coefficients réels.

Dans la partie II, on étudie le cas de la dimension finie, puis on montre que les hyperplans sont fermés ou denses.

Dans la partie III, on étudie le cas des hyperplans denses.

Dans la partie IV, on étudie un exemple d'hyperplan fermé.

Les quatre parties sont, dans une large mesure, indépendantes.

Partie I.

$\mathfrak{M}_n(\mathbb{R})$ est l'ensemble des matrices carrées d'ordre $n \geqslant 2$, à coefficients réels, on le munit du produit scalaire défini par : $\big(A|B\big) = \mathrm{tr}({}^tAB)$ où A et B sont deux matrices de $\mathfrak{M}_n(\mathbb{R})$, ${}^tA$ est la transposée de la matrice A et $\mathrm{tr}({}^tAB)$ est la trace de la matrice ${}^tAB$.

Soit $F = (f_{i,j})_{1\leqslant i,j\leqslant n}$ la matrice de $\mathfrak{M}_n(\mathbb{R})$ définie par :

$$\begin{cases} f_{i,i} = 1 & \text{pour } 1 \leqslant i \leqslant n \\ f_{i,1} = 1 & \text{pour } 2 \leqslant i \leqslant n \\ f_{i,n} = 1 & \text{pour } 1 \leqslant i \leqslant n-1 \\ f_{i,j} = 0 & \text{dans tous les autres cas} \end{cases}$$

On note H l'ensemble des matrices X de $\mathfrak{M}_n(\mathbb{R})$ vérifiant $\big(F|X\big) = 0$.

1. Montrer que H est un hyperplan de $\mathfrak{M}_n(\mathbb{R})$.

2. On note $X = (x_{i,j})_{1\leqslant i,j\leqslant n}$, exprimer $\big(F|X\big)$ en fonction des $x_{i,j}$.

3. On rappelle que la distance d 'une matrice M de $\mathfrak{M}_n(\mathbb{R})$ à l'hyperplan H est définie par : $d(M,H) = \inf\limits_{U \in H} \|M-U\|$ où $\|\cdot\|$ est la norme associée au produit scalaire $\big(\cdot|\cdot\big)$ de $\mathfrak{M}_n(\mathbb{R})$. Montrer que $d(M,H) = \dfrac{|\big(F|M\big)|}{\|F\|}$.

4. Calculer $\|F\|$ en fonction de n.

5. On note $B = F - I_n$ où I_n désigne la matrice identité d'ordre n.

a) Déterminer le rang de B.

b) Calculer B^2, montrer que B^2 et B ont le même rang.

c) On appelle g l'endomorphisme de $\mathbb{R}^n$ tel que la matrice de g dans la base canonique de $\mathbb{R}^n$ soit la matrice B. On rappelle que $\mathrm{Ker}(g)$ et $\mathrm{Im}(g)$ désignent respectivement, le noyau et l'image de l'endomorphisme g. Montrer que : $\mathbb{R}^n = \mathrm{Ker}(g) \oplus \mathrm{Im}(g)$.

d) En déduire que la matrice B est semblable à une matrice du type $\begin{pmatrix} 0 & 0 \\ 0 & B' \end{pmatrix}$ où B' est une matrice carrée d'ordre 2 inversible.

e) Calculer les traces, $\mathrm{tr}(B)$ et $\mathrm{tr}(B^2)$, des matrices B et B^2, en déduire les valeurs propres de B'.

f) En déduire les valeurs propres de F ainsi que la dimension des sous-espaces propres associés.

6. Soit P un polynôme à coefficients réels de degré $k \geqslant 0$, de la forme $P = \sum_{i=0}^{k} a_i X^i$ on définit $P({}^tF)$ par : $P({}^tF) = a_0 I_n + \sum_{i=1}^{k} a_i ({}^tF)^i$.
Calculer la distance de la matrice $P({}^tF)$ à l'hyperplan H en fonction de P. On pourra utilement poser : $S(X) = XP(X)$ et calculer $S({}^tF)$.

Partie II.

H est un hyperplan d'un $\mathbb{R}$-espace vectoriel normé E, h est une forme linéaire non nulle sur E, dont le noyau est égal à H.

1. Dans cette question, E est un $\mathbb{R}$-espace vectoriel normé de dimension finie, on désigne par x_0 un vecteur de E.

a) On note $d(x_0, H)$ la distance de x_0 à l'hyperplan H. Montrer qu'il existe une suite $(y_n)_{n\geqslant 0}$ d'éléments de H tels que :
$$\lim_{n\to\infty} \|x_0 - y_n\| = d(x_0, H).$$

b) Montrer qu'il existe une suite $(y_{\varphi(n)})_{n\geqslant 0}$ extraite de la suite $(y_n)_{n\geqslant 0}$ qui converge vers un élément de H.

c) En déduire qu'il existe y_0 appartenant à l'hyperplan H tel que : $d(x_0, H) = \|x_0 - y_0\|$.
On dit que la distance de x_0 à l'hyperplan H est atteinte en y_0.

2. On suppose dans cette question que E est un $\mathbb{R}$-espace vectoriel normé de dimension quelconque.

a) Montrer que si h est une forme linéaire continue sur E alors le noyau, $\mathrm{Ker}(h)$, est fermé dans E.

b) Montrer que si le noyau, $\mathrm{Ker}(h)$, de h est fermé alors h est continue. On pourra montrer que, si h n'est pas continue, alors il existe une suite $(t_n)_{n\geqslant 0}$ de E telle que : $\lim_{n\to\infty} t_n = 0$ et $h(t_n) = 1$, pour tout entier n.

Puis, on utilisera la suite $(t_n - t_0)_{n\geqslant 0}$ pour mettre en évidence une contradiction.

c) Montrer que si H est un hyperplan de E alors l'adhérence $\overline{H}$ de H est un sous-espace vectoriel de E.

d) En déduire que tout hyperplan de E est fermé ou dense, c'est à dire $\overline{H} = H$ ou $\overline{H} = E$.

Partie III.

On suppose dans cette partie que E est un espace préhilbertien muni du produit scalaire $E \times E \to \mathbb{R}, (x, y) \mapsto (x|y)$ et que H est un hyperplan dense de E, c'est à dire $\overline{H} = E$.

1. Déterminer $H^\perp$, l'orthogonal de H.

2. Que dire de $H \oplus H^\perp$?

3. Pour tout vecteur x de E, calculer la distance $d(x, H)$.

4. La distance $d(x, H)$ est-elle toujours atteinte ? Justifier.

Partie IV.

On suppose dans cette partie que H est un hyperplan fermé, d'un $\mathbb{R}$-espace vectoriel normé E de dimension quelconque. H est le noyau de la forme linéaire h, continue non nulle sur E. x_0 désigne un vecteur fixé de E. On rappelle que la norme de l'application h subordonnée à la norme de E est définie par : $|||h||| = \sup\limits_{x\neq 0} \dfrac{|h(x)|}{||x||}$.

1. a) Montrer que, pour tout élément y de H on a : $||x_0 - y|| \geqslant \dfrac{|h(x_0)|}{|||h|||}$.

b) En déduire que la distance de x_0 à l'hyperplan H est supérieure ou égale à $\dfrac{|h(x_0)|}{|||h|||}$.

c) Montrer que $d(x_0, H) = 0$ si, et seulement si, $x_0 \in H$.

d) On considère dans cette question $x_0 \notin H$.

α) Montrer qu'il existe une suite $(w_n)_{n\geqslant 0}$ d'éléments de $E \setminus \{0\}$ vérifiant : $|||h||| = \lim\limits_{n\to\infty} \dfrac{|h(w_n)|}{||w_n||}$.

β) Montrer que, pour tout entier n, il existe un réel λ_n, non nul et un vecteur y_n de H tel que : $w_n = \lambda_n x_0 + y_n$.

γ) Prouver que, pour tout entier n : $\dfrac{|h(w_n)|}{||w_n||} \leqslant \dfrac{|h(x_0)|}{d(x_0, H)}$.

e) En déduire que, pour tout vecteur x_0 de E, on a :

$$d(x_0, H) = \frac{|h(x_0)|}{|||h|||}.$$

2. Dans cette question, E est l'ensemble des suites réelles de limite nulle, on munit cet ensemble de la norme infinie, c'est à dire que si $u \in E$ alors $u = (u_n)_{n \geqslant 0}$ et $\|u\|_\infty = \sup_{n \in \mathbb{N}} |u_n|$, E est ainsi un $\mathbb{R}$-espace vectoriel normé. h est l'application définie de E dans $\mathbb{R}$ par : $h(u) = \sum_{n=0}^{\infty} \frac{u_n}{2^{n+1}}$.

a) Montrer que la série $\sum \frac{u_n}{2^{n+1}}$ est convergente.

b) Montrer que h est une forme linéaire continue non nulle sur E, en déduire $|||h||| \leqslant 1$.

c) Soit $(v_p)_{p \geqslant 0}$ une suite d'éléments de E, on notera $v_p(n)$ le terme de rang n de la suite v_p. On définit v_p par : $\begin{cases} v_p(n) = 1 & \text{si } 0 \leqslant n \leqslant p \\ v_p(n) = 0 & \text{si } n \geqslant p+1 \end{cases}$

Calculer $\lim_{p \to \infty} \frac{|h(v_p)|}{\|v_p\|_\infty}$, en déduire $|||h|||$.

d) Montrer qu'il n'existe pas d'élément u non nul de E tel que :

$$|||h||| = \frac{|h(u)|}{\|u\|_\infty}.$$

e) On note H le noyau de h, vérifier que H est un hyperplan fermé de E.

f) Montrer que la distance d'un vecteur x de E à l'hyperplan H n'est pas toujours atteinte.

Solution

Partie I

1. Le produit scalaire étant une forme bilinéaire sur $\mathfrak{M}_n(\mathbb{R})$, l'application $X \mapsto (F|X)$ est une forme linéaire, non nulle puisque $F \neq 0$, sur $\mathfrak{M}_n(\mathbb{R})$. Son noyau H est un hyperplan de $\mathfrak{M}_n(\mathbb{R})$.

2. $\displaystyle (F|X) = \sum_{i=1}^{n}\sum_{j=1}^{n} f_{i,j}x_{i,j} = \sum_{i=2}^{n-1}(x_{i,i} + x_{i,1} + x_{i,n}) + x_{1,1} + x_{n,1} + x_{1,n} + x_{n,n}.$

3. H étant un sous-espace vectoriel de dimension finie de l'espace euclidien $\mathfrak{M}_n(\mathbb{R})$, d'après le théorème de la projection orthogonale, on a $d(M, H) = \|M - P_H(M)\|$ où $P_H(M)$ est le projeté orthogonal de M sur H. L'hyperplan H étant orthogonal à la matrice F, pour toute matrice $M \in \mathfrak{M}_n(\mathbb{R})$ il existe $\alpha \in \mathbb{R}$ tel que $M = P_H(M) + \alpha F$.
Comme $(F|P_H(M)) = 0$, on a $(M|F) = \alpha\|F\|^2$.
Donc $\|M - P_H(M)\| = |\alpha|\|F\| = \dfrac{|(M|F)|}{\|F\|}\cdot$ D'où le résultat.

4. $\displaystyle \|F\|^2 = \sum_{i=1}^{n}\sum_{j=1}^{n} f_{i,j}^2 = n + 2(n-1) = 3n - 2.$

5. a. B a deux vecteurs colonnes non nuls et libres, les autres vecteurs colonnes étant nuls. Donc $\mathrm{rg}(B) = 2$.
5. b. $B^2 = (\alpha_{i,j})$ où

$$\begin{cases} \alpha_{i,1} = 1 & \text{pour } 1 \leqslant i \leqslant n-1 \\ \alpha_{i,n} = 1 & \text{pour } 2 \leqslant i \leqslant n \\ \alpha_{i,j} = 0 & \text{dans tous les autres cas} \end{cases}$$

Donc B^2 a deux vecteurs colonnes non nuls et libres, les autres vecteurs colonnes étant nuls. D'où $\mathrm{rg}(B^2) = \mathrm{rg}(B) = 2$.
5. c. Comme $\mathrm{Im}(g^2) \subset \mathrm{Im}(g)$ et $\mathrm{rg}(g^2) = \mathrm{rg}(g) = 2$, on a $\mathrm{Im}(g^2) = \mathrm{Im}(g)$.
D'autre part, pour tout $x \in \mathbb{R}^n, g(x) \in \mathrm{Im}(g) = \mathrm{Im}(g^2)$. Il existe donc $y \in \mathbb{R}^n$ tel que $g(x) = g^2(y)$. L'application g étant linéaire, $g(x - g(y)) = 0$. Il existe $z \in \mathrm{Ker}(g)$ tel que $x = g(y) + z$. Il en résulte que $\mathbb{R}^n = \mathrm{Ker}(g) + \mathrm{Im}(g)$. On déduit alors du théorème du rang que $\mathbb{R}^n = \mathrm{Ker}(g) \oplus \mathrm{Im}(g)$.

5. d. $\mathbb{R}^n$ est somme directe de deux sous-espaces vectoriels stables par g. Soit $\mathcal{B}_1 = (e_i)_{1 \leqslant i \leqslant n-2}$ une base de $\mathrm{Ker}(g)$ et $\mathcal{B}_2 = (e_{n-1}, e_n)$ une base de $\mathrm{Im}(g)$. Alors $\mathcal{B} = (e_i)_{1 \leqslant i \leqslant n}$ est une base de $\mathbb{R}^n$ adaptée à la somme directe. Comme, pour tout $i \in [\![1, n-2]\!], g(e_i) = 0$ et $(g(e_{n-1}), g(e_n)) \in (\mathrm{Vect}(e_{n-1}, e_n))^2$, $M_{\mathcal{B}}(g) = \begin{pmatrix} 0 & 0 \\ 0 & B' \end{pmatrix}$ par blocs où B' est la matrice de l'application induite par g sur $\mathrm{Im}(g)$. Comme $\mathrm{rg}(g) = \mathrm{rg}(M_{\mathcal{B}}(g) = \mathrm{rg}(B') = 2$ et $B' \in \mathfrak{M}_2(\mathbb{R})$, la matrice B' est inversible.

5. e. Comme $\text{tr}(B) = 0$ et $\text{tr}(B^2) = 2$, on a $\text{tr}(B') = 0$ et $\text{tr}(B'^2) = 2$. Si λ_1 et λ_2 sont les valeurs propres de B', il en découle que $\lambda_1 + \lambda_2 = 0$ et $\lambda_1^2 + \lambda_2^2 = 2$. Donc $\text{Sp}(B') = \{-1, 1\}$.

5. f. B a deux valeurs propres distinctes, non nulles -1 et 1. Comme $\text{rg}(B) = 2$ $\text{Ker}(B)$ est de dimension $(n-2)$ d'après le théorème du rang. Donc 0 est valeur propre de B de multiplicité au moins égale à $\dim\left[\text{Ker}(B - 0I_n)\right] = n - 2$.
Donc $\dim\left[\text{Ker}(B - 0I_n)\right] + \dim\left[\text{Ker}(B + I_n)\right] + \dim\left[\text{Ker}(B - I_n)\right] \geqslant n$.
Il s'ensuit que B est diagonalisable sur $\mathbb{R}$ et $\dim\left[\text{Ker}(B - 0I_n)\right] = n - 2$.

$F = I_n + B$ a pour valeurs propres $1, 0, 2$ et les sous-espaces propres associés sont de dimensions respectives $(n-2), 1$ et 1.

6. D'après I.3. $d(P({}^tF), H) = \dfrac{|(F|P({}^tF))|}{\|F\|}$.

$$(F|P({}^tF)) = \text{tr}\left({}^tFP({}^tF)\right) = \text{tr}\left(\sum_{i=0}^{k} a_i({}^tF)^{i+1}\right) = \sum_{i=0}^{k} a_i \,\text{tr}(F^{i+1})$$

car tr est linéaire et $\text{tr}({}^tA) = \text{tr}(A)$.
On déduit de I.5.f. que $\text{tr}(F^{i+1}) = (n-2).1^{i+1} + 1.0^{i+1} + 1.2^{i+1}$.
Donc $\left(F|P({}^tF)\right) = (n-2)P(1) + 2P(2)$.
Finalement, $d(P({}^tF), H) = \dfrac{|(n-2)P(1) + 2P(2)|}{\sqrt{3n-2}}$.

Partie II

1.a. $d(x_0, H) = \inf\limits_{y \in H} \|x_0 - y\|$. D'après la définition de la borne inférieure d'une partie de $\mathbb{R}$, pour tout $\varepsilon > 0$, il existe $y \in H$ tel que
$d(x_0, H) \leqslant \|x_0 - y\| < d(x_0, H) + \varepsilon$.
Soit $\varepsilon = 2^{-n}$. Il existe $y_n \in H$ tel que $d(x_0, H) \leqslant \|x_0 - y_n\| < d(x_0, H) + 2^{-n}$.
Il existe donc une suite $(y_n)_{n \geqslant 0} \in H^{\mathbb{N}}$ telle que $d(x_0, H) = \lim\limits_{n \to \infty} \|x_0 - y_n\|$.

1.b. La suite réelle $(\|x_0 - y_n\|)_{n \geqslant 0}$ étant convergente, est bornée. Il en résulte que la suite $(y_n)_{n \geqslant 0}$ est bornée dans l'espace vectoriel de dimension finie E. Il existe donc une suite $(y_{\varphi(n)})_{n \geqslant 0}$ extraite de $(y_n)_{n \geqslant 0}$ qui converge dans E. Sa limite y_0' est dans H car H est fermé ; en effet, $H = h^{-1}(\{0\})$, $\{0\}$ est un fermé de $\mathbb{R}$ et h est continue puisque $h \in \mathcal{L}(E, \mathbb{R})$ et E est de dimension finie.

1.c. Une suite convergente ayant même limite que ses sous-suites, d'après 1.a. on peut écrire $\|x_0 - y_{\varphi(n)}\| \xrightarrow[n \to \infty]{} d(x_0, H)$.
Or $\|x_0 - y_{\varphi(n)}\| \xrightarrow[n \to \infty]{} \|x_0 - y_0'\|$ où $y_0' \in H$ d'après 1.b.
Par unicité de la limite, $\|x_0 - y_0'\| = d(x_0, H)$.

2.a. $\text{Ker}(h) = h^{-1}(\{0\})$. Comme $\{0\}$ est un fermé de $\mathbb{R}$ et h est continue sur E on a $\text{Ker}(h)$ fermé dans E.

2.b. Si h n'est pas continue, elle n'est pas continue en 0. Donc :
$\exists \varepsilon \in \mathbb{R}_+^\star, \forall \alpha \in \mathbb{R}_+^\star, \exists z \in E, \|z\| \leqslant \alpha$ et $|h(z)| > \varepsilon$.
Soit $\varepsilon > 0$ avec $\alpha = 2^{-n}$, soit $z_n \in E$ tel que $\|z_n\| \leqslant 2^{-n}$ et $|h(z_n)| > \varepsilon$.
Pour tout $n \in \mathbb{N}$, on a $h(z_n) \neq 0$. Posons $t_n = \dfrac{z_n}{h(z_n)}$.
Alors, pour tout $n \in \mathbb{N}, h(t_n) = 1$ et $\|t_n\| = \dfrac{\|z_n\|}{|h(z_n)|} \leqslant \dfrac{2^{-n}}{\varepsilon}$.
On a bien $(t_n)_{n \geqslant 0} \in E^{\mathbb{N}}$ telle que $t_n \xrightarrow[n \to \infty]{} 0$ et $h(t_n) = 1$ pour tout $n \in \mathbb{N}$.
Comme h est linéaire, $\forall n \in \mathbb{N}, h(t_n - t_0) = 0$ *i.e.* $\forall n \in \mathbb{N}, t_n - t_0 \in \text{Ker}(h)$.
$t_n - t_0 \xrightarrow[n \to \infty]{} -t_0$. Comme $\text{Ker}(h)$ est fermé, $-t_0 \in \text{Ker}(h)$ ce qui est impossible puisque $h(-t_0) = -1$.
Donc h est continue si, et seulement si, $\text{Ker}(h)$ est fermé dans E.

2.c. En tant qu'adhérence d'un sous-espace vectoriel de E, $\overline{H}$ est un sous-espace vectoriel de E.

2.d. On a $H \subset \overline{H} \subset E$. Comme H et $\overline{H}$ sont des sous-espaces vectoriels de E, on a soit $H = \overline{H}$, soit $\overline{H} = E$; en effet, si $\overline{H} \neq H$, il existe $z \in \overline{H} \setminus H$. Comme H est un hyperplan de E, on a $E = H \oplus \mathbb{R}z \subset \overline{H}$ puisque $H \subset \overline{H}, z \in \overline{H}$ et $\overline{H}$ est un sous-espace vectoriel de E ; cela conduit à $\overline{H} \subset E \subset \overline{H}$ *i.e.* $E = \overline{H}$.

Partie III

1. Si $x \in H^\perp$, pour tout $y \in H$, $(x|y) = 0$.
Comme $H^\perp \subset \overline{H} = E$, il existe une suite $(x_n)_{n \geqslant 0} \in H^{\mathbb{N}}$ telle que $x = \lim\limits_{n \to \infty} x_n$.
Donc pour tout $n \in \mathbb{N}$, $(x|x_n) = 0$. Le produit scalaire étant bilinéaire continu sur E, par passage à la limite, $(x|x) = 0$ *i.e.* $x = 0$. Donc $H^\perp = \{0\}$.

2. Il s'ensuit que $H \oplus H^\perp = H$ et donc $H \oplus H^\perp \neq E$.

3. $x \in \overline{H} = E \Rightarrow d(x, H) = \inf\limits_{y \in H} \|x - y\| = 0$.

4. Si E est de dimension finie, la distance est atteinte d'après III.1.
Sinon, supposons la toujours atteinte. Pour tout $x \in E$, il existe $y \in H$ tel que $\|x - y\| = 0$ alors $E = H$, ce qui est impossible puisque H est un hyperplan de E et $E = \overline{H}$.

Partie IV

1.a. h étant linéaire, pour tout $y \in H, |h(x_0)| = |h(x_0) - h(y)| = |h(x_0 - y)|$.
Comme $|h(x_0 - y)| \leqslant |||h|||.\|x_0 - y\|$ et $h \neq 0$, on a $\|x_0 - y\| \geqslant \dfrac{|h(x_0)|}{|||h|||}$.

1.b. $\{\|x_0 - y\| \mid y \in h\}$ est une partie non vide de $\mathbb{R}$ minorée par $\dfrac{|h(x_0)|}{|||h|||}$, sa borne inférieur *i.e.* $d(x_0, H)$ est supérieure ou égale à $\dfrac{|h(x_0)|}{|||h|||}$.

1.c. $d(x_0, H) = 0 \iff x_0 \in \overline{H} \iff x_0 \in H$ car H est fermé dans E.

1.d. (α) $|||h||| = \sup\limits_{x \neq 0} \dfrac{|h(x)|}{\|x\|}$. Donc $|||h|||$ est un point adhérent à la partie de $\mathbb{R}$ définie par $\left\{\dfrac{|h(x)|}{\|x\|} \,\middle|\, x \in E \setminus \{0\}\right\}$. Il existe donc une suite $(w_n)_{n \geqslant 0}$ d'éléments de $E \setminus \{0\}$ telle que $|||h||| = \lim\limits_{n \to \infty} \dfrac{|h(w_n)|}{\|w_n\|}$.

(β) Comme $x_0 \notin H$ et H est un hyperplan de E, on a $E = H \oplus \mathbb{R}x_0$. Donc $\forall n \in \mathbb{N}, \exists (y_n, \lambda_n) \in H \times \mathbb{R}, w_n = \lambda_n x_0 + y_n$.
Comme $\lambda_n h(x_0) = h(w_n)$, les λ_n ne sont pas tous nuls à partir d'un certain rang sinon, d'après la relation établie en 1.d.(α), on aurait $h = 0$.

(γ) Si $\lambda_n \neq 0, w_n = \lambda_n\left(x_0 + \dfrac{1}{\lambda_n} y_n\right)$. D'où
$\|w_n\| = |\lambda_n| \left\| x_0 + \dfrac{1}{\lambda_n} y_n \right\| \geqslant |\lambda_n| d(x_0, H)$ d'après la définition de $d(x_0, H)$.
$|h(w_n)| = |\lambda_n|.|h(x_0)| \Rightarrow |h(w_n)| \leqslant \dfrac{\|w_n\|}{d(x_0, H)} |h(x_0)| \Rightarrow \dfrac{|h(w_n)|}{\|w_n\|} \leqslant \dfrac{|h(x_0)|}{d(x_0, H)}$.
Ce résultat est encore vrai si $\lambda_n = 0$ *i.e.* si $h(w_n) = 0$.

1.e. Par passage à la limite, compte tenu de (α), $|||h||| \leqslant \dfrac{|h(x_0)|}{d(x_0, H)}$.

Comme $h \neq 0$, on a $d(x_0, H) \leqslant \dfrac{|h(x_0)|}{|||h|||}$.

Comme, d'après 1.b. on a $d(x_0, H) \geqslant \dfrac{|h(x_0)|}{|||h|||}$, on a l'égalité demandée.

2.a. Pour tout $n \in \mathbb{N}$, $\left|\dfrac{u_n}{2^{n+1}}\right| \leqslant \dfrac{\|u\|_\infty}{2^{n+1}}$. Comme la série géométrique $\sum 2^{-n-1}$ puisque $0 < 2^{-1} < 1$, la série $\sum \dfrac{u_n}{2^{n+1}}$ converge absolument donc converge sur $\mathbb{R}$.

2.b. Il en résulte que la fonction h est définie sur E et
$|h(u)| \leqslant \|u\|_\infty \sum\limits_{n=0}^{\infty} \dfrac{1}{2^{n+1}} = \dfrac{\|u\|_\infty}{2} \dfrac{1}{1 - 1/2} = \|u\|_\infty$.
Comme on vérifie aisément que h est linéaire, on déduit de cette inégalité que h est continue et $|||h||| \leqslant 1$.

Soit $a_p = (\delta_{n,p})_{n \in \mathbb{N}}$ *i.e.* $a_p(n) = 1$ si $n = p$ et $a_p(n) = 0$ si $n \neq p$.
Pour tout $p \in \mathbb{N}, h(a_p) = 2^{-p-1} \neq 0$. Donc $h \neq 0$.

2.c. $h(v_p) = \sum\limits_{n=0}^{p} \dfrac{1}{2^{n+1}} = 1 - \dfrac{1}{2^{p+1}} \xrightarrow[p \to \infty]{} 1.$

Or $\|v_p\| = 1$, donc $\dfrac{|h(v_p)|}{\|v_p\|} \xrightarrow[p\to\infty]{} 1$. On déduit de 2.b. et 2.c. que $|||h||| = 1$.

2.d. h étant linéaire, montrons qu'il n'existe pas de $u \in E$, $\|u\|_\infty = 1$ tel que $|h(u)| = 1 = |||h|||$.

$|h(u)| = 1 \iff h(u) = \varepsilon \in \{-1, 1\}$.

Comme $\displaystyle\sum_{n=0}^{\infty} \frac{1}{2^{n+1}} = 1$, on a $h(u) = \varepsilon \Rightarrow \displaystyle\sum_{n=0}^{\infty} \frac{u_n - \varepsilon}{2^{n+1}} = 0$.

Comme la suite $(u_n - \varepsilon)_{n\geqslant 0}$ est à termes de signe constant puisque $\|u\|_\infty = 1$, pour tout $n \in \mathbb{N}$, on a $u_n = \varepsilon$ ce qui est impossible car $u \in E$.

2.e. h étant une forme linéaire non nulle sur E, $H = \mathrm{Ker}(h)$ est un hyperplan de E. Comme $H = h^{-1}(\{0\})$ et comme h est continue sur E et comme nous l'avons déjà expliqué, H est fermé dans E.

2.f. Soit $x_0 \notin H$. On déduit de 1.e. que $d(x_0, H) = \dfrac{|h(x_0)|}{|||h|||}$.

$||h|| = 1$ et $|h(x_0)| = |h(x_0 - y)|$ pour tout $y \in H$.

D'après 2.d. il n'existe pas $u \neq 0$ tel que $|h(u)| = \|u\|_\infty$.

Donc, il n'existe pas $y \in H$ tel que $|h(x_0 - y)| = \|x_0 - y\|_\infty$.

Donc la distance $d(x_0, H)$ n'est pas toujours atteinte.

Fin

E3A
Filière MP 2007
Épreuve B

Trois exercices
trois heures

Exercice 1

Soit F une fonction de classe $\mathcal{C}^\infty$ sur $\mathbb{R}$ développable en série entière sur $\mathbb{R}$. On pose $F(x) = \sum_{i=0}^{\infty} \beta_i x^i$.

Soit α un réel strictement positif. On considère l'équation différentielle

$$\mathcal{E} : \qquad xy' + \alpha y = F(x).$$

1. On désigne par J un intervalle de $\mathbb{R}$ qui ne contient pas 0. Résoudre sur J l'équation homogène $xy' + \alpha y = 0$; on pourra poser $z = |x|^\alpha y$ et déterminer une équation différentielle du premier ordre vérifiée par z.

On désigne par I la réunion des intervalles $]-\infty, 0[$ et $]0, +\infty[$.

2.a) Résoudre sur I l'équation homogène $xy' + \alpha y = 0$.

2.b) Quelles sont les solutions sur I de l'équation homogène $xy' + \alpha y = 0$ qui admettent une limite finie en 0 ?

3. Soient a, b deux réels. Justifier que l'équation différentielle admet une unique solution f définie sur I et telle que $f(-1) = a$ et $f(1) = b$. On énoncera précisément le théorème utilisé.

4. Montrer qu'il existe au plus une solution de $\mathcal{E}$ sur I qui admet une limite finie en 0.

5. Soit f une fonction développable en série entière ; son rayon de convergence noté R est supposé non nul. On note $(a_i)_{i \in \mathbb{N}}$ les coefficients de f :

$$\forall x \in]-R, R[, f(x) = \sum_{i=0}^{\infty} a_i x^i.$$

5.a) On suppose que f est solution de l'équation différentielle $\mathcal{E}$ sur $]-R, R[$. Exprimer les coefficients $(a_i)_{i \in \mathbb{N}}$ en fonction des coefficients $(\beta_i)_{i \in \mathbb{N}}$ de F. Que peut on dire alors de R ?

5.b) Réciproquement, démontrer que $\mathcal{E}$ admet une unique solution développable en série entière sur $\mathbb{R}$.

On introduira la série entière $g(x) = \sum_{i=0}^{\infty} \frac{\beta_i}{i+\alpha} x^i$

dont on déterminera le rayon de convergence.

5.c) Au vu des résultats précédents, quelles précisions peut-on apporter à la question 4 ?

6. Dans cette question, $\forall x \in \mathbb{R}, F(x) = e^x$.

6.a) Soit $x \in]0,+\infty[$; démontrer que l'intégrale $\int_0^x t^{\alpha-1}e^t dt$ est convergente. On définit h sur $]0,+\infty[$ en posant :

$$\forall x \in]0,+\infty[, h(x) = \frac{1}{x^\alpha}\int_0^x t^{\alpha-1}e^t dt.$$

6.b) Montrer que h est solution de l'équation différentielle $\mathcal{E}$ sur $]0,+\infty[$.

6.c) Montrer que $h(x)$ admet une limite finie lorsque x tend vers 0 par valeurs positives. Déterminer cette limite.

6.d) En déduire que : $\forall x \in]0,+\infty[$, $h(x) = \sum_{i=0}^{\infty} \frac{1}{(i+\alpha)i!}x^i$

Exercice 2

Soit f la fonction définie sur $\mathbb{R}^2$ par $f(x,y) = x^3 - 3x(1+y^2)$.

Dans l'exercice, on considère le disque unité D et le cercle unité C :

$D = \{(x,y) \in \mathbb{R}^2 \mid x^2+y^2 \leqslant 1\}$; $C = \{(x,y) \in \mathbb{R}^2 \mid x^2+y^2 = 1\}$.

1. On se propose d'étudier les éventuels extrema locaux de f.

1.a) Justifier que f est de classe $\mathcal{C}^\infty$ sur $\mathbb{R}^2$.

1.b) Calculer les dérivées partielles $\frac{\partial f}{\partial x}$ et $\frac{\partial f}{\partial y}$ de f au point (x_0,y_0).

1.c) Démontrer que les points (x_0,y_0) tels que $\frac{\partial f}{\partial x}(x_0,y_0) = 0$ et $\frac{\partial f}{\partial y}(x_0,y_0) = 0$ sont exactement les points $(1,0)$ et $(-1,0)$.

1.d) Effectuer un développement limité à l'ordre 2 de la fonction $(h,k) \mapsto f(1+h,k)$ au voisinage de $(0,0)$. Le point $(1,0)$ est-il un extremum local de f ? Si oui, est-ce un minimum ou un maximum local ?

1.e) De même, le point $(-1,0)$ est-il un extremum local de f ? Si oui, est-ce un minimum ou un maximum local ? Justifier votre réponse.

1.f) Quels sont les extrema locaux de f ? On énoncera avec soin le théorème utilisé.

2. Désormais, soit g la fonction définie sur le disque unité D par $g(x,y) = x^3 - 3x(1+y^2)$.

2.a) Justifier que g admet un maximum A et un minimum a sur D.

2.b) Démontrer que A ne peut être atteint que sur le cercle C.

2.c) Montrer que, pour tout $t \in \mathbb{R}$,

$$g(\cos(t), \sin(t)) = 2\cos(t)(2\cos^2(t) - 3).$$

En déduire la valeur de A et les points de C sur lesquels f atteint cette valeur.

2.d) Déterminer la valeur de a et les points de C sur lesquels g atteint cette valeur.

Exercice 3

Soit n un entier naturel $\geqslant 1$. On considère J_n la matrice de taille n à coefficients réels dont tous les coefficients sont égaux à $\frac{1}{n}\cdot$

Le vecteur de $\mathbb{R}^n$ dont toutes les coordonnées sont égales à 1 est noté v.

1. Montrer l'égalité $J_n v = v$.

2. Déterminer l'image de J_n. Quelle est la dimension du noyau de J_n ?

3. Calculer J_n^2.

4. Montrer que J_n est diagonalisable. Expliciter ses valeurs propres et pour chacune, préciser la multiplicité.

Soit M une matrice de taille n à coefficients réels.

5. Dans cette question, on considère l'équation $\mathcal{E}$ d'inconnue le réel x

$$\det(M + xJ_n) = 0 \ (\mathcal{E}).$$

On note $\mathcal{S}_{\mathcal{E}}$ l'ensemble des solutions de l'équation $\mathcal{E}$.

(a) Lorsque $M = 0$, la matrice nulle, déterminer $\mathcal{S}_{\mathcal{E}}$.

(b) Lorsque $M = I$, la matrice identité, montrer que $\mathcal{S}_{\mathcal{E}}$ est réduit à un unique élément. Préciser cet élément.

(c) On suppose M inversible. Soit $x \in \mathbb{R}$.

(i) Montrer qu'un vecteur w dans le noyau de $M + xJ_n$ est colinéaire au vecteur $M^{-1}v$

(ii) Soit $w = M^{-1}v$. En notant σ la somme des coordonnées du vecteur $M^{-1}v$, démontrer l'équivalence :

$$(M + xJ_n)w = 0 \iff \left(1 + x\frac{\sigma}{n}\right) = 0.$$

En déduire que $\mathcal{S}_{\mathcal{E}}$ est au plus de cardinal 1. Pour quelle valeur de σ, l'ensemble $\mathcal{S}_{\mathcal{E}}$ est-il vide ?

(d) On se propose de déterminer $\mathcal{S}_{\mathcal{E}}$ lorsque M est non inversible.

(i) Montrer que $\mathcal{S}_{\mathcal{E}}$ est non vide.

(ii) S'il existe un réel b tel que $M + bJ_n$ est inversible, établir une bijection entre $\mathcal{S}_{\mathcal{E}}$ et l'ensemble des solutions de l'équation $(\mathcal{F})$

d'inconnue x, définie par : $\det(M + bJ_n + xJ_n) = 0$ $(\mathcal{F})$.

(iii) Conclure.

6. Soit f la fonction de la variable réelle x définie en posant

$$f(x) = \det(M + xJ_n).$$

(a) Démontrer qu'il existe des réels α et β tels que pour tout $x \in \mathbb{R}$, $f(x) = \alpha + x\beta$. Expliciter α et β en fonction de M et des coefficients de la comatrice de M. On rappelle que la comatrice de M est la matrice dont le (i, j)-ième coefficient est le déterminant de la matrice obtenue en retirant à M sa i-ième ligne et sa j-ième colonne, multiplié par $(-1)^{i+j}$, pour tous les indices i et j dans $\{1, \ldots, n\}$.

(a) Retrouver ainsi les résultats de la question 5.

Solution

Exercice 1

1. Soit J un intervalle ne contenant pas 0. Une primitive de $x \mapsto \dfrac{\alpha}{x}$ est $x \mapsto \ln\left(|x|^\alpha\right)$. Si $x \in J, xy' + y = 0 \iff y' + \dfrac{\alpha}{x}y = 0 \iff \dfrac{d}{dx}\left(|x|^\alpha y(x)\right) = 0$. Donc l'ensemble des solutions sur J de $xy' + y = 0$ est la droite vectorielle engendrée par $J \to \mathbb{R}, x \mapsto |x|^{-\alpha}$.

2.a. On déduit de 1. que y est solution de $xy' + y = 0$ sur I si, et seulement si, il existe $(C_1, C_2) \in \mathbb{R}^2$ tel que : $\begin{cases} \forall x \in \mathbb{R}_+^\star, y(x) = C_1 x^{-\alpha} \\ \forall x \in \mathbb{R}_-^\star, y(x) = C_2 |x|^{-\alpha} \end{cases}$

2.b. $\alpha > 0$, donc la seule solution sur I de limite nulle en 0 est la fonction nulle sur I.

3. Sur $I, (\mathcal{E})$ équivaut à $y' + \dfrac{\alpha}{x}y = \dfrac{F(x)}{x}$.

$(\mathcal{E})$ est une équation différentielle linéaire scalaire du premier ordre à coefficients fonctions continues sur les intervalles $I_j, j \in \{1, 2\}$ où $I_1 =]-\infty, 0[$ et $I_2 =]0, +\infty[$. On applique le théorème de Cauchy-Lipschitz linéaire sur l'intervalle I_1 puis sur l'intervalle I_2. Pour tout $(x_j, y_j) \in I_j \times \mathbb{R}$, il existe une unique solution y de $(\mathcal{E})$ sur I_j telle que $y(x_j) = y_j$.

4. Si $(\mathcal{E})$ a deux solutions y, z de limite finie en 0, alors $y - z$ est solution de $y' + \alpha y = 0$ de limite nécessairement nulle en 0 et $y = z$ d'après 2.b.

5.a. D'après le théorème de dérivation des séries entières, pour tout x dans $]-R, R[, f(x) = \displaystyle\sum_{i=0}^{\infty} a_i x^i \Rightarrow f'(x) = \sum_{i=1}^{\infty} i a_i x^{i-1}$.

Pour tout $x \in]-R, R[$, on a l'équivalence :

$$xf'(x) + \alpha f(x) = F(x) \iff \sum_{i=0}^{\infty}(i+\alpha)a_i x^i = \sum_{i=0}^{\infty}\beta_i x^i.$$

De l'unicité du D.E.S. de F on déduit : $\big(\forall i \in \mathbb{N}, (i+\alpha)a_i = \beta_i\big)$.

Pour tout $i \geqslant 0, |a_i| = \left|\dfrac{\beta_i}{\alpha+i}\right| \leqslant \dfrac{|\beta_i|}{\alpha}\cdot$ Comme la série entière $\sum \beta_i x^i$ a un rayon de convergence égal à $+\infty$, la série entière $\sum a_i x^i$ a un rayon de convergence supérieur ou égal à celui de $\sum \beta_i x^i$. Donc $R = +\infty$.

5.b. Comme on a raisonné par équivalence, on a prouvé l'existence et l'unicité de la solution g de $\mathcal{E}$ développable en série entière sur $\mathbb{R}$.

5.c. En particulier, $g\big|_I$ est solution de $\mathcal{E}$ sur I et $\lim\limits_{0} g = \dfrac{\beta_0}{\alpha}\cdot$ D'après 4. l'équation différentielle $\mathcal{E}$ a une unique solution sur I de limite finie en 0.

6.a. $\varphi : t \mapsto t^{\alpha-1}e^{-t}$ est continue sur $]0, +\infty[$ et $\varphi(t) \underset{t\to 0^+}{\sim} \dfrac{1}{t^{1-\alpha}}\cdot$
Comme $\alpha > 0$, on a $1-\alpha < 1$, donc φ est intégrable sur $]0, 1]$, d'où la fonction $\Phi : x \mapsto \displaystyle\int_0^x \varphi$ est définie sur $\mathbb{R}_+^\star$. Pour tout $x \in \mathbb{R}_+^\star, h(x) = \dfrac{\Phi(x)}{x^\alpha}\cdot$

6.b. $$\left(\forall x \in \mathbb{R}_+^\star, y' + \frac{\alpha}{x}y = \frac{e^x}{x}\right) \iff \left(\forall x \in \mathbb{R}_+^\star, \frac{d}{dx}\big(x^\alpha y(x)\big) = \varphi(x)\right) \qquad (1)$$

$$(1) \iff \exists \lambda \in \mathbb{R}, \forall x \in \mathbb{R}_+^\star, x^\alpha y(x) = \lambda + \int_0^x \varphi.$$

$$(1) \iff \exists \lambda \in \mathbb{R}, \forall x \in \mathbb{R}_+^\star, y(x) = \frac{\lambda}{x^\alpha} + h(x).$$

h est une solution particulière de $\mathcal{E}$ sur $]0, +\infty[$.

6.c. le changement de variable linéaire $t = ux$ donne pour tout $x \in \mathbb{R}_+^\star$
$h(x) = \displaystyle\int_0^1 u^{\alpha-1}e^{ux}du$. Notons H la fonction définie sur $[0, 1]$ par

$H(x) = h(x)$ si $x \in]0, 1]$ et $H(0) = \displaystyle\int_0^1 u^{\alpha-1}du = \frac{1}{\alpha}\cdot$

Montrons que H est continue sur $[0, 1]$ et il en découlera que h a une limite finie en 0 qui est $1/\alpha$.
La fonction $\psi : (x, u) \mapsto u^{\alpha-1}e^{ux}$ est continue sur $[0, 1]^2$.
$\forall (x, u) \in [0, 1]^2, 0 \leqslant \psi(x, u) \leqslant u^{\alpha-1}e$.
La fonction $u \mapsto u^{\alpha-1}e$ étant intégrable sur $]0, 1]$, on déduit du théorème de continuité des intégrales paramétrées que H est continue sur $[0, 1]$.

6.d. La fonction $x \mapsto e^x$ étant développable en série entière sur $\mathbb{R}$, on applique les résultats des questions 2, 4 et 5.c avec $\beta_i = \dfrac{1}{i!}$ et l'on trouve que h est l'unique solution de $\mathcal{E}$ sur $\mathbb{R}_+^\star$ de limite finie en 0 *i.e.*

$$\forall x \in \mathbb{R}_+^\star, h(x) = \sum_{i=0}^{\infty} \frac{1}{(i+\alpha)i!}\cdot$$

Exercice 2

1.a. f est polynomiale donc de classe $\mathcal{C}^\infty$ sur $\mathbb{R}^2$.

1.b. $\dfrac{\partial f}{\partial x}(x_0, y_0) = 3(x_0^2 - y_0^2 - 1)$ et $\dfrac{\partial f}{\partial y}(x_0, y_0) = -6x_0y_0$.

1.c. $\begin{cases} \dfrac{\partial f}{\partial x}(x_0, y_0) = 0 \\ \dfrac{\partial f}{\partial y}(x_0, y_0) = 0 \end{cases} \iff \begin{cases} x_0y_0 = 0 \\ x_0^2 - y_0^2 = 1 \end{cases} \iff y = 0$ et $x_0 = \pm 1$ en effet, le cas $x_0 = 0$ est impossible puisque $y_0 \in \mathbb{R}$.

1.d. $f(1 + h, k) = -2 + 3(h^2 - k^2) + o(h^2 + k^2)$ d'après la formule de Taylor-Young. La forme quadratique $(h, k) \mapsto 3(h^2 - k^2)$ n'est ni positive ni négative puisque $(h^2 - k^2) = (h - k)(h + k)$. Donc le point $(1, 0)$ n'est pas un extremum local.

Remarque : le concepteur du sujet ne semble pas au courant du programme de la filière MP. Les étudiants sérieux connaissent $rt - s^2$.

1.e. $f(-x, y) = -f(x, y)$. Donc f n'a pas d'extremum local en $(-1, 0)$.

1.f. f étant de classe $\mathcal{C}^1$ sur l'ouvert $\mathbb{R}^2$, un extremum local est nécessairement un point critique *i.e.* un point (x_0, y_0) tel que $\dfrac{\partial f}{\partial x}(x_0, y_0) = \dfrac{\partial f}{\partial y}(x_0, y_0) = 0$.
Donc f n'a pas d'extremum sur $\mathbb{R}^2$.

2.a. $g = f\big|_D$ est continue sur le compact D de $\mathbb{R}^2$. Elle y est bornée et atteint ses bornes. Donc g atteint un maximum et un minimum sur D.

2.b. Si g atteint un extremum en un point de l'intérieur de D, ce point est un extremum local de f ce qui est impossible d'après 1. donc g atteint ses extrema sur la frontière de D *i.e.* sur C.

2.c. On paramètre C par $[-, \pi\pi] \to \mathbb{R}^2, t \mapsto (\cos(t), \sin(t))$.
$\varphi(t) = g(\cos(t), \sin(t)) = \cos^3(t) - 3\cos(t)\big(1 + \sin^2(t)\big) = 4\cos^3(t) - 6\cos(t)$.
$\varphi(t) = h\big(\cos(t)\big)$ où $h : u \mapsto 4u^3 - 6u$ pour $u \in [-1, 1]$.
La fonction h étant impaire, il suffit d'étudier ses variations sur $[0, 1]$. La fonction h étant polynomiale, elle est de classe $\mathcal{C}^\infty$ et $h'(u) = 6(\sqrt{2}\,u + 1)(\sqrt{2}\,u - 1)$,

d'où le tableau de variations

u	0		$\frac{1}{\sqrt{2}}$		1
$h'(u)$		$-$	0	$+$	
h	0	$\searrow$	$-2\sqrt{2}$	$\nearrow$	-2

Donc le maximum de g sur C est atteint pour $u = \cos(t) = -\dfrac{1}{\sqrt{2}}$.

Donc $A = g\Big(-\dfrac{1}{\sqrt{2}}, \dfrac{1}{\sqrt{2}}\Big) = g\Big(-\dfrac{1}{\sqrt{2}}, -\dfrac{1}{\sqrt{2}}\Big) = 2\sqrt{2}$.

2.d. Le minimum de g sur C est atteint pour $u = \cos(t) = \dfrac{1}{\sqrt{2}}$.

Donc $a = g\Big(\dfrac{1}{\sqrt{2}}, \dfrac{1}{\sqrt{2}}\Big) = g\Big(\dfrac{1}{\sqrt{2}}, -\dfrac{1}{\sqrt{2}}\Big) = -2\sqrt{2}.$

Exercice 3

1. On vérifie que $J_n v = v$.

2. Les colonnes de J_n étant égales et non nulles, on a $\mathrm{rg}(J_n) = 1$ et d'après le théorème du rang, $\dim\big[\,\mathrm{Ker}(J_n)\big] = n-1$. Le vecteur v est non nul et élément de $\mathrm{Im}(J_n)$ d'après 1. Donc $\mathrm{Im}(J_n) = \mathrm{Vect}(v)$.

3. $J_n^2 = J_n$.

4. La matrice J_n étant symétrique réelle, est diagonalisable.
Comme $\dim\big[\,\mathrm{Ker}(J_n)\big] = n-1$, on a alors 0 qui est valeur propre de J_n de multiplicité égale à $(n-1)$. D'après 1. le réel 1 est valeur propre de J_n.

Comme $J_n^2 = J_n$, la matrice J_n est la matrice d'un projecteur ; il s'ensuit que $\dim[\mathrm{Ker}(J_n - I_n)] = \dim[\mathrm{Im}(J_n)] = 1$. On conclut que J_n a deux valeurs propres qui sont 0 de multiplicité $(n-1)$ et 1 de multiplicité 1.
(On a supposé $n \geqslant 2$.)

5.a. Si $M = 0$, alors $E \iff x^n \det(J_n) = 0$.

Si $n \geqslant 2, \det(J_n) = 0$ car $0 \in \mathrm{Sp}(J_n)$. Donc $S_{\mathcal{E}} = \mathbb{R}$.

Si $n = 1, \det(J_1) = 1$. Donc $S_{\mathcal{E}} = \{0\}$.

5.b. On suppose $M = I$. La matrice J_n étant diagonalisable et semblable à la matrice $D = \mathrm{Diag}(0,\dots,0,1)$. La matrice $I + xJ_n$ est semblable à la matrice $D = \mathrm{Diag}(1,\dots,1,1+x)$. On a donc $\det(I + xJ_n) = 1 + x$ et $S_{\mathcal{E}} = \{-1\}$.

5.c. On suppose M inversible..

(i) $(M + xJ_n)w = 0 \iff Mw + xJ_n w = 0$.
Donc $Mw \in \mathrm{Im}(J_n) = \mathrm{Vect}(v) = \mu v, \mu \in \mathbb{R}$.
D'où $w \in \mu M^{-1} v$ *i.e.* $w \in \mathrm{Vect}(M^{-1}v)$

(ii) Soit $w = M^{-1}v$. On a $(M + xJ_n)w = 0 \iff v + xJ_n w = 0$.
les coordonnées de v sont toutes égales à 1, les coordonnées de $J_n w$ sont toutes égales à $\dfrac{\sigma}{n}$, donc les coordonnées de $v + xJ_n w$ sont toutes égales à $1 + \dfrac{x\sigma}{n}$.
D'où l'équivalence demandée.

Si $\sigma = 0$, pour tout $x \in \mathbb{R}, w \notin \mathrm{Ker}(M + xJ_n)$. Donc $M + xJ_n \in \mathrm{GL}_n(\mathbb{R})$ et $S_{\mathcal{E}} = \emptyset$.

Si $\sigma \neq 0$ alors $w \in \mathrm{Ker}(M + xJ_n) \iff 1 + \dfrac{x\sigma}{n} = 0$.

$M + xJ_n \notin \mathrm{GL}_n(\mathbb{R}) \iff 1 + \dfrac{x\sigma}{n} = 0$. Donc $S_{\mathcal{E}} = \Big\{ -\dfrac{n}{\sigma}\Big\}$.

5.d. (i) $M \notin \mathrm{GL}_n(\mathbb{R}) \iff \det(M) = 0 \Rightarrow 0 \in S_{\mathcal{E}} \Rightarrow S_{\mathcal{E}} \neq \emptyset$.

(ii) $x \in S_{\mathcal{E}} \iff x - b \in S_{\mathcal{F}}$. Donc $x \mapsto x - b$ est une bijection de $S_{\mathcal{E}}$ sur $S_{\mathcal{F}}$.

(iii) Daprès 5.c.(ii), $\mathrm{Card}(S_{\mathcal{F}}) \leqslant 1$ donc $\mathrm{Card}(S_{\mathcal{E}}) \leqslant 1$. Or $0 \in S_{\mathcal{E}}$. Donc $S_{\mathcal{E}} = \{0\}$· Si, pour tout $b \in \mathbb{R}$, $M + bJ_n \notin \mathrm{GL}_n(\mathbb{R})$ alors $S_{\mathcal{E}} = \mathbb{R}$.

6.a. $\det(M + xJ_n)$ est inchangé si l'on fait l'opération élémentaire suivante $C_j \longleftarrow C_j - C_1$ pour $2 \leqslant j \leqslant n$. Le développement du déterminant obtenu par rapport à la première colonne donne $\det(M + xJ_n) = \alpha + \beta x, \alpha, \beta \in \mathbb{R}$.

$\alpha = f(0) = \det(M)$ et $\beta = f'(0)$.

En tant que fonction polynomiale, $\Delta : \mathfrak{M}_n(\mathbb{R}) \to \mathbb{R}, A = (a_{i,j})_{\substack{1\leqslant i\leqslant n\\ 1\leqslant j\leqslant n}} \mapsto \det(A)$ est de classe $\mathcal{C}^\infty$ et $d\Delta(A)(H) = \displaystyle\sum_{i=1}^{n}\sum_{j=1}^{n} \frac{\partial \Delta}{\partial a_{i,j}}(A) h_{i,j}$ si $H = (h_{i,j})_{\substack{1\leqslant i\leqslant n\\ 1\leqslant j\leqslant n}}$.

D'après le développement d'un déterminant par rapport à une rangée,

$\Delta(A) = \displaystyle\sum_{i=1}^{n} a_{i,j}A_{i,j}$ où $A_{i,j}$ est le cofacteur de $a_{i,j}$ et est indépendant de $a_{i,j}$.

Donc $\dfrac{\partial \Delta}{\partial a_{i,j}}(A) = A_{i,j}$. Il s'ensuit que

$d\Delta(A)(H) = \displaystyle\sum_{i=1}^{n}\sum_{j=1}^{n} A_{i,j}h_{i,j} = \mathrm{tr}({}^t\mathrm{Com}(A)H)$.

Si $\theta : x \mapsto M + xJ_n$ alors $f = \Delta \circ \theta(x)$ et $f'(x) = d\Delta(\theta(x))(\theta'(x))$.

Comme $\theta'(x) = J_n$, on a $f'(x) = \mathrm{tr}\left[{}^t\mathrm{Com}(M + xJ_n).J_n\right]$.

Donc $\beta = f'(0) = \mathrm{tr}\left[{}^t\mathrm{Com}(M).J_n\right] = \dfrac{1}{n}\displaystyle\sum_{i=1}^{n}\sum_{j=1}^{n} M_{i,j} = \dfrac{\alpha}{n}$ où α est la somme de tous les cofacteurs des éléments de M.

6.b. • Si $M \notin \mathrm{GL}_n(\mathbb{R}), f(x) = \dfrac{\alpha}{n}x$; si $\alpha \neq 0, S_{\mathcal{E}} = \{0\}$ sinon $S_{\mathcal{E}} = \mathbb{R}$.

• Si $M \in \mathrm{GL}_n(\mathbb{R}), S_{\mathcal{E}} = \emptyset$ si $\alpha \neq 0$ et $\left\{-n\dfrac{\det(M)}{\alpha}\right\}$ sinon.

Fin

Les deux parties de ce problème et les questions dans chaque partie sont très largement indépendantes les unes des autres. Dans les rares cas où un résultat précédent est utile pour traiter une question alors l'énoncé précise clairement le numéro de la question où se trouve le résultat. Dans différentes questions du problème, le candidat est invité à énoncer avec soin un théorème de cours.

Dans tout le problème, on désigne par :

- f la fonction définie sur $\mathbb{R}$ par $f(x) = \begin{cases} \dfrac{x}{e^x - 1} & \text{si } x \neq 0 \\ 1 & \text{si } x = 0 \end{cases}$
- t la fonction définie sur $\mathbb{R}$ par $t(x) = \begin{cases} \dfrac{1}{\operatorname{th}(x)} - \dfrac{1}{x} & \text{si } x \neq 0 \\ 0 & \text{si } x = 0 \end{cases}$

On note (C) la courbe représentative de f dans un repère $(O; \overrightarrow{i}, \overrightarrow{j})$ orthonormé du plan.

Partie A. Étude de la fonction f.

1. Solution d'une équation différentielle

On considère l'équation différentielle (E) dont la fonction inconnue est y, de la variable x : (E) $\qquad (e^x - 1)y' + e^x y = 1.$

(a) Après avoir déterminé les intervalles de résolution de (E), résoudre (E) sur chacun de ces intervalles.

(b) Montrer que (E) possède une unique solution (dérivable) sur $\mathbb{R}$ que l'on déterminera.

2. Étude de f en 0 :

(a) Donner le développement limité à l'ordre 2 en 0 de la fonction : $x \mapsto \dfrac{x}{e^x - 1}$.

(b) Peut-on déduire du développement limité du a), sans nouveaux calculs que : (justifier avec soin)

f est continue en 0 ?

f est dérivable en 0 et la valeur de $f'(0)$?

f est deux fois dérivable en 0 et la valeur de $f''(0)$?

(c) Montrer que f est de classe $\mathcal{C}^1$ sur $\mathbb{R}$.

(d) Donner une équation de la tangente T à (C) au point d'abscisse 0 et préciser la position de (C) par rapport à T au voisinage de 0.

3. Variations de f
On considère la fonction définie sur $\mathbb{R}$ par $g(x) = xe^x - e^x + 1$.

(a) Dresser le tableau de variations complet de g et donner le signe de g.

(b) Donner les variations de f.

(c) Donner les limites de f en $+\infty$ et $-\infty$ et préciser la nature des branches infinies de (C) : montrer en particulier que (C) possède 2 asymptotes et préciser la position de (C) par rapport à ses asymptotes.

(d) Donner l'allure de (C) (faire apparaître les asymptotes et T).

4. Expression hyperbolique de f

(a) Montrer que $\forall x \in \mathbb{R}^\star, f(x) = \dfrac{x}{2}\left(\dfrac{1}{\text{th}(\frac{x}{2})} - 1\right)$

(b) Soit la fonction f_1 définie sur $\mathbb{R}$ par : $f_1(x) = f(x) - 1 + \dfrac{x}{2}$.

i) Montrer que $\forall x \in \mathbb{R}, f_1(x) = \dfrac{x}{2}t\left(\dfrac{x}{2}\right)$ (la fonction t est définie en préliminaire)

ii) Montrer que f_1 est une fonction paire.

iii) Quelle propriété géométrique peut-on en déduire pour (C) ?

5. Intégrale impropre associée à f

(a) Montrer que $I = \displaystyle\int_0^{+\infty} f(t)dt$ existe.

(b) Justifier l'existence de $J = \displaystyle\int_0^1 \frac{\ln(u)}{u-1}du$ et montrer que $J = I$.

(c) On pose $I_k = -\displaystyle\int_0^1 u^k \ln(u)du$ pour $k \in \mathbb{N}$, calculer I_k.

(a) Énoncer le théorème d'intégration terme à terme d'une série de fonctions sur un intervalle I quelconque.

(a) En déduire que $I = \displaystyle\sum_{k=0}^{\infty} I_k$,puis que $I = \zeta(2)$ où $\zeta(2) = \displaystyle\sum_{k=1}^{\infty} \frac{1}{k^2}$.

Partie B. Développement en série entière de f

1. Développement en série de Fourier
On considère $a \in \mathbb{R}^\star$ et la fonction g_a définie sur $\mathbb{R}$ par : g_a est 2π-périodique, et si $t \in]-\pi, \pi], g_a(t) = \text{ch}(at)$.

(a) Donner l'allure du graphe de g_a, g_a est-elle continue sur $\mathbb{R}$?

(b) Si $n \in \mathbb{N}$, montrer, par exemple en utilisant une double intégration par parties, que $\displaystyle\int_0^{\pi} \mathrm{ch}(at)\cos(nt)dt = (-1)^n \frac{a\,\mathrm{sh}(a\pi)}{a^2+n^2}$.

(c) Calculer pour $n \in \mathbb{N}$, les coefficients réels a_n et b_n de la série de Fourier associée à g_a.

(d) Énoncer les théorèmes de convergence simple et normale pour les séries de Fourier. La série de Fourier de g_a converge-t-elle simplement vers g_a sur $\mathbb{R}$? converge-t-elle normalement vers g_a sur $\mathbb{R}$?

(e) En déduire que : $\displaystyle\forall x \in \mathbb{R}^\star, 2x\sum_{n=1}^{\infty} \frac{1}{x^2+n^2\pi^2} = t(x)$.

(on pourra poser $x = a\pi$).

2. Étude d'une série entière

On considère :

- la série numérique $\displaystyle\zeta(p) = \sum_{k=1}^{\infty} \frac{1}{k^p}$ pour $p \in \mathbb{N}$ avec $p \geqslant 2$.
- la série entière, $\displaystyle h(t) = \sum_{k=0}^{\infty} \alpha_{2k} t^{2k}$ où $\displaystyle\alpha_{2k} = \frac{(-1)^k \zeta(2k+2)}{\pi^{2k+2}}$ et si $n \in \mathbb{N}$, on note $S_N(t)$ la somme partielle suivante : $\displaystyle S_N(t) = \sum_{k=0}^{N} \alpha_{2k} t^{2k}$
- la série de fonctions définie pour $t \in \mathbb{R}$ par $\displaystyle m(t) = \sum_{n=1}^{\infty} \frac{1}{t^2+n^2\pi^2}$.

(a) Montrer que la série de fonctions définissant m converge normalement sur $\mathbb{R}$.

(b) Énoncer le théorème de comparaison série-intégrale, en déduire l'existence de $\zeta(p)$ pour tout $p \in \mathbb{N}$ avec $p \geqslant 2$ et pour $n, p \in \mathbb{N} \setminus \{0,1\}$:

$$\Big(\sum_{k=1}^{n} \frac{1}{k^p}\Big) - 1 \leqslant \int_1^n \frac{dt}{t^p} \leqslant \sum_{k=1}^{n-1} \frac{1}{k^p}.$$

En déduire que $\displaystyle 1 \leqslant \zeta(p) \leqslant 1 + \frac{1}{p-1}$ et donner la limite de $\zeta(p)$ pour $p \to +\infty$.

(c) Montrer que pour tout $t \in]-\pi, \pi[$, la série entière $\displaystyle h(t) = \sum_{k=0}^{\infty} \alpha_{2k} t^{2k}$ converge.

(d) En intervertissant soigneusement deux sommes, montrer pour $N \in \mathbb{N}$: $\displaystyle\forall t \in]-\pi, \pi[, S_N(t) = \sum_{n=1}^{\infty} \frac{1}{t^2+n^2\pi^2}\Big(1 + (-1)^N \Big(\frac{t}{n\pi}\Big)^{2n+2}\Big)$.

En déduire que : $\forall N \in \mathbb{N}, \forall t \in]-\pi,\pi[,\ |S_N(t)-m(t)| \leqslant \left(\frac{t^2}{\pi^2}\right)^{N+1} m(t)$.

(e) En déduire que les fonctions m et h sont égales sur $]-\pi,\pi[$.

3. Développement en série entière de f

(a) Rappeler la définition d'une fonction développable en série entière en 0.

(b) En utilisant B.1.e) et B.2.e) montrer que la fonction t est développable en série entière en 0.

(c) En déduire en utilisant la question A.4.b)i) que la fonction f est développable en série entière en 0 et que son développement en série entière est : $\forall x \in]-2\pi, 2\pi[,\ f(x) = 1 - \frac{x}{2} + \sum_{n=1}^{\infty} \beta_n x^{2n}$

où $\beta_n = \frac{(-1)^{n-1}\zeta(2n)}{\pi^{2n}2^{2n-1}}$.

(d) Montrer que la fonction f est de classe $\mathcal{C}^\infty$ sur $\mathbb{R}$ et préciser si $k \in \mathbb{N}, f^{(k)}(0)$.

(e) *Application :* déduire de la question A.2.a) la valeur de $\zeta(2)$ et de la question A.5.e) la valeur de $\int_0^{+\infty} \frac{t}{e^t-1}dt$.

Remarque : on peut obtenir ainsi en poursuivant le développement limité de f, les valeurs de $\zeta(2n)$.

Solution

Partie I

1.(a) (E) est une équation différentielle linéaire scalaire du premier ordre à coefficients fonctions continues sur $\mathbb{R}$ et dont le coefficient de y' ne s'annule qu'en 0. Si nous essayons de comprendre l'énoncé, nous disons que nous allons résoudre cette équation différentielle sur $I_1 = \mathbb{R}_+^\star$ et sur $I_2 = \mathbb{R}_-^\star$.

$(E) \iff \frac{d}{dx}\big((e^x-1)y(x)\big) = 1$. Donc il existe $(C_1, C_2) \in \mathbb{R}^2$ tel que :

si $x \in I_1, y(x) = \frac{x+C_1}{e^x-1}$; si $x \in I_2, y(x) = \frac{x+C_2}{e^x-1}$

(b) Procédons par analyse-synthèse.

Si (E) a une solution y sur $\mathbb{R}$, alors $y(x) = \begin{cases} \frac{x+C_1}{e^x-1} & \text{si } x>0 \\ \frac{x+C_2}{e^x-1} & \text{si } x<0 \\ 1 & \text{si } x=0 \end{cases}$

Comme $y(x) \underset{x\to 0^+}{\sim} \dfrac{C_1}{x}$ et $y(x) \underset{x\to 0^-}{\sim} \dfrac{C_2}{x}$ si l'on n'a pas $C_1 = C_2 = 0$, y n'a pas une limite finie en 0 et ne peut donc être continue en 0. Donc, si y est solution de (E) sur $\mathbb{R}$, elle est unique $(C_1 = C_2 = 0)$ et est égale à f.

Montrons que f est solution de (E) sur $\mathbb{R}$. Les restrictions de f à I_1 et I_2 sont solutions de (E). Il suffit de prouver que f est dérivable en 0 pour conclure que (E) a une unique solution sur $\mathbb{R}$.

$$f(x) \underset{x\to 0}{=} \frac{x}{x+\frac{x^2}{2}+o(x^2)} \underset{x\to 0}{=} \frac{1}{1+\frac{x}{2}+o(x)} \underset{x\to 0}{=} 1-\frac{x}{2}+o(x).$$

Donc f a un DL 1 en 0 D'où la continuité de f en 0 et la dérivabilité de f en 0 avec $f'(0) = -\dfrac{1}{2}\cdot$ D'où la conclusion.

2.(a) $f(x) \underset{x\to 0}{=} \dfrac{x}{x+\frac{x^2}{2}+\frac{x^3}{6}+o(x^3)} \underset{x\to 0}{=} \dfrac{1}{1+\frac{x}{2}+\frac{x^2}{6}+o(x^2)}$

Donc $f(x) \underset{x\to 0}{=} 1-\dfrac{x}{2}+\dfrac{x^2}{12}+o(x^2)$.

(b) Comme au 1.b), on a la continuité et la dérivabilité de f en 0 mais l'existence d'un DL2 de f n'implique pas l'existence de $f''(0)$.

(c) Par théorème, f est de classe $\mathcal{C}^1$ sur $\mathbb{R}^\star$ et $f'(x) = \dfrac{1-e^x f(x)}{e^x-1}\cdot$

$$f'(x) \underset{x\to 0}{=} \frac{1-(1+x+o(x)\big(1-\frac{x}{2}+o(x)\big)}{x+o(x)} \underset{x\to 0}{=} \frac{1}{2}+o(1).$$ Donc $f'(x) \xrightarrow[x\to 0]{} -\dfrac{1}{2}\cdot$

f' est donc de classe $\mathcal{C}^1$ sur $\mathbb{R}$.

(d) Équation de la tangente T à $(\mathcal{C})$ au point d'abscisse 0 : $y = -\dfrac{x}{2}+1$.

On déduit de 2.a), que $f(x)-\left(1-\dfrac{x}{2}\right) \underset{x\to 0}{=} +\dfrac{x^2}{12}+o(x^2)$. Donc $f(x)-\left(1-\dfrac{x}{2}\right)$ est positif au voisinage de 0, d'où $(\mathcal{C})$ est au dessus de (T) lorsque x est au voisinage de 0.

3.(a) g est de classe $\mathcal{C}^\infty$ sur $\mathbb{R}$ et $g'(x) = xe^x$ est du signe de x si $x \neq 0$. Donc g est strictement décroissante sur $]-\infty, 0]$, strictement croissante sur $]0, +\infty[$ et a un minimum en 0. D'où $g(x) > 0$ si $x \in \mathbb{R}^\star$.

(b) Pour tout $x \in \mathbb{R}^\star, f'(x) = \dfrac{-g(x)}{(e^x-1)^2} < 0$; comme $f'(0) = -\dfrac{1}{2}$ la fonction f est strictement décroissante sur $\mathbb{R}$.

(c) Comme $f(x) \underset{x\to+\infty}{\sim} xe^{-x}$ on a $\lim\limits_{x\to+\infty} f(x) = 0$. La droite d'équation $y = 0$ est asymptote à la courbe (C) au voisinage de $+\infty$. Comme, pour tout x réel, $f(x) > 0$, la courbe est au dessus de son asymptote.

$\lim\limits_{x\to-\infty} f(x) = +\infty$ et $\dfrac{f(x)}{x} \xrightarrow[x\to-\infty]{} -1$. Comme $f(x)+x = \dfrac{xe^x}{e^x-1} \xrightarrow[x\to-\infty]{} 0$, la droite d'équation $y = -x$ est asymptote à la courbe (C) au voisinage de $-\infty$. Comme, pour tout x réel, $f(x)+x \geqslant 0$, la courbe est au dessus de son asymptote.

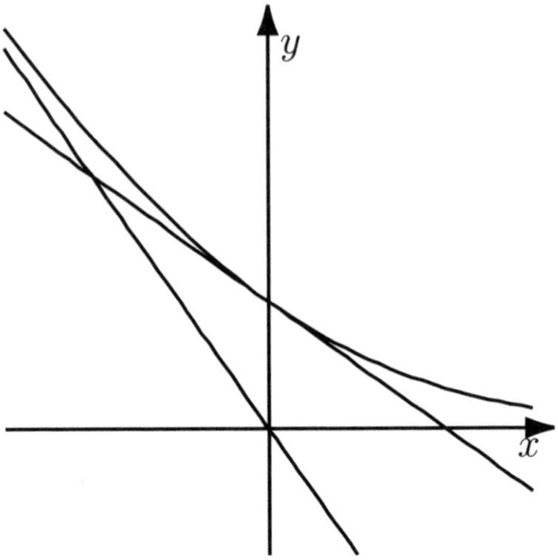

4.(a) Vérification immédiate.

(b) (i) et (ii) se vérifient facilement.

(iii) $f_1(x)$ est la différence entre les ordonnées des points de (C) et ceux de (T) de même abscisse. La fonction f_1 étant paire, l'aire comprise entre les courbes $(C), (T)$, l'axe Oy et la droite d'équation $x = x_0$ est égale à l'aire comprise entre les courbes $(C), (T)$, la droite d'équation $x = -x_0$ et l'axe Oy.

5.(a) f est continue sur $\mathbb{R}_+$. Comme $f(x) \underset{x\to+\infty}{\sim} xe^{-x} \underset{x\to+\infty}{=} o(x^{-2})$ et comme la fonction $x \mapsto x^{-2}$ est intégrable sur $[1, +\infty[$, la fonction f est intégrable sur $\mathbb{R}_+$ et par suite, I existe.

(b) $x = -\ln(u)$ établit une bijection de classe $\mathcal{C}^1$ entre $]0, 1[$ et $]0, +\infty[$ telle que $dx = -\dfrac{du}{u}$; d'où $I = J$.

(c) Pour tout $k \in \mathbb{N}$, la fonction $g_k : u \mapsto -u^k \ln(u)$ est continue sur $]0, 1]$ et $g_k(u) \underset{u\to0^+}{=} o(u^{-1/2})$; donc g_k est intégrable sur $]0, 1]$ pour tout $k \in \mathbb{N}$. Par intégration par parties, $\displaystyle\int_\varepsilon^1 g_k = \Big[-\frac{u^{k+1}}{k+1}\ln(u)\Big]_\varepsilon^1 + \int_\varepsilon^1 \frac{u^k}{k+1}du.$

Par passage à la limite quand $\varepsilon \to 0$, on trouve $I_k = \dfrac{1}{(k+1)^2}$.

(d) Énoncé du théorème d'intégration terme à terme : si une série de fonctions $\sum f_n$ intégrables sur I converge simplement sur I de somme f continue par morceaux sur I et si la série $\displaystyle\sum \int_I |f_n|$ converge, alors f est intégrable sur I et $\displaystyle\int_I f = \sum \int_I f_n$.

(e) Appliquons ce théorème à la série de fonctions $\sum g_k$ sur $I =]0, 1]$. L'intégrabilité a été prouvée en 5.b).

Comme, pour tout $u \in]0,1]$, $\sum_{k=0}^{\infty} u^k = \dfrac{1}{1-u}$, la série $\sum g_k$ converge simplement sur $]0,1]$ dè somme $g : u \mapsto \dfrac{\ln(u)}{u-1}$ continue sur $]0,1]$. Comme $g_k \geqslant 0$ sur $]0,1]$, on a $\displaystyle\int_0^1 |g_k| = I_k = \frac{1}{(k+1)^2}\cdot$ La convergence de la série de Riemann $\sum \dfrac{1}{k^2}$ et le théoème de 5.d) impliquent $I = J = \displaystyle\sum_{k=0}^{\infty} I_k = \sum_{k=0}^{\infty} \frac{1}{(k+1)^2} = \zeta(2)$.

Partie B

1.(a) Dessin immédiat.
Comme g_a est 2π-périodique, $\displaystyle\lim_{t \to -\pi^-} g_a(t) = \lim_{t \to \pi^-} g_a(t) = \operatorname{ch}(a\pi)$.
Comme ch est paire, $\displaystyle\lim_{t \to -\pi^+} g_a(t) = \operatorname{ch}(a\pi)$. Donc $g_a \in \mathcal{C}_{2\pi}$.

(b) $\displaystyle\int_0^{\pi} \operatorname{ch}(at)\cos(nt)dt = \Re e\Big(\int_0^{\pi} \operatorname{ch}(at)e^{int}dt\Big) = \Re e(z_n)$ où
$z_n = \displaystyle\frac{1}{2}\int_0^{\pi} \big(e^{(a+in)t} + e^{(-a+in)t}\big)dt = \frac{1}{2}\Big(\frac{(-1)^n e^{a\pi} - 1}{a+in} + \frac{(-1)^n e^{-a\pi} - 1}{-a+in}\Big)\cdot$
$\Re e(z_n) = \displaystyle\frac{1}{2}\Big(\frac{((-1)^n e^{a\pi} - 1)a}{a^2+n^2} - \frac{((-1)^n e^{-a\pi} - 1)a}{a^2+n^2}\Big) = (-1)^n \frac{a\operatorname{sh}(a\pi)}{a^2+n^2}\cdot$
On peut aussi effectuer deux intégrations par parties.

(c) $g_a \in \mathcal{C}_{2\pi}$. Comme g_a est paire, pour tout $n \geqslant 1, b_n(g_a) = b_n = 0$ et pour tout $n \in \mathbb{N}, a_n(g_a) = a_n = \displaystyle\frac{2}{\pi}\int_0^{\pi} g_a(t)\cos(nt)dt = \frac{2(-1)^n}{\pi}\frac{a\operatorname{sh}(a\pi)}{a^2+n^2}\cdot$

(d) La fonction g_a étant élément de $\mathcal{C}_{2\pi}$ et de classe $\mathcal{C}^1$ par morceaux, le théorème de convergence normale implique que sa série de Fourier converge normalement sur $\mathbb{R}$ et sa somme est g_a. Donc,

$$\forall t \in \mathbb{R}, g_a(t) = \frac{a_0}{2} + \sum_{n=1}^{\infty} a_n \cos(nt)$$

(e) En particulier, $g_a(a\pi) = \operatorname{ch}(a\pi) = \displaystyle\frac{\operatorname{sh}(a\pi)}{a\pi} + \frac{2}{\pi}\sum_{n=1}^{\infty} \frac{a\operatorname{sh}(a\pi)}{a^2+n^2}\cdot$

En posant $x = a\pi \in \mathbb{R}^\star$, on obtient $t(x) = \displaystyle\frac{1}{\operatorname{th}(x)} - \frac{1}{x} = 2\sum_{n=1}^{\infty} \frac{1}{x^2+n^2\pi^2}\cdot$

2.(a) Pour tout $(t,n) \in \mathbb{R} \times \mathbb{N}^\star$, $\dfrac{1}{t^2+(n\pi)^2} \leqslant \dfrac{1}{(n\pi)^2}\cdot$

Comme $\dfrac{1}{(n\pi)^2}$ est indépendant de t, terme général d'une série de Riemann convergente, la série de fonctions définissant m converge normalement sur $\mathbb{R}$.

(b) La fonction $t \mapsto \dfrac{1}{t^p}$ est continue, décroissante sur $[1, +\infty[$. On déduit de l'inégalité de la moyenne : $\forall k \in \mathbb{N}^\star$, $\dfrac{1}{(k+1)^p} \leqslant \displaystyle\int_k^{k+1} \frac{dt}{t^p} \leqslant \frac{1}{k^p}$.

Par sommation finie de ces inégalités, $\displaystyle\sum_{k=1}^{n-1} \frac{1}{(k+1)^p} \leqslant \sum_{k=1}^{n-1} \int_k^{k+1} \frac{dt}{t^p} \leqslant \sum_{k=1}^{n-1} \frac{1}{k^p}$.

D'après le théorème de Chasles, $\displaystyle\left(\sum_{k=1}^{n} \frac{1}{k^p}\right) - 1 \leqslant \int_1^n \frac{dt}{t^p} \leqslant \sum_{k=1}^{n-1} \frac{1}{k^p} \qquad (\star)$.

Comme $p \geqslant 2$, la fonction $t \mapsto \dfrac{1}{t^p}$ est intégrable sur $[1, +\infty[$. Il en découle que la suite croissante $\displaystyle\left(\sum_{k=1}^{n} \frac{1}{k^p}\right)_{n \geqslant 1}$ est majorée par $1 + \displaystyle\int_1^{+\infty} \frac{dt}{t^p} = 1 + \frac{1}{p-1}$ donc convergente *i.e.* la série $\sum \dfrac{1}{k^p}$ converge *i.e.* $\zeta(p)$ est défini pour $p \geqslant 2$. Par passage à la limite dans $(\star)$ lorsque $n \to \infty$, on obtient $\zeta(p) - 1 \leqslant \dfrac{1}{p-1} \leqslant \zeta(p)$.

D'où, comme, on a facilement $\zeta(p) \geqslant 1$, il vient $\forall p \geqslant 2, 1 \leqslant \zeta(p) \leqslant 1 + \dfrac{1}{p-1}$.

Par théorème d'encadrement, il s'en déduit que $\zeta(p) \xrightarrow[p \to \infty]{} 1$.

Remarque : la question est mal posée, dans la mesure où l'on demande un théorème série-intégrale et sa démonstration dans un cas particulier.

(c) Nous n'allons pas encore perdre notre temps à dire que la question est mal posée dans la mesure où l'on y confond une série et sa somme !

On déduit de 2.b) que $\alpha_{2k} = \dfrac{(-1)^k \zeta(2k+2)}{\pi^{2k+2}} \underset{k \to \infty}{\sim} \dfrac{(-1)^k}{\pi^{2k+2}}$.

Donc $|\alpha_{2k} t^{2k}| \underset{k \to \infty}{\sim} \left(\dfrac{t}{\pi}\right)^{2k} \dfrac{1}{\pi^2}$. Si $|t| < \pi$, la convergence de la série géométrique $\sum \left(\dfrac{t}{\pi}\right)^{2k}$ implique celle de la série $\sum |\alpha_{2k} t^{2k}|$ et par conséquent celle de la série $\sum \alpha_{2k} t^{2k}$. Donc la fonction h est définie sur $]-\pi, \pi[$.

(d) $S_N(t) = \displaystyle\sum_{k=0}^{N} \frac{(-1)^k \zeta(2k+2)}{\pi^{2k+2}} t^{2k} = \sum_{k=0}^{N} \frac{(-1)^k t^{2k}}{\pi^{2k+2}} \sum_{n=1}^{\infty} \frac{1}{n^{2k+2}}$.

Du théorème sur les sommes finies (ici $(N+1)$) de séries convergentes, on déduit que, pour tout $S_N(t) = \displaystyle\sum_{n=1}^{\infty} \sum_{k=0}^{N} \frac{(-1)^k t^{2k}}{(\pi n)^{2k+2}} = \sum_{n=1}^{\infty} \frac{1}{(n\pi)^2} \sum_{k=0}^{N} \frac{(-t^2)^k}{(\pi^2 n^2)^k}$.

Du calcul de la somme des premiers termes d'une suite géométrique on déduit

$$S_N(t) = \sum_{n=1}^{\infty} \frac{1 + (-1)^N \left(\dfrac{t}{n\pi}\right)^{2N+2}}{t^2 + n^2 \pi^2}.$$

D'où $|S_N(t)-m(t)| = \left|\sum_{n=1}^{\infty} \frac{(-1)^N\left(\frac{t}{n\pi}\right)^{2N+2}}{t^2+n^2\pi^2}\right| \leqslant \sum_{n=1}^{\infty} \frac{1}{t^2+(n\pi)^2}\left(\frac{t^2}{(n\pi)^2}\right)^{N+1}$.

Comme $n \geqslant 1 \Rightarrow 0 \leqslant \frac{t^2}{(n\pi)^2} \leqslant \frac{t^2}{\pi^2}\cdot$ Donc

$|S_N(t) - m(t)| \leqslant \left(\frac{t^2}{\pi^2}\right)^{N+1} \sum_{n=1}^{\infty} \frac{1}{t^2+(n\pi)^2} = \left(\frac{t^2}{\pi^2}\right)^{N+1} m(t)$ si $N \in \mathbb{N}, |t| < \pi$.

(e) Pour t fixé dans $]-\pi, \pi[$, faisons N tendre vers ∞ dans l'inégalité précédente et nous obtenons $h(t) = m(t)$. Donc $h = m$ sur $]-\pi, \pi[$.

3.(a) Une fonction est dite développable en série entière en 0 s'il existe une série entière de rayon de convergence non nul telle que f soit la somme de cette série entière dans un voisinage de 0.

(b) D'après B.1.e) $t(x) = 2xm(x)$, d'après B.2.e, $m(x) = h(x)$ si $x \in]-\pi, \pi[$

Donc $\forall x \in]-\pi, \pi[, t(x) = \sum_{k=0}^{\infty} 2\alpha_{2k} t^{2k+1}$.

La fonction t est donc développable en série entière en 0 .

(c) D'après A.4.b)(i), $f(x) = 1 - \frac{x}{2} + \frac{x}{2}t\left(\frac{x}{2}\right) = 1 - \frac{x}{2} + \sum_{k=0}^{\infty} 2\alpha_{2k}\left(\frac{x}{2}\right)^{2k+2}$

si $\left|\frac{x}{2}\right| < \pi$. Donc, pour $x \in]-2\pi, 2\pi[, f(x) = 1 - \frac{x}{2} + \sum_{k=1}^{\infty} \beta_k x^{2k}$

où $\beta_k = \frac{\alpha_{2k-2}}{2^{2k-1}} = \frac{(-1)^{k-1}\zeta(2k)}{\pi^{2k}2^{2k-1}}$.

(d) D'après des théorèmes sur les séries entières, f est de classe $\mathcal{C}^\infty$ sur l'intervalle $]-2\pi, 2\pi[$ et $f^{(n)}(0) = \begin{cases} (2k)!\beta_k & \text{si } n = 2k \\ 0 & \text{si } n = 2k+1 \end{cases}$ si $k \in \mathbb{N}$ avec $f(0) = 1$ et $f'(0) = -1/2$. De plus, par sa définition, d'après les théorèmes sur les opérations sur les fonctions de classe $\mathcal{C}^\infty$, elle est de classe $\mathcal{C}^\infty$ sur $\mathbb{R}^\star$, on peut conclure que $f \in \mathcal{C}^\infty(\mathbb{R}, \mathbb{R})$.

(e) f étant développable en série entière en 0, elle admet un développement limité de tout ordre au voisinage de 0. On déduit de l'unicité du développement limité en 0 et du calcul de A2.a) que $\zeta(2) = 2\pi^2\beta_1 = 2\pi^2\frac{1}{12} = \frac{\pi^2}{6}\cdot$

D'après A.5.e), $I = \int_0^{+\infty} f(x)dx = \zeta(2) = \frac{\pi^2}{6}\cdot$

Fin

E3A
Filière PC 2007
Épreuve B

Trois exercices,
trois heures

EXERCICE 1

On considère l'espace vectoriel réel $E = \mathbb{R}^3$ rapporté à sa base canonique $\mathcal{C} = (e_1, e_2, e_3)$. On considère un endomorphisme u de E tel que :
$u^3 - 2u^2 + u = 0$ (endomorphisme nul). On pose $v = I_E - u$.

1. a) Montrer que si le réel λ est valeur propre de u, alors $\lambda \in \{0, 1\}$.

b) Soit U la matrice de u dans la base $\mathcal{C}$. Montrer que si le complexe λ est valeur propre de U, alors $\lambda \in \{0, 1\}$. En déduire les valeurs possibles du polynôme caractéristique de U, défini par $P(X) = \det(U - XI_3)$.

c) En déduire les quatre valeurs possibles du polynôme caractéristique de u.

d) Soit $k \in \mathbb{N}^\star$. Déterminer le reste de la division euclidienne de X^k par le polynôme $A(X) = X.(X-1)^2$ (on pourra utiliser le polynôme $k.X^{k-1}$, dérivé de X^k). En déduire l'expression de u^k au moyen de k, u^2, u et I_E.

2. On suppose dans cette question seulement que u est diagonalisable.

a) Montrer alors que u et v sont des projecteurs. Que valent alors les espaces $\ker(u) + \ker(v)$ et $\operatorname{Im}(u) + \operatorname{Im}(v)$?

b) Déterminer quatre matrices diagonales : D_0, D_1, D_2, D_3, telles que D_r soit de rang r, et telles que U soit nécessairement semblable à l'une de ces quatre matrices.

3. a) Grâce à la division euclidienne de $(X-1)^2$ par X, en déduire un polynôme B tel que : $(X-1)^2 + XB(X) = 1$.

b) Vérifier que : $(u - I_E)^2 + (2I_E - u) \circ u = I_E$.

c) Justifier que : $\ker(v^2) = \operatorname{Im}(u)$ et $\ker(u) = \operatorname{Im}(v^2)$.

d) Montrer que : $E = \ker(u) \oplus \ker\left((u - I_E)^2\right)$.

4. On suppose dans cette question que $\ker(u)$ et $\ker(v)$ sont tous les deux de dimension 1.

a) Quelle est la dimension de $F = \ker(u) + \ker(v)$?

b) Justifier que $\ker(v^2)$ contient $\ker(v)$, et est de dimension 2.

c) Grâce à 3.d), justifier l'existence d'une base $\mathcal{B} = (\varepsilon_1, \varepsilon_2, \varepsilon_3)$ de E dans laquelle la matrice de u soit $T = \begin{pmatrix} 0 & 0 & 0 \\ 0 & 1 & 1 \\ 0 & 0 & 1 \end{pmatrix}$.

5. Déterminer dans les deux cas suivants, la valeur du polynôme caractéristique de U, et si U est semblable ou non à l'une des cinq matrices D_0, D_1, D_2, D_3, T

a) Premier exemple : $U = \begin{pmatrix} 1 & -1 & 1 \\ 1 & -1 & 1 \\ 1 & -1 & 1 \end{pmatrix}$.

b) Deuxième exemple : $U = \begin{pmatrix} 0 & 0 & 0 \\ 1 & 0 & -1 \\ 0 & 1 & 2 \end{pmatrix}$.

EXERCICE 2

On considère pour tous réels x et y : $F(x,y) = x^3 + y^3 - 3xy$.

1. On considère l'espace euclidien orienté $\mathbb{R}^2$, muni de son produit scalaire canonique, tel que la base canonique (e_1, e_2) soit orthonormale directe.

Soit $\Gamma = \{(x,y) \in \mathbb{R}^2 \mid F(x,y) = 0\}$.

a) Soit $t \in \mathbb{R}$ et $D = \{(x, tx) \mid x \in \mathbb{R}\}$.
Déterminer l'intersection : $D_t \cap \Gamma$.

b) Pour $t \in \mathbb{R} \setminus \{-1\}$, on note :

$$\alpha(t) = \frac{3t}{1+t^3},\ \beta(t) = \frac{3t^2}{1+t^3},\ \varphi(t) = (\alpha(t), \beta(t)).$$

Comparer Γ avec $\Phi(t) = \{\varphi(t), t \in \mathbb{R} \setminus \{-1\}\}$: on précisera si l'on a une inclusion ou une égalité.

c) Étudier la courbe paramétrée Φ : établir un tableau de variations et préciser l'étude d'éventuelles branches infinies.

d) Donner l'allure de la courbe Γ.

e) Donner une représentation polaire de la courbe Γ.

On notera selon l'usage $u_\theta = \cos(\theta)e_1 + \sin(\theta)e_2$, et on calculera $r(\theta)$ tel que $M(\omega) = r(\theta)u_\theta$ soit sur Γ, pour des valeurs de θ que l'on précisera.

f) Déterminer deux (différentes) transformations orthogonales $u \in \mathcal{O}(\mathbb{R}^2)$ telles que $u(\Gamma) = \Gamma$. On justifiera la réponse.

2. On considère l'espace euclidien orienté $\mathbb{R}^3$, muni de son produit scalaire canonique, tel que la base canonique $\mathcal{C} = (e_1, e_2, e_3)$ soit orthonormale directe. On note ici : $\Gamma = \{(x,y,0) \in \mathbb{R}^3 \mid F(x,y) = 0\}$, $\Delta = \{(x,x,0) \in \mathbb{R}^3, x \in \mathbb{R}\}$, et $S = \{(x,y,z) \in \mathbb{R}^3 \mid z = F(x,y)\}$.

a) Que représente Γ vis-à-vis de la surface $\mathcal{S}$?

b) Soit $M = (x,y,0)$ avec $(x,y) \in \mathbb{R}^2$. Déterminer la projection orthogonale de M sur la droite Δ. En déduire la distance euclidienne de M à la droite Δ.

c) Soit $N = (X, Y, Z)$ dans $\mathbb{R}^3$, et toujours $M = (x, y, 0)$. Déterminer à quelles conditions N et M ont la même projection orthogonale sur Δ, et sont à la même distance euclidienne de $O = (0, 0, 0)$. En déduire une équation cartésienne de la surface Σ décrite alors par ces points N lorsque M décrit Γ (on pourra calculer $(x+y)^3$ et $(x+y)^2$).

d) Déterminer une équation dans $\mathcal{C}$ du plan tangent à $\mathcal{S}$ au point $M_0 = (x_0, y_0, z_0)$ avec $z_0 = F(x_0, y_0)$. Dans quels cas, ce plan est-il horizontal (d'équation de la forme $z = c$) ?

EXERCICE 3

Pour tous réels x et t, on note $f(x,t) = e^{x\sin(t)}$.

Soit $g(x) = \displaystyle\int_0^{\frac{\pi}{2}} e^{x\sin(t)}dt$, pour x réel.

1. a) Justifier que g est de classe $\mathcal{C}^1$ sur $\mathbb{R}$, et préciser l'expression et le signe de $g'(x)$ pour tout réel x.

b) Montrer que pour tout $t \in \left[0, \frac{\pi}{2}\right]$, on a : $t \geqslant \sin(t) \geqslant \frac{2}{\pi}t$

c) En déduire une majoration de $g(x)$ pour $x < 0$, et une minoration de $g(x)$ pour $x > 0$.

d) Déterminer : $\displaystyle\lim_{x\to-\infty} g(x)$, $\displaystyle\lim_{x\to+\infty} g(x)$, $\displaystyle\lim_{x\to+\infty} \frac{g(x)}{x}$.

e) Préciser les variations de g et donner l'allure de sa représentation graphique.

2. a) Pour tout $t \in \left[0, \frac{\pi}{2}\right]$ fixé, préciser le développement en série entière de la fonction $x \mapsto f(x,t)$.

b) En déduire que g est développable en série entière sur $\mathbb{R}$; on précisera bien le théorème utilisé. On écrira ce développement sous la forme $g(x) = \displaystyle\sum_{n=0}^{\infty} a_n x^n$, et l'on exprimera a_n au moyen de

$W_n = \displaystyle\int_0^{\frac{\pi}{2}} \sin^n(t)dt$ (que l'on ne cherchera pas à calculer).

c) Justifier que g est de classe $\mathcal{C}^2$ sur $\mathbb{R}$ et vérifie :

$$\forall x \in \mathbb{R}, x(g''(x) - g(x)) + g'(x) = 1.$$

d) En déduire une relation entre W_{n+1} et W_{n-1} pour $n \in \mathbb{N}$, et retrouver cette formule grâce à une intégration par parties.

e) Déterminer toutes les solutions développables en série entière sur $\mathbb{R}$ de l'équation différentielle : $xy'' + y' - xy = 1 \qquad (E)$.

Comment détermine-t-on g parmi toutes ces solutions ?

f) Quels résultats du cours peut-on appliquer concernant l'ensemble des solutions réelles de cette équation différentielle (E) sur l'intervalle $\mathbb{R}_+^\star$.

3. Soit $a < 0$. Grâce à l'encadrement de 1.b), déterminer un encadrement de $\displaystyle\int_a^0 g(x)dx$. La fonction g est-elle intégrable sur $\mathbb{R}_-$?

Soit $x \in \mathbb{R}$ fixé, et : $\varphi_x : t \mapsto f(x,t)$.

a) Justifier que φ_x est développable en série de Fourier : on précisera bien les résultats du cours que l'on peut lui appliquer.

b) Pour $k \in \mathbb{Z}$, on pose $d_k(x) = \dfrac{1}{2\pi}\displaystyle\int_0^{2\pi} e^{x\sin(t)-ikt}dt$. Que représente ce nombre complexe ? Écrire l'égalité de Parseval pour φ_x en utilisant les nombres $d_k(x)$.

c) Grâce à 2.a, justifier que l'on peut écrire $d_k(x)$ comme somme d'une série.

d) Pour $k \in \mathbb{Z}$ et $n \in \mathbb{N}$, calculer : $I_{k,n} = \displaystyle\int_0^{2\pi} \sin^n(t)e^{-ikt}dt$ sous forme d'une somme ; pour cela, on développera $(e^{it} - e^{-it})^n$. En déduire une expression de $d_k(x)$.

Solution

Exercice 1

1.a. Si $u(x) = \lambda x$, pour tout $k \in \mathbb{N}, u^k(x) = \lambda^k x$. Comme $u^3 - 2u^2 + u = 0$, on a $(\lambda^3 - 2\lambda^2 + \lambda)x = 0$. Si x est un vecteur propre de u, x est non nul et $\lambda^3 - 2\lambda^2 + \lambda = 0$ *i.e.* $\lambda(\lambda - 1)^2 = 0$ *i.e.* $\lambda \in \{0, 1\}$.

1.b. Si $U = M_{\mathcal{B}}(u)$ alors $U^3 - 2U^2 + U = 0$. Si $\lambda \in \mathrm{Sp}_{\mathbb{C}}(U)$ alors $\lambda^3 - 2\lambda^2 + \lambda = 0$ *i.e.* $\lambda \in \{0, 1\}$. D'où $P(X) \in \{-X^3, -(X-1)^3, -X^2(X-1), -X(X-1)^2\}$ puisque E est de dimension 3 et le coefficient dominant de P est $(-1)^3 = -1$.

1.c. Le polynôme caractéristique d'un endomorphisme de E étant le polynôme caractéristique de sa matrice dans une base quelconque de E, les 4 valeurs possibles de $P(X)$ sont celles données en 1.b.

1.d. Du théorème de la division euclidienne dans $\mathbb{R}[X]$ on déduit que pour tout $k \in \mathbb{N}$ il existe $A, B \in \mathbb{R}[X]$ tel que $X^k = A(X)Q(X) + R(X), \deg(R) < \deg(Q)$. Donc $R(X) = aX^2 + bX + c$.
$0^k = A(0)Q(0) + R(0) \Rightarrow 0 = c$; $1^k = A(1)Q(1) + R(1) \Rightarrow 1^k = a + b + c$.
Par dérivation, $kX^{k-1} = A(X)Q'(X) + +A'(X)Q(X) + 2aX + b$.
Comme $A(1) = A'(1) = 0$, on a $2a + b = k$.
Du système linéaire de trois équations à trois inconnues a, b, c on déduit immédiatement $a = k-1$, $b = 2-k$ et $c = 0$. Donc $R(X) = (k-1)X^2 + (2-k)X$ et par substitution $u^k = A(u)Q(u) + R(u) = R(u) = (k-1)u^2 + (2-k)u$.

2. On suppose dans cette question seulement que u est diagonalisable.

2.a. Avec les notations de 1.c.

- Si $P(X) = -X^3$ alors $\mathrm{Sp}(u) = \{0\}$; d'où $u = 0$ et $v = I_E$.
- Si $P(X) = -(X-1)^3$ alors $\mathrm{Sp}(u) = \{1\}$; d'où $u = I_E$ et $v = 0$.
- Si $P(X) = -X^2(X-1)$ alors $E = \ker(u - I_E) \oplus \ker(u) = \ker(v) \oplus \ker(u)$. $\dim(\ker(u)) = 2$ et $\dim(\ker(u - I_E)) = 1$. Donc la matrice U est semblable à $D_1 = \mathrm{Diag}(1, 0, 0)$. D'où $U^2 = U$; u est un projecteur et $v = I_E - u$ aussi.
- Si $P(X) = -X(X-1)^2$ alors $E = \ker(u - I_E) \oplus \ker(u) = \ker(v) \oplus \ker(u)$. $\dim(\ker(u)) = 1$ et $\dim(\ker(u - I_E)) = 2$. Donc la matrice U est semblable à $D_2 = \mathrm{Diag}(1, 1, 0)$. D'où $U^2 = U$; u est un projecteur et $v = I_E - u$ aussi.

Dans ces cas, u et v sont des projecteurs, $\ker(u) = \mathrm{Im}(v)$ et $\ker(v) = \mathrm{Im}(u)$. Donc $E = \mathrm{Im}(u) \oplus \mathrm{Im}(v)$.

2.b. En reprenant les 4 cas précédents, on voit que U est semblable dans le premier cas à $D_0 = \mathrm{Diag}(0, 0, 0)$, dans le second cas à $D_3 = \mathrm{Diag}(1, 1, 1) = I_3$. Dans les autres cas, la preuve a déjà été établie.

3.a. Comme $(X-1)^2 = X^2 - 2X + 1 = X(X-2) + 1$, en posant $B(X) = 2 - X$ on obtient $(X-1)^2 + XB(X) = 1$.
3.b. Par substitution, il vient : $(u - I_E)^2 + (2I_E - u) \circ u = I_E$.

3.c. $u^3 - 2u^2 + u = 0 \iff v^2 \circ u = 0 \Rightarrow \mathrm{Im}(u) \subset \mathrm{Ker}(v^2)$.
D'après 3.b. si $x \in \ker(v^2)$, alors $x = u \circ (2I_E - u)(x) \in \mathrm{Im}(u)$;
donc $\ker(v^2) \subset \mathrm{Im}(u)$ et par suite $\ker(v^2) = \mathrm{Im}(u)$.
Le théorème du rang appliqué à u puis à v^2 donne
$\dim(E) = \dim(\ker(u)) + \dim(\mathrm{Im}(u) = \dim(\ker(v^2)) + \dim(\mathrm{Im}(v^2))$.
Il en découle que $\dim(\mathrm{Im}(v^2)) = \dim(\ker(u))$.
D'après 3.b. si $x \in \ker(u)$ alors $v^2(x) = x$, donc $x \in \mathrm{Im}(v^2)$.
Par suite $\ker(u) \subset \mathrm{Im}(v^2)$. On peut conclure que $\ker(u) = \mathrm{Im}(v^2)$.

3.d. Le théorème du rang appliqué à u donne
$\dim(E) = \dim(\ker(u)) + \dim(\mathrm{Im}(u))$. On déduit alors de 3.c. que
$\dim(E) = \dim(\ker(u)) + \dim(\ker(v^2))$.
Si $x \in \ker(u) \cap \ker(v^2)$ on déduit de 3.b. que $x = v^2(x) + (2I_E - u) \circ u(x) = 0$
i.e. $\ker(u) \cap \ker(v^2) = \{0\}$· On peut alors conclure que $E = \ker(u) \oplus \ker(v^2)$.

4.a. $\ker(u) \cap \ker(v) = \ker(u) \cap \ker(u - I_E) = \{0\}$·
Donc $F = \ker(u) \oplus \ker(v)$ et $\dim(F) = \dim(\ker(u)) + \dim(\ker(v)) = 2$.

4.b. $\ker(v) \subset \ker(v^2) \Rightarrow \dim(\ker(v^2)) \geqslant \dim(\ker(v)) = 1$.

• Si $\dim(\ker(v^2)) = 1$ alors $\ker(v^2) = \ker(v)$.
Or $v^2 \circ u = 0$ implique $\mathrm{Im}(u) \subset \ker(v^2)$ et donc $\mathrm{Im}(u) \subset \ker(v)$; il en découle $\mathrm{rg}(u) \leqslant \dim(\ker(v)) = 1$ ce qui contredit le théorème du rang appliqué à u et qui donne $\mathrm{rg}(u) = \dim(E) - \dim(\ker(u)) = 2$.

• Si $\dim(\ker(v^2)) = 3$ alors $\mathrm{rg}(u) = 3$ *i.e.* $u \in \mathrm{GL}(E)$, d'où $\ker(u) = \{0\}$ ce qui contredit $\dim(\ker(u)) = 1$.
Donc $\dim(\ker(v^2)) = 2$.

4.c. D'après 3.d. si ε_1 est une base de $\ker(u)$ et $(\varepsilon_2, \varepsilon_3)$ une base de $\ker(v^2)$ alors $(\varepsilon_1, \varepsilon_2, \varepsilon_3)$ est une base de E.

Soit $\varepsilon_3 \in \ker(v^2) \setminus \ker(v)$ et $\varepsilon_2 = v(\varepsilon_3)$ alors $(\varepsilon_2, \varepsilon_3)$ est libre et $\varepsilon_2 = v(\varepsilon_3)$ implique $u(\varepsilon_3) = \varepsilon_2 + \varepsilon_3$. Comme $v(\varepsilon_2) = (u - I_E)(\varepsilon_2) = 0$ on a $u(\varepsilon_2) = \varepsilon_2$.
La matrice de u dans la base $\mathcal{B}$ est T.

5.a. Les trois colonnes de U étant $C, -C, C$, on a $\mathrm{rg}(U) = 1$ et d'après le théorème du rang, $\dim(\ker(U)) = 2$. Comme $U^2 = U$, la matrice U est diagonalisable et d'après 2. la matrice U est semblable à D_1.

5.b. Si l'on note C_1, C_2, C_3 les vecteurs colonnes de U, on a (C_1, C_2) libre et $C_3 = -C_1 + 2C_2$. Donc $\mathrm{rg}(U) = 2$ et d'après le théorème du rang, $\dim(\ker(U)) = 1$

$$\begin{pmatrix} x \\ y \\ z \end{pmatrix} \in \ker(u - I_E) \iff (U - I_3) \begin{pmatrix} x \\ y \\ z \end{pmatrix} = \begin{pmatrix} 0 \\ 0 \\ 0 \end{pmatrix} \iff \begin{cases} x = 0 \\ y + z = 0 \end{cases}$$

Donc $\ker(u - I_E) = \ker(v)$ est la droite engendrée par $(0, 1, -1)$.
Comme $\ker(u)$ et $\ker(v)$ sont de dimension 1, d'après 4. la matrice U est semblable à la matrice T.

Exercice 2

1.a. $M \in D_t \cap \Gamma \iff \begin{cases} x^3+y^3-3xy=0 \\ y=tx \end{cases} \iff \begin{cases} x^2\big[x(1+t^3)-3t\big]=0 \\ y=tx \end{cases}$

Comme, pour $t=0$, $\big(x(1+t^3)-3t=0 \Rightarrow x=0\big)$ et comme $(x,-x)\in\Gamma$ si, et seulement si, $x=0$, on a $M\in D_t\cap\Gamma \iff \left(x=\dfrac{3t}{1+t^3}, y=\dfrac{3t^2}{1+t^3}, t\neq -1\right)$

1.b. Comme le raisonnement précédent a été fait par équivalence, $\Gamma=\Phi$.

1.c. Les fonctions α et β étant des fonctions rationnelles, $\varphi\in\mathcal{C}^\infty(\mathbb{R}\backslash\{-1\},\mathbb{R}^2)$

Comme $\alpha\left(\dfrac{1}{t}\right)=\beta(t)$ la courbe Γ est symétrique par rapport à la première bissectrice des axes et il suffit d'étudier Φ sur $]-1,1]$.

$\alpha'(t)=\dfrac{3(1-2t^3)}{(1+t^3)^2}$ est du signe $1-\sqrt[3]{2}t$ si $t\in]-1,1]$.

$\beta'(t)=-\dfrac{1}{t^2}\alpha'\left(\dfrac{1}{t}\right)=\dfrac{3t(2-t^3)}{(1+t^3)^2}$ est du signe t si $t\in]-1,1]$.

t	-1		0		$\frac{1}{\sqrt[3]{2}}$		1
$\alpha'(t)$		$+$	3	$+$	0	$-$	$\frac{-3}{4}$
$\alpha(t)$	$-\infty$	$\nearrow$	0	$\nearrow$	$\sqrt[3]{4}$	$\searrow$	$\frac{3}{2}$
$\beta(t)$	$+\infty$	$\searrow$	0	$\nearrow$	$\sqrt[3]{2}$	$\nearrow$	$\frac{3}{2}$
$\beta'(t)$		$-$	0	$+$		$+$	$\frac{3}{4}$

Étude de la branche infinie en $t=-1$.

$\alpha(t)\xrightarrow[t\to-1]{}-\infty$, $\beta(t)\xrightarrow[t\to-1]{}+\infty$ et $\dfrac{\beta(t)}{\alpha(t)}=t\xrightarrow[t\to-1]{}-1$.

$\beta(t)+\alpha(t)=(1+t)\alpha(t)=\dfrac{3t}{t^2-t+1}\xrightarrow[t\to-1]{}-1$.

$\beta(t)+\alpha(t)+1=\dfrac{(t+1)^2}{t^2-t+1}\geqslant 0$. La droite d'équation $y+x+1=0$ est asymptote à la courbe Γ et elle est au dessous de Γ.

1.d. La courbe Γ est

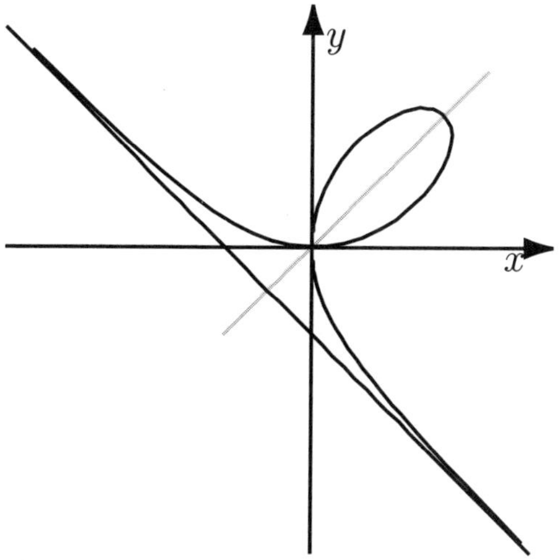

1.e. $\begin{cases} x^3+y^3-3xy=0 \\ x=r\cos(\theta),\ y=r\sin(\theta) \end{cases}$ équivaut à
$\begin{cases} r^2\big[r(\cos^3(\theta)+\sin^3(\theta))-3\cos(\theta)\sin(\theta)\big]=0 \\ x=r\cos(\theta),\ y=r\sin(\theta) \end{cases}$

Le point O étant sur la courbe d'équation polaire $r=\dfrac{3\sin(\theta)\cos(\theta)}{\cos^3(\theta)+\sin^3(\theta)}$, une équation polairte de Φ est $r=\dfrac{3\sin(\theta)\cos(\theta)}{\cos^3(\theta)+\sin^3(\theta)}$ avec $\theta\in\mathbb{R}\setminus\Big\{-\dfrac{\pi}{4}+\pi\mathbb{Z}\Big\}\cdot$

1.f. L'examen de la courbe nous prouve qu'elle est invariante par la symétrie orthogonale par rapport à la première bissectrice et par l'application identité. Nous avons déjà prouvé ce résultat en 1.c. Nous pensons qu'une question plus intéressante est de prouver différemment ce résultat en utilisant les coordonnées polaires ce qui est une conséquence immédiate du résultat : $r(\theta)=r\Big(\dfrac{\pi}{2}-\theta\Big)\cdot$

2.a. Γ est l'intersection de S avec le plan (xOy).

2.b. $H(x_H,y_H,0)$ est la projection orthogonale de $M(x,y,0)$ sur Δ si, et seulement si, $(\overrightarrow{MH}=\lambda\overrightarrow{n}$ et $H\in\Delta)$ où $\overrightarrow{n}(1,-1)$.
Donc $x_H=y_H$ et $x_H=x+\lambda, y_H=y-\lambda$. On en déduit $2\lambda=y-x$.
D'où $x_H=y_H=\dfrac{x+y}{2}\cdot$ Il s'ensuit que $d(M,\Delta)=MH=|\lambda|\|\overrightarrow{n}\|=\dfrac{|y-x|}{\sqrt{2}}\cdot$

2.c. H est le projeté orthogonal de N sur Δ si, et seulement si, $\overrightarrow{NH}.\overrightarrow{v}=0$ avec $\overrightarrow{v}(1,1)$ *i.e.* $(X-x_H)+(Y-y_H)=0$ et $x_H=y_H$ *i.e.* $x_H=y_H=\dfrac{X+Y}{2}\cdot$
Donc H est le projeté orthogonal à la fois de N et de M sur Δ si, et seulement si, $x+y=X+Y$.
$OM^2=ON^2 \iff X^2+Y^2+Z^2=x^2+y^2$; $M\in\Gamma \iff x^3+y^3-3xy=0$.
$(x+y)^2=x^2+y^2+2xy \Rightarrow 2xy=(X+Y)^2-(X^2+Y^2+Z^2)=2XY-Z^2$.

$(x+y)^3 = x^3+y^3+3xy(x+y) = 3xy(x+y+1)$ car $M \in \Gamma$.
Donc $(X+Y)^3 = 3xy(X+Y+1) = \frac{3}{2}(2XY - Z^2)(X+Y+1)$.
D'où $\Sigma : X^3 + Y^3 + \frac{3}{2}Z^2(2X+Y+1) - 3XY = 0$.

2.d. $M_0(x_0, y_0, z_0)$ étant un point régulier de S, le plan tangent P à S en M_0 a pour équation cartésienne dans $\mathcal{C}$: $\overrightarrow{M_0M}.\overrightarrow{\mathrm{grad}(\mathrm{G}(\mathrm{M_0}))} = 0$ avec $G(x,y,z) = F(x,y) - z$ où $F \in \mathcal{C}^1(\mathbb{R}^2, \mathbb{R})$. D'où une équation de P :
$3(x_0^2 - y_0)x + 3(y_0^2 - x_0)y - z - 2x_0^3 - 2y_0^3 + 3x_0y_0 = 0$.

2.e. P est horizontal si, et seulement si, $(x_0^2 = y_0$ et $y_0^2 = x_0)$ (1)
(1) $\iff (x_0^4 = x_0, y_0 = x_0^2) \iff (x_0 = y_0 = 0 = z_0)$ ou $(x_0 = 1 = y_0 = -z_0)$ car l'application $\mathbb{R} \to \mathbb{R}, x \mapsto x^3$ est une bijection de $\mathbb{R}$ sur $\mathbb{R}$.

Exercice 3

1.a. D'après les théorèmes sur les opérations sur les fonctions, f est de classe $\mathcal{C}^1$ sur $\mathbb{R} \times \left[0, \frac{\pi}{2}\right]$ et $\frac{\partial f}{\partial x}(x,t) = \sin(t) f(x,t)$.
Soit $a \in \mathbb{R}_+^\star$. Pour tout $(x,t) \in [-a,a] \times \left[0, \frac{\pi}{2}\right]$, $\left|\frac{\partial f}{\partial x}(x,t)\right| \leqslant e^{|x\sin(t)|} \leqslant e^a$.
La fonction constante $t \mapsto e^a$ étant intégrable sur $\left[0, \frac{\pi}{2}\right]$, on déduit du théorème de dérivation des intégrales paramétrées que g est de classe $\mathcal{C}^1$ sur $\mathbb{R}$ et $g'(x) = \int_0^{\frac{\pi}{2}} \frac{\partial f}{\partial x}(x,t)dt = \int_0^{\frac{\pi}{2}} \sin(t) e^{x\sin(t)}dt$.

1.b. La fonction $\left[0, \frac{\pi}{2}\right] \to \mathbb{R}, t \mapsto \sin(t)$ a pour dérivée seconde $t \mapsto -\sin(t)$ qui est négative. Elle est concave. Sa courbe représentative est au dessus de la corde $\left(\sin(t) \geqslant \frac{2}{\pi}t\right)$ et au dessous de sa tangente en O $(\sin(t) \leqslant t)$. D'où

$$\forall t \in \left[0, \frac{\pi}{2}\right], \frac{2}{\pi}t \leqslant \sin(t) \leqslant t.$$

1.c. Si $x < 0$ et $t \in \left[0, \frac{\pi}{2}\right]$, $x\sin(t) \leqslant \frac{2}{\pi}xt \Rightarrow f(x,t) \leqslant e^{\frac{2xt}{\pi}}$ car exp est croissante. Donc, si $x \in \mathbb{R}_-^\star$, $0 \leqslant g(x) \leqslant \frac{\pi}{2x}(e^x - 1)$.

Si $x > 0$ et $t \in \left[0, \frac{\pi}{2}\right]$, $x\sin(t) \geqslant \frac{2}{\pi}xt$ et donc $g(x) \geqslant \frac{\pi}{2x}(e^x - 1)$.

1.d. Par encadrement, $g(x) \xrightarrow[x \to -\infty]{} 0$.

Par croissances comparées, $g(x) \xrightarrow[x \to +\infty]{} +\infty$ et $\frac{g(x)}{x} \xrightarrow[x \to +\infty]{} +\infty$.
La courbe représentative de g admet une branche parabolique de direction Oy.

1.e. La fonction $t \mapsto \sin(t)f(x,t)$ est continue sur $\left[0, \frac{\pi}{2}\right]$ positive et distincte de la fonction nulle. Donc $g'(x) > 0$ pour tout $x \in \mathbb{R}$. La fonction g est strictement croissante sur $\mathbb{R}$ et sa représentation graphique est immédiate.

2.a. La fonction exp est développable en série entière sur $\mathbb{R}$ de rayon de convergence $+\infty$. Donc : $\forall x \in \mathbb{R}, \forall t \in \left[0, \frac{\pi}{2}\right], f(x,t) = \sum_{n=0}^{\infty} \frac{(x\sin(t))^n}{n!}$.

2.b. Soit x fixé. Notons $u_n(t) = \frac{(x\sin(t))^n}{n!}$.

Pour tout $t \in \left[0, \frac{\pi}{2}\right], |u_n(t)| \leqslant \frac{|x|^n}{n!}$.

$\frac{|x|^n}{n!}$ est indépendant de t et terme général d'une série convergente de somme ègale à $e^{|x|}$. Donc la série de fonctions $\sum u_n$ converge normalement sur $\left[0, \frac{\pi}{2}\right]$. D'après le théorème d'intégration des séries de fonctions continues sur un segment, on peut écrire pour tout $x \in \mathbb{R}$,

$$g(x) = \int_0^{\frac{\pi}{2}} \Big(\sum_{n=0}^{\infty} u_n(t)\Big)dt = \sum_{n=0}^{\infty} \int_0^{\frac{\pi}{2}} u_n(t)dt = \sum_{n=0}^{\infty} a_n x^n \text{ où } a_n = \frac{W_n}{n!}.$$

2.c. D'après les théorèmes sur les opérations sur les fonctions, f est de classe $\mathcal{C}^2$ sur $\mathbb{R} \times \left[0, \frac{\pi}{2}\right]$ et $\frac{\partial^2 f}{\partial x^2}(x,t) = \sin^2(t)f(x,t)$.

Soit $a \in \mathbb{R}_+^\star$. Pour tout $(x,t) \in [-a,a] \times \left[0, \frac{\pi}{2}\right], \left|\frac{\partial^2 f}{\partial x^2}(x,t)\right| \leqslant e^{|x\sin(t)|} \leqslant e^a$.

La fonction constante $t \mapsto e^a$ étant intégrable sur $\left[0, \frac{\pi}{2}\right]$, on déduit du théorème de dérivation des intégrales paramétrées que g est de classe $\mathcal{C}^2$ sur $\mathbb{R}$ et $g''(x) = \int_0^{\frac{\pi}{2}} \frac{\partial^2 f}{\partial x^2}(x,t)dt = \int_0^{\frac{\pi}{2}} \sin^2(t)e^{x\sin(t)}dt$.

Notons que : $\forall x \in \mathbb{R}, g''(x) - g(x) = -\int_0^{\frac{\pi}{2}} \cos^2(t)e^{x\sin(t)}dt$.

Intégrons par parties $g'(x)$ en posant $u(t) = -\cos(t)$ et $v(t) = e^{x\sin(t)}$. Les fonctions u et v sont de classe $\mathcal{C}^1$ sur $\left[0, \frac{\pi}{2}\right]$ et $\Big[u(t)v(t)\Big]_0^{\frac{\pi}{2}} = 1$, Donc

$$g'(x) = \int_0^{\frac{\pi}{2}} u'v = \Big[u(t)v(t)\Big]_0^{\frac{\pi}{2}} - \int_0^{\frac{\pi}{2}} uv' = 1 + x\int_0^{\frac{\pi}{2}} \cos^2(t)e^{x\sin(t)}dt.$$

On vérifie que : $\forall x \in \mathbb{R}, x(g''(x) - g(x)) + g'(x) = 1$.

2.d. D'après le théorème de dérivation des séries entières, pour tout $x \in \mathbb{R}$,

$$g(x) = \sum_{n=0}^{\infty} a_n x^n,\ g'(x) = \sum_{n=1}^{\infty} n a_n x^{n-1},\ g''(x) = \sum_{n=2}^{\infty} n(n-1)a_n x^{n-2}.$$

$$\forall x \in \mathbb{R}, x\sum_{n=2}^{\infty} n(n-1)a_n x^{n-2} - x\sum_{n=0}^{\infty} a_n x^n + \sum_{n=1}^{\infty} n a_n x^{n-1} = 1.$$

De l'unicité du D.S.E. de la fonction $x \mapsto 1$ on déduit :

$\forall n \geqslant 2, na_n + n(n-1)a_n - a_{n-2} = 0$ *i.e.* $\forall n \geqslant 2, n^2 a_n = a_{n-2}$.
Donc $\forall n \geqslant 2, nW_n = (n-1)W_{n-2}$ *i.e.* $\forall n \in \mathbb{N}^\star, (n+1)W_{n+1} = nW_{n-1}$.
Une autre méthode plus dircte consiste à intégrer par parties.

$$W_{n+1} = \Big[-\cos(t)\sin^n(t)\Big]_0^{\frac{\pi}{2}} + n\int_0^{\frac{\pi}{2}} \cos^2(t)\sin^{n-1}(t)dt.$$

D'où $\forall n \geqslant 1, W_{n+1} = n\displaystyle\int_0^{\frac{\pi}{2}} (1-\sin^2(t))\sin^{n-1}(t)dt = n(W_{n-1} - W_{n+1})$.
On retrouve bien : $\forall n \in \mathbb{N}^\star, (n+1)W_{n+1} = nW_{n-1}$.

2.e. Calculs analogues à ceux de 2.d. Si $y(x) = \displaystyle\sum_{n=0}^{\infty} \alpha_n x^n$ pour $x \in]-R, R[$ avec $R > 0$ on trouve $\alpha_1 = 1$ et pour $n \geqslant 2, \alpha_{n-2} = n^2\alpha_n$.
Par une récurrence immédiate, on a

$$\alpha_{2p} = \frac{1}{((2p)(2p-2)\cdots 2)^2}\alpha_0 = \frac{1}{(2^p p!)^2}\alpha_0.$$

$$\alpha_{2p+1} = \frac{1}{((2p+1)(2p-1)\cdots 1)^2}\alpha_1 = \frac{(2^p p!)^2}{((2p+1)!)^2}.$$

Si $\alpha_0 \neq 0$, pour tout $n \in \mathbb{N}, \alpha_n \neq 0$. Soit $x \neq 0$.
$\left|\dfrac{\alpha_n x^n}{\alpha_{n-2}x^{n-2}}\right| = \dfrac{x^2}{n^2} \xrightarrow[n\to\infty]{} 0$. Les deux séries entières disjointes $\sum \alpha_{2p}x^{2p}$ et $\sum \alpha_{2p+1}x^{2p+1}$ sont de rayon de convergence $+\infty$. D'où $R = +\infty$.
Si $\alpha_0 = 0$ le calcul précédent avec $n = 2p+1$ donne encore $R = +\infty$.
Les solutions développables en série entière sur $\mathbb{R}$ sont les fonctions

$$x \mapsto \alpha_0 \sum_{p=0}^{\infty} \frac{1}{(2^p p!)^2} x^{2p} + \sum_{p=0}^{\infty} \frac{(2^p p!)^2}{((2p+1)!)^2} x^{2p+1} \text{ où } \alpha_0 \text{ parcourt } \mathbb{R}.$$

g est solution de (E), développable en série entière sur $\mathbb{R}$ et telle que $g(0) = \dfrac{\pi}{2}$, donc g est la solution telle que $\alpha_0 = \dfrac{\pi}{2}$.

2.f. (E) étant une équation différentielle linéaire à coefficients fonctions continues sur l'intervalle $]0, +\infty[$, avec le coefficient de y'' non nul sur $]0, +\infty[$ et à second membre fonction continue sur l'intervalle $]0, +\infty[$. L'ensemble des solutions de (E) sur $]0, +\infty[$ est un plan affine passant par g.

3. D'après 1.b. pour $x < 0$, on a $0 < g(x) \leqslant \dfrac{\pi}{2x}(e^x - 1)$
et l'on montre de même que $g(x) \geqslant \displaystyle\int_0^{\frac{\pi}{2}} e^{xt}dt = \frac{1}{x}\left(e^{\frac{\pi x}{2}} - 1\right)$.

La fonction $\psi : t \mapsto \dfrac{e^t - 1}{t}$ si $t \neq 0$ et telle que $\psi(0) = 1$ est continue donc intégrable sur $[a, 0]$ pour $a < 0$.

Donc $\displaystyle\int_a^0 \frac{e^{\frac{\pi x}{2}} - 1}{x}dx \leqslant \int_a^0 g(x)dx \leqslant \frac{\pi}{2}\int_a^0 \frac{e^x - 1}{x}dx.$

$\psi(t) \underset{t\to-\infty}{\sim} -\frac{1}{t}$. Donc ψ n'est pas intégrable sur $]-\infty, a]$. D'où g n'est pas intégrable sur $]-\infty, 0]$.
Notons que g n'est pas intégrable sur $[0, +\infty[$ car $g(x) \xrightarrow[t\to+\infty]{} +\infty$.

4.a. $\varphi_x : t \mapsto f(x,t)$ est 2π-périodique, de classe $\mathcal{C}^1$ sur $\mathbb{R}$, donc, d'après le théorème de convergence normale, la série de Fourier de φ_x converge normalement sur $\mathbb{R}$ de somme φ_x.

$$\forall t \in \mathbb{R}, \varphi_x(t) = f(x,t) = \sum_{n=-\infty}^{+\infty} c_n(\varphi_x)e^{int}$$

4.b. $d_k(x) = c_k(\varphi_x)$ pour tout $k \in \mathbb{Z}$.
Comme $\varphi_x \in \mathcal{C}_{2\pi}$, le théorèmle de Parseval est applicable et l'on a

$$\frac{1}{2\pi}\int_0^{2\pi} |\varphi_x(t)|^2 dt = \sum_{k=-\infty}^{+\infty} |d_k(x)|^2.$$

4.c. $d_k(x) = \frac{1}{2\pi}\int_0^{2\pi} f(x,t)e^{-ikt}dt$.

$f(x,t)e^{-ikt} = \sum_{n=0}^{\infty} v_n(t)$ où $v_n(t) = u_n(t)e^{-ikt}$

$|v_n(t)| = |u_n(t)|$ et $\sum u_n$ converge normalement sur $[0, 2\pi]$ impliquent la convergence normale de $\sum v_n$ sur $[0, 2\pi]$ et d'après le théorème utilisé en 2.b.

$d_k(x) = \frac{1}{2\pi}\sum_{n=0}^{\infty}\int_0^{2\pi} v_n(t)dt = \frac{1}{2\pi}\sum_{n=0}^{\infty} I_{k,n}\frac{x^n}{n!}$ où $I_{k,n} = \int_0^{2\pi} \sin^n(t)e^{-ikt}dt$.

$\sin^n(t)e^{-ikt} = \frac{1}{(2i)^n}(e^{it} - e^{-it})^n e^{-ikt} = \frac{1}{(2i)^n}\sum_{p=0}^{n}\binom{n}{p}(-1)^p e^{i(-2p+n-k)t}$.

$\int_0^{2\pi} e^{i(2p+n-k)t}dt = \begin{cases} 2\pi & \text{si } 2p = n-k \\ 0 & \text{sinon} \end{cases}$

Notons que $d_k(x) = \frac{1}{2\pi}\int_{-\pi}^{\pi} e^{x\sin(t)-kt}dt = (-1)^k d_{-k}(x)$ par le changement de variable $t = \pi - u$ car $t \mapsto e^{x\sin(t)-kt}$ est 2π périodique.

Il suffit de calculer $d_k(x)$ pour $k \in \mathbb{N}$.

$\forall k \in \mathbb{N}, d_k(x) = \left(\frac{-ix}{2}\right)^k \sum_{p=0}^{\infty}\frac{1}{p!(p+k)!}\left(\frac{x}{2}\right)^{2p}$.

Fin

Questions de cours

1. Donner la définition du rang d'une matrice.

2. Citer sans démonstration le théorème du rang.

3. Quand dit-on que deux matrices sont semblables ? Ont-elles alors même rang ? (On ne demande pas de justifier votre réponse).

4. Qu'appelle-t-on polynôme annulateur d'un endomorphisme, d'une matrice ?

Problème

Dans tout le problème, n est un entier naturel non nul et $\mathfrak{M}_n(\mathbb{C})$ désigne l'espace vectoriel normé des matrices carrées d'ordre n à coefficients complexes.

$\mathrm{GL}_n(\mathbb{C})$ est le groupe des matrices inversibles de $\mathfrak{M}_n(\mathbb{C})$.
La matrice unité de cet espace sera notée I_n et la matrice nulle 0_n.
L'espace $E = \mathbb{C}^n$ est rapporté à une base $B = (e_j)_{1 \leqslant j \leqslant n}$ et on rappelle que toute matrice carrée d'ordre n représente dans cette base un endomorphisme de E appelé endomorphisme associé.

Si v est un endomorphisme de E, on rappelle que :

$$v^0 \text{ est l'endomorphisme identité, et } \forall m \in \mathbb{N},\ v^{m+1} = v \circ v^m.$$

L'endomorphisme v sera dit nilpotent s'il existe un entier $r \in \mathbb{N}$ tel que $v^r = \theta$ (endomorphisme nul de E).

Pour tout $\lambda \in \mathbb{C}$, on note $J(\lambda)$ la matrice carrée d'ordre n définie par :

$$J(\lambda) = \big(u_{i,j}\big) \text{ avec } \begin{cases} \forall i \in [\![1, n-1]\!],\ u_{i+1,i} = 1, \\ \forall i \in [\![1, n]\!],\ u_{i,i} = \lambda, \\ u_{i,j} = 0 \text{ sinon.} \end{cases}$$

Pour tout nombre complexe $z = x + iy$, $(x, y) \in \mathbb{R}^2$, on rappelle que : $e^z = e^x e^{iy} = e^x\big(\cos(y) + i\sin(y)\big)$.

Pour $M \in \mathfrak{M}_n(\mathbb{C})$, soit $\alpha(M)$ la matrice $\lim\limits_{m\to\infty} S_m$ avec $S_m = \displaystyle\sum_{k=0}^{m} \frac{M^k}{k!}$.

On rappelle que pour calculer cette limite, il suffit de calculer la limite de chacun des termes de la matrice S_m.
On admettra et on utilisera sans le démontrer que cette matrice existe toujours et que si A et B sont deux matrices de $\mathfrak{M}_n(\mathbb{C})$ qui commutent, alors $\alpha(A + B) = \alpha(A)\alpha(B)$.

Partie 1 : quelques calculs préliminaires

1. Soit $A = \begin{pmatrix} 2 & -3 & 3 \\ -3 & 3 & -4 \\ -3 & 4 & -5 \end{pmatrix} \in \mathfrak{M}_3(\mathbb{C})$.
Déterminer les éléments propres de la matrice A.

2. Vérifier que: $\mathrm{Ker}\left[(A+I_3)^2\right] \oplus \mathrm{Ker}(A-2I_3) = \mathbb{C}^3$.

3. En déduire que A est semblable à la matrice $\begin{pmatrix} -1 & 1 & 0 \\ 0 & -1 & 0 \\ 0 & 0 & 2 \end{pmatrix}$.

Partie 2 : quelques propriétés de la matrice $J(0)$

1. Déterminer le rang de $J(0)$.

2.1. Déterminer $J(0)^k$ pour $k \in \mathbb{N}, k \leqslant n-1$, puis pour tout $k \in \mathbb{N}, k \geqslant n$.

2.2. Vérifier que toutes les puissances de $J(0)$ sont des matrices nilpotentes.

3. Déterminer $\alpha\big(J(0)\big)$ puis $U = \alpha\big(J(0)\big) - I_n$.

4. Montrer que toute combinaison linéaire de deux matrices nilpotentes qui commutent est encore une matrice nilpotente.

5. Montrer que U est une matrice nilpotente de rang $n-1$.

Partie 3 : quelques résultats sur les noyaux itérés d'un endomorphisme

Soit u un endomorphisme de E.

1. Prouver que $\forall (i,j) \in \mathbb{N}^2,\ \ker(u^i) \subset \ker(u^{i+j})$.

2. Pour tout $m \in \mathbb{N}$, on note $t_m = \dim\big(\ker(u^m)\big)$.
Prouver que : $r = \inf\left\{m \in \mathbb{N} \mid t_m = t_{m+1}\right\}$ existe.

3. Montrer que :
(i) $\forall m < r$, $\ker(u^m)$ est strictement inclus dans $\ker(u^{m+1})$,
(ii) $\ker(u^r) = \ker(u^{r+1})$,
(iii) $\forall m \geqslant r$, $\ker(u^m) = \ker(u^{m+1})$.

Partie 4 : recherche des endomorphismes nilpotents de rang $n-1$

Soit V une matrice de $\mathfrak{M}_n(\mathbb{C})$, de rang $n-1$ et vérifiant : $V^n = 0_n$.
On note v l'endomorphisme de E associé à V.

1. Soient p et q deux entiers naturels et w la restriction de v^q à $\mathrm{Im}(v^p)$.

1.1. Déterminer $\mathrm{Im}(w)$.

1.2. Prouver que : $\ker(w) \subset \ker(v^q)$.

1.3. Vérifier alors que l'on a :
$$\dim\big(\ker(v^{p+q})\big) \leqslant \dim\big(\ker(v^p)\big) + \dim\big(\ker(v^q)\big).$$

1.4. En déduire : $\forall i \in [\![1, n]\!]$, $\dim\big(\ker(v^i)\big) \leqslant i$.

1.5. Démontrer qu'en fait : $\forall i \in [\![1, n]\!]$, $\dim\big(\ker(v^i)\big) = i$.

2. Prouver alors que $v^{n-1} \neq \theta$.

3. En déduire qu'il existe un vecteur e de E tel que :
$B_1 = \big(e, v(e), v^2(e), \ldots, v^{n-1}(e)\big)$ soit une base de E.

4. Écrire la matrice de v dans cette base.
Interpréter le résultat obtenu à l'aide des matrices $J(\lambda)$.

5. Déterminer alors tous les endomorphismes nilpotents de rang $n-1$ et montrer que les matrices de deux tels endomorphismes sont semblables.

Partie 5 : résolution de l'équation $J(\mu) = \alpha(X)$ d'inconnue $X \in \mathfrak{M}_n(\mathbb{C})$

1. Montrer que :
$$\forall M \in \mathfrak{M}_n(\mathbb{C}),\ \forall P \in \mathrm{GL}_n(\mathbb{C}),\ P^{-1}\alpha(M)P = \alpha(P^{-1}MP).$$

2. Résoudre dans $\mathbb{C}$ les équations : $e^z = i$, $e^z = -1$ $e^z = -3 - 4i$.

3. Plus généralement, soit $\mu \in \mathbb{C}$.
Déterminer, lorsque cela est possible, tous les nombres complexes $z = x + iy \in C$ tels que $e^z = \mu$.

4. On prend alors $\mu \neq 0$ et on note s un des nombres complexes tel que : $e^s = \mu$.

4.1. Déterminer : $\alpha(sI_n)$.

4.2. On écrit alors $J(s)$ sous la forme : $J(s) = sI_n + J(0)$.
Exprimer $\alpha\big(J(s)\big)$ à l'aide de $\alpha\big(J(0)\big)$ et de μ.

4.3. Vérifier que la matrice : $\mu\Big[\alpha\big(J(0)\big) - I_n\Big]$ est nilpotente de rang $n-1$.

4.4. En déduire qu'il existe une matrice inversible $Q \in \mathrm{GL}_n(\mathbb{C})$ telle que : $Q^{-1}\alpha\big(J(s)\big)Q = J(\mu)$.

5. Donner alors dans $\mathfrak{M}_n(\mathbb{C})$ une solution à l'équation proposée : $\alpha(X) = J(\mu)$.

6. En déduire dans $\mathfrak{M}_n(\mathbb{C})$ une solution à l'équation : $\alpha(X) = {}^tJ(\mu)$.

7. *Applications*

7.1. On considère la matrice $T = \begin{pmatrix} i & 1 \\ 0 & i \end{pmatrix} \in \mathfrak{M}_2(\mathbb{C})$, $i^2 = -1$.

Déterminer une matrice X_1 telle que : $\alpha(X_1) = T$.

7.2. On va chercher une matrice $X_2 \in \mathfrak{M}_3(\mathbb{C})$ telle que : $\alpha(X_2) = A$ où A désigne la matrice de $\mathfrak{M}_3(\mathbb{C})$ définie à la partie 1.

7.2.1. Déterminer $B_1 \in \mathfrak{M}_2(\mathbb{C})$ telle que : $\alpha(B_1) = \begin{pmatrix} -1 & 1 \\ 0 & -1 \end{pmatrix}$.

7.2.2. Soit $H = \begin{pmatrix} B_1 & & 0 \\ & & 0 \\ 0 & 0 & \ln(2) \end{pmatrix} \in \mathfrak{M}_3(\mathbb{C})$. Calculer $\alpha(H)$.

7.2.3. Déterminer alors une matrice $X_2 \in \mathfrak{M}_3(\mathbb{C})$ telle que : $\alpha(X_2) = A$.

Solution

Partie 1

1. $\chi_A(x) = \begin{vmatrix} 2-x & -3 & 3 \\ -3 & 3-x & -4 \\ -3 & 4 & -5-x \end{vmatrix} = -(x+1)\begin{vmatrix} 2-x & -3 & 0 \\ -3 & 3-x & 1 \\ -3 & 4 & 1 \end{vmatrix}$ en effectuant $C_3 \leftarrow C_3 + C_2$ puis, en effectuant $L_2 \leftarrow L_2 - L_3$, on obtient

$\chi_A(x) = -(x+1)\begin{vmatrix} 2-x & -3 & 0 \\ 0 & -1-x & 0 \\ -3 & 4 & 1 \end{vmatrix} = (2-x)(x+1)^2$ en développant selon la dernière colonne. Par suite $\mathrm{Sp}(A) = \{-1, 2\}$.

$A+I_3 = \begin{pmatrix} 3 & -3 & 3 \\ -3 & 4 & -4 \\ -3 & 4 & -4 \end{pmatrix}$ qui n'est pas de rang 1 donc $\dim\big(E_{-1}(A)\big) = 1$ et,

comme la somme des deux dernières colonnes est nulle, $E_{-1}(A) = \mathbb{C}\begin{pmatrix} 0 \\ 1 \\ 1 \end{pmatrix}$.

Comme 2 est une valeur propre simple on a $\dim\big(E_2(A)\big) = 1$ et

$A - 2I_3 = \begin{pmatrix} 0 & -3 & 3 \\ -3 & 1 & -4 \\ -3 & 4 & -7 \end{pmatrix}$, d'où $E_2(A) = \mathbb{C}\begin{pmatrix} 1 \\ -1 \\ -1 \end{pmatrix}$.

2. $(A+I_3)^2 = 9\begin{pmatrix} 1 & -1 & 1 \\ -1 & 1 & -1 \\ 1 & -1 & 1 \end{pmatrix}$ de rang 1, donc $\dim\Big(\ker\big[(A+I_3)^2\big]\Big) = 2$.

Si $X \in \ker\big[(A+I_3)^2\big] \cap E_2(A)$ alors $0 = (A+I_3)^2X = 9X$, d'où $X = 0$, ce qui montre que $\ker\big[(A+I_3)^2\big] + E_2(A)$ est directe, et donc de dimension 3. Par suite $\ker\big[(A+I_3)^2\big] \oplus E_2(A) = \mathbb{C}^3$.

3. $\ker\big[(A+I_3)^2\big]$ est stable par A et contient $E_{-1}(A)$. On choisit $e_1 = \begin{pmatrix} 0 \\ 1 \\ 1 \end{pmatrix}$ et on complète en (e_1, e_2) base de $\ker\big[(A+I_3)^2\big]$. La matrice de l'endomorphisme induit par A sur ce plan est de la forme $\begin{pmatrix} -1 & \alpha \\ 0 & \beta \end{pmatrix}$ où $(\alpha, \beta) \in \mathbb{C}^2$. Comme cet endomorphisme annule $(X+1)^2$ sa seule valeur propre est -1 et donc $\beta = -1$. De plus il est non diagonalisable car $\dim\big(E_{-1}(A)\big) = 1 < 2$ et, par conséquent, $\alpha \neq 0$. Quitte à remplacer e_1 par αe_1 on se ramène donc au cas où $\alpha = 1$.

Enfin on complète par un vecteur directeur e_3 de $E_2(A)$ et la question précédente montre que l'on obtient ainsi une base de $\mathbb{C}^3$ dans laquelle la multiplication par A a T pour matrice, où l'on a posé $T = \begin{pmatrix} -1 & 1 & 0 \\ 0 & -1 & 0 \\ 0 & 0 & 2 \end{pmatrix}$.

Ainsi A et T sont semblables.

Partie 2

1. C_n est nulle et $(C_1, \dots, C_{n-1})$ est libre car triangulaire, donc $J(0)$ est de rang $n-1$.

2.1. Si $1 \leqslant k \leqslant n-1$, $J(0)^k = \begin{pmatrix} & & & (0) \\ 0 & & & \\ 1 & \ddots & & \\ & \ddots & \ddots & \\ (0) & & 1 & 0 \end{pmatrix}$ où le premier 1 apparaît à la $(k+1)$-ième ligne. Si $k \geqslant n$, $J(0)^k = 0_n$.

2.2. $J(0)^0 = I_n$, la question est donc fausse.

En revanche si $k \geqslant 1$, $\big(J(0)^k\big)^n = \big(J(0)^n\big)^k = 0_n^k = 0_n$, et donc $J(0)^k$ est nilpotente.

3. Par définition $\alpha\big(J(0)\big) = \displaystyle\sum_{k=0}^{n-1} \frac{J(0)^k}{k!} = \begin{pmatrix} 1 & & & & (0) \\ 1 & \ddots & & & \\ \frac{1}{2!} & \ddots & \ddots & & \\ & \ddots & \ddots & \ddots & \\ \frac{1}{(n-1)!} & & \frac{1}{2!} & 1 & 1 \end{pmatrix}$ et U s'en déduit immédiatement.

4. Si $N^r = N'^s = 0_n$ et si $NN' = N'N$ alors, par la formule du binôme, $(N+N')^{r+s} = \sum\limits_{k=0}^{r-1} \binom{r+s}{k} N^k N'^{r+s-k} + \sum\limits_{k=r}^{r+s} \binom{r+s}{k} N^k N'^{r+s-k} = 0_n$ car, si $r \leqslant k$ alors $N^k = 0_n$ et, si $k \leqslant r-1$, alors $r+s-k \geqslant s+1 \geqslant s$ et donc $N'^{r+s-k} = 0_n$. On en déduit que $N+N'$ est nilpotente.

Remarque : si $r \geqslant 1$ ou $s \geqslant 1$, qui est le seul cas intéressant, l'exposant $r+s-1$ aurait suffi.

5. La forme triangulaire de U prouve immédiatement $\mathrm{rg}(U) = n-1$.

Enfin $U = \displaystyle\sum_{k=1}^{n-1} \frac{J(0)^k}{k!}$, la question précédente et une récurrence montrent que U est nilpotente. On peut aussi remarquer que $\chi_U(x) = -(x)^n$ et donc $U^n = 0_n$ d'après le théorème de Cayley-Hamilton.

Partie 3

1. $x \in \ker(u^i) \Rightarrow u^{i+j}(x) = u^j\big(u^i(x)\big) = u^j(0) = 0$ par linéarité de u^j, et donc $\ker(u^i) \subset \ker(u^{i+j})$.

2. Il ne s'agit pas ici de montrer que l'égalité existe contrairement à ce qui est écrit dans l'énoncé, il faut plutôt montrer que $\{m \in \mathbb{N} \mid t_m = t_{m+1}\}$ admet une borne inférieure. Comme cet ensemble est une partie de $\mathbb{N}$ il suffit de montrer qu'elle est non vide. Sinon $(t_m)_m$ serait strictement croissante et à valeurs dans l'ensemble fini $[\![0, n]\!]$, ce qui est absurde. Cet ensemble admet donc un minimum et, *a fortiori*, une borne inférieure.

3. (i) et (ii) découlent de la définition de r.
Si $m \geqslant r$ on a déjà $\ker(u^m) \subset \ker(u^{m+1})$. Posons $m = r + p$ et soit $x \in \ker(u^{m+1})$. Alors $0 = u^{m+1}(x) = u^{r+1}\big(u^p(x)\big)$ et donc $u^p(x) \in \ker(u^{r+1})$, soit encore $u^p(x) \in \ker(u^r)$ et donc $u^m(x) = u^r\big(u^p(x)\big) = 0$, d'où $x \in \operatorname{Ker}(u^m)$ et (iii) en découle.

Partie 4

1.1. $\operatorname{Im}(w) = v^q\big(v^p(E)\big) = v^{p+q}(E) = \operatorname{Im}(v^{p+q})$.

1.2. est évident.

1.3. Appliquons le théorème de rang à w :
$\operatorname{rg}(v^p) = \operatorname{rg}(v^{p+q}) + \dim\big[\ker(w)\big] \leqslant \operatorname{rg}(v^{p+q}) + \dim\big[\ker(v^q)\big]$ d'après 1.2.
Par suite $n - \dim\big[\ker(v^p)\big] \leqslant n - \dim\big[\ker(v^{p+q})\big] + \dim\big[\ker(v^q)\big]$, d'où l'inégalité souhaitée.

1.4. On procède par récurrence sur i.
Si $i = 1$, $\dim\big[\ker(v^i)\big] = n - \operatorname{rg}(v) \leqslant 1$.
Supposons $\dim\big[\ker(v^i)\big] \leqslant i$, alors la question précédente montre que $\dim\big[\ker(v^{i+1})\big] \leqslant i + \dim\big[\ker(v)\big]$, d'où $\dim\big[\ker(v^{i+1})\big] \leqslant i + 1$ et la fin de la récurrence.

1.5. On procède encore par récurrence sur i, le cas $i = 1$ étant immédiat.
Si $t_i = i$ on suppose $t_{i+1} \neq i+1$ *i.e.* , d'après la question précédente, $t_{i+1} = i$, et donc $r = i$. Alors III.3.(iii) montre que $i = t_i = t_{i+1} = \cdots = t_n < n$, ce qui contredit la nullité de v^n.
Cela montre donc, par récurrence, que pour tout $i \in [\![0, n]\!]$, $\dim\big[\ker(v^i)\big] = i$.

2. $t_{n-1} = n - 1 < n \Rightarrow v^n \neq \theta$.

3. On choisit e en dehors de $\ker(v^{n-1})$ et on montre par l'absurde que B_1 est libre, ce qui suffira à montrer que c'est une base.
Sinon on choisit $(\lambda_0, \dots, \lambda_{n-1})$ non nul tel que $\sum\limits_{k=0}^{n-1} v^k(e) = 0$ et on note i le plus petit des indices k tels que $\lambda_k \neq 0$. On a donc $\sum\limits_{k=i}^{n-1} v^k(e) = 0$ et on lui applique v^{n-i-1}, ce qui a bien un sens car $i \leqslant n-1$.
On obtient ainsi $\lambda_i v^{n-1}(e) = 0$, ce qui est impossible car ni λ_i ni $v^{n-1}(e)$ n'est nul.

4. Par construction la matrice est $J(0)$.

5. Déterminer tous les endomorphismes nilpotents de rang $n-1$ est un travail plus que pharaonique car ils sont en nombre infini. En revanche on vient d'établir qu'ils ont tous $J(0)$ pour matrice, ce qui établit, par transitivité, que les matrices de deux tels endomorphismes sont semblables.

Partie 5

1. Pour tout $m \in \mathbb{N}$, $P^{-1}\left(\sum\limits_{k=0}^{m} \dfrac{M^k}{k!}\right) P = \sum\limits_{k=0}^{m} \dfrac{(P^{-1}MP)^k}{k!}$ et, lorsque $m \to \infty$, comme $X \mapsto P^{-1}XP$ est continue sur $\mathfrak{M}_n(\mathbb{C})$ car linéaire sur un espace vectoriel normé de dimension finie, on en déduit que $P^{-1}\alpha(M)P = \alpha(P^{-1}MP)$.

3. avant la question **2.** bien sûr, histoire d'expliquer une fois pour toutes.
Tout d'abord $|e^z| = e^x > 0$ et, donc, l'équation $e^z = 0$ est sans espoir. Posons donc $\mu = re^{i\theta}$ où $r > 0$ et $\theta \in \mathbb{R}$.

$$e^z = \mu \iff \begin{cases} e^x = r \\ y \equiv \theta\ [2\pi] \end{cases} \iff \begin{cases} x = \ln(r) \\ y \equiv \theta\ [2\pi] \end{cases} \iff \exists k \in \mathbb{Z},\ z = \ln(r) + i(\theta + 2k\pi).$$

2. $e^z = i \iff \exists k \in \mathbb{Z},\ z = i\pi(2k + 1/2)$,
$e^z = -1 \iff \exists k \in \mathbb{Z},\ z = i\pi(2k+1)$,
et $e^z = -3 - 4i \iff \exists k \in \mathbb{Z},\ z = \ln(5) + i(\theta + 2k\pi)$ où θ est un argument de $-3-4i$. On notera que ce cas ne sert à rien par la suite.

4.1. Pour tout $m \in \mathbb{N}$, $\sum\limits_{k=0}^{m} \dfrac{(sI_n)^k}{k!} = \left(\sum\limits_{k=0}^{m} \dfrac{s^k}{k!}\right) I_n \xrightarrow[m \to \infty]{} e^s I_n$ et donc $\alpha(sI_n) = e^s I_n$.

4.2. sI_n et $J(0)$ commutent donc, d'après la propriété admise, on a :
$\alpha\big(sI_n + J(0)\big) = \alpha(sI_n)\alpha\big(J(0)\big) = e^s \alpha\big(J(0)\big)$.

4.3. Comme $\mu \neq 0$ cela a été vu dans II.5.

4.4. La question précédente et la partie IV montrent que μU est semblable à $J(0)$ et donc il existe un élément Q de $\mathrm{GL}_n(\mathbb{C})$ tel que :

$Q^{-1}\mu\big[\alpha\big(J(0)\big) - I_n\big]Q = J(0)$ *i.e.* $Q^{-1}\big[e^s\alpha\big(J(0)\big) - \mu I_n\big]Q = J(0)$.

5. Il suffit de choisir $X = Q^{-1}J(s)Q$ d'après V.1 et la question précédente.

6. Si $M \in \mathfrak{M}_n(\mathbb{C})$ et $m \in \mathbb{N}$, ${}^t\left(\sum_{k=0}^{M} \frac{M^k}{k!}\right) = \sum_{k=0}^{m} \frac{{}^t(M)^k}{k!}$ et, comme $X \mapsto {}^tX$ est continue sur $\mathfrak{M}_n(\mathbb{C})$ car linéaire, quand $m \to \infty$ on obtient ${}^t\alpha(M) = \alpha({}^tM)$ ce qui montre que, si $\alpha(X) = J(\mu)$, alors $\alpha({}^tX) = {}^tJ(\mu)$.

7.1. ${}^tT = iI_2 + J(0)$ or $\alpha\big(J(0)\big) = \begin{pmatrix} 1 & 0 \\ 1 & 1 \end{pmatrix}$ d'où $i\big[\alpha\big(J(0)\big) - I_2\big] = \begin{pmatrix} 0 & 0 \\ i & 0 \end{pmatrix}$ et, avec $s = i\,\frac{\pi}{2}$, on a $e^s = \mu = i$.

Avec $Q = \begin{pmatrix} 1 & 0 \\ 0 & i \end{pmatrix}$ on a $Q^{-1}\begin{pmatrix} 0 & 0 \\ i & 0 \end{pmatrix}Q = J(0)$ et on choisit donc

$$X = {}^t\Big[Q^{-1}J\Big(i\,\frac{\pi}{2}\Big)Q\Big] = \begin{pmatrix} i\,\frac{\pi}{2} & -i \\ 0 & i\,\frac{\pi}{2} \end{pmatrix}.$$

7.2.1. On va donner une solution plus directe, avec $B_1 = \begin{pmatrix} i\pi & -1 \\ 0 & i\pi \end{pmatrix}$ ou encore $B_1 = i\pi I_2 + N$ on a $\alpha(B_1) = \alpha(i\pi I_2)\alpha(N) = e^{i\pi}I_2(I_2 + N) = -I_2 - N$ car $N^2 = 0_2$ et donc B_1 est solution.

7.2.2. Pour tout $k \in \mathbb{N}$, $H^k = \operatorname{Diag}\big(B_1^k, \ln^k(2)\big)$ d'où $\alpha(H) = \operatorname{Diag}\big(\alpha(B_1), 2\big)$.

7.2.3. D'après I.3 il existe un élément P de $\mathrm{GL}_3(\mathbb{C})$ tel que $\alpha(H) = PAP^{-1}$ d'où $P^{-1}\alpha(H)P = A$ et donc $X = P^{-1}HP$ convient mais on va s'en tenir là pour les calculs, le calcul de P n'ayant pas été demandé dans I.3.

Fin

Exercice 1

$\mathbb{C}$ est l'ensemble des nombres complexes, $\mathbb{R}$ celui des nombres réels et n est un entier naturel, $n \geqslant 2$.
Soient $a_1, a_2, \ldots, a_n$ des éléments de $\mathbb{C}$ non tous nuls et P le polynôme de $\mathbb{C}[X]$ défini par : $P = X^n + a_1 X^{n-1} + \cdots + a_{n-1}X + a_n$.
Dans tout cet exercice z désigne une racine dans $\mathbb{C}$ de P.
Le but de l'exercice est d'établir par deux méthodes différentes une majoration de $|z|$ en fonction des coefficients de P. Les deux parties qui suivent sont indépendantes.

Partie A - Utilisation de méthodes algébriques

On note E le $\mathbb{C}$-espace vectoriel des matrices carrées d'ordre n à coefficients dans $\mathbb{C}$. I_n est la matrice identité de E.
On note F le $\mathbb{C}$-espace vectoriel des matrices à n lignes et une colonne et à coefficients dans $\mathbb{C}$. Pour X élément de F, on note x_i l'élément de la i-ème ligne de X.
Pour M élément de E, $m_{i,j}$ est le coefficient de M situé dans la i-ème ligne et la j-ème colonne de M.

1. Soit M une matrice de E. On suppose que M n'est pas inversible.

a) Montrer qu'il existe X élément de F tel que $MX = 0$ et $\max\limits_{1 \leqslant k \leqslant n} |x_k| = 1$.

b) En déduire qu'il existe i élément de $[\![1, n]\!]$ tel que $|m_{i,i}| \leqslant \sum\limits_{\substack{1 \leqslant j \leqslant n \\ j \neq i}} |m_{i,j}|$.

2. Soit N la matrice de E définie par : $n_{i,j} = \begin{cases} 1 & \text{si } j = i-1, \\ -a_{n+1-i} & \text{si } j = n, \\ 0 & \text{sinon.} \end{cases}$

Par exemple pour $n = 4$, $N = \begin{pmatrix} 0 & 0 & 0 & -a_4 \\ 1 & 0 & 0 & -a_3 \\ 0 & 1 & 0 & -a_2 \\ 0 & 0 & 1 & -a_1 \end{pmatrix}$.

Démontrer que, si λ est un élément quelconque de $\mathbb{C}$,

$$\det(N - \lambda I_n) = (-1)^n P(\lambda).$$

3. Déduire des 2 questions précédentes que $|z| \leqslant 1 + \max\limits_{1 \leqslant k \leqslant n} |a_k|$.

Partie B - Utilisation de méthodes analytiques

Soit Q le polynôme de $\mathbb{R}[X]$: $Q = X^n - |a_1|X^{n-1} - \cdots - |a_{n-1}|X - |a_n|$.

1. Soit g l'application de $]0, +\infty[$ vers $\mathbb{R}$ telle que :

$$g(t) = 1 - \frac{|a_1|}{t} - \cdots - \frac{|a_{n-1}|}{t^{n-1}} - \frac{|a_n|}{t^n}.$$

a) Montrer que g est strictement croissante sur $]0, +\infty[$.

b) Prouver que Q admet une seule racine dans $]0, +\infty[$; cette racine sera notée t_0.

2. Soit α élément de $]0, +\infty[$ tel que $Q(\alpha) \geqslant 0$. Étudier le signe de $Q(|z|)$. En déduire que $|z| \leqslant t_0 \leqslant \alpha$.

3. En appliquant le résultat de la question précédente pour une valeur de α judicieusement choisie, retrouver l'inégalité établie à la question A.3 et prouver qu'elle est stricte.

Exercice 2

$\mathbb{R}$ est l'ensemble des nombres réels, $\mathbb{Z}$ est l'ensemble des entiers relatifs et n un entier naturel.
Soit f une application continue de $\mathbb{R}$ vers $\mathbb{R}$. On note (E_f) l'équation différentielle suivante : $y''(x) - 2y'(x) + 2y(x) = f(x)$.
Dans cet exercice on appelle solution de (E_f) toute application de $\mathbb{R}$ vers $\mathbb{R}$ de classe $\mathcal{C}^2$ vérifiant (E_f) sur $\mathbb{R}$.
Le but de l'exercice est de déterminer le nombre de solutions périodiques de (E_f).
On rappelle qu'une application φ de $\mathbb{R}$ vers $\mathbb{R}$ est périodique si et seulement s'il existe T élément de $\mathbb{R}^\star$ tel que : $\forall x \in \mathbb{R},\ \varphi(x+T) = \varphi(x)$. On dit alors que φ est T-périodique ou que T est une période de φ.

Partie A

Dans cette partie on établit quelques propriétés des applications périodiques. Soit φ une application T-périodique de $\mathbb{R}$ vers $\mathbb{R}$.

1. Montrer que si φ est continue sur $\mathbb{R}$ alors φ est bornée sur $\mathbb{R}$.

2. Montrer que si φ est dérivable sur $\mathbb{R}$ alors φ' est T-périodique.

3. On considère l'ensemble $P_\varphi = \{t \in \mathbb{R} \mid \forall x \in \mathbb{R},\ \varphi(x+t) = \varphi(x)\}$. Montrer que P_φ est un sous groupe de $(\mathbb{R}, +)$.

Partie B - Étude des sous-groupes de $(\mathbb{R}, +)$

Soit G un sous groupe de $(\mathbb{R}, +)$ non réduit à $\{0\}$·

1. Montrer que $G \cap]0, +\infty[$ n'est pas vide.

2. On pose $a = \inf(G \cap]0, +\infty)$.
a) On considère le cas où $a > 0$.
i) Montrer qu'alors a appartient à G (on pourra faire un raisonnement par l'absurde, en montrant que si que a n'appartient pas à G il existe des éléments t_1 et t_2 de G tels que $a < t_2 < t_1 < 2a$ et en déduire une contradiction).
ii) Établir l'égalité $G = a\mathbb{Z}$.
b) On considère le cas où $a = 0$. Prouver que G est dense dans $\mathbb{R}$.

Partie C - Étude du nombre de solutions périodiques de (E_f) dans trois cas simples

1. Montrer que si (E_f) admet une solution T-périodique alors f est T-périodique.
Que peut-on conclure dans le cas où f n'est pas périodique ?

2. Résoudre l'équation différentielle (E_0) : $y''(x) - 2y'(x) + 2y(x) = 0$.
Prouver que la fonction nulle est la seule solution périodique de (E_0).

3. Résoudre l'équation différentielle (E_c) : $y''(x) - 2y'(x) + 2y(x) = \cos(x)$.
Prouver que (E_c) admet une seule solution périodique que l'on déterminera.

Partie D

Dans cette partie on suppose que f est continue et de plus périodique.
On veut établir qu'alors (E_f) admet une seule solution périodique.

1. Dans cette question on prouve que (E_f) admet au moins une solution périodique.
a) Soit T une période de f et y une solution de (E_f). On considère l'application z de $\mathbb{R}$ vers $\mathbb{R}$ définie par : $z(x) = y(x + T)$.
i) Prouver que z est solution de (E_f).
ii) Montrer que y est T-périodique si et seulement si $y(0) = y(T)$ et $y'(0) = y'(T)$.
b) Démontrer que (E_f) admet une solution périodique.

2. Dans cette question on prouve que (E_f) admet une seule solution périodique.

a) Cas où P_f est dense dans $\mathbb{R}$.

i) Montrer que f est constante (on pourra établir que :
$\forall x \in \mathbb{R},\ f(x) = f(0)$).

ii) Conclure.

b) Cas où $P_f = a\mathbb{Z}$ avec a appartenant à $\mathbb{R}_+^\star$.
Soient y_1 et y_2 des solutions périodiques de (E_f), T_1 une période de y_1, T_2 une période de y_2.

i) Prouver que T_1 et T_2 sont des éléments de P_f.

ii) Montrer que y_1 et y_2 possèdent une période commune.

iii) En déduire que $y_1 = y_2$ (on utilisera la question 2 de la Partie C).

Partie E - Détermination de la solution périodique de (E_f) dans un cas particulier

Les questions 1 et 2 qui suivent sont indépendantes du reste.
Dans cette partie f est l'application de $\mathbb{R}$ vers $\mathbb{R}$, 2π- périodique, telle que : $\forall x \in [-\pi, \pi],\ f(x) = x^2$.

1. Calculer les coefficients de Fourier réels de f. Étudier la convergence de la série de Fourier de f (préciser le mode de convergence de cette série et sa somme).

2. Pour $n \geqslant 1$, on considère l'application u_n de $\mathbb{R}$ vers $\mathbb{R}$ définie par :
$u_n(x) = \dfrac{4(-1)^n}{n^2(n^4+4)}\left[(2-n^2)\cos(nx) - 2n\sin(nx)\right]$.
Montrer que la série de fonctions u_n converge simplement sur $\mathbb{R}$. Soit S l'application de $\mathbb{R}$ vers $\mathbb{R}$ définie par : $S(x) = \dfrac{\pi^2}{6} + \displaystyle\sum_{n+1}^{\infty} u_n(x)$. Montrer que S est de classe $\mathcal{C}^2$ sur $\mathbb{R}$.

3. Prouver que S est l'unique solution périodique de (E_f).

4. Pour $x \in [-\pi, \pi]$ calculer $S(x)$.
Vérifier que : $\displaystyle\sum_{n=1}^{\infty} \frac{4(-1)^n(2-n^2)}{n^2(n^4+4)} = \frac{\pi}{\mathrm{sh}(\pi)} + \frac{1}{2} - \frac{\pi^2}{6}$.

Solution

Exercice 1

Partie A

1. a) On choisit un élément Y non nul de $\ker(M)$ et on pose $X = \dfrac{Y}{\|Y\|_\infty}$.

b) On choisit i dans $[\![1,n]\!]$ tel que $|x_i| = 1$ et on écrit la i-ème composante de MX : $0 = \sum\limits_{j=1}^{n} m_{i,j}x_j$ d'où $|m_{i,i}x_i| = \left|\sum\limits_{j\neq i} m_{i,j}x_j\right|$ d'où, par inégalité triangulaire, $|m_{i,i}| \leqslant \sum\limits_{j\neq i} |m_{i,j}| \times |x_j| \leqslant \sum\limits_{j\neq i} |m_{i,j}|$.

2. On effectue $L_1 \leftarrow \sum\limits_{k=1}^{n} \lambda^{k-1}L_k$ et on obtient :

$$\chi_N(\lambda) = \begin{vmatrix} -\lambda & & & -a_n \\ 1 & \ddots & & \vdots \\ & \ddots & -\lambda & \vdots \\ & & 1 & -a_1-\lambda \end{vmatrix} = \begin{vmatrix} 0 & \cdots & 0 & -P(\lambda) \\ 1 & -\lambda & & -a_{n-1} \\ & \ddots & -\lambda & \vdots \\ & & 1 & -a_1-\lambda \end{vmatrix} = (-1)^n P(\lambda)$$

en développant selon la dernière colonne.

3. $P(z) = 0 \Rightarrow N - zI_n \notin \mathrm{GL}_n(\mathbb{C}) \Rightarrow \exists i \in [\![1,n]\!],\ |n_{i,i} - z| \leqslant \sum\limits_{j\neq i} |n_{i,j}|$ ou encore, comme $n_{i,i} = 0$, $|z| \leqslant \sum\limits_{j\neq i} |n_{i,j}| = \begin{cases} |a_n| & \text{si } i = 1 \\ 1 + |a_{n-i+1}| & \text{sinon} \end{cases}$ et donc $|z| \leqslant 1 + \max\limits_{1\leqslant k\leqslant n} |a_k|$.

Partie B

1. a) Question immédiate.

b) g réalise une bijection de $\mathbb{R}_+^\star$ sur $]-\infty, 1[$ donc g s'annule une fois et une seule. Comme, pour tout $t > 0$, $Q(t) = t^n g(t)$, le résultat en découle.

2. $|z|^n = |a_1|z^{n-1} + \cdots + [a_n|$ d'où, par inégalité triangulaire, $Q(|z|) \leqslant 0$ car $|z|^n \leqslant |a_1] \times |z|^{n-1} + \cdots + |a_n|$.
Or Q est négatif en 0, positif au voisinage de $+\infty$ et ne s'annule qu'une fois dans $\mathbb{R}_+$ d'après la question précédente donc, d'après le théorème des valeurs intermédiaires, $|z| \leqslant t_0 \leqslant \alpha$.

3. Si on pose $a = \max\limits_{1\leqslant k\leqslant n} |a_k|$ alors $a > 0$.

$$Q(1+a) = (1+a)^n - \big[|a_1|(1+a)^{n-1} + \cdots + |a_n|\big] \geqslant (1+a)^n - a\sum_{k=0}^{n-1}(1+a)^k$$

d'où $Q(1+a) \geqslant (1+a)^n - a\,\dfrac{(1+a)^n - 1}{(1+a)-1} \geqslant 1 > 0$ et donc, d'après l'étude du signe de Q sur $\mathbb{R}_+$, $|z| \leqslant t_0 < 1+a$.

Exercice 2

Partie A

1. $\varphi(\mathbb{R}) = \varphi\big([0,T]\big)$ qui est un segment.

2. $\psi : t \mapsto \varphi(t+T) - \varphi(t)$ est nulle, donc sa dérivée est nulle, et c'est $t \mapsto \varphi'(t+T) - \varphi'(t)$.

3. P_φ contient 0 par définition et, si $(t,t') \in P_\varphi^2$ alors, pour tout $x \in \mathbb{R}$, on a $\varphi(x+t-t') = \varphi\big((x-t')+t\big) = \varphi(x-t') = \varphi\big((x-t')+t'\big) = \varphi(x)$, donc $t - t' \in P_\varphi$. Cela montre que P_φ est un sous-groupe additif de $\mathbb{R}$.

Partie B

1. Si $g \in G \setminus \{0\}$, par structure de groupe $|g| \in G \cap \mathbb{R}_+^\star$.

2. a) i) Si $a \notin G$ alors, par définition de la borne inférieure, $G \cap]a, 2a[\neq \varnothing$, on y choisit g. De même $G \cap]a, g[\neq \varnothing$, on y choisit g'. Alors $0 < g - g' < a$ et $g - g' \in G$, ce qui est en contradiction avec la définition de a. Donc $a \in G$.
ii) Comme $a \in G$ et comme G est un groupe additif, nécessairement $a\mathbb{Z} \subset G$. Si $g \in G$ on pose $k = E\left[\dfrac{g}{a}\right]$ et alors $0 \leqslant a - kg < a$ avec $a - kg \in G$, donc $a = kg$ et donc $G \subset a\mathbb{Z}$, ce qui finit de prouver que $G = a\mathbb{Z}$.
b) Soit $\varepsilon > 0$, par définition de la borne inférieure, $G \cap]0, \varepsilon[\neq \varnothing$, on y choisit g. Si $x \in \mathbb{R}$ on pose $k = E\left[\dfrac{x}{g}\right]$, alors $0 \leqslant x - kg < \varepsilon$ et $kg \in G$, donc G est dense dans $\mathbb{R}$.

Partie C

1. Si (E_f) admet une solution T-périodique il est immédiat que f est T-périodique et donc, si f n'est pas périodique, (E_f) n'a aucune solution périodique.

2. Il s'agit d'une équation différentielle linéaire homogène d'ordre 2 à coefficients constants. Son équation caractéristique est $r^2 - 2r + 2 = 0$, elle a pour racines $1 \pm i$ et donc y est solution de (E_0) si, et seulement si, il existe un couple (A, B) de réels tel que, pour tout $x \in \mathbb{R}$, $y(x) = e^x\big[A\cos(x)+B\sin(x)\big]$. Alors pour que y soit périodique il est nécessaire qu'elle soit bornée d'après A. Or $y(2n\pi) = Ae^{2n\pi}$ et $y(2n\pi + \pi/2) = Be^{2n\pi+\pi/2}$, donc il est nécessaire que $A = B = 0$. la seule solution périodique de (E_0) est donc la fonction nulle.

3. On va plutôt résoudre $z'' - 2z' + 2z = e^{ix}$ et utiliser le principe de superposition.
On cherche une solution particulière de la forme $z_0 : x \mapsto \alpha e^{ix}$ et la condition est $(1-2i)\alpha = 1$ *i.e.* $\alpha = \dfrac{1+2i}{5}\cdot$
On pose ensuite $y_0 : x \mapsto \Re e\,\big(z_0(x)\big) = \dfrac{\cos(x) - 2\sin(x)}{5}$ et donc y est solution de (E_c) si, et seulement si, il existe un couple (A, B) de réels tel que, pour tout $x \in \mathbb{R}$, $y(x) = e^x\big[A\cos(x) + B\sin(x)\big] + \dfrac{\cos(x) - 2\sin(x)}{5}\cdot$
Le même raisonnement que dans la question précédente montre que y_0 est la seule solution périodique de (E_c).

Partie D

1. a) i) Il s'agit d'un simple calcul.

ii) y est T-périodique si, et seulement si, $z - y$ est la fonction nulle. Or $z - y$ est solution de (E_0) et donc le théorème de Cauchy-Lipschitz montre que $z-y$ est nulle si, et seulement si, $(z-y)(0) = 0$ et $(z-y)'(0) = 0$ car (E_0) est une équation homogène.
En résumé y est T-périodique si, et seulement si, $y(0) = y(T)$ et $y'(0) = y'(T)$.

b) On note y_0 une solution particulière de (E_f) et on sait qu'alors y est solution de (E_f) si, et seulement si, il existe un unique couple (A, B) de réels tel que, pour tout $x \in \mathbb{R}$, $y(x) = e^x\big[A\cos(x) + B\sin(x)\big] + y_0(x)$.
Supposons y de cette forme, alors $y(0) = A + y_0(0)$, $y'(0) = A + B + y_0'(0)$,
$y(T) = e^T\big[A\cos(T) + B\sin(T)\big] + y_0(T)$ et
$y'(T) = e^T\big[(A+B)\cos(T) + (B-A)\sin(T)\big] + y'(T)$
La question précédente montre que y est T-périodique si, et seulement si,

$$\begin{cases} A + y_0(0) &= e^T\big[A\cos(T) + B\sin(T)\big] + y_0(T) \\ A + B + y_0'(0) &= e^T\big[(A+B)\cos(T) + (B-A)\sin(T)\big] + y'(T) \end{cases}$$

Il s'agit d'un système linéaire équivalent au système

$$\begin{cases} e^T\big[\cos(T) - 1\big]A + e^T\sin(T)B = y_0(0) - y_0(T) \\ \Big(e^T\big[\cos(T)-\sin(T)\big] - 1\Big)A + \Big(e^T\big[\cos(T)+\sin(T)\big] - 1\Big)B = y_0'(0) - y_0'(T) \end{cases}$$

Son déterminant est $e^{2T} - 2e^T\cos(T) + 1$ ou encore $\left|e^T - e^{iT}\right|^2$ qui n'est pas nul. Et donc ce système admet une et une seule solution, ce qui montre que (E_f) admet une et une seule solution T-périodique. Cela montre l'inutilité de la partie B et de la fin de cette partie. Néanmoins on va répondre aux questions suivantes.

2. Encore une fois on peut (et doit) aller beaucoup plus vite. À un changement de variable près on est ramené au cas où $T = 2\pi$, cas plus confortable pour les étudiants.
Si y est une solution 2π-périodique alors, $\forall n \in \mathbb{Z}$, $c_n(y'' - 2y' + 2y) = c_n(f)$ ou encore $\big[(1-2n^2) - 2in\big]c_n(y) = c_n(f)$.
Le polynôme $(1 - 2X^2) - 2iX$ ne s'annule en aucun point de $\mathbb{Z}$ et donc $\big(c_n(y)\big)_{n\in\mathbb{Z}}$ est entièrement déterminée par ces égalités. Comme la transformation de Fourier est injective sur $\mathcal{C}_{2\pi}$ et comme y appartient à cet espace vectoriel, son unicité est établie.

a) i) Si $x \in \mathbb{R}$ on choisit une suite $(g_n)_n$ d'éléments de P_f qui converge vers x. Pour tout $n \in \mathbb{N}$, $f(g_n) = f(0)$ par définition de P_f et, par continuité de f en x, $f(g_n) \xrightarrow[n\to\infty]{} f(x)$, donc f est constante égale à $f(0)$.

ii) Le même raisonnement que dans la partie C montre que la seule solution périodique est C si l'on a posé $f = 2C$.

b) i) Déjà traitée en C.1.

ii) On choisit deux entiers k_1 et k_2 tels que $T_1 = ak_1$ et $T_2 = ak_2$, alors ni k_1 ni k_2 n'est nul et $k_2T_1 = k_1T_2$. Ce réel n'est pas nul et est une période commune à y_1 et à y_2.

iii) La question C.2 montre que $y_1 - y_2$ est nulle, donc $y_1 = y_2$.

Partie E

1. f est paire, continue et de classe $\mathcal{C}^1$ par morceaux, par conséquent sa série de Fourier converge normalement sur $\mathbb{R}$ et admet f pour somme.
$a_0 = \dfrac{2}{\pi}\displaystyle\int_0^{\pi} t^2\,dt = \dfrac{2\pi^2}{3}$ et, si $n \geqslant 1$, en intégrant par parties,
$$a_n = 2\pi\int_0^{\pi} t^2\cos(nt)\,dt = \frac{4}{n\pi}\int_0^{\pi} t\sin(nt)\,dt = \frac{4}{n^2\pi}\Big[t\cos(nt)\Big]_0^{\pi} = \frac{4(-1)^n}{n^2}.$$
Comme f est paire les b_n sont tous nuls et donc, pour tout $t \in \mathbb{R}$ on a
$$f(t) = \frac{\pi^2}{3} + 4\sum_{n=1}^{\infty}\frac{(-1)^n\cos(nt)}{n^2}.$$

2. Si $x \in \mathbb{R}$ et $n \geqslant 1$, $\big|u_n(x)\big| \leqslant \dfrac{4}{n^6}\big[(n^2-2)+2n\big] = \alpha_n$. Comme α_n est indépendant de x et $\alpha_n \underset{n\to\infty}{\sim} \dfrac{4}{n^4}$ cela montre que $\sum u_n$ converge normalement et donc *a fortiori* simplement sur $\mathbb{R}$.
Chaque u_n est de classe $\mathcal{C}^2$ sur $\mathbb{R}$ avec $\|u_n\|_\infty = O(n^{-4})$, $\|u_n'\|_\infty = O(n^{-3})$ et $\|u_n''\|_\infty = O(n^{-2})$ donc le théorème de dérivation de la somme d'une série de fonctions montre que S est de classe $\mathcal{C}^2$ sur $\mathbb{R}$.

3. Ce même théorème montre que, pour tout $x \in \mathbb{R}$ on a :
$S''(x) - 2S'(x) + 2S(x) = \dfrac{\pi^2}{3} + \displaystyle\sum_{n=1}^{\infty} \dfrac{4(-1)^n}{n^2} \cos(nx) = f(x)$ car :

$$u_n''(x) - 2u_n'(x) + 2u_n(x) = \frac{4(-1)^n}{n^2(n^4+4)}\Big(\big[-n^2(2-n^2) + 4n^2 + 2(2-n^2)\big]\cos(nx) + \big[2n^3 + 2n(2-n^2) - 4n\big]\sin(nx)\Big)$$

d'où $u_n''(x) - 2u_n'(x) + 2u_n(x) = \dfrac{4(-1)^n}{n^2} \cos(nx)$.
Par conséquent S est une solution 2π-périodique de (E_f) et, d'après la partie précédente, c'est la seule solution périodique.

4. On cherche une solution particulière de (E_f) sur $[-\pi, \pi]$ de la forme
$y_0 : x \mapsto \dfrac{x^2}{2} + ax + b$ et, en identifiant, $a = 1$ et $b = \dfrac{1}{2}$ *i.e.* $y_0 : x \mapsto \dfrac{(x+1)^2}{2}$.
Par conséquent il existe un couple (A, B) de réels tel que, sur $[-\pi, \pi]$, on a :
$S(x) = e^x \big[A\cos(x) + B\sin(x)\big] + \dfrac{(x+1)^2}{2}$.
Alors $S(\pi) = S(-\pi) \iff 2A\,\mathrm{sh}(\pi) = 2\pi$ d'où $A = \dfrac{\mathrm{sh}(\pi)}{\pi}$.
$S'(\pi) = S'(-\pi) \iff 2B\,\mathrm{sh}(\pi) - 2A\,\mathrm{sh}(\pi) + 2\pi = 0 \iff B = 0$ et donc, sur $[-\pi, \pi]$, $S(x) = \dfrac{\mathrm{sh}(\pi) e^x \cos(x)}{\pi} + \dfrac{(x+1)^2}{2}$ et, en particulier,
$S(0) = \dfrac{\pi^2}{6} + \displaystyle\sum_{n=1}^{\infty} \dfrac{4(-1)^n(2-n^2)}{n^2(n^4+4)} = \dfrac{\mathrm{sh}(\pi)}{\pi} + \dfrac{1}{2}$, d'où le résultat annoncé.

Fin

Cet ouvrage a été achevé d'imprimer en juillet 2009
dans les ateliers de Normandie Roto Impression s.a.s.
61250 Lonrai
N° d'impression : 092265
Dépôt légal : juillet 2009

Imprimé en France